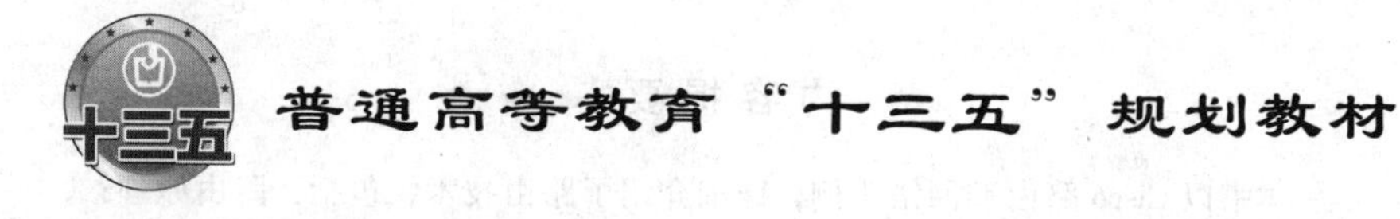

网络系统设计与管理

黄光球　编著

北京
冶金工业出版社
2018

内 容 提 要

本书以 Cisco 路由型网络为例，详细介绍了路由技术，包括：路由原理；IP 寻址问题，可变长度子网掩码（VLSM），路由归纳；路由信息协议（RIP）；开放最短路径优先协议（OSPF）；中间系统 - 中间系统协议（IS-IS）；增强型内部网关路由协议（EIGRP）和边界网关协议（BGP）。并通过配置示例和验证输出，演示了故障排除技术。

本书为高等院校信息管理与信息系统专业、计算机科学技术专业、网络工程专业和通信工程专业的本科生教材，也可作为组建可扩展互联网络课程的培训教材。

图书在版编目(CIP)数据

网络系统设计与管理 / 黄光球编著．—北京：冶金工业出版社，2018. 8
普通高等教育“十三五”规划教材
ISBN 978-7-5024-7860-5

Ⅰ. ①网…　Ⅱ. ①黄…　Ⅲ. ①计算机网络—网络系统—系统设计—高等学校—教材　Ⅳ. ①TP393

中国版本图书馆 CIP 数据核字(2018)第 202555 号

出 版 人　谭学余
地　　址　北京市东城区嵩祝院北巷 39 号　邮编　100009　电话　(010)64027926
网　　址　www. cnmip. com. cn　电子信箱　yjcbs@ cnmip. com. cn
责任编辑　高　娜　刘晓飞　美术编辑　彭子赫　版式设计　禹　蕊
责任校对　李　娜　责任印制　李玉山
ISBN 978-7-5024-7860-5
冶金工业出版社出版发行；各地新华书店经销；三河市双峰印刷装订有限公司印刷
2018 年 8 月第 1 版，2018 年 8 月第 1 次印刷
787mm×1092mm　1/16；19. 25 印张；464 千字；293 页
47. 00 元

冶金工业出版社　投稿电话　(010)64027932　投稿信箱　tougao@ cnmip. com. cn
冶金工业出版社营销中心　电话　(010)64044283　传真　(010)64027893
冶金书店　地址　北京市东四西大街 46 号(100010)　电话　(010)65289081(兼传真)
冶金工业出版社天猫旗舰店　yjgycbs. tmall. com

前　言

为支持越来越多的协议和用户，互连网络正在高速增长，并且变得越来越复杂。本书讲述了如何设计、配置、维护和扩展一个路由型网络，主要介绍了典型的中到大型网络站点中局域网和广域网所连接的路由器的使用方法。

本书所采用的命令和配置示例基于 Cisco IOS 12.0 版本。学完本书的内容之后，对于给定的网络技术要求，例如通过地址集来简化子公司办公室的 IP 地址管理，读者将能够学会选择和配置恰当的服务；对于给定的组建一个包含链路状态型路由协议和路由再发布的可扩展路由型网络的技术要求，读者也能够学会采用适当的技术；对于给定的到一个 BGP 网络的单宿主或多宿主连接网络技术要求，读者将能够学会配置边缘路由器，以正确地连接到 BGP 网络云图；对于各种给定的多路由及多路由协议的网络技术要求，读者也将能够学会完成相应的、反映一个可扩展的网络案例设计。

本书共分为 9 章。

第 1 章介绍了路由基本原理，内容包括有类别路由和无类别路由、距离矢量型和链路状态型路由协议在行为上的区别，与 IP 协议最常使用的且与内部路由协议密切相关的路由归纳问题；本章还讨论了 IP 地址的两个重要方面，包括 VLSM 和路由归纳。

第 2 章介绍了 RIP 协议，内容包括 RIP 报文格式、路由表格式、操作机制、距离矢量计算、路由表更新、寻址方法、拓扑结构变化下的路由收敛以及 RIP 的限制等内容。

第 3 章介绍了 OSPF 路由协议，内容包括 OSPF 术语及 OSPF 在广播型多路访问拓扑结构、点对点拓扑结构和非广播型多路访问（NBMA）拓扑结构中的操作。

第 4 章介绍了 OSPF 在多个区域中的使用、运行、配置和验证。

第 5 章介绍了 IS-IS 技术及其特性，以及 IS-IS 协议和基本的配置示例。

第 6 章介绍了 EIGRP 路由协议，所论述的主题包括 EIGRP 的特性、运行模式以及对 VLSM 和路由归纳的支持。

第 7 章介绍了 BGP 路由协议，包括 BGP 术语及其运行基础。

第 8 章首先讨论了在扩展内部 BGP（IBGP）时可能遇到的问题，然后介绍了各种解决方案，包括路由反射器、基于前缀列表的策略控制等。本章还探讨了实现多宿主连接的不同途径。

第 9 章介绍了控制路由更新信息的不同方法，讲解了通过路由再发布来连接采用了多种路由协议的网络。对协议间信息的控制可以通过使用过滤器、改变管理距离及配置度量值来实现。本章还讲解和配置了利用路由映像实现的策略路由。

本书主要面向将来要负责设计实施、管理维护不断增长的路由型网络的网络构建者、设计人员、工程师、网络经理和网络管理员。要想充分从本书中获益，读者应该具备以下知识：

（1）对 OSI 参考模型有一定的了解。

（2）对网络互连有基本了解，包括常用的网络术语、编号方案、拓扑结构、距离矢量型路由协议的操作，以及何时使用静态和缺省路由。

（3）能够操作和配置 Cisco 路由器，包括显示和解释路由器的路由表，配置静态和缺省路由，HDLC 启用广域网串行连接，在接口和子接口上配置帧中继固定虚电路（PVC），配置 IP 标准访问控制列表和扩展访问控制列表，并通过比如“**show**”和“**debug**”命令等可用工具来验证路由器的配置。

（4）了解 TCP/IP 协议栈，能够配置 IP 地址。

本书配有一些比较有帮助的要素，如插图、配置示例等，以帮助读者学习和掌握可扩展路由型网络。本书中命令句法的表示习惯描述如下：

（1）粗体字表示输入的命令和关键字；在实际例子中（而非句法中），粗体字表示用户的输入。

（2）斜体字表示用户应输入具体值的参数。

（3）方括号[　]表示任选项。

（4）大括号{　}表示必选项。

（5）竖线“|”用于分开待选的、互斥的选项。

（6）方括号中的大括号[{　}]表示任选项目中的必选项。

本书的出版得到了西安建筑科技大学重点教材项目的资助。本书在编著过程中参考了有关文献资料，在此向文献作者表示感谢。

由于编者水平有限，书中不足之处，诚望读者批评指正。

编　者

2018 年 5 月

目　录

1 路由原理

本章介绍路由的原理。首先介绍有类别路由和无类别路由的概念，然后介绍距离矢量型和链路状态型路由协议在行为上的区别。本章还将讲述与 Internet 协议最常使用的且与内部路由协议密切相关的路由归纳问题。

在学习完本章之后，我们可以知道路由器转发数据包所需的关键信息，描述出有类别和无类别路由协议，比较距离矢量型和链路状态型路由协议的运行，并能描述出路由表中各个字段的用途。最后，当给出一个预先配置好的网络时，我们可以发现其拓扑结构，分析其路由表，并能通过可接受的故障排除技术来测试其网络连通性。

1.1 路由基础知识

1.1.1 什么是路由

路由（routing）是将文件从一个地方转发到另一个地方的一个中继过程。学习和维持网络拓扑结构知识的机制称为路由功能。把数据流从路由器（router）的输入接口经路由器传输到其输出接口的过程，称为交换。路由器必须同时具有路由和交换的功能才可以称为一台有效的中继设备。

1.1.2 路由的前提条件

为了进行路由，路由器必须知道下面三项内容：

（1）路由器必须确定它是否已激活了对一个协议组的支持。路由器在做路由决定时，它首先必须知道逻辑目的地网络地址，要想知道该目的地网络地址，使用该逻辑寻址方案的协议组必须要在路由器上启用，并处于活跃状态。

（2）路由器必须知道逻辑目的地网络。当路由器能理解该寻址方案后，它要做的决定是判断逻辑目的地网络在其当前路由表中是否有效存在，如果逻辑目的地网络在路由表中不存在，那么路由器将丢弃该数据包，并且生成一个出错消息来将这一事件通告给发送方。

（3）路由器必须知道哪个输出接口是到达目的地的最佳路径。如果目的地网络存在于路由表中，路由器需要做的最后一个决定是通过哪个输出接口转发这个数据包，路由表中只包含到任何给定逻辑目的地网络的最佳路径（一条或多条）。

路由协议通过度量值（metrics）来决定到达目的地的最佳路径。具有较小度量值的路径代表较优的路径；如果两条或更多条路径都有一个相同的小度量值，那么所有这些路径被平等地分享。通过多条路径分流数据流量到达目的地称为负载均衡（load balance）。

1.1.3 路由信息

执行路由操作所需要的信息包含在路由器的路由表中，路由表由一个或多个路由协议进程生成。路由表由若干个路由条目组成，每个条目指明以下内容（图1-1）：

（1）路由生成机制。生成该路由所使用的机制，该机制可以是动态生成机制或手工生成机制。

（2）逻辑目的地地址。它可以是主网络地址，也可以是主网络中的一个子网络地址，在某些情况下，也可以是主机地址，如图1-1中的地址173.16.8.0。

（3）管理距离。它是表示一种路由学习机制可信赖程度的一个尺度。

（4）度量值。它是度量一条路径的总开销。

（5）下一跳地址。在去往目的地的路径上的下一跳路由器的接口地址，如图1-1中的下一跳地址172.16.8.1。

（6）新旧程度。路由信息的新旧程度，该域指明了信息自上次更新以来在路由表中已存在的时间。路由条目信息会被定期刷新以确保它是最新的信息，这与所使用的路由协议相关。

（7）输出接口。与要去往目的地网络相关联的路由器接口，如图1-1中的E0接口，这是数据包离开当前路由器并转发到下一个路由器所要经过的端口。

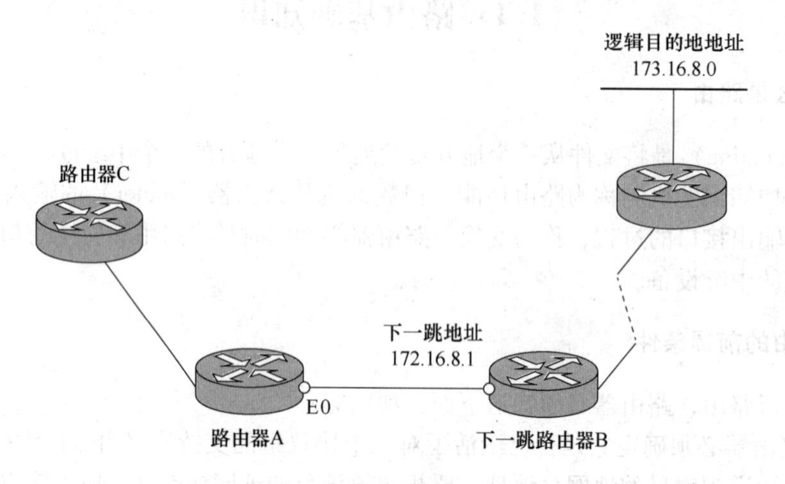

图1-1　路由条目的含义

【例1-1】路由表给出了去往各目的地网络的度量值和下一跳路由器，如图1-2所示。

```
RouterA#show ip router
Codes: C-connected, S-static, I-IGRP, R-RIP, M-mobile, B-BGP
       D-EIGRP, EX-EIGRP external, O-OSPF, IA-OSPF inter area
       N1-OSPF NSSA external type 1, N2-OSPF NSSA external type 2
       E1-OSPF external type 1, E2-OSPF external type 2, E-EGP
       i-IS-IS, L1-IS-IS level-1, L2-IS-IS level-2, *-candidate default
       U-per-user static route, o-ODR
       T-traffic engineered route
```

```
Gateway of last resort is not set（缺省网关未设置）

173. 16. 0. 0/16 is subnetted, 2 subnets
I 173. 16. 8. 0 [100/113755] via 172. 16. 8. 1 00:00:12 E0
<output omitted>
```

图 1-2 路由条目的示例

对各元素的解释如表 1-1 所示。

表 1-1 路由条目各元素的解释

路由条目中的元素	描 述
I	这条路由是怎样生成的。在本例中，该路由是通过内部网关路由协议（IGRP）生成的
173. 16. 8. 0	逻辑目的地网络/子网
100	IGRP 路由协议的管理距离（可信赖因子）
113755	度量值（可达性），这是 IGRP 的缺省值，它是对带宽和延迟的综合考虑
via 172. 16. 8. 1	下一跳逻辑地址（下一台路由器）
00:00:12	自上次更新后该条目已存在的时间（以“时：分：秒”的格式表示）
E0	数据包离开当前路由器去往目的地地址将经过的输出接口

1.1.4 管理距离

路由进程（如 IP 协议进程）负责选择到任何目的地网络的最佳路径。因为在任何时候一台路由器上可以存在一种以上的路由学习机制，所以当从多个渠道学到去往同一目的地网络的路由时，就需要有一种在这些路由条目之间进行选择的方法。对于 Cisco 路由器中的 IP 路由协议，它采用管理距离来选择最可信的路由。

管理距离是用作标识路由条目可信程度的一个尺度。仅当路由器同时从一个以上的来源学到去往同一个目的地网络的路由时它才有用。小的管理距离要比大的好。一般来说，缺省管理距离的预先分配原则是：

（1）人工设置路由条目优先级高于动态学到的路由条目。

（2）度量值算法复杂的路由协议优先级高于度量值算法简单的路由协议。

表 1-2 所列的是一些路由协议的管理距离。

表 1-2 一些路由协议的管理距离

路 由 来 源	缺省管理距离
直连的接口	0
以当前路由器的一个接口为出口的静态路由	0
以下一跳路由器为出口的静态路由	1
EIGRP 的归纳路由（Summary Route）	5
外部 BGP（EBGP）	20
内部 EIGRP	90
IGRP	100

续表 1-2

路由来源	缺省管理距离
OSPF	110
IS-IS	115
RIP（v1 和 v2）	120
EGP	140
外部 EIGRP	170
内部 BGP（IBGP）	200
不知道	255

1.1.5 路由度量值

路由器用度量值这个参数来通告它到一个网络的成本。度量值的一些常见例子有：跳数（要通过几个路由器）、开销（基于宽带）和综合值（在度量值的计算中使用多个参数）。路由进程选择具有最小度量值的路径。

当存在多条具有相同最低度量值的路径时，路由器将在这些路径上启用负载均衡功能。对 IP 协议来说，Cisco 缺省地支持到同一目的地网络的 4 条相同度量值路径，通过使用“**maximum-paths**”路由器配置命令，可以在 Cisco 互联网络操作系统（IOS）中配置支持最多 6 条具有相同度量值的最优路径。

1.1.5.1 RIP 协议的路由度量值

路由信息协议（RIP）是采用跳数作为路由度量值，它等于到达目的地网络所必须经过的中间路由器的数量。在图 1-3 所示的网络拓扑结构图中，传统的 RIP 协议运行时可能让路由器 A 武断地选择去往目的地网络 178. 168. 20. 0 的单条路径，且在路由表中只存在该条路径。

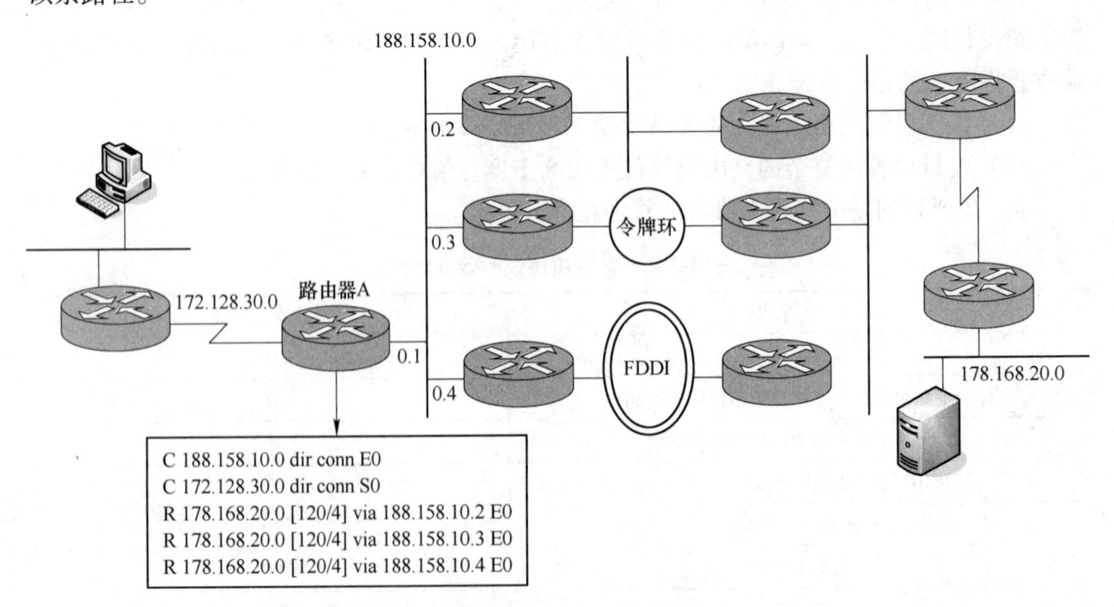

图 1-3 RIP 路由协议生成的路由表

在 Cisco 路由器中，RIP 协议运行时可以分享多条具有相同跳数的路径，因为负载均衡功能是缺省启用的。例如，在图 1-3 中，在路由器 A 的路由表中会同时显示 3 条具有相同跳数的不同路径到达网络 178. 168. 20. 0，因为这三跳路径具有相同的最小跳数。请注意，RIP 协议决定最佳路径时是不考虑带宽的。

1. 1. 5. 2 IGRP 协议的路由度量值

IGRP 路由协议通常用于中到大型 TCP/IP 网络中。IGRP 采用一种复合的度量值，它综合考虑了带宽、延迟、可靠性、负载和最大传输单元（MTU）。在 IGRP 标准算法中，只缺省地使用了带宽和延迟值。

IGRP 的复合度量值可以区分链路特性中的细微差别，因此它可以选出到目的地网络有最大带宽的路径。例如，在图 1-4 中，路由器 A 只选择了一条到网络 178. 168. 20. 0 的路径，这是一条经过 FDDI 的路径，因为 100Mbps 的带宽比其他可用的路径都大。如果存在多条具有相同度量值的路径，那么负载均衡功能将生效。

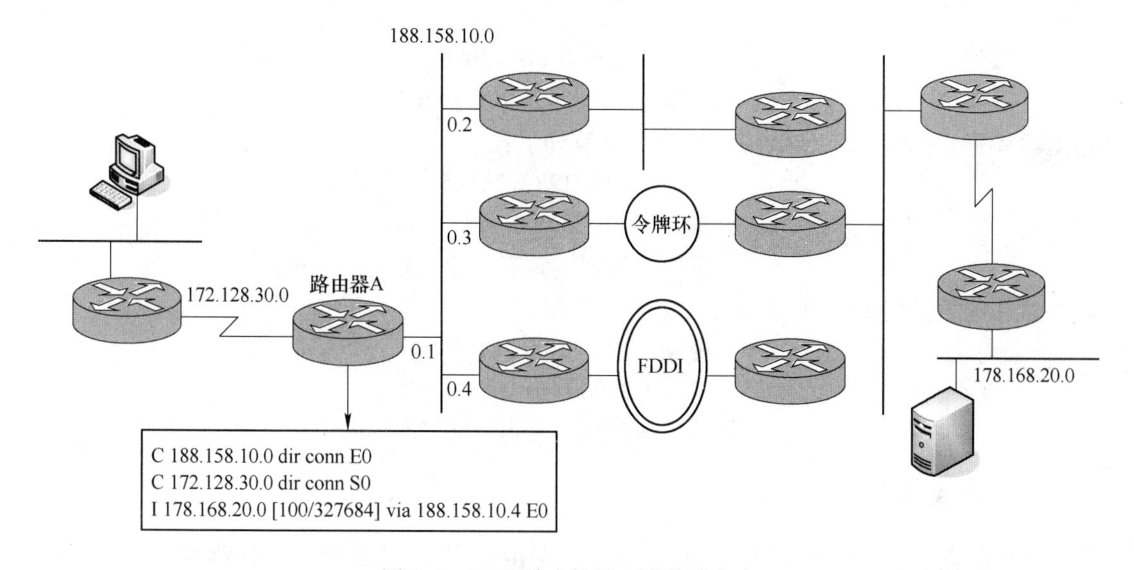

图 1-4 IGRP 路由协议生成的路由表

IGRP 通过将去往目的地网络链路的不同特性的加权值相加来计算路由度量值。所用公式如下：

$$度量值 = (K_1 \times 带宽) + (K_2 \times 带宽)/(256 - 负载) + (K_3 \times 延迟)$$

如果 K_5 不等于 0，那么还要再进行另外一个操作：

$$度量值 = 度量值 \times [K_5/(可靠性 + K_4)]$$

这些公式中的 K 值可以通过“**metric weights**”路由器配置命令来定义。缺省是：$K_1 = K_3 = 1$，$K_2 = K_4 = K_5 = 0$，所以缺省公式为：

$$度量值 = 带宽 + 延迟$$

要确定这个公式中的“带宽”，应该从输出接口出发沿着到目的地的路径找到所经过链路带宽的最小值，以 Kbps 计算，然后去除 10^7。

要确定这个公式中的“延迟”，应该从输出接口出发沿着到目的地的路径将所经过链路的延迟求和，以 μs 计算，然后除以 10。

图 1-5 给出了一个示例网络，以展示 IGRP 的路由度量值是如何计算的。

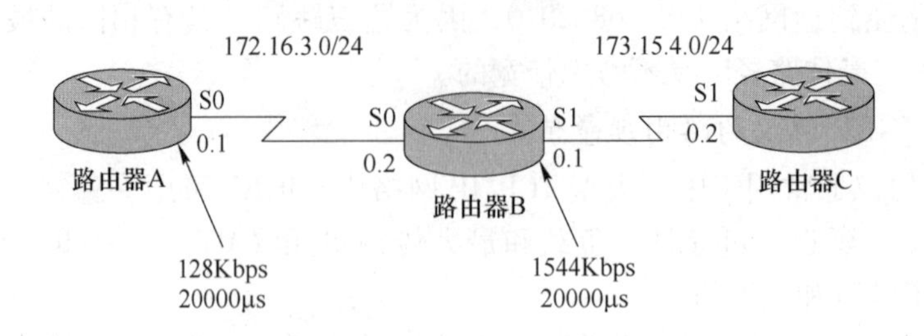

图 1-5 IGRP 的路由度量值计算用示例网络

在图 1-5 中，路由器 B 向路由器 A 通告网络 173. 15. 4. 0。路由器 B 通告网络 173. 15. 4. 0 所用的度量值计算如下：

$$带宽 = 10^7/1544 = 6476$$
$$延迟 = 20000/10 = 2000$$
$$度量值 = 带宽 + 延迟 = 8476$$

路由器 A 通告网络 172. 15. 4. 0 的度量值计算如下：

$$带宽 = 10^7/128 = 78125$$
$$延迟 = (20000 + 20000)/10 = 4000$$
$$度量值 = 带宽 + 延迟 = 82125$$

路由器 A 通告网络 173. 16. 3. 0 的度量值计算如下：

$$带宽 = 10^7/128 = 78125$$
$$延迟 = 20000/10 = 2000$$
$$度量值 = 带宽 + 延迟 = 80125$$

1.1.6 相邻关系

路由的概念基于中继系统。数据流从一台路由器中继/转发到下一台路由器，直到最终达到目的地。在路由表中给出了转发数据流所需的下一跳逻辑地址，如“**via** *address*”项所述。当一台路由器的邻居路由器向其通告一条路由时，就知道了该逻辑地址。

当路由器启动之后，它立即试图与其相邻路由器建立相邻关系。该初始通信的目的是为了识别相邻路由器，并且开始进行通讯并学习网络拓扑结构。建立相邻关系的方法和对拓扑结构的初始学习随路由协议的不同而不同，但一般都会用广播方式对相邻路由器进行数据帧传送，直到相邻路由器的第 2 层地址（数据链路层地址，例如网卡（NIC）的接口地址）被学到为止。

路由协议对应的路由进程在相邻路由器间的 OSI 参考模型的某个层建立对等关系，不同路由协议存在于第 4 到第 7 层的某个层中。路由协议会定期交换 Hello 消息或路由更新数据包，以维持相邻路由器间的联系。当了解了网络拓扑结构，且路由表中已包含了到达已知目的地网络的最佳路径后，向这些目的地的数据包转发就可以开始了。路由器转发数据包的功能称作交换。图 1-6 总结了路由器所执行的交换操作。

（1）如果包含一个数据包的帧的头部含有一个路由器上某个接口的第 2 层地址（数

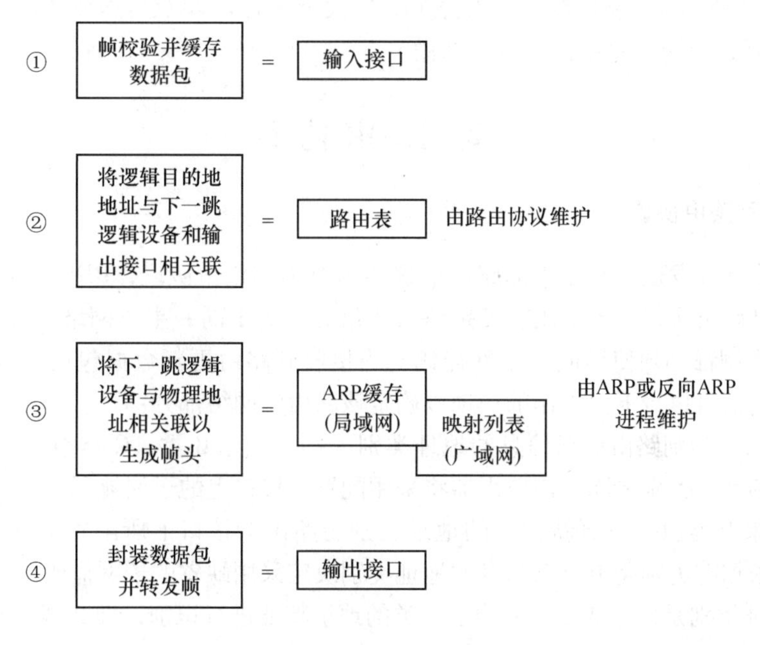

图 1-6　路由器执行基本的交换功能

据链路层地址），或者广播型地址，或者多目组播地址，且该路由器配置成接收该组播地址的话，那么经过该路由器的数据包将被该路由器接收。当该路由器检查该帧时，如果地址正确，那么该帧将被缓存起来，等待进一步处理。缓存的位置是主存或者其他某些专用的内存空间。

（2）该路由器检查数据包头中的逻辑目的地网络地址，将其与路由表中某个路由条目中的网络地址或子网络地址部分进行比较。如果路由表中有与其相匹配的条目，那么该目的地网络地址就会将下一跳路由器的逻辑地址和该路由器的一个输出接口关联起来。

（3）知道了下一跳逻辑地址之后，还需要查找出下一跳路由器的物理地址。对于 LAN 接口来说，该查找是在地址解析协议表中进行的；而对于 WAN 接口来说，该查找是在一个第 3 层与第 2 层的地址映射表中进行的。

（4）当知道了下一跳路由器的物理地址之后，将在该路由器的内存中生成适当的帧头。当帧头生成之后，数据帧就被转移到输出接口，以便在物理介质上进行传输。将数据帧放到物理介质上时，输出接口将在帧头上添加循环冗余校验字符和帧结束定界符。这些字符将在下一跳路由器的输入接口上被校验。

IP 包头中的 TTL 域设置成一个计时器，用来限定 IP 数据包的生存时间。TTL 域是一个 8 比特的域，单位为秒。处理数据包的各路由器都必须至少将 TTL 值减 1，即使所经过的时间远小于 1 秒也要减 1。因为这是十分常见的情况，所以 TTL 对数据包能够通过网络传输多远来说是一个很有效的跳数限定。

当路由器转发数据包时，它必须至少将 TTL 值减 1。如果路由器保留的数据包的时间多于 1 秒，那么每增加 1 秒时，路由器就将 TTL 值减 1。

如果 TTL 值减至 0（或更少），那么必须将该数据包丢弃；而且，如果目的地不是一个多目组播地址的话，路由器还必须向数据源发送一个 ICMP 超时消息，即代码为 0 的

ICMP 消息。特别注意，路由器不能丢弃 TTL 值大于 0 的 IP 单点传送或广播数据包，但对于 IP 多目组播的情况，路由器可以这么做。

1.2 路由协议

1.2.1 有类别路由协议

不随网络地址发送子网掩码的路由协议称为有类别路由协议，RIPv1 和 IGRP 路由协议属于有类别路由协议。当采用有类别路由协议时，属于同一主类网络（A 类、B 类、C 类）的所有子网都必须使用同一子网掩码。当接收到路由更新数据包后，运行有类别路由协议的路由器将执行下面工作的一项以确定该路由的网络部分：

（1）如果有类别路由更新信息的地址类别（即 A 类、B 类、C 类地址）与路由器接口上所配置的地址类别相同，该路由器将采用配置在接口上的子网掩码。

（2）如果有类别路由更新信息的地址类别与路由器接口上所配置的地址类别不同，该路由器将根据有类别路由更新信息的地址类别决定采用缺省的子网掩码。

（3）地址类别是依据 A 类、B 类、C 类的地址特征进行识别，即 A 类、B 类、C 类的地址特征分别是：1 ~126. *. *. *、128 ~191. *. *. *、192 ~223. *. *. *；A 类、B 类、C 类的掩码特征分别为：255. 0. 0. 0、255. 255. 0. 0、255. 255. 255. 0。

1.2.1.1 有类别路由

有类别路由协议可以交换属于同一主类网络的子网络路由，因为同一主类网络中的所有子网都具有相同的子网掩码。当与外部网络（换句话说，不同的主类网络）交换路由时，接收方路由器不会知道外部网络所用的子网掩码，因为路由更新信息中没有外部网络子网掩码的信息。其结果是：当来自各主类网络的子网地址放到路由更新数据包之前，这些子网地址都按缺省的标准主类掩码，归纳到有类别地址边界上。A 类地址的边界是 *. 0. 0. 0，B 类地址的边界是 *. *. 0. 0，C 类地址的边界是 *. *. *. 0。因此，只有配置为属于同一主类网络的路由器才交换子网路由；而属于不同主类网络的路由器只交换有类别的归纳路由（summary route）。在主类网络地址边界上，有类别归纳路由的生成是由有类别路由协议自动处理的。有类别路由协议不允许在主类网络地址中的其他比特位上实施路由归纳。

该自动归纳的情形如图 1-7 所示。图中，在同一主类网络中的路由器能分享子网路由，而在外部网络之间则只能交换有类别的归纳路由。在图 1-7 中，路由器 A 的路由表中，路由条目 172. 16. 0. 0 是 B 类网络 172. 16. 2. 0 和 172. 16. 1. 0 的归纳路由；路由器 C 的路由表中，路由条目 10. 0. 0. 0 是 A 类网络 10. 1. 0. 0 和 10. 2. 0. 0 的归纳路由。有类别的归纳路由在标准 A 类、B 类和 C 类网络的边界由运行有类别路由协议的路由器自动生成。

图 1-8 给出了另外一个例子。图 1-8 中的所有路由器都运行 RIPv1。路由器 B 的左接口连接 B 类网络 172. 16. 1. 0/24。因此，如果路由器 B 在这个接口上学到了也是 172. 16. 0. 0 的任何 B 类网络，它会将该接收接口（/24）上所配置的子网掩码应用到所学到的网络上。当向路由器 C 发送路由信息时，路由器 B 会将有关 172. 16. 0. 0 网络的路由信息进行归纳，因为它是通过属于不同主类网络（即 C 类网络 192. 168. 5. 16/28）中的接

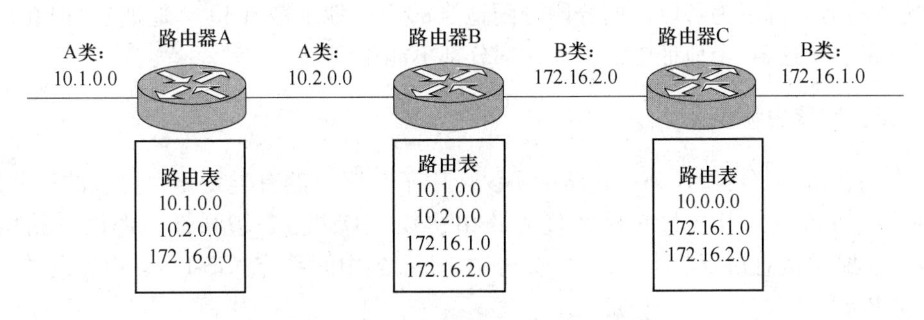

图 1-7 运行有类别路由协议的示例网络

口进行发送的。请注意通过 192. 168. 5. 16/28 网络与路由器 B 相连的路由器 C 是怎样处理有关网络 172. 16. 0. 0 的路由信息的。当路由器 C 接收到有关 172. 16. 0. 0 网络的信息时，它不采用路由器 B 知道的子网掩码（/24），而用缺省的标准 B 类网络掩码（/16）。

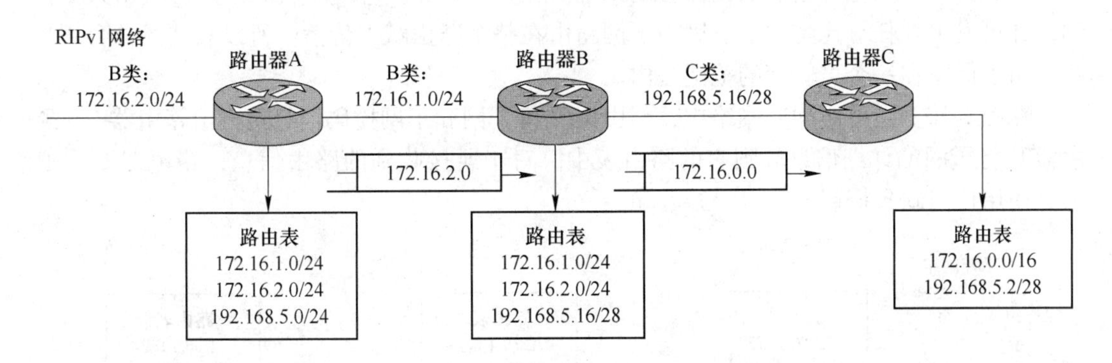

图 1-8 用于显示运行 RIPv1 的路由器不将子网掩码信息传输给其邻居的示例网络

1.2.1.2 有类别路由协议对子网划分的限制

如果采用有类别路由协议，在划分子网时应该为有类别路由协议域内同一主类网络中所有路由器上的所有接口设置相同的子网掩码。该一致性对于能否将子网路由正确地进行广播是必须的。

从地址分配的有效性来说，这个限制有其潜在的不利一面。例如，如图 1-9 所示，一

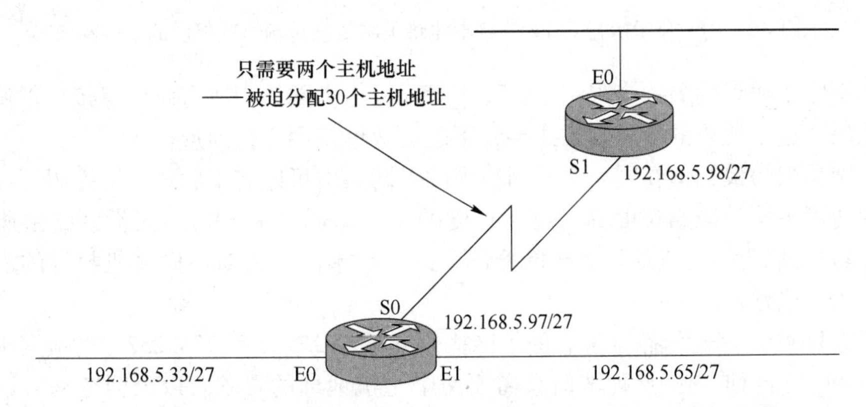

图 1-9 运行有类别路由协议的路由器必须在所有接口上都使用相同比特数的掩码

个27比特的掩码可以为各以太网分段分配适当的主机地址数（30个地址）；但在点对点的串行链路上，这30个地址中的很大一部分都不能用到。

1.2.2 无类别路由协议

无类别路由协议可看作第二代路由协议，用于克服早期有类别路由协议的一些缺陷。无类别路由协议包括开放最短路径优先路由协议（OSPF）、增强性内部网关路由协议（EIGRP）、路由信息协议版本2（RIPv2）、中间系统-中间系统（IS-IS）、边界网关协议版本4（BGP-4）。

在有类别路由网络环境中，最严重的限制之一是在路由更新过程中不交换子网掩码。这种方式要求在主类网络中的所有子网上都使用相同掩码。无类别方式对于每条路由都通告子网掩码，所以能够在路由表中进行更精确的查找。

无类别路由协议也解决了有类别路由协议的另一项限制，即在主类网络地址边界上用缺省的有类别主网掩码进行的路由自动归纳。在无类别路由环境中，归纳过程可由人工控制，并可发生在任一比特位上。因为子网路由在整个路由域上传播，所以归纳经常会用来将路由表保持在一个可管理的范围之内。

在图1-10所示的OSPF网络中，路由器B将子网和子网掩码信息传输给路由器C，路由器C将子网的详细信息放到它的路由表中。对于所接收到的路由信息，路由器C不必为之使用任何缺省掩码。

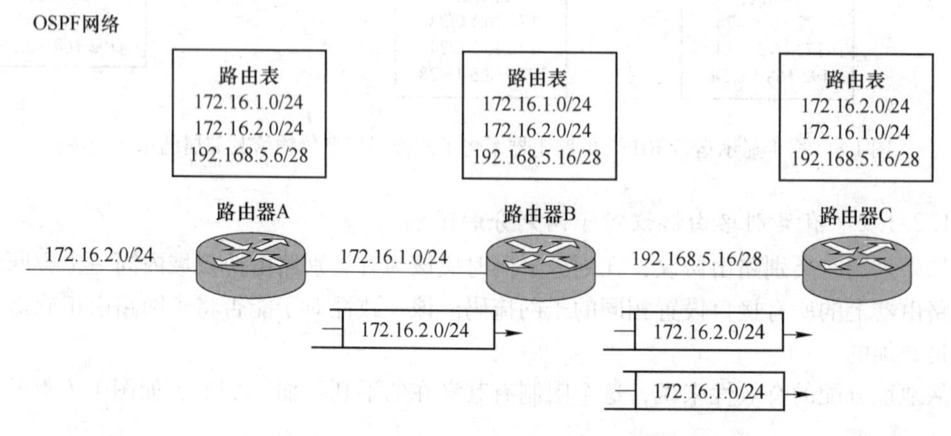

图1-10 用于显示运行OSPF的路由器将子网信息传输给其邻居的示例网络

有类别路由协议的另一个限制是，要求对同一主类网络中所有路由器接口都使用一致的子网掩码。这个严格的有类别方式导致不能有效地使用主机地址。

无类别路由协议知道在同一主类网络内的不同路由可以有不同的子网掩码。在同一主类网络中使用不同的掩码长度称为可变长度的子网掩码（VLSM）。无类别路由协议支持VLSM，因此可以更为有效地设置子网掩码，以满足不同子网对不同主机数目的需求，更充分地利用主机地址。

在图1-11中，串行链路上配置的子网掩码（掩码255. 255. 255. 252，对应路由前缀长度为30）可以恰当地支持该种链路只需要两个主机地址的要求。以太网链路可以使用适合所连主机个数的掩码，在本案例中是255. 255. 255. 224（相当于长度为27的路由前缀）。

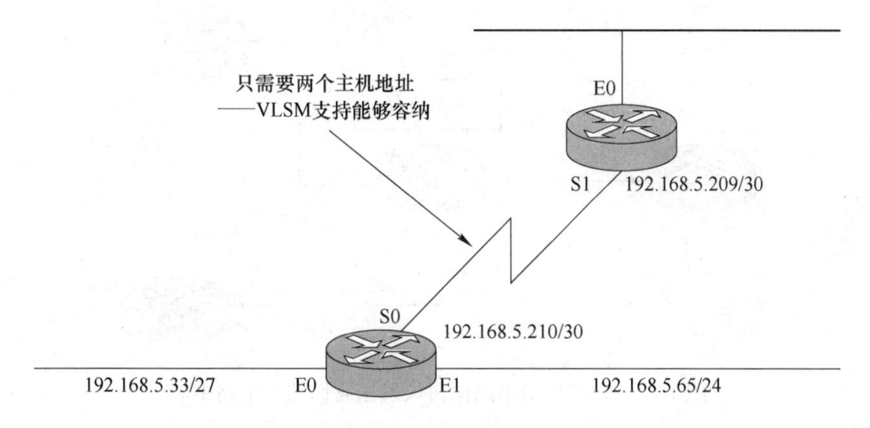

图 1-11 运行无类别路由协议的路由器可以使用不同的地址掩码

无类别方式的子网掩码与网络地址一起发送，支持复杂的网络拓扑和路由查询。表 1-3 显示了无类别路由协议相对于有类别路由协议的改进。

表 1-3 有类别路由协议和无类别路由协议

有类别路由协议	无类别路由协议
要求在主类网络中的所有子网都使用相同的掩码	每条路由都通告子网掩码
在主类网络地址边界用缺省的有类别主网掩码进行路由自动归纳	归纳过程由人工控制，并可发生在任一比特位上
要求主类网络中的所有路由器接口都使用相同的掩码	主类网络内的不同路由可以有不同的子网掩码

下面两节描述了路由协议分类的另一种方式，即距离矢量型和链路状态型。还将讨论距离矢量型和链路状态型路由协议之间的区别，以及它们与有类别和无类别分类方式的关系。

1.2.3 距离矢量型路由协议原理

由多数距离矢量型路由协议产生的定期的、例行的路由更新只传输到直接相连的路由器。路由器发送路由更新最为常用的寻址方式是一种逻辑广播，尽管在某些情况下，也可以指定使用单点传输方式发送路由更新。

在纯距离矢量型路由环境中，路由更新包括一个完整的路由表，如图 1-12 所示。通过接收相邻路由器的整个路由表，路由器能够核查所有已知路由，然后根据所接收到的更新信息修改本地路由表。路由器对网络的理解是根据相邻路由器对拓扑结构的视图，因此，解决路由问题的距离矢量法有时称为“传闻路由（routing rumor)”。

Cisco IOS 支持几种距离矢量型路由协议，包括 RIPv1、RIPv2 和 IGRP。Cisco 路由也支持 EIGRP，它是一种高级距离矢量型路由协议。

从传统来说，距离矢量型路由协议往往也是有类别路由协议。RIPv2 和 EIGRP 是具有无类别路由功能的更先进的距离矢量型路由协议的例子。EIGRP 也具有某些链路状态型路由协议的特征。

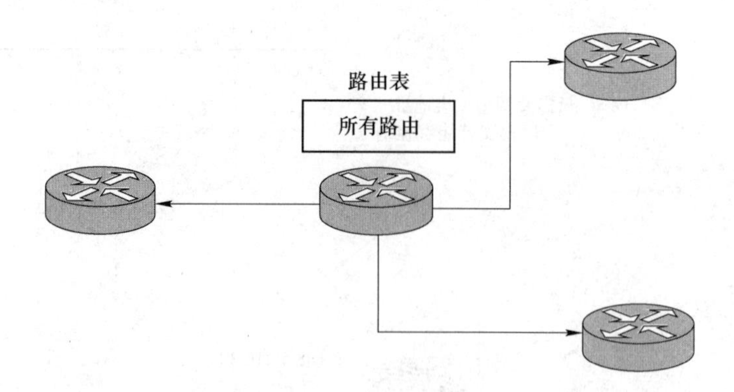

图 1-12 距离矢量型路由协议发送它们的整个路由表

路由协议通常与协议组的网络层相关联。尽管路由协议使用网络层传输技术来交换路由信息，但是路由协议进程本身并不存在于网络层。图 1-13 显示出了 IP 距离矢量型路由协议在 OSI 参考模型中所在的位置。

如图 1-13 所示，IGRP 路由协议位于传输层，协议号为 9，TCP 协议号为 6，用户数据报协议（UDP）号为 17。RIP 路由协议位于应用层，其 UDP 端口号为 520 ，端口 53 是域名服务器，端口 69 是简单文件传输协议（TFTP），端口 161 是简单网络管理协议（SNMP）。

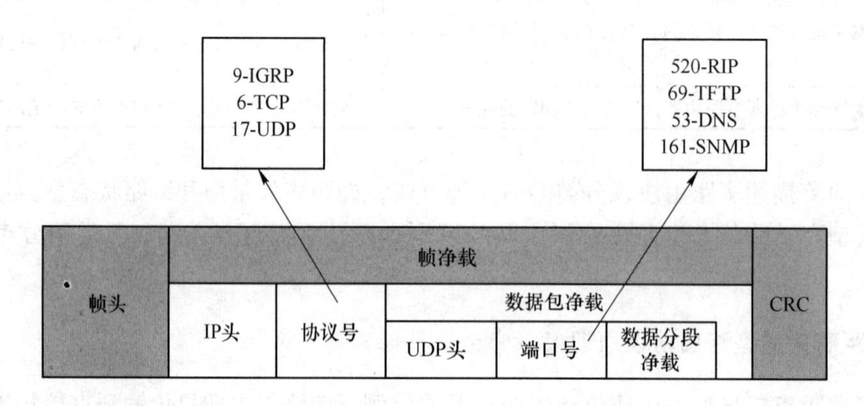

图 1-13 距离矢量型路由数据流承载于 IP 数据包内

表 1-4 对 Cisco 路由器上所支持的不同距离矢量型路由协议的特征进行了比较。大多数距离矢量型路由协议采用贝尔曼-福特（Bellman-Ford）算法来计算路由。EIGRP 是一种高级距离矢量型路由协议，采用弥散修正算法（diffusing update algorithm，DUAL）。

表 1-4 Cisco 的 IP 距离矢量型路由协议的比较

特 征	RIPv1	RIPv2	IGRP	EIGRP
计数到无限	●	●	●	
横向隔离	●	●	●	●
抑制计时器	●	●	●	
触发式更新，路由逆向毒抑	●	●	●	●

续表 1-4

特　征	RIPv1	RIPv2	IGRP	EIGRP
负载均衡——等成本路径	●	●	●	●
负载均衡——非等成本路径			●	●
VLSM 支持		●		●
路由算法	贝尔曼－福特	贝尔曼－福特	贝尔曼－福特	DUAL
度量值	跳数	跳数	复合	复合
跳数限制	15	15	100	100
易扩展性	小	小	中	大

注：有些特征，比如横向隔离、抑制时间和跳数限制，对于有些路由协议来说是可配置的。IGRP 和 EIGRP 的跳数限制缺省为 100，但是可以配置到最大为 255。

1.2.4 链路状态型路由协议原理

链路状态型路由协议只当网络拓扑结构发生变化时才生成路由更新数据包。当链路状态发生变化时，检测到这一变化的路由器就生成一个关于该链路的链路状态通告（LSA）。随后，LSA 通过一个特殊的多目组播地址传播给所有的相邻路由器。每台路由器都会保留 LSA 的拷贝，并向其相邻的路由器转发该 LSA，然后更新其拓扑结构数据库。LSA 扩散用于确保所有路由器都能了解到这个变化，这样它们就能更新它们的数据库，并生成一个更新过的、反映新的网络拓扑结构的路由表。

大多数链路状态型路由协议需要进行体系化设计。这种设计方式，比如为 OSPF 创建多个逻辑区域，减少了将 LSA 扩散到路由域内所有路由器的要求，因为区域内的应用将 LSA 的扩散限制在该区域的逻辑边界内，而不是扩散到 OSPF 路由域内的所有路由器。换句话说，在一个区域内的变化只是引起该区域内路由器路由表的重新计算，而不会影响到整个区域。

表 1-5 比较了链路状态型路由协议所具备的一些特征。注意，从技术上看，EIGRP 是一种先进的距离矢量型路由协议，但它显示出某些链路状态型路由协议的特征。

表 1-5　Cisco 的链路状态型路由协议的比较

特　征	OSPF	IS-IS	EIGRP
要求体系化拓扑结构	●	●	
保留对所有可能路由的了解	●	●	●
路由归纳——人工	●	●	●
路由归纳——自动			●
事件触发式通告	●	●	●
负载均衡——等成本路径	●	●	●
负载均衡——非等成本路径			●
VSLM 支持	●	●	●
路由算法	Dijkstra	IS-IS	DUAL
度量值	链路成本（带宽）	链路成本（带宽）	复合
跳数限制	无	1024	100
易扩展性	大	很大	大

1.2.5 路由收敛

在路由型网络中，各路由器中的路由进程都必须保留到所有目的地网络的无环路径。当所有路由表都达到同步，且每个路由表都包含到各个目的地网络的一条可用路由时，网络就达到了收敛状态。收敛是在拓扑结构发生变化后，比如添加了新路由或现有路由的状态发生了变化后，与路由表同步相关联的活动。收敛力度在不同的路由协议中是不一样的，并且在相同路由协议下所用的缺省计时器也随厂商具体设置的不同而不同。

收敛时间是网络中所有路由器对当前拓扑结构的认知达到一致所需的时间。网络的大小、所使用的路由协议以及众多可配置的计时器都能够影响收敛时间。

测量收敛时间的一项关键信息是怎样检测到链路状态发生了变化，以 OSI 参考模型作为指导，至少有两种不同的检测方法：

（1）当物理层或数据链路层（例如，局域网上的一块网络接口卡（NIC））没能接收到一定数量（通常是 3）的连续 keepalive 消息时，就认为该链路失效了。

（2）当路由协议没能接收到一定数量（通常是 3）的连续 Hello 消息、路由更新或类似消息时，就认为该链路失效了。

大多数路由协议都具有防止在链路状态转换过程中产生拓扑结构环路的计时器。例如，当认为一条距离矢量型路由可疑时，就将其置为抑制状态，并且在抑制计时器到时之前，将不接收有关该路由的新路由信息，除非新的路由信息有比原度量值更好的度量值。这种方法使网络拓扑结构有机会在计算新路由之前达到稳定。不幸的是，有时候网络收敛所用的时间不会小于抑制计时器的持续时间。举另外一个例子，运行 OSPF 的路由器有一个内置的延迟，在知道有路由发生变化后它会先等一段时间才重新计算路由表。这一延迟时间段会使得路由器对在该时间段内发生的多个变化不重新计算路由。该特性有助于降低 CPU 的开销，避免在一个很短的时间间隔内执行多次 SPF 计算，例如在有翻动（flapping）路由（指一会儿 up、一会儿 down 的路由）的情况下更是如此。

除计时器的值外，其他因素，比如网络的大小、路由算法的效率和怎样通告失效信息等，都会影响收敛时间。图 1-14 展示出了在下面所有收敛示例中所用到的网络。

RIP 协议的收敛过程如图 1-14 所示。

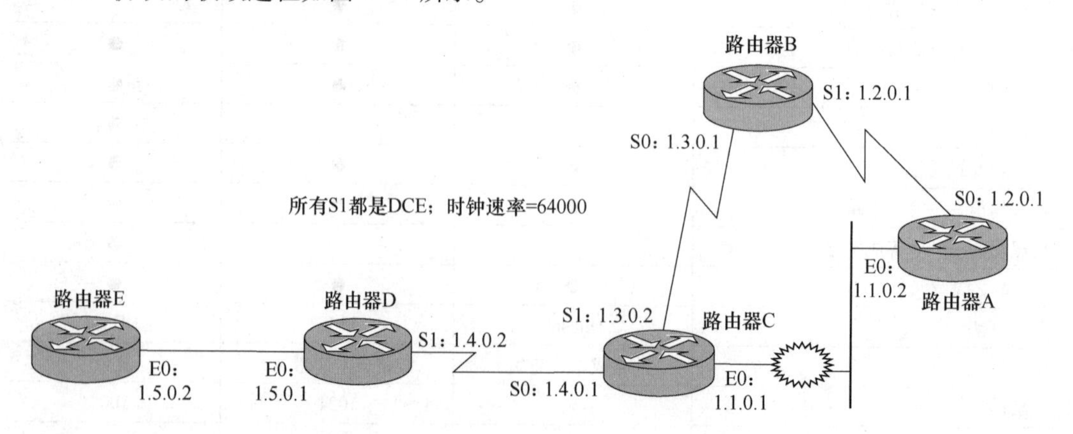

图 1-14　用来显示在链路失效后不同路由协议是怎样进行收敛的网络

当图 1-14 中的路由器 C 检测到网络 1.1.0.0 失效时，RIP 收敛过程如下：

（1）路由器 C 检测到它和路由器 A 之间的以太网链路失效了。路由器 C 向路由器 B 和路由器 D 发送一个包括毒抑路由（poisoned route，一种度量值为不可达的路由，对 RIP 路由协议来说，跳数 16 的路由为毒抑路由）的闪速路由更新，即当变化不是发生在正常定期时间间隔内时所发送的一种更新。路由器 D 产生一个新的闪速路由更新，并将它发送给路由器 E。路由器 C 将与失效链路直接相连的路由条目从它的路由表中清除，并且将所有与该失效链路相关联的路由也从它的路由表中清除。

（2）路由器 C 通过广播地址 255.255.255.255（对于 RIPv1）或一个多目组播地址 224.0.0.9（对于 RIPv2），向其邻居发送一个查询消息，以查找到网络 1.1.0.0 的其他路径。

（3）路由器 D 用一个到网络 1.1.0.0 的毒抑路由对路由器 C 做出回应（这是反向毒抑（poison reverse）特性的运作），同时路由器 B 用一个到网络 1.1.0.0 的较差度量值的路由进行回应。路由器 C 立刻在它的路由表中装上来自路由器 B 的这条新路由。路由器 C 不进入抑制状态，因为该路由条目已经从它的路由表中清除。根据横向隔离规则，路由器 D 通常不会向路由器 C 发送有关网络 1.1.0.0 的路由更新。然而，反向毒抑更新超越了横向隔离规则。

（4）路由器 D 将这条失效路由置为抑制状态。当路由器 C 在其周期性路由广播中通告这条度量值较差的路由时，路由器 D 会忽略该路由，因为它是处于抑制状态。在抑制过程中，将忽略那些与原路由有相同度量值或有更差度量值的路由。路由器 D 继续在其路由更新中向路由器 C 发送一条毒抑路由。

（5）当路由器 D 和路由器 E 脱离抑制状态后，路由器 C 所宣布的新路由会引起它们的路由表进行更新。注意，RIP 的缺省更新时间是 30 秒，缺省抑制时间是 180 秒。

从路由 E 的角度看，收敛时间是检测时间的总和加上抑制时间，再加上一个更新时间（从路由器 D 到路由器 E）以及一个部分或完全更新时间。路由器 E 的实际收敛时间可能会超过 210 秒。

在 RIP 收敛的测试过程中，有一些细节特征表现如下：

（1）在将路由更新信息发送出去之前，路由器会先将链路的度量值（跳数）与其路由表中的度量值相加。例如，路由器 D 用跳数 2 而不是 1 向路由器 E 发送有关网络 1.3.0.0 的路由更新信息。路由器 D 发送给路由器 E 的路由度量值已经包括了其自身的 1 跳。

（2）闪速更新也是发送全路由表，而不仅仅是变化的那一部分。

（3）对于查询的答复也是全路由表。

例 1-2 的命令输出是从图 1-14 中的路由器 D 上获得的。例中“**debug ip rip**”、“**debug ip routing**”和“**show ip route**”命令是从图 1-14 中路由器 D 上获得的。

【例 1-2】图 1-14 中的路由器 D 在运行 RIP 时的调试输出。其中的阴影行突出了 RIP 是如何进行收敛的一些更重要的事件和信息。

```
D#
06:07:30: RIP: sending v1 update to 255.255.255.255 via Ethernet0 (1.5.0.1)
06:07:30:        subnet  1.1.0.0, metric 2
```

```
06: 07: 30:        subnet  1.3.0.0, metric 2
06: 07: 30:        subnet  1.2.0.0, metric 3
06: 07: 30:        subnet  1.4.0.0, metric 1
06: 07: 30: RIP: sending v1 update to 255.255.255.255 via Serial1 (1.4.0.2)
06: 07: 30:        subnet  1.5.0.0, metric 1
!link has gone down
06: 07: 36: RIP: received v1 update from 1.4.0.1 on Serial1
06: 07: 36:        1.1.0.0 in 16 hops (inaccessible)
06: 07: 36: RT: metric change to 1.1.0.0 via 1.4.0.1, rip metric [120/1] new metric [120/-1]
06: 07: 36: RT: delete route to 1.1.0.0 via 1.4.0.1, rip metric [120/4294967295]
06: 07: 36: RT: no routes to 1.1.0.0, entering holddown
06: 07: 36:        1.3.0.0 in 1 hops
06: 07: 36:        1.2.0.0 in 2 hops

! this is a flash update
06: 07: 36: RIP: sending v1 update to 255.255.255.255 via Ethernet0 (1.5.0.1)
06: 07: 36:        subnet  1.1.0.0, metric 16
06: 07: 36:        subnet  1.3.0.0, metric 2
06: 07: 36:        subnet  1.2.0.0, metric 3
06: 07: 36:        subnet  1.4.0.0, metric 1
06: 07: 36: RIP: sending v1 update to 255.255.255.255 via Serial1 (1.4.0.2)
06: 07: 36:        subnet  1.1.0.0, metric 16
06: 07: 36:        subnet  1.5.0.0, metric 1
06: 07: 36: RIP: received v1 update from 1.5.0.2 on Ethernet0
06: 07: 36:        1.1.0.0 in 16 hops (inaccessible)
06: 07: 36: RIP: received v1 update from 1.4.0.1 on Serial1

!this is the reply for the v1 request
06: 07: 36: RIP: sending v1 update to 1.4.0.1 via Serial1 (1.4.0.2)
06: 07: 36:        subnet  1.1.0.0, metric 16
06: 07: 36:        subnet  1.5.0.0, metric 1

06: 07: 36: RIP: received v2 request from 1.4.0.1 on Serial1
!Router D doesn't reply to the v2 request because it is running v1

06: 07: 37: RIP: received v1 update from 1.4.0.1 on Serial1
06: 07: 37:        1.1.0.0 in 3 hops
06: 07: 37:        1.3.0.0 in 1 hops
06: 07: 37:        1.2.0.0 in 2 hops
06: 07: 42: RIP: received v1 update from 1.4.0.1 on Serial1
06: 07: 42:        1.1.0.0 in 3 hops
06: 07: 42:        1.2.0.0 in 2 hops
06: 07: 42:        1.3.0.0 in 1 hops
06: 07: 52: RIP: received v1 update from 1.5.0.2 on Ethernet0
06: 07: 52:        1.1.0.0 in 16 hops (inaccessible)
```

```
06: 07: 56: RIP: sending v1 update to 255.255.255.255 via Ethernet0 (1.5.0.1)
06: 07: 56:      subnet  1.1.0.0, metric 16
06: 07: 56:      subnet  1.3.0.0, metric 2
06: 07: 56:      subnet  1.2.0.0, metric 3
06: 07: 56:      subnet  1.4.0.0, metric 1
06: 07: 56: RIP: sending v1 update to 255.255.255.255 via Serial1 (1.4.0.2)
06: 07: 56:      subnet  1.1.0.0, metric 16
06: 07: 56:      subnet  1.5.0.0, metric 1

D#show ip route
!output omitted
   1.0.0.0/16 is subnetted, 5 subnets
R     1.1.0.0/16 is possibly down, Routing via 1.4.0.1, Serial1
R     1.3.0.0 [120/1] via 1.4.0.1, 00:00:21, Serial1
R     1.2.0.0 [120/2] via 1.4.0.1, 00:00:21, Serial1
C     1.5.0.0 is directly connected, Ethernet0
C     1.4.0.0 is directly connected, Serial1
!Router D 1.1.0.0 is in holddown and ignores routes for 1.1.0.0 from Router C

!after a while, Router D route to 1.1.0.0 exits holddown
06: 10: 59: RT: 1.1.0.0 came out of holddown
!This took 10: 59-7: 36 = 3 min and 17 seconds = 197 seconds.
!This is the holddown timer (180 seconds) plus a bit
06: 10: 59: RT: add 1.1.0.0/16 via 1.4.0.1, rip metric [120/3]
06: 10: 59:      1.3.0.0 in 1 hops
06: 10: 59:      1.2.0.0 in 2 hops

!this is a flash update (only 20 seconds after last update)
06: 10: 59: RIP: sending v1 update to 255.255.255.255 via Ethernet0 (1.5.0.1)
06: 10: 59:      subnet  1.1.0.1, metric 4
06: 10: 59:      subnet  1.3.0.0, metric 2
06: 10: 59:      subnet  1.2.0.0, metric 3
06: 10: 59:      subnet  1.4.0.0, metric 1
06: 10: 59: RIP: sending v1 update to 255.255.255.255 via Serial1 (1.4.0.2)
06: 10: 59:      subnet  1.5.0.0, metric 1
!resumes sending 10 seconds later, which is 30 seconds after last "non-flash" update
06: 11: 09: RIP: sending v1 update to 255.255.255.255 via Ethernet0 (1.5.0.1)
06: 11: 09:      subnet  1.1.0.0, metric 4
06: 11: 09:      subnet  1.3.0.0, metric 2
06: 11: 09:      subnet  1.2.0.0, metric 3
06: 11: 09:      subnet  1.4.0.0. metric 1
06: 11: 09: RIP: sending v1 update to 255.255.255.255 via Serial1 (1.4.0.2)
06: 11: 09:      subnet  1.5.0.0, metric 1
```

1.3 路由表分析

有两种基本的更新路由信息的方法，即距离矢量方法和链路状态方法，如图 1-15 所示。

距离矢量型路由协议采用一种例行的、定期的、包含路由表全部内容的通告来发送路由信息。这些通告通常以广播方式，并且只传播到直连的路由器上去。这种方法的不利一面是：即使没有拓扑结构变化要通告，在周期时间段上，各链路也会占用相当大的带宽。

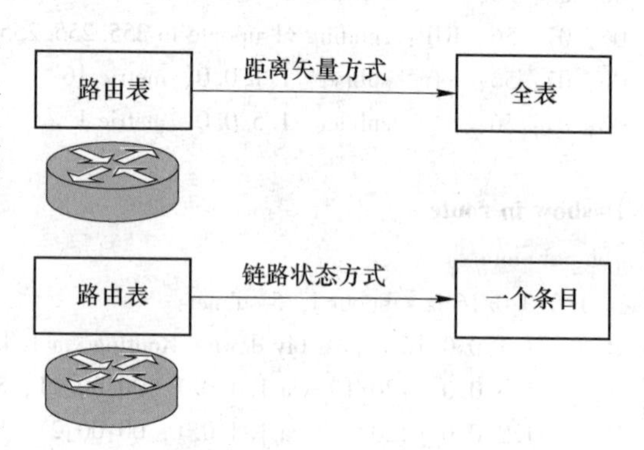

图 1-15　距离矢量型和链路状态型路由协议发送的路由更新信息

链路状态型路由协议采用触发更新式的通告方式。这些通告只在当网络中有拓扑结构变化时才生成。LSA 只包含与有变化链路相关的信息（比如单条路由），并且传播到网络中的所有路由器上。LSA 作为多目组播数据包进行发送。LSA 的扩散是必需的，因为采用链路状态型路由协议的路由器各自独立地计算它们的路由；但同时，这些计算是基于对网络拓扑结构的一致了解。这种方法节省了每条链路的带宽，因为这种通告包含了比完整路由表少得多的信息，并且只当拓扑结构发生变化时才发送。一些链路状态型路由协议，也会定期（对于 OSPF，每 30 分钟一次）发送通告，以确保所有路由器中的拓扑结构数据库能保持同步（一致）。

路由进程必须保持到各目的地网络的一条无环路径。如果存在到一个目的地的多条具有相同的最低度量值路径，那么所有这些路径（对于 IP 最多为 6 条）都将列在路由表中。IP 路由进程将同时在这些具有相同度量值的路径上进行负载均衡。

可以通过 Cisco IOS 的可执行命令“**show ip route**”来显示 IP 路由表。如果认为所显示出来的信息已经改变了，可用特权可执行命令：

clear ip route *ipaddress* | *

删除路由表中的当前路由，并强迫相邻路由器重新发送路由更新。一个任选参数“*ipaddress* | *”，要么是某一个网络或子网络路由“*ipaddress*”，要么是“*”符号（代表所有值的通配符），可以用来进一步标识要进行的更新。

例 1-3 展示出了某个路由器上的某个 IP 路由表示例。在这个网络中使用的是 OSPF 路由协议，它同时了解内部和外部路由。最后一行代表一个缺省网络。“*”符号说明该路由是缺省路径，它也是最后的可用网关，路由表显示结果上部的阴影行也反映了这一点。

【例 1-3】 IP 路由表示例。

```
Backbone#show ip route
Codes: C-connected, S-static, I-IGRP, R-RIP, M-mobile, B-BGP
D-EIGRP, EX-EIGRP external, O-OSPF, IA-OSPF inter area
```

```
N1-OSPF NSSA external type 1, N2-OSPF NSSA external type 2
E1-OSPF external type 1, E2-OSPF external type 2, E-EGP
i-IS-IS, L1-IS-IS level-1, L2-IS-IS level-2, * -candidate default

Gateway of last resort is 10.5.5.6 to network 0.0.0.0
        172.16.0.0/24 is subnetted, 2 subnets
C          172.16.10.0 is directly connected, Loopback100
C          172.16.11.0 is directly connected, Loopback101
O  E2      172.22.0.0/16 [110/20] via 10.3.3.3, 01:06:28, Serial1/2
                         [110/20] via 10.4.4.4, 01:06:28, Serial1/3
                         [110/20] via 10.5.5.5, 01:06:28, Serial1/4
O  E2      192.168.4.0/24 [110/20] via 10.4.4.4, 01:06:28, Serial1/3
O  E2      192.168.5.0/24 [110/20] via 10.5.5.5, 01:06:28, Serial1/4
        10.0.0.0 is subnetted, 4 subnets
C          10.5.5.0 is directly connected, Serial1/4
C          10.5.4.0 is directly connected, Serial1/3
C          10.5.3.0 is directly connected, Serial1/2
C          10.5.1.0 is directly connected, Serial1/0
O  E2      192.168.3.0/24 [110/20] via 10.3.3.3, 01:03:08, Serial1/2
S*         0.0.0.0/0 [1/0] via 10.5.5.5
```

1.4 体系化寻址

1.4.1 规划一个 IP 地址划分体系

电话网络使用一种包括国家代码、地区代码和交换号码的体系化编码方案。下面用一个例子来说明该编码方案，如图 1-16 所示。老张要从北京中关村给在西安市碑林区的老高打电话，应该先拨长途代码 0，然后拨西安市的地区代码 29，然后是碑林区的号码

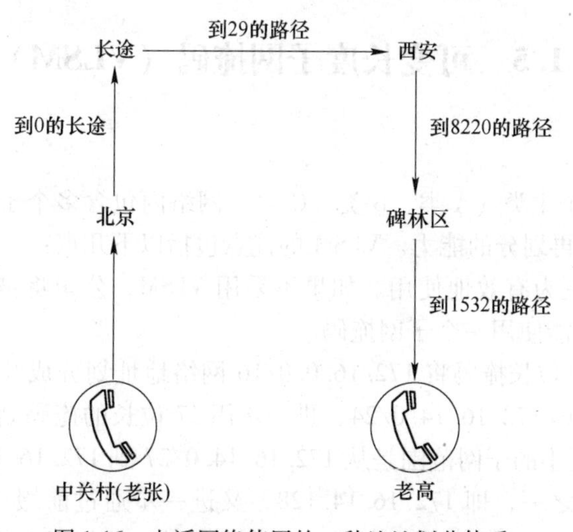

图 1-16 电话网络使用的一种地址划分体系

8220，最后是老高的本地号码1532。北京中关村电话局看到第一个号码“0”后，知道这是一个长途电话，就根据地区代码029-8220进行查找，接着马上将这个电话转接到西安市碑林区电话局。北京中关村电话局不知道1532在西安市碑林区的什么位置，它也不必弄清楚，它只需要了解地区代码，因为地区代码已经总括了当地的所有电话号码。

如果没有一个体系化的地址结构，各电话局就要把全国乃至全球的每个电话号码都放入它的定位表中。而实际上，各电话局只需要存储归纳性的号码，比如地区代码和国家代码。一个归纳性的号码代表了一组号码。例如，029-8220这个代码就是西安市碑林区的归纳号码。也就是说，如果我们在国内任何一个地方拨打029-8220、后面跟着4位电话号码，各电话局都会将这个电话号码转接到西安市碑林区电话局。这就是Internet专家们试图采用的以及我们在网络中实施的一种寻址策略。

1.4.2 体系化寻址的优点

（1）减少路由表条目的数量。无论是Internet路由器还是内部网的路由器，都应该通过路由归纳尽量减少路由表中的条目。路由归纳是采取体系化寻址规划后的一种用一个IP地址代表一组IP地址的方法。通过对路由进行归纳，可以将路由表条目数保持为可管理的，从而可以带来以下好处：

1）提高路由效率；

2）当重新计算路由表或通过路由表条目检索一个匹配时，可减少所需要的CPU周期数；

3）降低对路由器内存的需求；

4）在网络发生变化时可以更快地收敛；

5）容易排错。

（2）有效的地址分配。因为地址是连续的，体系化寻址可以利用所有可能的地址。如果随机分配地址，很容易就会因为地址冲突而浪费地址分组。例如，有类别路由协议会自动在网络地址边界上进行路由归纳，这些协议不支持不连续网络环境下的寻址，如果没有进行连续的地址分配，有些地址将不能得到使用。

1.5 可变长度子网掩码（VLSM）

1.5.1 VLSM概述

VLSM提供了一个主类（A类、B类、C类）网络内包含多个子网掩码的能力，以及对一个子网进行子网再划分的能力。VLSM的优点包括以下几点：

（1）对IP地址更为有效地使用。如果不采用VLSM，公司将被限制在整个A类、B类或C类网络号内只能使用一个子网掩码。

例如，考虑用24位长掩码将172.16.0.0/16网络地址划分成几个子网，同时将这个范围内的子网之一，即172.16.14.0/24，进一步用27位长的掩码划分成更小的子网，如图1-17所示。这些更小的子网范围是从172.16.14.0/27到172.16.14.224/27。在图1-17中，这些更小的子网之一，即172.16.14.128，又进一步通过前缀“/30”被细分，创建了只有两台主机的子网以用于广域网链路，所有子网的细节如图1-17所示。

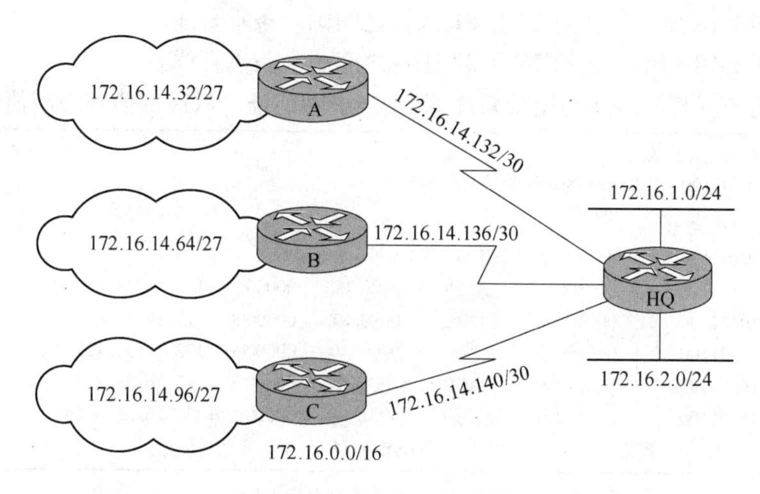

图 1-17　VLSM 允许在一个主类网络中使用多个子网掩码

（2）应用路由归纳的能力更强。VLSM 允许在寻址计划中有更多的体系分层，因此可以在路由表内进行更好的路由归纳。例如，在图 1-17 中，地址 172. 16. 14. 0/24 可以归纳网络 172. 16. 14. 0 下的所有子网，包括那些来自 172. 16. 14. 0/27 和 172. 16. 14. 128/30 的子网。

在图 1-17 中，可用的子网如表 1-6 所示。

表 1-6　图 1-17 中可用的子网

从 172. 16. 0. 0/24	172. 16. 0. 0/24（没有在本例中使用） 172. 16. 1. 0/24 173. 16. 2. 0/24 ⋮ 172. 16. 14. 0/24（没有在本例中使用，但进一步划分为子网 172. 16. 14. 0/27）
从 172. 16. 14. 0/27	172. 16. 14. 0/27（没有在本例中使用） 172. 16. 14. 32/27 172. 16. 14. 64/27 172. 16. 14. 96/27 ⋮ 172. 16. 14. 128/27（没有在本例中使用，但进一步被划分为子网 172. 16. 14. 128/30）
从 172. 16. 14. 128/30	172. 16. 14. 128/30（没有在本例中使用） 172. 16. 14. 132/30 172. 16. 14. 136/30 172. 16. 14. 140/30 ⋮

1. 5. 2　计算 VLSM

通过 VLSM，可以对一个子网再进一步划分子网，以得到更多的子网地址和每个网络上较少的主机数目，这样更适宜于该网络的拓扑结构。

例如，将 172. 16. 32. 0/20 进一步划分子网为 172. 16. 32. 0/26，可以获得 64 个子网，每个子网可以容纳 62 台主机。具体步骤如下（图 1-18）：

（1）写出 172. 16. 32. 0 的二进制形式。

（2）如图 1-18 所示，在第 20 和 21 比特之间画一条垂直线。

（3）如图 1-18 所示，在第 26 和 27 比特之间画一条垂直线。

（4）用两条垂直线之间的比特来计算 64 个子网地址，从最低值到最高值。

子网化地址：172. 16. 32. 0/20
以二进制表示：10101100. 00010000. 00100000. 00000000

VLSM 地址：172. 156. 32. 0/26
以二进制表示：10101100. 00010000. 0010 | 0000. 00 | 000000

	网络			子网	VLSM 子网	主机
子网 1：	10101100	.	00010000	.0010	0000. 00	0000000 = 172. 16. 32. 0/26
子网 2：	10101100	.	00010000	.0010	0000. 01	0000000 = 172. 16. 32. 64/26
子网 3：	10101100	.	00010000	.0010	0000. 10	0000000 = 172. 16. 32. 128/26
子网 4：	10101100	.	00010000	.0010	0000. 11	0000000 = 172. 16. 32. 192/26
子网 5：	10101100	.	00010000	.0010	0001. 00	0000000 = 172. 16. 33. 0/26

图 1-18　进一步划分子网

1. 5. 3　VLSM 应用实例

VLSM 常用于将一个网络可用的地址数量最大化。例如，因为点对点串行线路只需要两个主机地址，所以可以使用一个只有两个主机地址的子网，因此不会浪费珍贵的子网地址。

在图 1-19 中，在局域网上所使用的地址是在 1. 5. 2 节中所生成的那些地址。图 1-19 根据各层所期望的主机数列出了地址被应用的地方，例如，广域网链路使用前缀“/30”

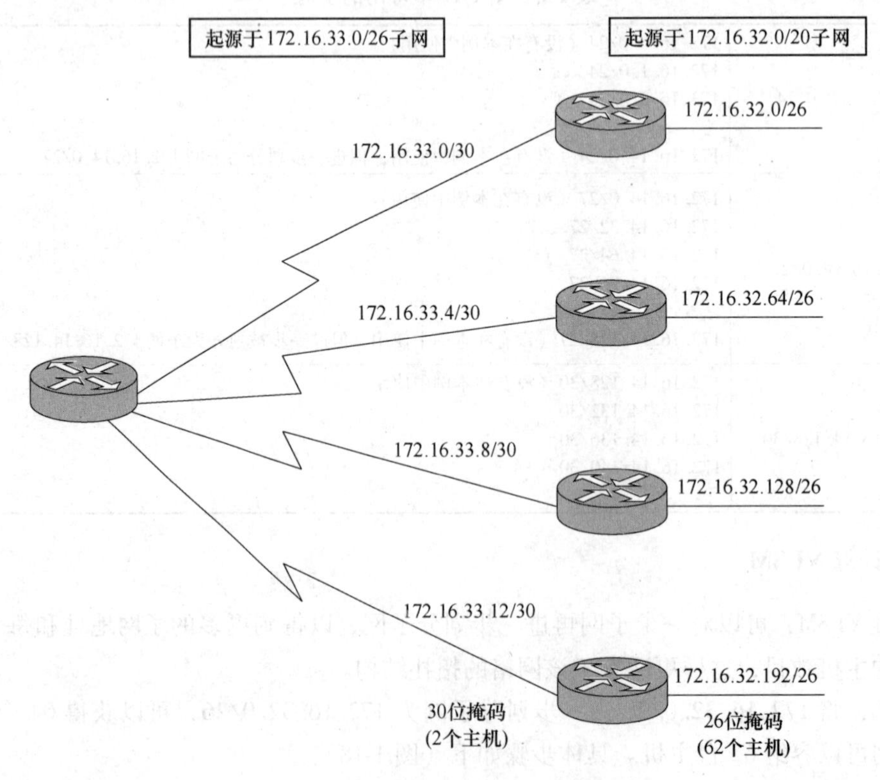

图 1-19　使用以太网和点对点广域网链路的 VLSM 应用实例

的地址（相当子网掩码 255. 255. 255. 252）。这些前缀允许子网内含有两台主机，这对于两个路由器间的点对点连接刚好有足够的主机数。要计算在广域网链路上使用的地址，将其中一个没使用的子网进一步划分子网。在本例中可以用前缀“/30”来对子网 172. 16. 33. 0/26 进一步划分子网。这样就又提供了 4 个子网比特，因此对于点对点广域网链路来说，就可以有 16 个可用的子网。

1.6 路由归纳

1.6.1 路由归纳概述

路由归纳是将较长的掩码合并成较短的掩码以包含更多的网段，也称为路由聚合（route aggregation）或超网（supernetting），可以减少路由器必须保存的路由条目数量。

例如，图 1-20 中，路由器 A 可以要么发送 3 条路由更新条目，要么将这 3 个地址归纳为一个网络号。

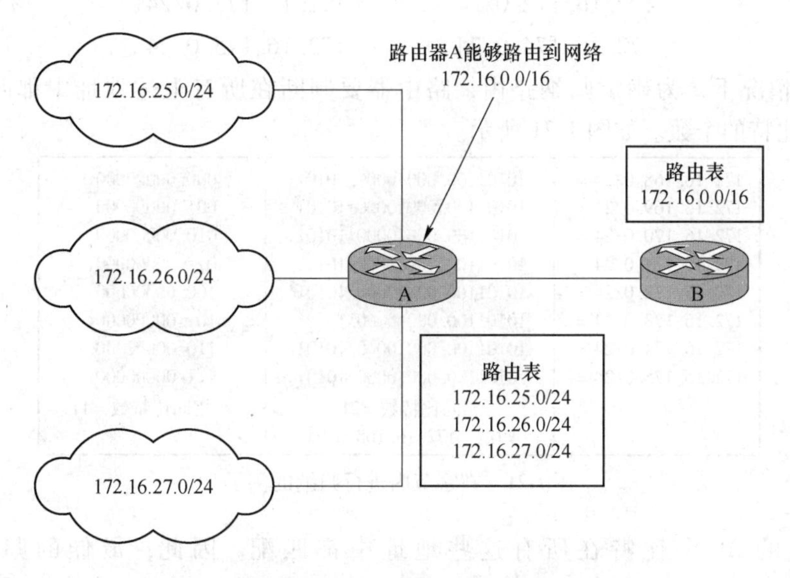

图 1-20　路由器可以进行路由归纳以减少路由条目数量

注意，在图 1-20 中路由器 A 通告说它有到网络 172. 16. 0. 0/16 包括该网络中的所有子网的路由。但是，如果在网络中其他地方还有网络 172. 16. 0. 0 内的其他子网（例如网络 172. 16. 0. 0 是不连续的），就不能这样进行归纳。

路由归纳的优点：（1）可减少网络拓扑变化所造成的路由表的变化；（2）减少路由表条目数。注意，只要在路由表中至少有一条具体的路由属于归纳路由的涵盖范围，归纳路由器就会向外通告该归纳路由。

只有在应用了一个正确的地址规划时，路由归纳才能可行和有效。在子网化的环境中，当网络地址是以 2 的指数形式表达的连续区块时，路由归纳是最有效的。

例如，4^{16}或 512 个地址可以通过一个路由条目来表示。因为和子网掩码一样，归纳掩码是二进制掩码，所以归纳必须发生在二进制边界（2 的指数）上。如果网络地址号不是连续的或不是 2 的指数，那么可以将这些地址分成组，然后尝试单独对这些组进行归纳。

路由协议根据共享网络地址部分来归纳路由。无类别路由协议，如 OSPF 和 EIGRP，支持基于子网地址，包括 VLSM 寻址的路由归纳；有类别路由协议，如 RIPv1 和 IGRP，自动地在有类别网络的边界上归纳路由。有类别路由协议不支持在任何其他比特边界上的路由归纳；而无类别路由协议支持在任何比特边界上的路由归纳。

1.6.2　在字节内的归结

图 1-21 表示了一个基于全字节的归纳路由。172.16.25.0/24、172.16.26.0/24 和 172.16.27.0/24 可以归纳为 172.16.0.0/16。但是，事情并不是那么简单的。

某个路由器可以接收到对下列路由的更新信息：

172.16.168.0/24　　172.16.169.0/24
172.16.170.0/24　　172.16.171.0/24
172.16.172.0/24　　172.16.173.0/24
172.16.174.0/24　　172.16.175.0/24

在这种情况下，为确定归纳路由，路由器要判断在所有上述地址中都匹配的高位（最左边）比特的个数。如图 1-21 所示。

172.16.168.0/24 =	10101100.00010000.10101	000.00000000
172.16.169.0/24 =	10101100.00010000.10101	001.00000000
172.16.170.0/24 =	10101100.00010000.10101	010.00000000
172.16.171.0/24 =	10101100.00010000.10101	011.00000000
172.16.172.0/24 =	10101100.00010000.10101	100.00000000
172.16.173.0/24 =	10101100.00010000.10101	101.00000000
172.16.174.0/24 =	10101100.00010000.10101	110.00000000
172.16.175.0/24 =	10101100.00010000.10101	111.00000000
	相同比特数 =21 归纳：172.16.168.0/21	不相同比特数 =11

图 1-21　在字节内进行归纳的例子

最左边的 21 个比特在所有这些地址中都匹配。因此，最佳的归纳路由是 172.16.168.0/21（或 172.16.168.0　255.255.248.0）。

为让路由器可以将大多数 IP 地址聚合到一个路由归纳中，IP 地址规划应该在本质上是体系化的。当使用 VLSM 时，这种方法尤其重要，我们将在下一节中看到这一点。

1.6.3　基于 VLSM 设计的网络中的地址归纳

当使用体系化的 IP 寻址时，采用 VLSM 设计可以最大限度地利用 IP 地址，更高效地完成路由更新通信。例如，在图 1-22 中，路由归纳发生在两个级别上：

（1）路由器 C 将把网络 172.16.32.64/26 和网络 172.16.32.128/26 的路由更新归纳成一条路由更新：173.16.32.0/24。

（2）路由器 A 收到三条不同的路由更新，但在传播给公司网络之前已将它们归纳成了一条路由更新。

路由归纳可以减少因网络拓扑变化而造成的路由表变化，可以减少路由表的条目数。

正如图 1-22 所示，路由器 A 将收到的三条路由归纳成一条，即将 172. 16. 128. 0/20、172. 16. 32. 0/24 和 172. 16. 64. 0/20 归纳成 172. 16. 0. 0/16 发送到公司网络。

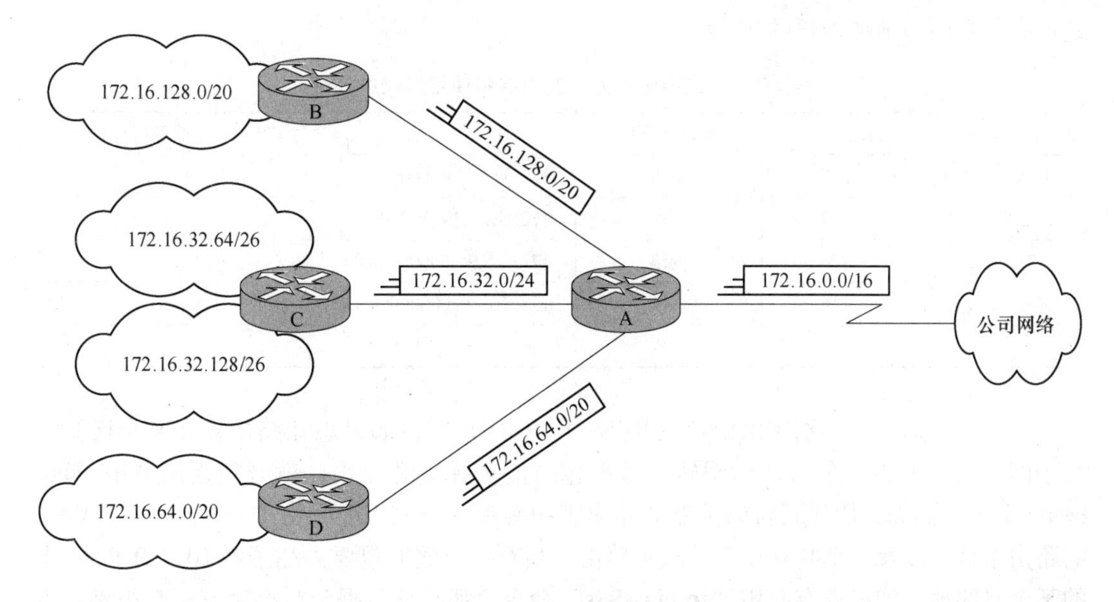

图 1-22 在采用 VLSM 的网络中进行归纳的示例

1. 6. 4 路由归纳的实施

路由归纳可减少路由表中条目的数量，从而减少对路由器内存的占用，进而减少因路由协议而造成的网络数据流量。要使网络中的路由器能够正确工作，必须满足下面三个要求：

（1）多个 IP 地址必须共享相同的高位比特。

（2）路由协议必须根据 32 比特的 IP 地址和最长可达 32 比特的前缀长度来作出路由或转发的决定。

（3）路由更新必须将前缀长度（子网掩码）与 32 比特的 IP 地址一起传输。

1. 6. 5 Cisco 路由器中的路由归纳操作

下面将讨论 Cisco 路由器处理路由归纳的一般原理。Cisco 通过以下两种方法来管理路由归纳：

（1）发送路由归纳。从接口向外通告的路由信息被 RIP、IGRP 和 EIGRP 路由协议自动地在主类（有类别）网络地址的边界上进行归纳。具体来说，这种自动归纳是作用于那些有类别网络地址与通告发出接口上的主类网络地址不同的路由。对于 OSPF，必须人工配置归纳。

路由归纳并不一定总有效。如果需要在一个边界上通告所有的网络，比如当有不连续的网络时，就不能使用路由归纳。当使用 EIGRP 和 RIPv2 时，可以关闭自动归纳功能。

（2）从路由归纳中选择路由。如果在路由表中有多个条目与某个目的地相匹配，将使用路由表中前缀最长的那个匹配。

例如，如果某个路由表中有如表1-7所示的路径，寻址目的地为172.16.5.99（172.16.5.01100011）的数据包将按去往网络172.16.5.0/24的路径进行转发，因为该地址有与目的地地址最长的匹配。

表1-7 在选择路由时，路由器将使用最长的匹配

目的地	前缀长度	网络或主机	目的地二进制	与172.16.5.99的匹配长度
172.16.5.33	/32	主机	172.16.5.00100001	0
172.16.5.32	/27	子网	172.16.5.001 00000	0
172.16.5.0	/24	网络	172.16.5.00000000	24位
172.16.0.0	/16	网络区块	172.16.0.00000000	18位
0.0.0.0	/0	缺省	—	—

注意，当运行有类别路由协议（RIPv1和IGRP）时，如果想让路由器在某个已知一些子网的网络中的一个未知子网转发数据包时能选择缺省路由，就必须起用“**ip classless**”命令。例如，假设某台路由器的路由表中有关于子网10.58.0.0/16和10.6.0.0/16的路由条目，以及一个0.0.0.0的缺省路由。当有一个数据包要去往子网10.7.0.0/16上的某个目的地，如果没有起用“**ip classless**”命令，那么该数据包将会丢弃。有类别路由协议认为如果它们知道网络10.0.0.0中的某些子网，那么它们就肯定知道该网络中的现存子网。起用“**ip classless**”命令是向路由器指明：对于未知网络或已知网络中的未知子网，它应该选择最佳超网路由或缺省路由。

另外，“**ip classless**”命令在Cisco IOS软件的版本12.0中是缺省起用的，在以前的版本中，它的缺省是关闭的。

1.6.6 地址不连续网络中的归纳路由

地址不连续的子网是指由其他不同的主类网络所分开的同一主类网络中的子网。

RIP、IGRP和EIGRP在主类网络地址边界上自动进行路由归纳。该行为会有重要影响：

（1）子网不能通告到不同的主类网络。

（2）地址不连续的子网相互间看不到。

在图1-23所示的例子中，因为RIPv1不能穿过不同的主类网络通告子网，所以路由器A和路由器B不通告子网172.16.5.0 255.255.255.0和172.16.6.0 255.255.255.0。当强行让路由器A和路由器B都通告网络172.16.0.0时，该路由穿过网络192.168.14.0时将会引起混乱。这是因为，路由器C从两个不同的方向都收到关于网络172.16.0.0的路由，它就会做出不正确的路由决定。

对于这种情况，可以通过采用RIPv2、OSPF或EIGRP协议，且禁止使用路由归纳来解决。因为它们的子网络路由通告中含有实际的子网掩码。当使用OSPF和EIGRP协议时，通告形式是可配置的，但在RIPv2协议中不行。

当存在有地址不连续的子网，或当归纳路由所涵盖的子网并不都能经通告该归纳路由的路由器可达时，使用路由归纳一定要小心。如果归纳的路由指示某些子网通过某路由器

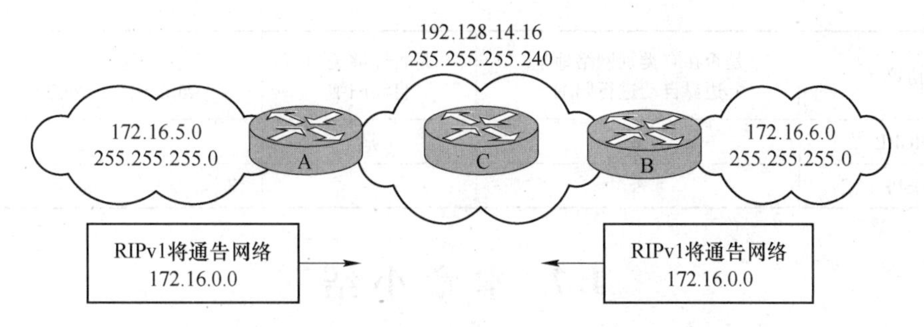

图 1-23　有类别路由协议不支持地址不连续的子网

是可达的，而当这些子网地址实际上是不连续的或通过那台路由器并不可达时，那么网络可能会有与图 1-24 中所示的 RIPv1 网络相似的问题。

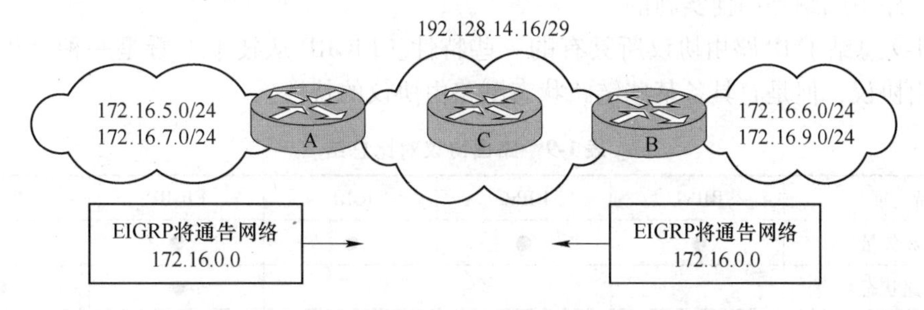

图 1-24　当通过无类别路由协议进行归纳时也需要小心

当使用一个无类别路由协议时，这个问题可以得到解决，因为可以关闭自动路由归纳功能（如果缺省启用的话）。运行无类别路由协议的路由器在从路由表中选择路由时是使用前缀最长的匹配，如果某台路由器在发布路由通告时没有使用归纳，那么其他路由器就可同时看到子网路由和归纳路由，于是其他路由器就可以选择前缀最长的匹配并且采用这条正确的路径。例如，在图 1-24 中，如果路由器 A 继续发布归纳路由 172. 16. 0. 0/16，而路由器 B 配置为不进行归纳，那么路由器 C 将接收到去往网络 172. 16. 6. 0/24 的显式路由和去往网络 172. 16. 0. 0/16 的归纳路由。于是，所有寻址到路由器 B 所连子网的数据流就发送到路由器 B，而所有到 172. 16. 0. 0 网络的其他子网的数据流就发送到路由器 A。对于任何其他无类别路由协议来说，都是这样的。

1.6.7　各种 IP 路由协议对路由归纳支持情况

表 1-8 提供了所讨论过的各种 IP 路由协议对路由归纳支持情况的一个小结。

表 1-8　路由协议对路由归纳的支持情况

协议	是否在有类别网络地址边界自动进行归纳	是否能够关闭自动归纳	是否能在有类别网络地址边界之外进行归纳
RIPv1	是	否	否
RIPv2	是	是	否
IGRP	是	否	否

续表 1-8

协议	是否在有类别网络地址边界自动进行归纳	是否能够关闭自动归纳	是否能在有类别网络地址边界之外进行归纳
EIGRP	是	是	是
OSPF	否	—	是

1.7 本章小结

在本章中，我们学习了路由器转发数据包所需要的关键信息、有类别和无类别路由协议之间的差别、距离矢量型和链路状态型路由协议之间的区别、路由表中各域的用途，以及路由器是怎样实现其路由和交换两种功能的；另外，我们还学习了 IP 路由协议是如何收敛的、路由归纳是如何实施的。

表 1-9 总结了 IP 路由协议所具有的一些特性。EIGRP 从技术上看是一种高级距离矢量型路由协议，但是它具备某些链路状态型路由协议的特性。

表 1-9 路由协议对比总结

特 征	RIPv1	RIPv2	IGRP	EIGRP	OSPF
距离矢量	●	●	●	●	
链路状态				●	●
自动路由归纳	●	●	●	●	
VLSM		●		●	●
专有			●	●	
易扩展性	小	小	中	大	大
收敛时间	慢	慢	慢	快	快

练 习 题

1-1 什么特性决定了有类别和无类别路由协议的不同点？

1-2 距离矢量型路由协议的哪些特性使它收敛得慢一些？

1-3 路由表中的哪个域可以表征目的地网络的可达程度？

1-4 完成表 1-10，指出哪些路由协议具备右边一栏中的特性（在左边一栏中填写一个或多个路由协议：RIPv1、RIPv2、IGRP、EIGRP、OSPF）。

表 1-10 路由协议特性表

协 议	特 性
	保持一个拓扑结构表以有助于快速地收敛
	通过广播数据包来传输拓扑结构更新
	管理距离为 110
	支持更新扩散（flooding）以避免路由环路
	为能正确运行需要一个体系化的设计

续表 1-10

协 议	特 性
	允许在任一地方进行人工路由归纳
	可以基于带宽来选择最佳路径
	支持 VLSM
	链路状态型路由协议被所有的路由器生产厂商所支持吗?

1-5 对于距离矢量型路由协议，Cisco 采用了什么措施，以使路由器能更快地知道拓扑结构的变化?

1-6 OSPF 的哪些特性确保了收敛时间总是大于 5 秒?

1-7 “clear ip route 172. 16. 3. 0” 命令的作用是什么?

1-8 假设我们负责管理如图 1-25 所示的网络。该网络由 5 个局域网和 5 条串行链路组成，每个局域网上有 25 个用户。我们已经分配给了 IP 地址 192. 168. 49. 0/24，现在要为所有链路分配地址。在表 1-11 的空白处写出要分配给各局域网和串行链路的地址。

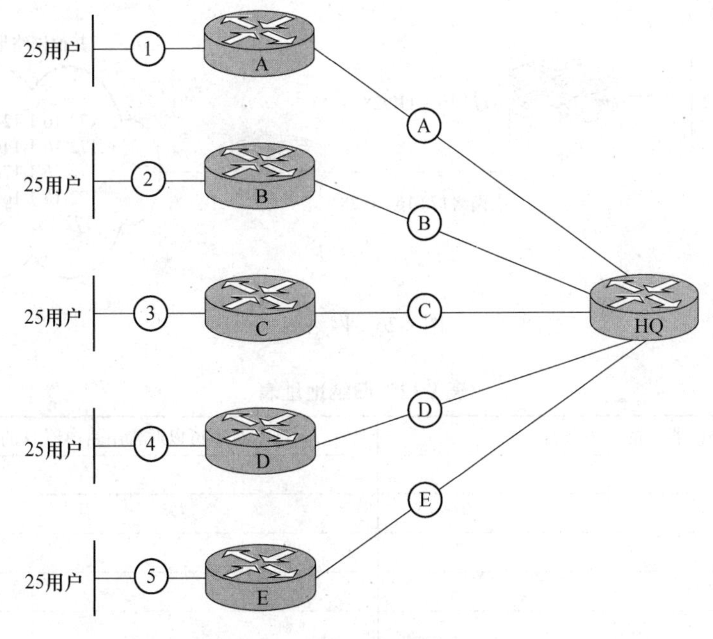

图 1-25 网络图

表 1-11 分配地址表

局域网 1	
局域网 2	
局域网 3	
局域网 4	
局域网 5	
广域网链路网 A	
广域网链路网 B	
广域网链路网 C	

续表 1-11

广域网链路网 D	
广域网链路网 E	

1-9 图 1-26 展示了一个配置有网络 172. 16. 0. 0 的子网的网络。请指出在这个网络上的哪个地方能够进行路由归纳，以及在表 1-12 的空白处写出归纳地址是什么。

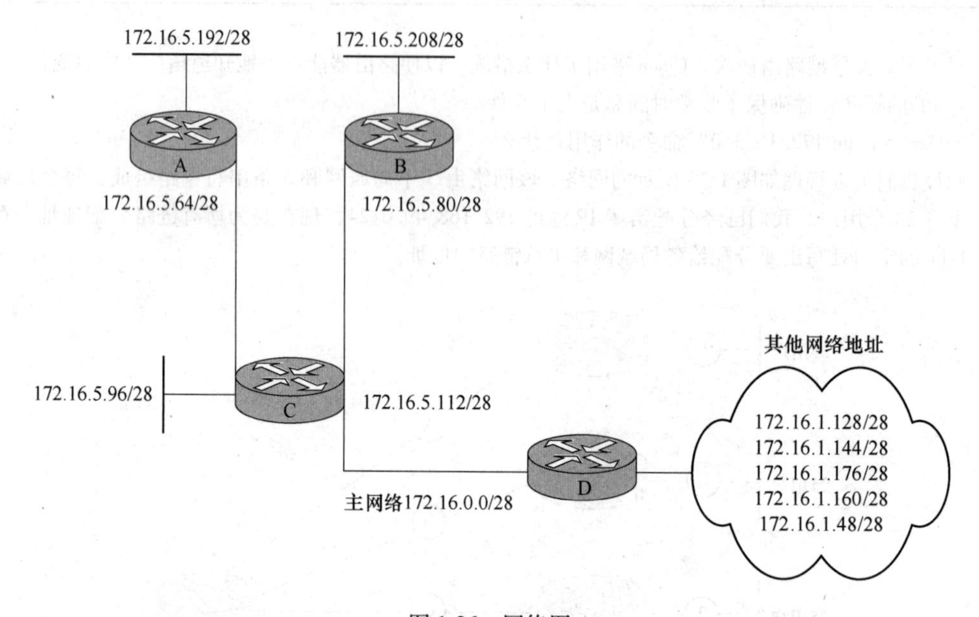

图 1-26 网络图

表 1-12 归纳地址表

路由器 C 的路由条目	路由器 C 可以通告给路由器 D 的归纳路由

1-10 图 1-27 展示了一个配置有网络 172. 16. 0. 0 的子网的网络，请指出在这个网络上的哪个地方能够进行路由归纳，以及在表 1-13 的空白处写出归纳地址是什么。

表 1-13 归纳地址表

路由器 H 的路由条目	路由器 H 可以通告给路由器 D 的归纳路由

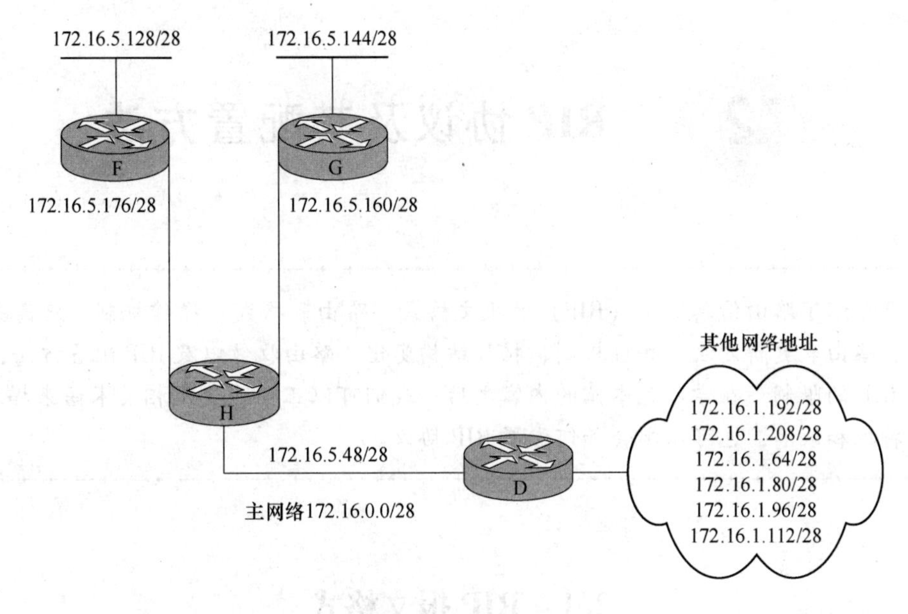

图 1-27　网络图

1-11　使用一种体系化 IP 寻址模型的优点是什么？

1-12　给出了一个前缀是“/20”的地址，当用前缀“/28”进行子网划分时可获得多少个额外的子网？

1-13　当选择一条路由时，使用哪个前缀匹配？

2 RIP 协议及其配置方法

本章介绍了路由信息协议（RIP）的报文格式、路由表格式、操作机制、距离矢量计算方法、路由表更新方法、寻址机制、拓扑结构变化、路由收敛以及 RIP 配置方法，最后介绍了 RIP 的限制。在学习完本章的内容之后，我们可以正确地使用相关术语来描述 RIP 的主要特性和缺陷，也可以学会如何配置 RIP 协议。

2.1 RIP 报文格式

RIP 是一类基于距离矢量路由算法的协议，这种算法在 ARPANET 出现之前即存在。在 1957 ~ 1962 年之间人们对这种算法进行了理论上的研究。在整个 60 年代，这种算法被不同的公司广泛实现并标以不同的名字，最终造成的结果是这些产品之间紧密相关，但同时因被各公司进行功能强化而使它们不能提供完全的互操作能力。1988 年 6 月，RFC1058 发布，这个文档描述了一个新的、真正开放的距离矢量形式的路由协议：开放式标准 RIP。这个 RIP，和以前一样，是一个简单的距离矢量型路由协议，它是专门为小型简单网络而设计的内部网关协议（IGP）。

使用 RIP 的每个路由器至少要有一个网络接口。假设这个网络是一种局域网体系结构（如以太网、令牌环和 FDDI），RIP 只需为不与这个局域网直接相连的路由器计算路由。依赖于所使用的应用程序，位于相同局域网上的路由器可能只使用局域网机制进行通信。

RIP 使用特殊的报文来收集和共享至有关目的地的距离信息。图 2-1 显示了路由信息域中只带一个目的地的 RIP 报文。

1 字节 命令	1 字节 版本	2 字节 0 域	2 字节 AFI	2 字节 0 域	4 字节 网络地址	4 字节 0 域	4 字节 0 域	4 字节 度量

图 2-1　RIP 报文结构

RIP 报文中至多可以出现 25 个 AFI、互联网络地址和度量域。这样允许使用一个 RIP 报文来更新路由表中的多个路由条目。包含多个路由条目的 RIP 报文只是简单地重复从 AFI 到度量域的结构，其中包括所有的零域。这个重复的结构附加在图 2-1 结构的后面。具有两个条目的 RIP 报文如图 2-2 所示。

1 字节 命令	1 字节 版本	2 字节 0 域	2 字节 AFI	2 字节 0 域	4 字节 网络地址	4 字节 0 域	4 字节 0 域	4 字节 度量
					4 字节 网络地址	4 字节 0 域	4 字节 0 域	4 字节 度量

图 2-2　具有两个条目的 RIP 报文

地址域可以既包括发送者的地址，也包括发送者路由表中的一系列 IP 地址。请求报文含有一个条目并包括请求者的地址。应答报文可以包括至多 25 个 RIP 路由条目。整个 RIP 报文大小限制是 512 字节。因此，在更大的 RIP 网络中，对整个路由表的更新请求需要传送多个 RIP 报文。报文到达目的地时不提供顺序化，一个路由条目不会分开在两个 RIP 报文中。因此，任何 RIP 报文的内容都是完整的，即使它们可能仅仅是整个路由表的一个子集。当报文收到时接收节点可以任意处理更新，而不需对其进行顺序化。

比如，一个 RIP 路由器的路由表中可以包括 100 项。与其他 RIP 路由器共享这些信息需要 4 个 RIP 报文，每个报文包括 25 项。如果一个接收节点首先收到了 4 号报文（包括从 76 至 100 的条目），它会首先简单地更新路由表中的对应部分，这些报文之间没有顺序相关性。这样使得 RIP 报文的转发可以省去传输协议如 TCP 所特有的开销。

2.1.1 命令域

命令域指出 RIP 报文是一个请求报文还是对请求的应答报文。两种情形均使用相同的帧结构：

（1）请求报文请求路由器发送整个或部分路由表。

（2）应答报文包括和网络中其他 RIP 节点共享的路由条目。应答报文可以是对请求的应答，也可以是主动的更新。

2.1.2 版本号域

版本号域包括生成 RIP 报文时所使用的版本。RIP 是一个开放标准的路由协议，它会随时间而进行更新，这些更新反映在版本号中。虽然有许多像 RIP 一样的路由协议出现，但 RIP 只有两个版本：版本 1 和版本 2。这一章对通常使用的版本 1 进行描述。

（1）0 域。嵌入在 RIP 报文中的多个 0 域证明了在 RFC1058 出现之前存在许多如 RIP 一样的协议。大多数 0 域是为了向后兼容旧的如 RIP 一样的协议，0 域说明不支持它们所有的私有特性。比如，两个旧的机制 traceon 和 traceoff。这些机制被 RFC1058 抛弃了，然而开放式标准 RIP 需要和支持这些机制的协议向后兼容。因此，RFC1058 在报文中为其保留了空间，但却要求这些空间恒置为 0。当收到的报文中这些域不是 0 时就会被简单地丢弃。不是所有的 0 域都是为了向后兼容，至少有一个 0 域是为将来的使用而保留的。

（2）AFI 域。地址族标识（address family identifier，AFI）域指出了互联网络地址域中所出现的地址族。虽然 RFC1058 是由 IETF 创建的，因此适用于网际协议（IP），但它的设计提供了和以前版本的兼容性。这意味着它必须提供大量基于互联网络地址构成或地址族的路由信息的传输。因此，开放式标准 RIP 需要一种机制来决定其报文中所携带地址的类型。

（3）互联网络地址域。4 字节的互联网络地址域包含一个互联网络地址。这个地址可以是主机、网络，甚至是一个缺省网关的地址码。下面两个例子描述了这个域的内容是如何变化的：

1）在一个单条目请求报文中，这个域包括报文发送者的地址。

2）在一个多条目应答报文中，这些域将包括报文发送者路由表中存储的 IP 地址。

（4）度量标准域。RIP 报文中的最后一个域是度量标准域，这个域包含报文的度量计数。这个值在经过路由器时递增。数量标准有效的范围是在 1 ~ 15 之间。度量标准实际上可以递增至 16，但是这个值和无效路由对应。因此，16 是度量标准域中的错误值，不在有效范围内。

2.2 RIP 路由表

如上一节所述，使用 RIP 报文中列出的项，RIP 主机可以彼此之间交流路由信息。这些信息存储在路由表中，路由表为每一个知道的、可达的目的地保留一项。每个目的地条目是到达那个目的地的最低开销路由。注意每个目的地的条目数可以随路由器生产商的不同而变化。生产商可能选择遵守规范，也可以对标准进行他们认为合适的“强化”。所以，用户很可能会发现某个特殊品牌的路由器为每一个网络中的目的地存储至多 4 条相同费用的路由。每个路由条目包括以下各域：目的 IP 地址域、度量标准域、下一跳 IP 地址域、路由变化标志域、路由计时器域。

注意虽然 RFC1058 是一个开放式标准，能支持大量互连网络地址结构，然而它是由 IETF 设计用于 Internet 中自治系统内的协议。如此，使用这种形式 RIP 的自然是网络互联协议。

(1) 目的 IP 地址域。任何路由表中所包含的最重要信息是到所知目的地的 IP 地址。一旦一台 RIP 路由器收到一个数据报文，就会查找路由表中的目的 IP 地址以决定从哪里转发那个报文。

(2) 度量标准域。路由表中的度量域指出报文从起始点到特定目的地的总开销。路由表中的度量是从路由器到特定目的地之间网络链路的开销总和。

(3) 下一跳 IP 地址域。下一跳 IP 地址域包括至目的地网络路径上的下一个路由器接口的 IP 地址。如果目的 IP 地址所在的网络与路由器不直接相连时，路由器表中才出现此项。

(4) 路由变化标志域。路由变化标志域用于指出至目的 IP 地址的路由是否在最近发生了变化。这个域是重要的，因为 RIP 为每一个目的 IP 地址只记录一条路由。

(5) 路由计时器域。有两个计时器与每条路由相联系，一个是超时计时器，一个是路由刷新计时器。这些计时器一同工作来维护路由表中存储的每条路由的有效性。路由表维护过程在 2.5 节中详细描述。

2.3 操作机制

如第 1 章所述，使用距离矢量型路由协议的路由器必须周期性地把路由表的内容发送给它的直接相邻路由器。路由表中含有路由器与所知目的地之间的距离信息。这些目的地可以是主机、打印机或其他网络。

每个接收者给路由条目加上一个距离矢量，也就是它自己的距离“值”，然后把改变了的路由条目转发给它的直接相邻路由器。这个过程无方向地在相邻者之间进行。图 2-3 使用简单的 RIP 互联网络显示了直接相邻者的概念。

图 2-3 中有 4 个路由器。网关路由器和其他每一台路由器互联。它必须和这些路由器

交换路由信息。路由器A、B和C只有一条连接至网关路由器。因此，它们只能和网关路由器直接交换信息。它们可以通过共享网关路由器的信息来学习到其他主机的信息。表2-1显示了其他三台路由器中路由表的简略内容。这些信息与网关路由器共享。

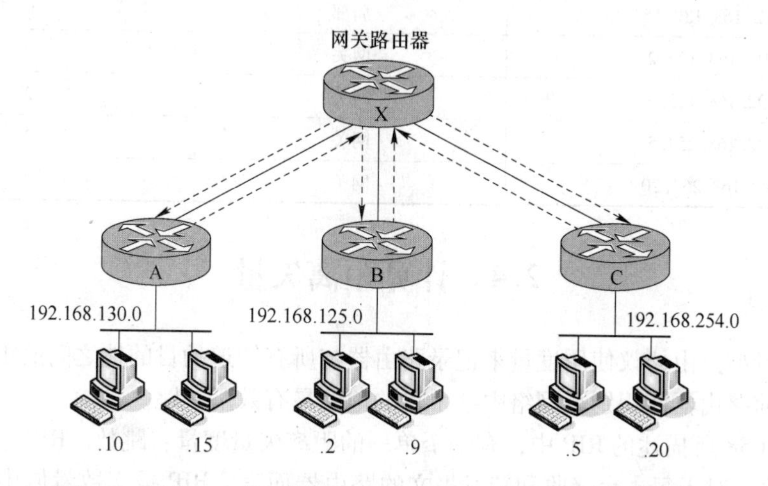

图2-3 每个RIP节点把它的路由表内容广播给它的直接相邻者

表2-1 路由表内容

路由器	主机名	下一跳
A	192.168.130.10	局部
	192.168.130.15	局部
B	192.168.125.2	局部
	192.168.125.9	局部
C	192.168.254.5	局部
	192.168.254.20	局部

网关路由器使用这些信息建造自己的路由表，路由表中的简略内容如表2-2所示。表2-2中的路由信息通过路由信息更新报文和网络中的其他路由器共享。这些路由器使用这些信息来修正自己的路由表。表2-3列出了路由器A在和网关共享路由信息之后的路由表内容。

表2-2 网关路由器的路由表内容

目的主机名	下一跳	跳数
192.168.130.10	A	1
192.168.130.15	A	1
192.168.125.2	B	1
192.168.125.9	B	1
192.168.254.5	C	1
192.168.254.20	C	1

表 2-3 路由器 A 的路由表内容

目的主机名	下一跳	跳数
192.168.130.10	局部	0
192.168.130.15	局部	0
192.168.125.2	网关	2
192.168.125.9	网关	2
192.168.254.5	网关	2
192.168.254.20	网关	2

2.4 计算距离矢量

距离矢量型路由协议使用度量来记录路由器与所有知道的目的地之间的距离。这个距离信息使当前路由器能识别至网络中某个目的地的最有效下一跳。

在 RFC1058 所描述的 RIP 中，有一个单一的距离矢量度量：跳数。RIP 中缺省的跳度量为 1。因此，对于每一台接收和转发报文的路由器而言，RIP 报文数量域中的跳数递增 1。这些距离度量用于建造路由表。路由表指明了一个报文以最小开销到达其目的地的下一跳。

早期一些私有的类 RIP 路由协议使用 1 作为唯一支持的每一跳开销。RFC1058 的 RIP 保留了这个习惯作为缺省的跳数值，但提供给路由器的管理者选择更大开销值的能力。这些值对于区分不同性能的链路是有好处的。这些值可以是不同网络链路（比如区分 5Kbps 线路和 T1 私有线路）带宽，甚至是新路由器与旧模型之间的性能差异。

典型情况下，开销为 1 分配给和其他网络相连的路由器端口。每一跳的开销缺省值为 1 且不能改变时的情形显然来源于在 RFC1058 之前。在相对小的由同构传输技术组成的网络中，设置所有的端口开销为 1 是合情合理的。图 2-4 显示了这一点。

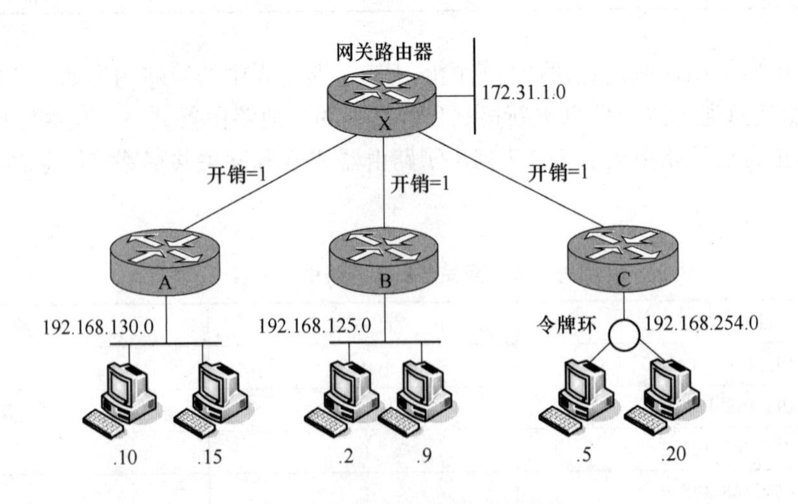

图 2-4 具有相同开销的同构网络

路由器管理员可以改变缺省的度量。比如，管理员可以增加到其他路由器的低速链路的度量。虽然这样可以更准确地表示到一个给定目的地的开销和距离，但并不建议这样做。设置比 1 大的度量值使报文到达最大跳数 16 变得更容易。图 2-5 显示了增大路由度量会使路由很快变为无效。

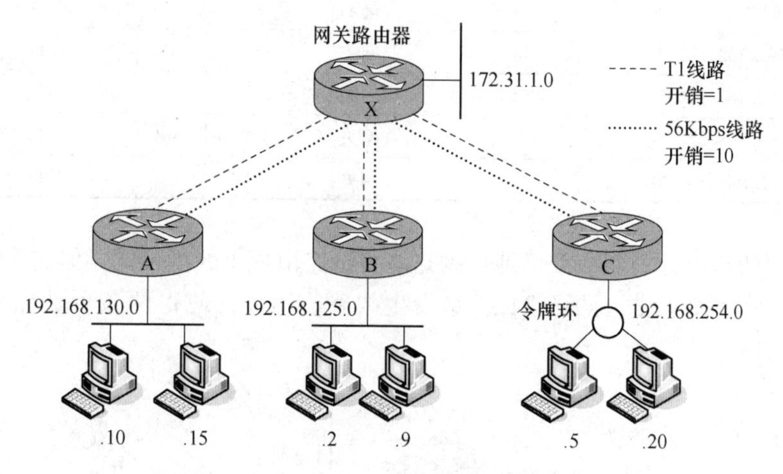

图 2-5 改变跳数以区分基本路由和可选路由

图 2-5 对图 2-4 中给出的广域网进行了一点改动。这个图为图 2-4 中的拓扑加入了低速冗余链路。网络管理员，为了保证可选路由保持其状态，把这些可选路由的度量值设为 10。这些更高的开销使得路由趋向于更高带宽的 T1 传输线路。在其中一条 T1 线路发生故障时，互联网络能继续保持工作正常，虽然由于 56Kbps 备份线路的可用带宽更低而造成性能降低。图 2-6 给出了当网关与路由器之间的 T1 线路发生故障时，互联网络如何反应的情况。

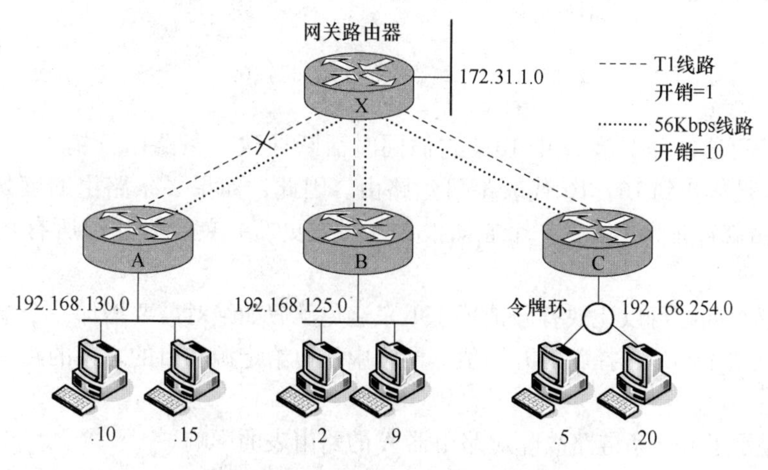

图 2-6 T1 线路发生故障时的网络

路由器 A 知道到网关有 1 跳的距离。因此，就知道了 192. 168. 125. *x* 和 192. 68. 254. *x* 主机离网关也有 1 跳距离，把这两个数加起来，得到每台机器的距离是 2 跳。可选的 56Kbps 传输线路成为路由器 A 与其他网络部分进行通信的唯一路径。路由器 A 的路由表，在网络收敛于新的拓扑之后，其内容汇总在表 2-4 中。

表 2-4 具有链路故障时路由器 A 的路由表内容

目的主机名	下 一 跳	跳 数
192. 168. 130. 10	局部	0
192. 168. 130. 15	局部	0
192. 168. 125. 2	网关	11
192. 168. 125. 9	网关	11
192. 168. 254. 5	网关	11
192. 168. 254. 20	网关	11

虽然更大的路由开销能更准确地反映这些可选路由提供的低带宽，但它会引入不必要的路由问题。在图 2-7 中，两条 T1 线路发生故障，因此，使得两条可选路由同时变为活跃。

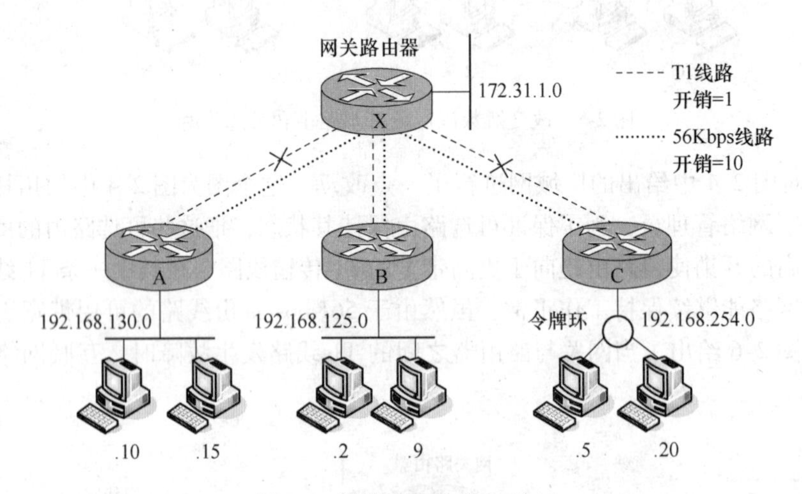

图 2-7 跳数会很快增加到 16

由于两条可选链路具有开销 10，它们同时活跃导致一条路由开销大于 16。有效的 RIP 跳数范围是从 0 到 16，16 代表不可达路由。因此，如果一条路由的度量（或开销）超过 16，路由就宣布为无效，一个通知报文（触发更新）就会发送给所有直接相邻的路由器。

显然，这个问题可以让缺省开销等于 1 来避免。假如绝对需要增加一个给定跳的开销度量，就应该很小心地选择新的开销值。网络中任何给定源和目的之间的路由开销总和不应超过 15。

表 2-5 显示了又一条链路故障对路由器 A 的路由表的影响。

表 2-5 具有两条链路故障时路由器 A 的路由表内容

目的主机名	下 一 跳	跳 数
192. 168. 130. 10	局部	0
192. 168. 130. 15	局部	0
192. 168. 125. 2	网关	11

续表 2-5

目的主机名	下一跳	跳数
192.168.125.9	网关	11
192.168.254.5	网关	16
192.168.254.20	网关	16

从表 2-5 中很明显地看出，路由器 A 和 C 之间的路由开销超过 16，所有的条目声明为无效。路由器 A 仍能和路由器 B 通信，因为那条路由的总开销仅为 11。

2.5 更新路由表

RIP 为每个目的地只记录一条路由的事实要求 RIP 积极地维护路由表的完整性。通过要求所有活跃的 RIP 路由器在固定时间间隔广播其路由表内容至相邻的 RIP 路由器来做到这一点，所有收到的更新自动代替已经存储在路由表中的信息。

RIP 依赖 3 个计时器来维护路由表：更新计时器、路由超时计时器、路由刷新计时器。更新计时器用于在节点一级初始化路由表更新。每个 RIP 节点只使用一个更新计时器。相反的，路由超时计时器和路由刷新计时器为每一个路由条目各维护一个。

如此看来，不同的超时计时器和路由刷新计时器可以在每个路由条目中结合在一起。这些计时器一起能使 RIP 节点维护路由的完整性并且通过基于时间的触发行为使网络从故障中得到恢复。

2.5.1 初始化表更新

RIP 路由器每隔 30 秒触发一次路由表更新。更新计时器用于记录时间。一旦时间到，RIP 节点就会产生一系列包含自身全部路由表的报文，这些报文广播到每一个相邻节点。因此，每一个 RIP 路由器大约每隔 30 秒应收到从每个相邻 RIP 节点发来的更新。注意在更大的基于 RIP 的自治系统中，这些周期性的更新会产生不能接受的流量。因此，一个节点一个节点地交错进行更新更理想一些。每一次 RIP 自动完成更新，更新计时器就会复位，一个小的、任意的时间值加到时钟上。

如果更新并没有如所希望的一样出现，说明互联网络中的某个地方发生了故障或错误。故障可能是简单的，如把包含更新内容的报文丢掉了；故障也可能是严重的，如路由器故障；或者是介于这两个极端之间的情况。显然，采取的措施会因不同的故障而有很大区别。由于更新报文丢失而作废一系列路由是不明智的（记住，RIP 更新报文使用不可靠的传输协议以最小化开销），因此，当一个更新丢失时，不采取更正行为是合理的。为了帮助区别故障和错误的重要程度，RIP 使用多个计时器来标识无效路由。

2.5.2 标识无效路由

有两种方式使路由变为无效：

（1）路由终止。

（2）路由器从其他路由器学习到的路由不可用。

在任何一种情形下，RIP 路由器需要改变路由表以反映给定路由已不可达。一个路由如果在一个给定的时间段之内没有收到更新，就会被视为无效，这个给定时间段由路由超时计时器设置，通常设为 180 秒。当路由变为活跃或被更新时，这个计时器会被初始化。180 秒是大致估计的时间，这个时间足以令一台路由器从它的相邻路由器处收到 6 个路由表更新报文（假设它们每隔 30 秒发送一次路由更新）。如果 180 秒过后，RIP 路由器还没收到关于那条路由的更新，RIP 路由器就认为那个目的 IP 地址不再是可达的。因此，路由器就会把那条路由条目标记为无效。无效路由通过设置其路由度量值为 16 来实现，并且要设置路由变化标志，该标志信息可以通过周期性的路由表更新来与其相邻路由器进行交流。

对于 RIP 节点而言，16 等于无穷大。因此，简单地设置开销度量值为 16 能作废一条路由。接到路由新的无效状态通知的相邻节点使用此信息来更新它们自己的路由表。这是路由变为无效的第二种方式。

无效项在路由表中会存在很短时间，路由器决定是否应该删除它。即使无效条目保持在路由表中，报文也不能发送到那个条目的目的地址：RIP 不能把报文转发至无效的目的地。

2.5.3 删除无效路由

一旦路由器认识到路由已无效，它会初始化路由刷新计时器。因此，在最后一次超时计时器初始化后的 180 秒，路由刷新计时器被初始化，该计时器通常设为 90 秒。

如果路由更新在 270 秒之后仍未收到（180 秒超时加上 90 秒路由刷新时间），就从路由表中移去此路由（也就是刷新）。为了路由刷新递减计数的计时器称为路由刷新计时器。这个计时器对于 RIP 从网络故障中恢复绝对必要。

注意到为了使 RIP 互联网络正常工作，网络中的每一个网关路由器必须参与进去，这一点很重要。参与可以是主动参与也可以是被动参与，但所有的网关路由器必须参与。主动节点是那些主动地进行共享路由信息的节点，它们从相邻者处接收更新，并且转发它们的路由条目拷贝至那些相邻节点。被动节点从相邻者处接收更新，并且使用那些更新来维护它们的路由表，然而被动节点不主动地发布它们自己路由条目的拷贝。

被动维护路由表的能力在硬件路由器出现之前是特别有用的特性，那时路由是一个运行在 UNIX 处理器下的后台程序，这样会使 UNIX 主机上的路由开销达到最小。

2.6 寻址问题

IETF 确保 RIP 完全向后兼容于所有知道的 RIP 和路由变体。考虑到这些协议都是高度个性化的，所以开放式的标准 RIP 没有规定地址类型是必要的。RIP 报文中的地址标识域可以包含：主机地址、子网号、网络号。

（1）指示缺省路由。这个灵活性暗示了如下事实：RIP 允许计算至单个主机的路由，也允许计算至包含大量主机的网络的路由。为了适应这一操作中的地址灵活性，RIP 节点当转发报文时使用最特别的可用信息。例如，当 RIP 路由器收到一个 IP 报文时，必须查看目的地址。它试图把这个地址与路由表中的目的地址进行匹配。如果它不能找到那个目的地主机地址，就会检查目的地址是否能和一个已知的子网或网络号进行匹配。如果在这一级也不能进行匹配，RIP 路由器会使用缺省路由来转发报文。

（2）路由至网关路由器。到此时为止，RIP 路由表中的条目一直假设为至个别主机的路由。这个简单的假设可以更好地描述路由基本的工作方式。现在，网络已变得太大，网络内有很多主机，记录到主机的路由是不现实的。基于主机的路由不必要地扩大了路由表，并且减慢了路由表中的路由查找速度。

在现实世界中，路由计算的是到网络的地址而非到主机的地址。例如，任一网络（子网）上的每一台主机可以通过相同的网关路由器访问，路由表能简单地把网关路由器定义为目的 IP 地址。所有寻址到那个网络或子网的报文可以转发至网关路由器，之后网关路由器承担把报文转发至最终目的地的责任。图 2-8 显示了这一点：它保留了前面一些图的拓扑结构，但使用了更常规的 IP 地址。

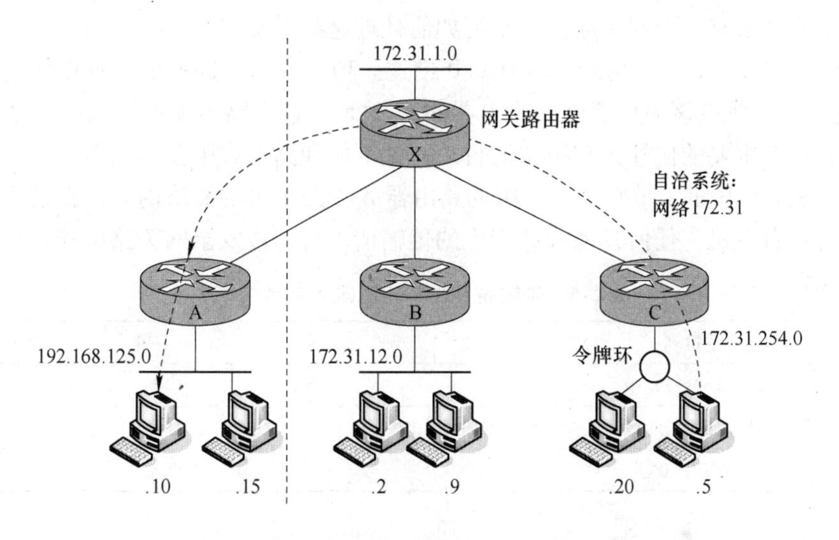

图 2-8　RIP 节点能把报文发送至网关路由器

在图 2-8 中，主机 172. 31. 254. 5 要传输一个 IP 报文至主机 192. 168. 125. 10。这个地址对路由器 C 而言是不可知的。路由器检查子网掩码 255. 255. 255. 0。通过子网掩码路由器得出 192. 168. 125 是一个子网号。更重要的是，路由器 C 知道一条到那个子网的路由。路由器 C 认为子网上的网关路由器知道如何到达那个主机。因此，路由器 C 把报文转发至网关路由器。这种方法要求主机只被与其最近的路由器所知，而不需要使整个网络中的路由器都知道。图 2-8 中的虚线显示了 IP 报文行程的两部分：从路由器 C 到路由器 A，再从路由器 A 到主机 192. 168. 125. 10。

RIP 不支持 VLSM，因此每个网络只能有一个掩码。一个网络包括多个子网是非常可能的，并且每个网络有自己的子网地址，这些子网地址使用相同长度的掩码。RIP 也称为“有类别的”路由协议，因为它只支持基于有类别的 IPv4 地址。

（3）网关路由器之间的路由。在前一节所述的情况下，存在潜在的路由问题。如果路由器 C 不知道目的 IP 地址的子网掩码，并且地址的主机部分不为 0，它就不能确定地址是子网地址还是主机地址，因此报文被认为不可转发而丢弃。

为了避免模糊性，至子网的路由不广播到包括子网的网络之外。这个子网边界上的路由器视为网关路由器，它把每个子网看作单独的网络。RIP 更新在子网内彼此直接相邻的路由器之间进行，但是网络的网关路由器只把网络地址广播给位于其他网络中的相邻网关路由器。

这样做的实际含义是边界网关路由器会向它的相邻者发送不同的信息。子网化网络内的相邻路由器会收到包含与发送者网关路由器直接相连的子网列表的更新报文，路由项会列出每个子网的网络地址。网络之外的直接相邻者会收到只包含一个路由项的更新报文，那一项压缩包含了网络内所有子网的每一台主机。传输的度量开销和到达网络的开销相联系，而不包括网络内的跳数开销。以这种方式，远端的 RIP 路由器会认为寻址到那个子网内任何主机的报文可以通过网络的边界网关路由器到达。

（4）缺省路由。IP 地址 0.0.0.0 用于描述缺省路由。非常类似于子网可以汇聚为至网关路由的方式，缺省路由用于路由至多个没有明确定义和描述的网络。唯一的要求是在这些网络之间必须有一个网关路由器知道如何处理这些报文。

创建缺省路由，RIP 需为地址 0.0.0.0 创建一项。这个特别地址可看作任何其他的目的 IP 地址。下一跳应该为相邻网关路由器的 IP 地址，这个路由项的使用同其他项的使用一样，但有一个重要的例外：在报文的目的地址不能和路由表中任何其他项匹配时才使用缺省路由。表 2-6 显示了带有缺省路由的路由器 A 中路由表的简略内容。在这个表中，只明确标识有一台主机。任何其他局部产生的传输请求自动转发至网关路由器。

表 2-6 带缺省路由的路由器 A 的路由表

主机名	下一跳
192.168.125.10	局部
192.168.125.15	局部
0.0.0.0	网关

2.7 拓扑结构变化与路由收敛

到此为止，RIP 的基本机制和特性已经以一种相当静态的方式进行了讨论。然而，通过考察这些机制如何相互作用来适应网络的拓扑变化，可以获得对 RIP 这些机制更深层的理解。收敛 RIP 互联网络中拓扑变化带来最重要的可能是它会改变相邻节点集，这种变化也会导致下一次计算距离矢量时得到不同的结果。因此，新的相邻节点集必须得到汇聚，从不同的起始点汇聚到新拓扑结构的一致看法，得到一致性拓扑视图的过程称为收敛（convergence）。简单地讲，收敛就是路由器独立地获得对网络结构的共同看法。

图 2-9 显示了收敛过程。图中画出了两条可能的从路由器 A 和网络 192.168.125 到路由器 D 的路由。路由器 D 是一个网关路由器。到路由器 D 网络的基本路由要通过路由器 C。如果这条路由器出现故障，就需要一些时间使所有的路由器收敛至新的拓扑结构，这个拓扑中不再包括路由器 C 和 D 之间的链路。

路由器 C 和 D 之间的链路出现故障，它就不再可用，但是整个网络却需要相当一段时间才能知道这一事实。收敛的第一步是 D 认识到至 C 的链路发生故障。这里假设路由器 D 的更新计时器先于 C 的计时器到期。因为这条链路本应传输从路由器 D 到路由器 C 的更新报文，所以 C 就不能收到 D 发送来的更新报文。C（A 和 B）仍没有意识到 C—D

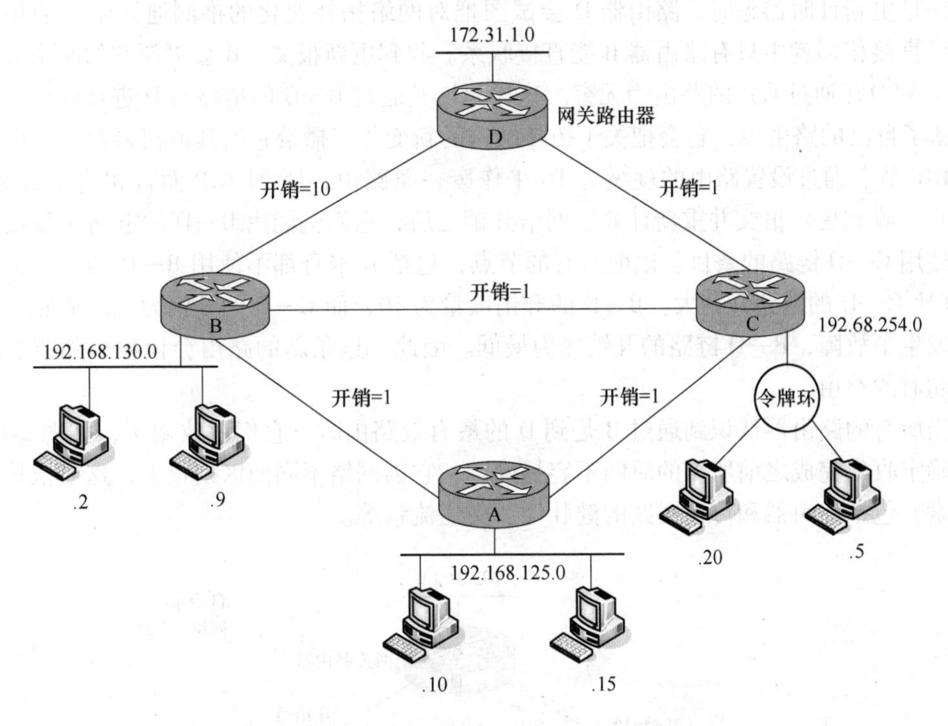

图 2-9　从路由器 A 到路由器 D 的两条可能路径

链路已经发生故障。互联网络中的所有路由器会继续通过那条链路对寻址到路由器 D 网络的报文进行转发。收敛的第一阶段显示在图 2-10 中。

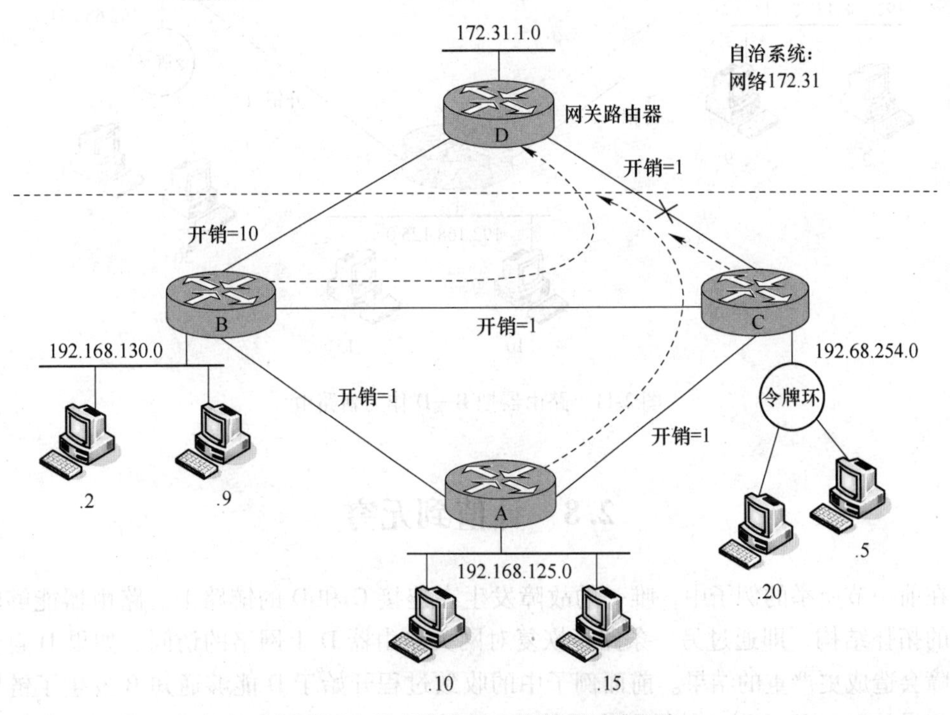

图 2-10　只有路由器 D 意识到链路故障

一旦更新计时器超时，路由器 D 会试图把对网络拓扑变化的推测通知给它的相邻路由器。直接相邻者中只有路由器 B 能直接联系。收到更新报文，B 会更新它的路由表，设置从 B 到 D（通过 C）的路由为无穷。这样允许其通过 B—D 的链路与 D 进行通信。一旦 B 更新了自己的路由表，它会把关于拓扑结构的新变化广播给它的其他相邻者，A 和 C。

RIP 节点通过设置路由的度量为 16 来作废一条路由，16 对 RIP 而言相当于无穷大。A 和 C 一收到更新报文并重新计算了网络开销之后，它们就能用 B—D 的链路来替换路由表中使用 C—D 链路的条目。以前所有的节点，包括 B 本身都不使用 B—D 的路由，因为 B—D 比 C—D 的链路开销大：B—D 的开销度量为 10，而 C—D 的开销为 1。现在，C—D 链路发生了故障，B—D 链路的开销变为最低。因此，这条新的路由会代替相邻节点路由表中超时的路由。

当所有的路由器认识到通过 B 是到 D 的最有效路由时，它们就收敛了，如图 2-11 所示。确定收敛完成之前所需的时间不容易确定。它因网络不同而区别很大，这要依赖于许多因素，包括路由器和传输线路的健壮性、交通流量等。

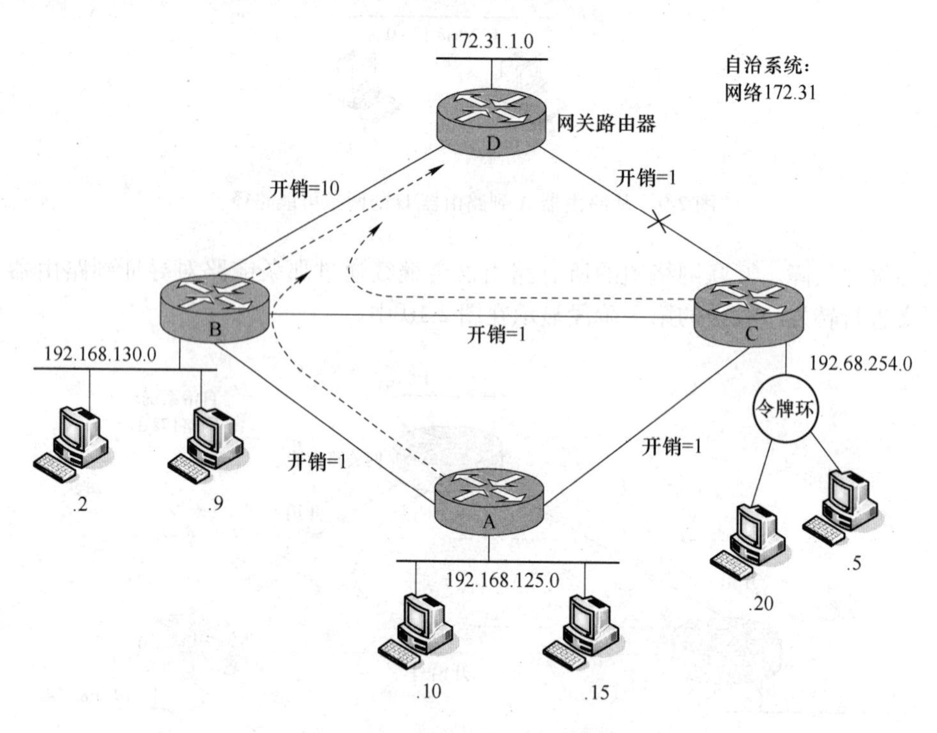

图 2-11　路由器把 B—D 作为新路由

2.8　计值到无穷

在前一节所举的例子中，唯一的故障发生在连接 C 和 D 的链路上。路由器能够收敛到新的拓扑结构，即通过另一条路径恢复对网关路由器 D 上网络的访问。如果 D 自身发生故障会造成更严重的结果。前面例子中的收敛过程开始于 D 能够通知 B 发生了链路故障。如果是 D 而不是到 C 的链路出现故障，B 和 C 就都不能收到更新，通知它们拓扑发生了变化。这种情况下收敛到新拓扑能导致一种称为计值到无穷大的现象。当网络变得完全不能访问时，基于如下错误的想法：存在另一个路由器能访问那个不可达的目的地，这种情形中的路由器会计值 RIP 度量到无穷大。

为了从路由角度显示这种灾难性故障所带来的内在危险性，重新考虑收敛图中的拓扑结构。在图 2-12 中，路由器 D 发生故障。由于路由器 D 发生故障，位于网络之中的所有主机从外部不能再被访问。路由器 C 在没有收到路由器 D 的 6 个连续更新之后，会作废掉 C—D 路由，并且广播其为不可到达，这一点显示在图 2-13 中。路由器 A 和 B 对路由失效一无所知直到接到 C 的通知。此时，A 和 C 相信通过 B 能到达 D。它们会重新计算自己的路由，包括这条更高开销的迂回线路，图 2-14 显示了这一点。这两个路由器向它们的直接相邻路由器 B 发送它们的下一个更新报文。路由器 B 已经超时了自己至 D 的路由，相信通过 A 或 C 仍能访问 D。显然，这样是不可能的，因为 A 和 C 依赖于 B 刚作废的链路。实质上，在 A、B、C 之间形成了一个环路，这个环路是由一个错误的想法形成的，即 A 和 C 通过对方仍能到达路由器 D。这是因为二者都有到 B 的连接，而 B 有一条到 D 的连接。

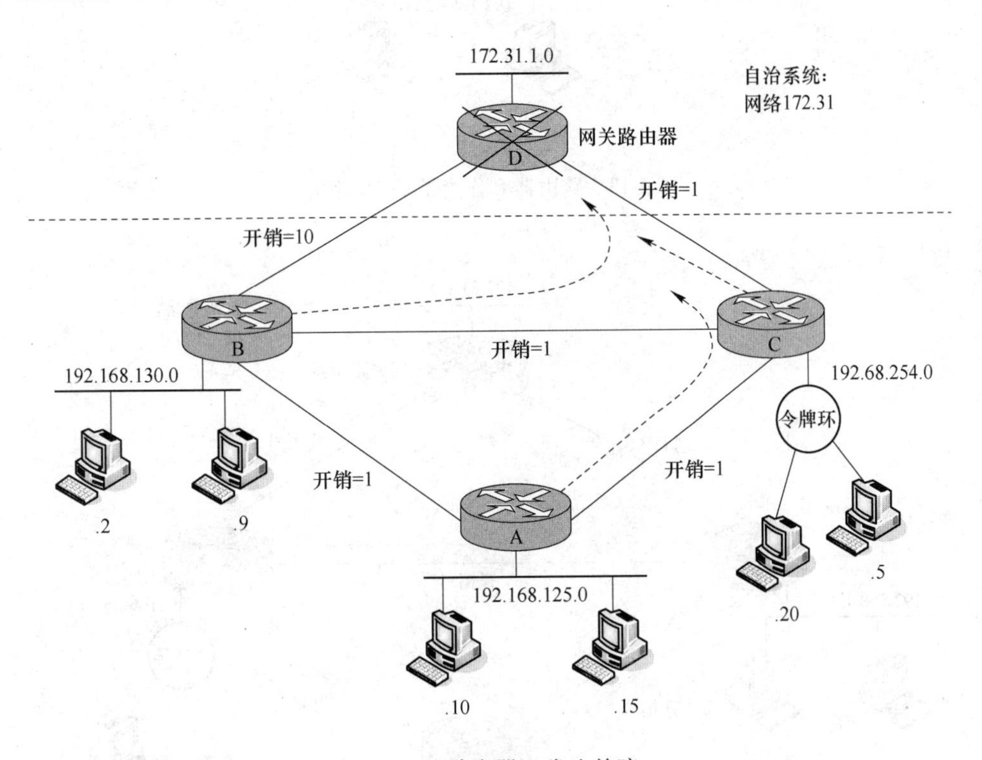

图 2-12 路由器 D 发生故障

更新的每次迭代过程，开销度量会因额外的下一跳而递增到已经计算过的环路上。这种形式的循环是由于时间延迟而引起的，而这种时间延迟是通过相邻者发送更新报文的独立性特点而造成的。理论上讲，节点最终会认识到 D 是不可达的。然而，要想说出什么时候才能收敛几乎不可能。这个例子准确地反映了为什么 RIP 对无穷的解释设成如此小的值。一旦一个网络不可访问，通过更新来递增量度到实用值时必须中止此过程。这意味着

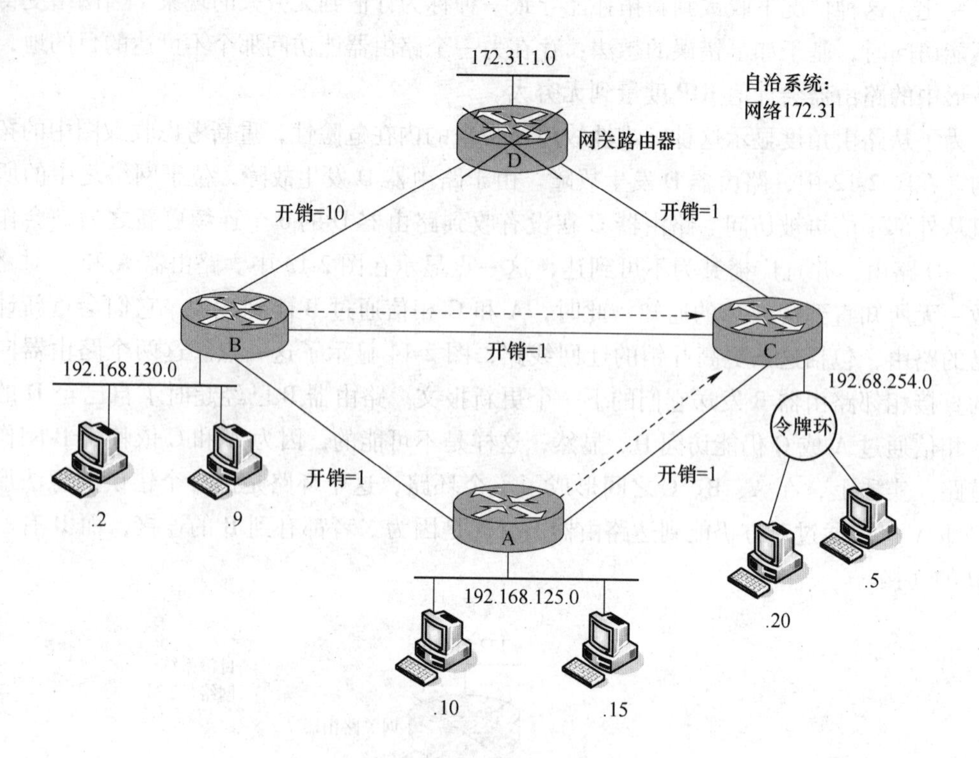

图 2-13　路由器 C 作废了 C—D 路由

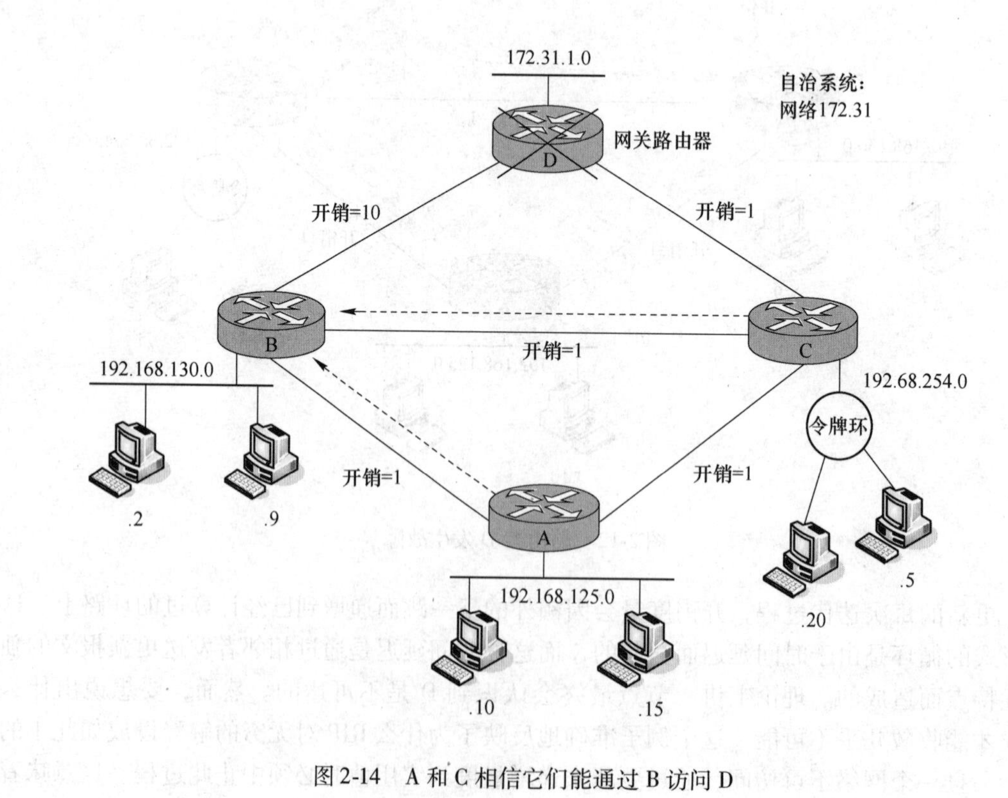

图 2-14　A 和 C 相信它们能通过 B 访问 D

这个上界要设为多大，当计值到此上界时才能宣布一个目的地不可达。任何上界和一个路由网络的直径限制相对应。在 RIP 例子中，它的最初设计者觉得 15 跳对一个自治系统来说早已足够大。比这更大的系统可以使用更复杂的路由协议。

RIP 使用三种方法来避免计值到无穷循环问题：横向隔离、带抑制逆转的横向隔离和触发更新。

2.8.1 横向隔离

可以很明显地看出，上一节所描述的循环问题可以通过逻辑应用而得到解决，描述这个逻辑的术语为横向隔离。虽然 RIP 不支持横向隔离，但是理解了它有助于理解它所使用的稍复杂一些的变体，即带抑制逆转的横向隔离。

横向隔离的实质是，假设一条路由是从一个特定路由器处学习来的，RIP 节点不广播关于这个特定路由的更新到这个相邻路由器，图 2-15 显示了这一点。

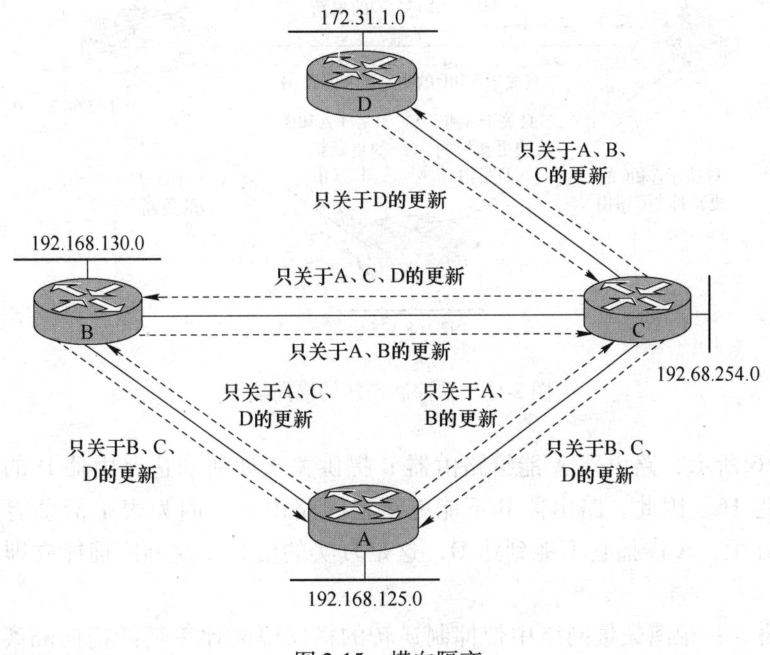

图 2-15 横向隔离

在图 2-15 中，路由器支持横向隔离逻辑。因此，路由器 C（支持到路由器 D 的唯一路径）不能收到从路由器 A 发来的关于网络 D 的更新。这是因为 A（甚至 B）的这条路由信息依赖于 C。这种分割循环的简单方法是非常有效的，但却有严重的功能限制：忽略掉广播来的反向路由，每个节点必须等到至不可达目的地的路由超时。

在 RIP 中，只有在 6 个更新消息没有更新一个路由之后才发生超时。因此，一个被错误通知的节点把关于不可达目的地的信息错误地通知给其他节点的可能性有 5 种。就是这个延时可能造成无效路由信息形成环路。由于这个不足，RIP 支持一个稍加改动的版本称为带抑制逆转的横向隔离。

2.8.2 带抑制逆转的横向隔离

简单的横向隔离策略试图通过中止把信息反传给其发送者来控制环路的形成。虽然这种方法有效，但是有更有效的方法来中止循环。带抑制逆转的横向隔离采用了一种更主动的方法来中止环路的形成。这种技术实际上是通过设置路由的度量为无穷来抑制环路的形成，图 2-16 显示了这一点。

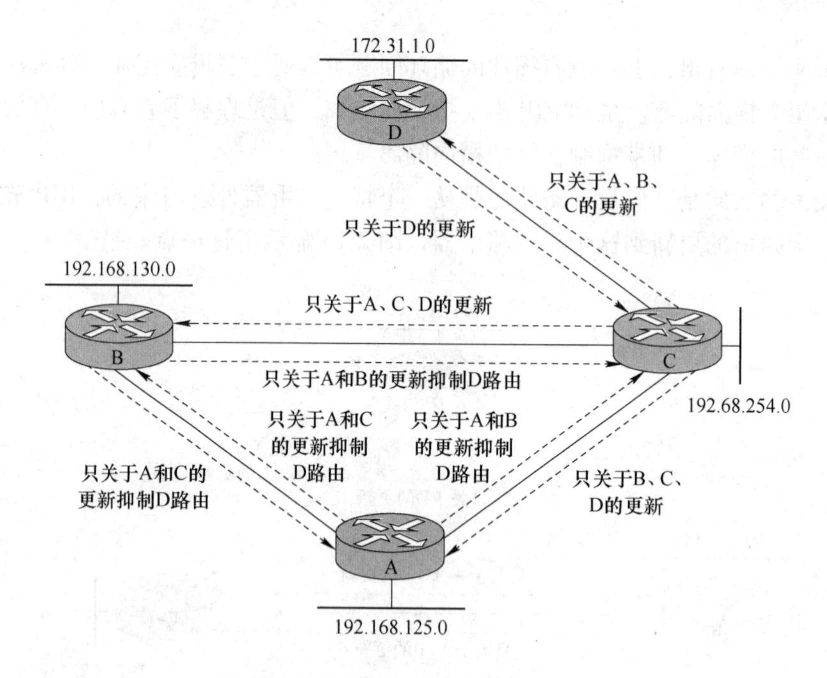

图 2-16 带抑制逆转的横向隔离

如图 2-16 所示，路由器 A 能给路由器 B 提供关于如何到达路由器 D 的信息，但此路由的度量为 16。因此，路由器 B 不能更新它的路由表，因为表中信息能更好地到达目的地。实际上，A 广播它不能到达 D，这是真实的信息。这种广播能立即有效地打破环路。

一般来讲，在距离矢量网络中带抑制逆转的横向隔离比单纯的横向隔离更安全。然而，二者都不是完美的。带抑制逆转的横向隔离在只有两个网关的拓扑中能有效地防止路由环路。然而，在更大的互联网络中，RIP 仍然会发生计值到无穷的问题。为了确保这样的无限循环尽可能早地被发现，RIP 支持触发更新。

2.8.3 触发更新

在三个网关连到一个公共网络的情况下，仍然会形成路由环路，这个环路是由于网关之间彼此欺骗造成的，图 2-17 显示了这一点。图中有三个网关连到路由器 D，它们是 A、B 和 C。在路由器 D 发生故障的情况下，路由器 A 可能相信路由器 B 仍可以访问路由器 D，路由器 B 可能相信路由器 C 仍可以访问路由器 D，而路由器 C 可能相信路由器 A 仍可以访问路由器 D，结果形成了一个无限路由环路，图 2-18 显示了这一点。横向隔离逻辑在这种情况下因路由作废前的延时而丧失作用。RIP 使用一种不同的技术来加速收敛过程，这种技术称为触发更新。触发更新是协议中的一个规则，它要求网关在改变一条路由度量时立即广播一条更新消息，而不管 30 秒更新计时器还剩多少时间。触发更新通过把延迟减到最小从而克服了路由协议的脆弱性。

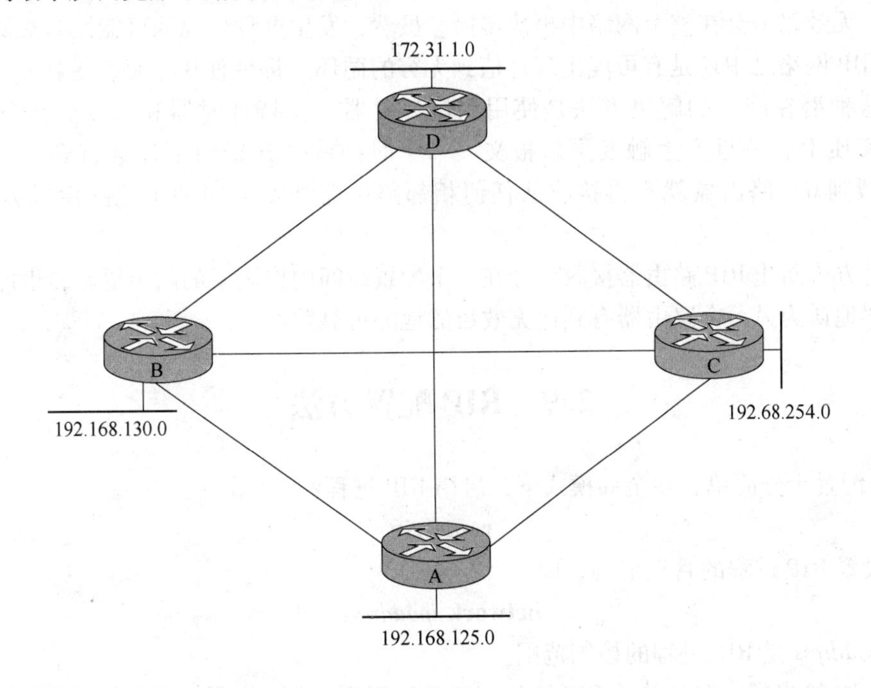

图 2-17　三个通向 D 的网关

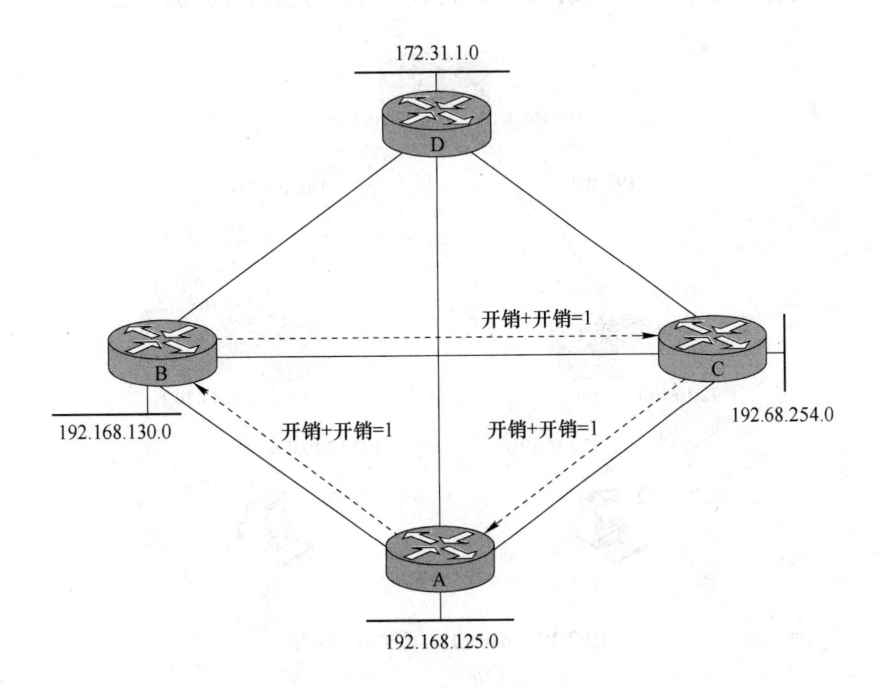

图 2-18　三个网关计值到无穷

2.8.4　保持计时器

触发更新不是万能的，更新不会瞬时地传遍整个网络。因此，有可能（但不太可能）一个网关在从另一个网关处收到触发更新之前恰好发送了一个周期性的更新报文。在这种情况下，无效路由会在整个网络中再次传播。虽然，发生这种情况的可能性非常低，但是在一个 RIP 网络之中还是有可能出现计值到无穷的循环（即使使用了触发更新）。

对这种潜在问题的解决方法是使用保持计时器。保持计时器和触发更新逻辑一同使用。实质上，一旦产生触发更新报文，一个时钟就会开始向下计数直到 0。一旦计时器递减到 0，路由器就不再接收从任何相邻路由器处发来的关于此路由或目的地的更新。

这种方式防止 RIP 路由器接收已经在一个配置时间内作废了的路由更新，也能防止路由器错误地认为另一个路由器有到达无效目的地的可靠路由。

2.9　RIP 配置方法

RIP 配置十分简单，在全局模式下，启用 RIP 进程：

route rip

然后，设置 RIP 进程的管理范围，即

network *ipaddress*

式中，*ipaddress* 是 RIP 进程的控制范围。

图 2-19 给出了一个简单的 RIP 协议配置示例网络。例 2-1 展示了 RIP 协议配置过程，例 2-2 展示了各路由器上的路由表，例 2-3 展示了网络的联通性测试方法。

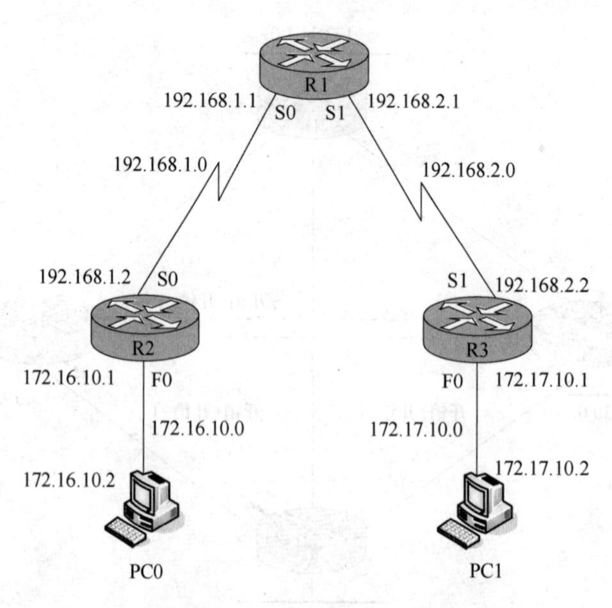

图 2-19　RIP 协议配置示例网络

【例 2-1】RIP 协议配置。

```
!IP 配置
!PC0:172.16.10.2   网关:172.16.10.1
!PC1:172.17.10.2   网关:172.17.10.1
!R1 配置
R1(config)#int s0/0
R1(config-if)#no shutdown

%LINK-5-CHANGED:Interface Serial0/0,changed state to down
R1(config-if)#ip address 192.168.1.1 255.255.255.0
R1(config-if)#clock rate 64000
R1(config-if)#exit
R1(config)#int s0/1
R1(config-if)#no shutdown

%LINK-5-CHANGED:Interface Serial0/1,changed state to down
R1(config-if)#ip address 192.168.2.1 255.255.255.0
R1(config-if)#clock rate 64000
R1(config)#route rip
R1(config-router)#network 192.168.1.0
R1(config-router)#network 192.168.2.0

!R2 配置
R2(config)#int s0/0
R2(config-if)#no shutdown

%LINK-5-CHANGED:Interface Serial0/0,changed state to up
R2(config-if)#ip address 192.168.1.2 255.255.255.0
R2(config-if)#exit
R2(config)#int f0/1
R2(config-if)#no shutdown

%LINK-5-CHANGED:Interface FastEthernet0/0,changed state to up
%LINEPROTO-5-UPDOWN:Line protocol on Interface FastEthernet0/0,changed state to up

R2(config-if)#ip address 172.16.10.1 255.255.0.0
R2(config-if)#exit
R2(config)#router rip
R2(config-router)#network 192.168.10.0
R2(config-router)#network 172.16.0.0

!R3 路由配置

R3(config)#int s0/1
R3(config-if)#no shutdown
```

```
% LINK-5-CHANGED:Interface Serial0/1,changed state to up
% LINEPROTO-5-UPDOWN:Line protocol on Interface Serial0/1,changed state to up
R3(config-if)#ip address 192.168.2.2 255.255.255.0
R3(config-if)#exit
R3(config)#int f0/0
R3(config-if)#no shutdown

% LINK-5-CHANGED:Interface FastEthernet0/0,changed state to up
% LINEPROTO-5-UPDOWN:Line protocol on Interface FastEthernet0/0,changed state to up
R3(config-if)#ip address 172.17.10.1 255.255.0.0
R3(config-if)#exit
R3(config)#route rip
R3(config-router)#network 192.168.2.0
R3(config-router)#network 172.17.0.0
```

【例 2-2】 查看路由表。

```
R1#show ip route
R       172.16.0.0/16[120/1]via 192.168.1.2,00:00:16,Serial0/0
R       172.17.0.0/16[120/1]via 192.168.2.2,00:00:14,Serial0/1
C       192.168.1.0/24 is directly connected,Serial0/0
C       192.168.2.0/24 is directly connected,Serial0/1

R2#show ip route
C       172.16.0.0/16 is directly connected,FastEthernet0/0
R       172.17.0.0/16[120/2]via 192.168.1.1,00:00:18,Serial0/0
C       192.168.1.0/24 is directly connected,Serial0/0
R       192.168.2.0/24[120/1]via 192.168.1.1,00:00:18,Serial0/0

R3#show ip route
R       172.16.0.0/16[120/2]via 192.168.20.1,00:00:07,Serial0/1
C       172.17.0.0/16 is directly connected,FastEthernet0/0
R       192.168.1.0/24[120/1]via 192.168.2.1,00:00:07,Serial0/1
C       192.168.2.0/24 is directly connected,Serial0/1
```

【例 2-3】 联通性测试。

```
在 PC0 上测试 PC1 的联通性

PC>ping 172.17.10.2
Pinging 172.17.10.2 with 32 bytes of data:

Reply from 172.17.10.2:bytes=32 time=125ms TTL=125
Reply from 172.17.10.2:bytes=32 time=125ms TTL=125
```

```
Reply from 172.17.10.2: bytes = 32 time = 125ms TTL = 125
Reply from 172.17.10.2: bytes = 32 time = 124ms TTL = 125
Ping statistics for 172.17.10.2:
    Packets: Sent = 4, Received = 4, Lost = 0 (0% loss),
Approximate round trip times in milli-seconds:
    Minimum = 124ms, Maximum = 125ms, Average = 124ms

在 PC1 上测试 PC0 的联通性
PC > ping 172.16.10.2

Pinging 172.16.10.2 with 32 bytes of data:

Reply from 172.16.10.2: bytes = 32 time = 141ms TTL = 125
Reply from 172.16.10.2: bytes = 32 time = 109ms TTL = 125
Reply from 172.16.10.2: bytes = 32 time = 125ms TTL = 125
Reply from 172.16.10.2: bytes = 32 time = 109ms TTL = 125

Ping statistics for 172.16.10.2:
    Packets: Sent = 4, Received = 4, Lost = 0 (0% loss),
Approximate round trip times in milli-seconds:
    Minimum = 109ms, Maximum = 141ms, Average = 121ms
```

2.10 RIP 的限制

虽然 RIP 有很长的历史，但它还是有自身的限制。它非常适合于为早期的网络互联计算路由；然而，技术进步已极大地改变了互联网络建造和使用的方式。因此，RIP 会很快被今天的互联网络所淘汰。RIP 的一些最大限制是：不能支持长于 15 跳的路径、依赖于固定的度量来计算路由、对路由更新反应强烈、相对慢的收敛和缺乏动态负均衡支持。

（1）跳数限制。

RIP 设计用于相对小的自治系统。这样一来，它强制规定了一个严格的跳数限制为 15 跳。当报文由路由器转发时，它们的跳数计数器会加上其要被转发的链路的开销。如果跳数计值到 15 之后，报文仍没到达它寻址的目的地，那个目的地就认为是不可达的，该报文将被丢弃。

跳数限制为 15 跳，相当于网络直径的最大值是 15 跳。如果能够聪明地设计网络，要想建造一个相当大的网络，这个值已足够大。但是，和其他更现代化的路由协议相比较，RIP 仍受到严格的限制。因此，如果你要建造的网络具有很多特性但又不是非常小，那么，RIP 可能不是正确的选择。

（2）固定度量。

对跳数的讨论为考察 RIP 的下一个基本限制作了很好的铺垫，这个限制就是：固定开销度量。虽然开销度量能由管理员配置，但它们本质上是静态的。RIP 不能实时地更新它们以适应网络中遇到的变化。由管理员定义的开销度量保持不变，直到手动更新。

这意味着 RIP 尤其不适合于高度动态的网络，在这种环境中，路由必须实时计算以反映网络条件的变化。举个例子，假如网络支持对时间敏感的应用，那么使用能基于可测的传输线路延迟或者给定线路上存在的负载情况来计算路由的协议就是合理的想法。RIP 使用固定度量，因此，它不能支持实时路由计算。

（3）对路由表更新反应强烈。

RIP 节点每隔 30 秒会无向地广播其路由表。在具有许多节点的大型网络中，这会消耗掉相当数量的带宽。

（4）收敛慢。

从人的角度来看，等待 30 秒进行一次更新不会感到不方便。然而路由器和计算机以比人快得多的速度运行，不得不等上 30 秒进行一次更新会有很明显的不利结果。

比仅仅等上 30 秒进行一次更新更具破坏性的却是不得不等上 180 秒来作废一条路由。而这只是一台路由器开始进行收敛所需的时间量。依赖于互联的路由器个数及它们的拓扑结构，可能需要重复更新才能完全收敛于新拓扑。RIP 路由器收敛速度慢会创造许多机会使得无效路由仍被错误地作为有效路由进行广播。显然，这样会降低网络性能。

（5）缺乏负载均衡。

RIP 的另一个明显不足是其缺乏动态负载均衡能力。图 2-20 显示了一台具有两条至另一台路由器串行链接的情况。理想情况下，图中的路由器会尽可能平等地在两条串行链接中分配流量。这会使两条链路上的拥塞最小，并优化性能。

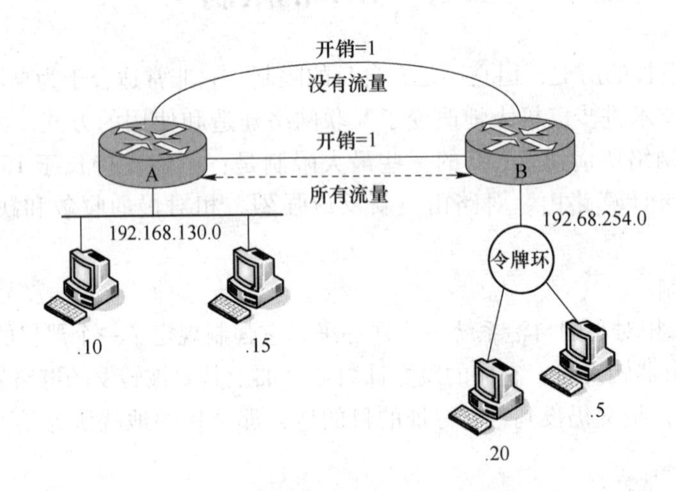

图 2-20　具有冗余串行链接的路由器

不幸的是，RIP 不能进行这样的动态负载均衡。它会使用首先知道的一条物理链路。它会在这条链接上转发所有的报文，即使在第二条链接可用的情况下也是如此。改变这种情况的唯一方式是图 2-20 中的路由器接收到一个路由更新通知它到任何一个目的地的度量发生了变化。如果更新指出到目的地的第二条链路具有最低的开销，它就会停止使用第一条链路而使用第二条链路。

RIP 内在的缺乏负载均衡的能力使其使用限制在小型网络中。简单网络的突出特点往往是几乎没有冗余路由。因此，负载均衡不作为设计要求，可以不支持。

2.11 本章小结

RIP 易于配置、灵活和容易使用的特点使其成为非常成功的路由协议。自从 RIP 开发以来，它在计算、组网和互联技术等方面已有了长足进步。这些进步的积累效应使 RIP 成为流行协议。实际上，在今天有许多使用中的路由协议比 RIP 先进。虽然这些协议取得成功，但 RIP 仍是非常有用的路由协议，前提是理解了其不足的实际含义并能正确地使用它。

练 习 题

2-1 路由器中路由协议和路由算法各自完成什么功能？
2-2 RIP 协议的工作基本原理，主要问题在哪里？
2-3 RIP 协议中的横向隔离是如何实现的？
2-4 RIP 协议中的毒抑路由是如何实现的？
2-5 RIP 协议是如何更新路由表的？
2-6 简述 RIP 协议的路由收敛过程。

3 单区域 OSPF 协议及其配置方法

本章将介绍开放最短路径优先（OSPF）路由协议，内容包括在单个区域内 OSPF 的使用、操作、配置和验证。在学习完本章的内容之后，我们可以正确地使用相关术语来描述 OSPF 的主要特性，也可以学会如何描述 OSPF 在局域网和广域网环境中的不同操作模式。最后，我们将能够掌握在单个区域内配置并验证 OSPF 的方法。

3.1 OSPF 概述

OSPF 是一种链路状态型技术，与 RIP 这样的距离矢量型技术相对应。OSPF 是一种内部网关协议（IGP），也就是说它在属于同一自治系统（autonomous system，AS）的路由器间发布路由信息。OSPF 是为解决 RIP 不能解决的大型、可扩展的网络需求而写成的。OSPF 解决了以下问题：

（1）收敛速率。在大型网络中，RIP 的收敛可能需要用好几分钟的时间，因为该路由算法要求有一个抑制（holddown）和路由老化（aging）时间。如果采用 OSPF，那么收敛时间要比采用 RIP 快许多，因为路由变化会立刻扩散并被同步计算。

（2）对 VLSM 的支持。OSPF 支持子网掩码和 VLSM，而 RIPv1 不支持，RIPv1 只支持固定长度子网掩码（FLSM）。RIPv2 可以支持 VLSM。

（3）网络可达性。跨度达 15 跳（15 台路由器）以上的 RIP 网络认为是不可达的，而 OSPF 在理论上没有可达性限制。

（4）带宽占用。RIP 向所有的邻居每隔 30 秒广播一次完整的路由表。这种操作在较慢的广域网链路上尤其有问题。OSPF 通过多目组播方式发送链路状态更新，且只当网络发生变化时才发送这些更新。OSPF 每隔 30 分钟会发送更新信息以确保所有路由器能保持同步。

（5）路径选择方法。RIP 没有网络延迟（接口延迟）和链路成本的概念。当采用 RIP 时，路由选择只是基于跳数，这样很容易导致次佳路径的选择：一条有更高聚合链路带宽和更短延迟的路径只因为跳数较多而不能选用。OSPF 采用一种路径成本值（对于 Cisco 路由器，它基于连接速率）作为路径选择的依据。与 RIP 和 IGRP 一样，OSPF 提供对多条路径的支持。

要注意，尽管 OSPF 专门是为大型网络所写的，但在实施时也需要进行正确的设计和规划。当网络内的路由器多于 50 台时，更要特别注意这一点。

OSPF 信息承载在 IP 数据报中，使用协议号 89。如图 3-1 所示。

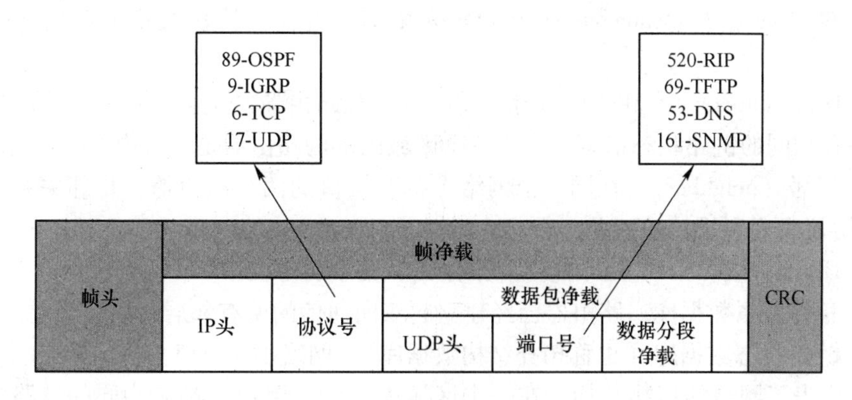

图 3-1 在 IP 数据包内的 OSPF

3.2 OSPF 术语

在本章其余部分的学习之前先熟悉一下有关链路状态技术和 OSPF 的一些术语。这些术语在图 3-2 中也有表示。

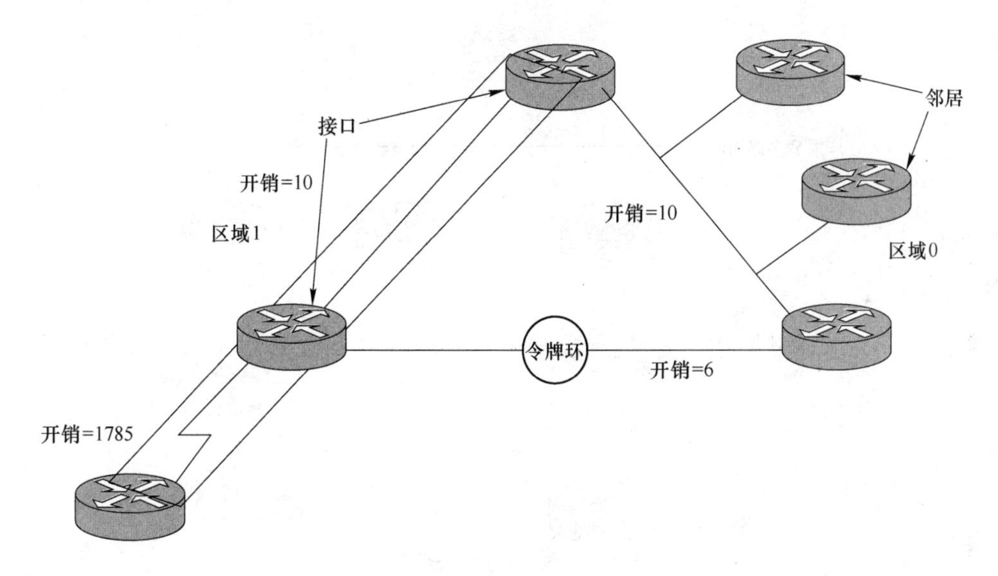

图 3-2 链路状态和 OSPF 组件

(1) 接口 (interface)。路由器和它所连网络之间的连接点。在 OSPF 用语中，接口有时也称为链路 (link)。

(2) 链路状态 (link state)。两台路由器之间链路的状态，即路由器的接口及其与相邻路由器的关系。链路状态在称为链路状态通告 (LSA) 的特殊数据包中通告给其他路由器。

(3) 开销 (cost)。分配给链路的值。链路状态协议不使用跳数，而是给链路分配一个开销值；对于 Cisco 路由器上的 OSPF，该开销是基于链路物理介质的速率。开销值是与各路由器接口的输出方相关联的，称为接口输出开销。

（4）自治系统（autonomous system）。采用同一种路由协议交换路由信息的一组路由器。

（5）区域（area）。有相同区域标志符的网络和路由器的集合。在一个区域内的每台路由器都有相同的链路状态信息。位于一个区域内部的路由器是一台内部路由器。

（6）邻居（neighbor）。在同一个网络上都有接口的两台路由器。相邻关系通常是通过 Hello 协议发现和维持的。

（7）Hello 协议。OSPF 用来建立和维持相邻关系的协议。

（8）相邻关系数据库。路由器已经建立起双向通信的所有邻居的列表。

（9）链路状态数据库（也称拓扑结构数据库）。网络中所有路由器的链路状态条目的列表，它代表了网络的拓扑结构。在一个区域内的所有路由器都有相同的链路状态数据库。该链路状态数据库由各路由器生成的 LSA 组成。

（10）路由表（也称为转发数据库）。对链路状态数据库运行最短路径优先（SPF）算法（Dijkstra 算法）后生成的，各路由器 OSPF 路由表的内容是唯一的。

OSPF 可以运行在广播型网络或非广播型网络上。网络的拓扑结构对相邻关系如何创建是有影响的。图 3-3 展示出了在 OSPF 中会遇到的拓扑结构：

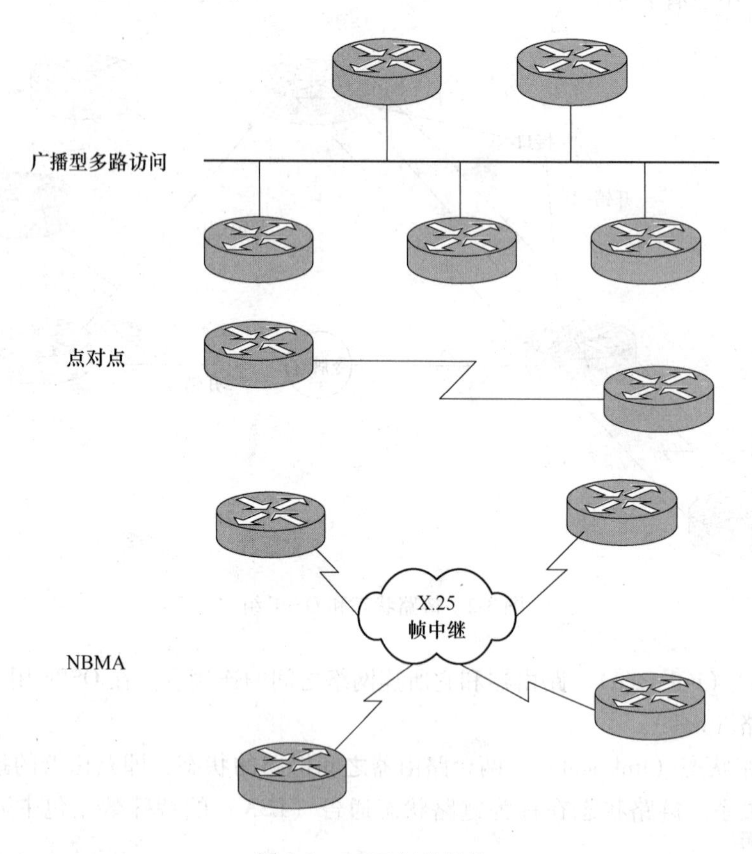

图 3-3　OSPF 拓扑结构

（1）广播型多路访问拓扑结构。这类网络可以支持多台（两台以上）路由器，具有将一个消息（一个广播）发送给所有相连路由器的能力。以太网段就是一种广播型多路访问网络。

(2) 点对点拓扑结构。连接有一对路由器的网络。T1 专用串行线路就是一种点对点型网络。

(3) 非广播型多路访问 (NBMA) 拓扑结构。能支持多台 (多于两台) 路由器，但不具备广播能力的网络。帧中继和 X.25 就是非广播型多路访问网络的例子。

3.3　在广播型多路访问拓扑结构中的 OSPF 运行

因为 OSPF 路由依赖于两台路由器之间链路的状态，所以相邻路由器必须在共享信息之前能够在网络上彼此认识。这个过程是通过 Hello 协议完成的。Hello 协议负责建立和维护相邻关系。它确保在邻居间的通信是双向的，即路由器能看到自己被列在它从邻居那里接受到的 Hello 数据包中。

通过 IP 多目组播地址 224.0.0.5，也称为 AllSPFRouter 地址，Hello 数据包定期从参与 OSPF 的各接口发送出去。

OSPF 通过多目组播寻址发送所有的通告。除令牌环外，多目组播 IP 地址映射到 MAC 层多目组播地址上。224.0.0.5 所使用的 MAC 地址是 0100.05E0.0005，224.0.0.6 所使用的 MAC 地址是 0100.05E0.0006。Cisco 将令牌环多目组播 IP 地址映射到 MAC 层广播地址上。

如图 3-4 所示，在 Hello 数据包所包含的数据信息如下：

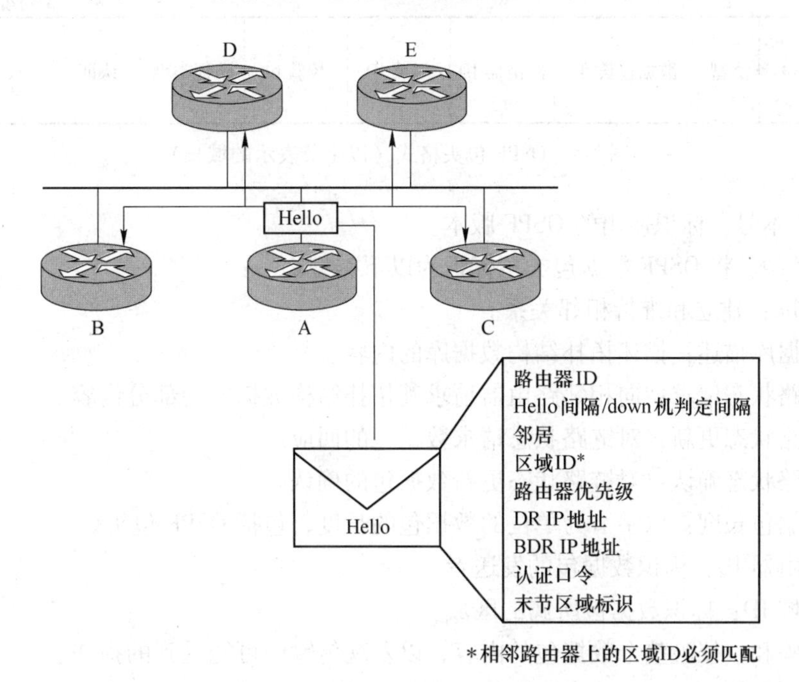

图 3-4　一个 OSPF Hello 数据包的内容

(1) 路由器 ID。这个 32 比特的数字在一个自治系统内唯一地标识一个路由器。它缺省是选用活跃接口上的最高 IP 地址。

（2）Hello 间隔和 down 机判定间隔（dead interval）。Hello 间隔规定了路由器发送 Hello 数据包的时间间隔；down 机判定间隔是路由器在认为相邻的路由器失效之前等待接受来自邻居消息的时间，单位为秒，缺省是 Hello 间隔的 4 倍。这些计时器在相邻路由器上必须是相同的。

（3）邻居。这些是已经建立了双向通信关系的相邻路由器。双向通信是路由器能够看到自己被列在邻居 Hello 数据包中。当连接到广播或 NBMA 型网络时，路由器可能有多个邻居。

（4）区域 ID。要能进行通信，两台路由器必须共享一个共同的网络分段。同样，它们的接口也必须都属于那个分段上的同一区域。

（5）路由器优先级。这个 8 比特的数字指明了在选择指定路由器（DR）和备用指定路由器（BDR）时这台路由器的优先级。路由器优先级越高，它选作 DR 或 BDR 的机会就越大。

（6）DR 和 BDR 的 IP 地址。某个具体网络的 DR 和 BDR 的 IP 地址。

（7）认证口令。如果启用了认证特性，两台路由器都必须交换互为邻居的口令。认证不是必须设置的，但是如果设置了，所有同级路由器都必须有相同的口令。

（8）末节区域标志。末节区域标志是一个不接收外部路由的特殊区域。两台路由器都必须认可在 Hello 数据包中的末节区域标志。

OSPF 数据包头中的各个域，如图 3-5 所示。

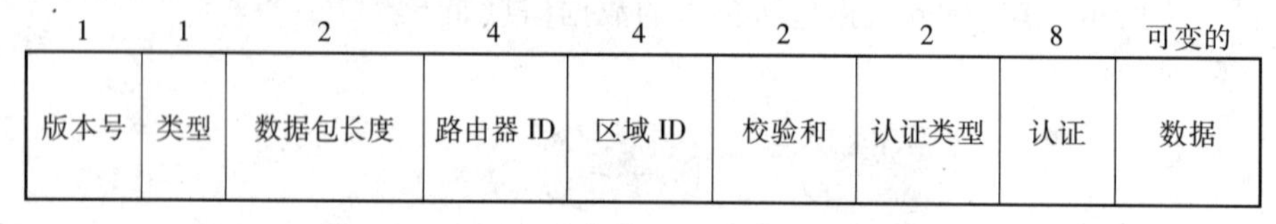

图 3-5　OSPF 包头格式（以字节表示的域长）

（1）版本号。标识使用的 OSPF 版本。

（2）类型。将 OSPF 数据包类型标识为以下类型之一：

1）Hello：建立和维持相邻关系。

2）数据库描述：描述拓扑结构数据库的内容。

3）链路状态请求：向相邻路由器请求其拓扑结构数据库的部分内容。

4）链路状态更新：对链路状态请求数据包的回应。

5）链路状态确认：对链路状态更新数据包的确认。

6）数据包长度：以字节为单位的数据包的长度，包括 OSPF 包头。

7）路由器 ID：标识数据包的发送者。

8）区域 ID：标识数据包所属的区域。

9）校验和：校验整个数据包的内容，以发现传输中可能受到的损伤。

10）认证类型：包含认证类型。认证类型可按各个区域配置。类型 0 表示不进行认证；类型 1 表示采用明文方式进行认证；类型 2 表示采用 MD5 算法进行认证。

11）认证：包含认证信息。

12）数据：包含所封装的上层信息。

3.3.1 指定路由器（DR）和备用指定路由器（BDR）

在一个类似于以太网分段这样的广播网环境中的路由器必须选举一个 DR 和 BDR 来代表这个网络。在 DR 运行时，BDR 不执行任何 DR 的功能。但它会接受所有信息，只是不做处理而已，由 DR 完成转发和同步的任务。BDR 只有当 DR 失效时才承担 DR 的工作。DR 和 BDR 的价值体现：

（1）减少路由更新数据流。DR 和 BDR 为给定多路访问上的链路状态信息交换起着联系中心点的作用。因此，每台路由器都必须建立与 DR 和 BDR 的相邻关系。各路由器只需向 DR 和 BDR 发送链路状态信息，而不需与网络分段上的所有其他路由器都交换链路状态信息。DR 代表多路访问网络的意思是：DR 向多路访问网络中的所有其他路由器发送各路由器的链路状态信息。这一扩散过程大大减少了网络分段上与路由器相关的数据流。

（2）管理链路状态的同步。DR 和 BDR 可保证网络上的其他路由器都有关于网络的相同链路状态信息。通过此方式，路由错误的数量降低了。

相邻关系是普通路由器与 DR 和 BDR 之间的关系。相邻的路由器将具有相同的链路状态数据库。相邻关系基于对共同网络介质的使用，例如连接在同一以太网上的两台路由器。当路由器在网络上最初起动时，它们将进入 Hello 信息交换过程，并选举 DR 和 BDR。然后，路由器将尝试与 DR 和 BDR 建立相邻关系。特别注意，当选举出 DR 和 BDR 后，任何一台新添加到网络上的路由器都只与 DR 和 BDR 建立相邻关系。

选举 DR 和 BDR 时，路由器将在 Hello 数据包交换过程中查看相互之间的优先级值，如图 3-6 所示。然后根据下面的条件确定 DR 和 BDR：

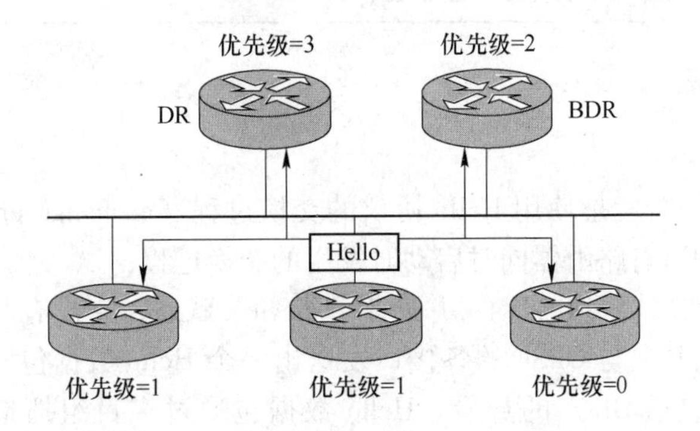

图 3-6 DR 和 BDR 的选举

（1）有最高优先级的路由器成为 DR。

（2）有第二高优先级的路由器成为 BDR。

（3）接口的优先级的缺省值是 1。在优先级相等的情况下，再判断路由器 ID 的高低。有最高路由器 ID 的路由器就成为 DR，有第二高路由器 ID 的路由器就成为 BDR。

（4）优先级为 0 的路由器不能成为 DR 或 BDR。不是 DR 或 BDR 的路由器也称为“Drother”。

（5）如果有一台优先级最高的路由器添加到网络中，原来的 DR 和 BDR 只有在它们失效时才会改变。如果 DR 失效，BDR 将作为 DR，同时再选举一台新的 BDR。如果 BDR 失效，就选举一台新的 BDR。为了判定 DR 是否失效，BDR 设置了计时器。该特性可增强可靠性。如果 BDR 在计时器到时之前不能听到 DR 转发 LSA，那么 BDR 就认为 DR 已不能再提供服务了。

在一个多路访问的环境中，各网络分段都将有它自己的 DR 和 BDR。因此，连接到多路访问网络上的一台路由器可以在一个网络分段上是 DR，同时在另一个分段上是一台普通的路由器。在其他网络拓扑结构中怎样察知邻居路由器的内容将在 3.4 节和 3.5 节予以介绍。例 3-1 提供了在以太网分段上进行 DR/BDR 选举过程的调试输出示例。

【例 3-1】广播型多路访问相邻关系调试输出。

```
Router#debug ip ospf adj
Ethernet interface coming up:Election
OSPF: 2 Way Communication to 192.168.0.10 on Etharnet0,state 2WAY
OSPF: end of Wait on interface Ethernet0
OSPF: DR/BDR election on Ethernet0
OSPF: Elect BDR 192.168.0.12
OSPF: Elect DR 192.168.0.12
    DR: 192.168.0.12(Id)   BDR:192.168.0.12 (Id)
OSPF: Send DBD to 192.168.0.12 on Ethernet0 seq 0x546 opt 0x2 flag 0x7 len 32
<...>
OSPF: DR/BDR election on Ethernet0
OSPF: Elect BDR 192.168.0.11
OSPF: Elect DR 192.168.0.12
    DR: 192.168.0.12(Id)   BDR:192.168.0.11(Id)
```

3.3.2　OSPF 的启动

3.3.2.1　交换过程

OSPF 启动的第一阶段是使用 Hello 协议的交换过程（exchange process），如图 3-7 所示。下面为网络上的所有路由器同时启动时发生的交换过程：

（1）路由器 A 在局域网上启动，并处于“down”状态，它没有与其他任何一台路由器交换过信息。它从其参与 OPSF 的各接口发送出一个 Hello 数据包开始，即使它不知道任何其他路由器（包括 DR）的身份。Hello 数据包通过多目组播地址 224.0.0.5 发送出去。

（2）所有运行 OSPF 的路由器收到来自路由器 A 的 Hello 数据包，并将路由器 A 添加到各自的邻居表中。这是“init”状态。

（3）所有接收到该 Hello 数据包的路由器都向路由器 A 发送一个单点传送回复 Hello 数据包，其中包含有它们自己相应的信息（如步骤（1）所示）。Hello 包的邻居域中含有所有其他相邻的路由器，包括路由器 A。

（4）路由器 A 接收到这些数据包后，它将所有在它们的 Hello 数据包中有自己路由器 ID 的路由器都添加到它自己的相邻关系数据库中，这称为“双向（two-way）”状态。此时，所有在其邻居表中都有彼此路由器 ID 的路由器就建立起了双向通信。

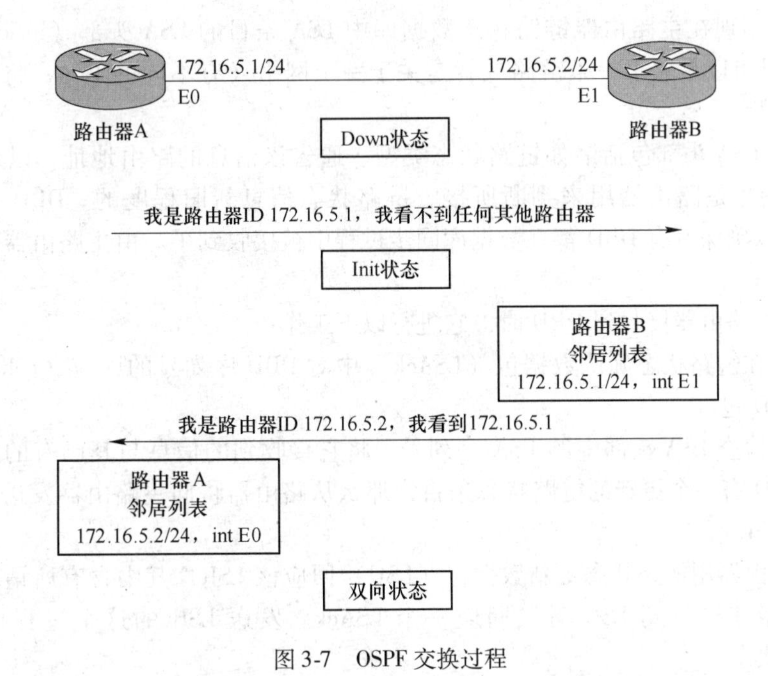

图 3-7　OSPF 交换过程

（5）路由器通过前面描述的程序来决定谁是 DR 和 BDR。这个过程必须在路由器能够开始交换链路状态信息之前发生。

（6）路由器在网络中定期地（缺省是每隔 10 秒）交换 Hello 数据包，以确保通信仍在进行。Hello 更新中包括 DR、BDR 以及其 Hello 数据包已被接收到的路由器列表。“接收到的”意思是接收路由器在所接收到的 Hello 数据包中看到它自己的路由器 ID 是其中的条目之一。

特别注意，即使有更高路由器 ID 的新路由器加入到多路访问网络中，也不会重新进行 DR 和 BDR 的选举。

3.3.2.2　发现路由

在选举出了 DR 和 BDR 之后，路由器就处于“准启动（exstart）”状态，并且已经准备好发现有关的链路状态信息，以及生成它们的链路状态数据库。用来发现网络路由的这个过程称为交换协议，它被执行来使路由器达到通信的“FULL”状态。在这个协议中的第一步是让 DR 和 BDR 建立起与其他各路由器的相邻关系，当相邻的路由器处于“FULL”状态时，它们不会重复执行交换协议，除非“FULL”状态发生了变化。

发现路由过程中交换协议运行步骤如下：

（1）在“exstart”状态中，DR 和 BDR 与网络中其他各路由器建立相邻关系。在这个过程中，各路由器与其他相邻的 DR 和 BDR 之间建立起一个主从关系。路由器 ID 高的路由器作为主路由器。特别注意，链路状态信息只有在 DR、BDR 和它们已经建立起相邻关系的路由器之间进行交换和同步，因为在这个方面用 DR 来代表网络可减少路由更新数据流的总量。

（2）主、从路由器之间交换一个或多个数据库描述数据包（DBD，有时也称为 DDP），这时路由器处于“交换（exchange）”状态。DBD 的组成及各部分介绍如下：

1）包括出现在主路由器链路状态数据库中LSA条目的LSA头部（header）汇总信息。LSA条目可以是关于一条链路或者是关于一个网络（有不同的LSA，将在第4章讨论）。

2）每个LSA头部包括诸如链路状态类型、通告该信息的路由地址，以及LSA序列号。LSA序列号是路由器用来判断所接收链路状态信息新旧程度的。DBD也含有一个DBD序列号以确保所有DBD都在数据库同步过程中被接收到了。由主路由器来定义DBD的序列号。

（3）当主路由器接收到DBD时，它进行以下工作：

1）通过在链路状态确认数据包（LSAck）中对DBD序列号的回应（echo），确认已收到了该DBD包。

2）通过检查LSA头部中的LSA序列号，将它接收到的信息与其已有的信息进行比较。如果DBD有一个更新的链路状态条目，那么从路由器将向主路由器发送一个链路状态请求包（LSR）。

3）主路由器用链路状态更新数据包（LSU）回应该LSR，其中含有所请求的完整信息。从路由器在接收到LSU时又回应一个LSAck。发送LSR的这个过程称为“加载（loading）”状态。

（4）所有路由器都将新的链路状态更新（LSU）条目添加到它们的链路状态数据库中。

（5）当给定路由器的所有LSR都得到满意的答复时，相邻的路由器就认为达到了同步和处于“FULL”状态。在路由器能够转发数据流之前，它们都必须是处于“FULL”状态。到了这一步，各路由器都具有相同的链路状态数据库。

发现路由的过程如图3-8所示。

3.3.3 选择路由

当路由器有了一个完整的链路状态数据库时，它就准备好要创建它的路由表以便能够转发数据流。如图3-9所示。链路状态路由协议采用一种开销（cost）度量值来决定到目的地的最佳路径（在Cisco路由器上，缺省的开销度量值是基于网络介质的带宽）。例如，10Mbps的以太网具有比56Kbps的线路更低的开销，因为它更快。

要计算到目的地的最低开销，链路状态型路由协议（比如OSPF）采用Dijkstra算法。以它的链路状态数据库作为输入，路由器运行Dikstra算法，一步步建立起它的路由表。Dijkstra算法将本地路由器（根）到目的地网络之间的总开销相加求和。如果存在多条到目的地的路径，优先选用开销最低的路径。OSPF在路由表最多存在6个等开销路由条目以进行负载均衡。

缺省地，在路由表中保存4条到同一目的地的等开销最佳路由以进行负载均衡。但通过“**maximum-paths**”路由器配置命令，最多可以允许有6条到同一目的地的等开销最佳路由。可能出现的问题及解决方法：

（1）可能出现的问题：有时一条链路（比如串行线路）可能会快速地“翻动”（快速地up和down），或者一个链路状态的变化可能会影响另外一系列链路。在这些情况下，将会生成一系列LSU，将使路由器不断重复计算一个新的路由表。若翻动严重时，路由器

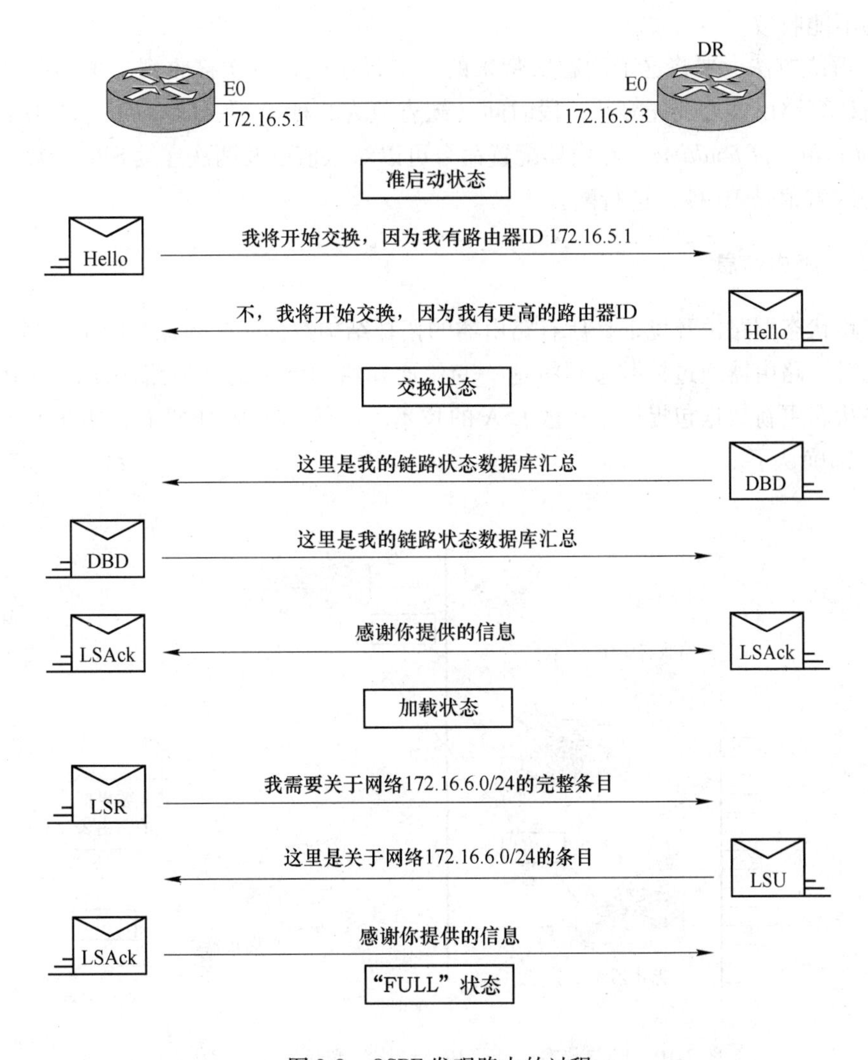

图 3-8　OSPF 发现路由的过程

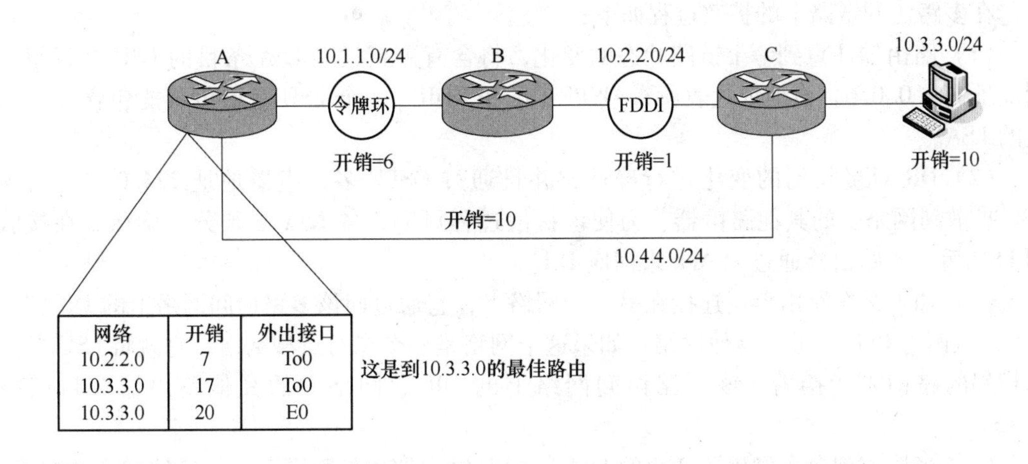

图 3-9　选择要放入路由表的最佳路由

可能永远不能收敛。

（2）解决方法：要将这个问题所带来的影响最小化，每次接收到一个 LSU 时，路由器在重新计算路由表之前先等待一段时间（缺省值为 5 秒）。在 Cisco IOS 软件中的“**timers spf** *spf-delay spf-holdtime*”路由器配置命令可以对该值以及两次连续 SPF 计算之间的最短时间（缺省值是 10 秒）进行配置。

3.3.4 维护路由信息

在链路状态型路由环境下，所有路由器的拓扑结构数据库必须保持同步。当链路状态发生变化时，路由器通过扩散过程将这一变化通知给网络中的其他路由器，如图 3-10 所示。链路状态更新数据包提供了扩散 LSA 的技术。尽管图 3-10 中没有标识出来，但是所有的 LSU 都确认了。

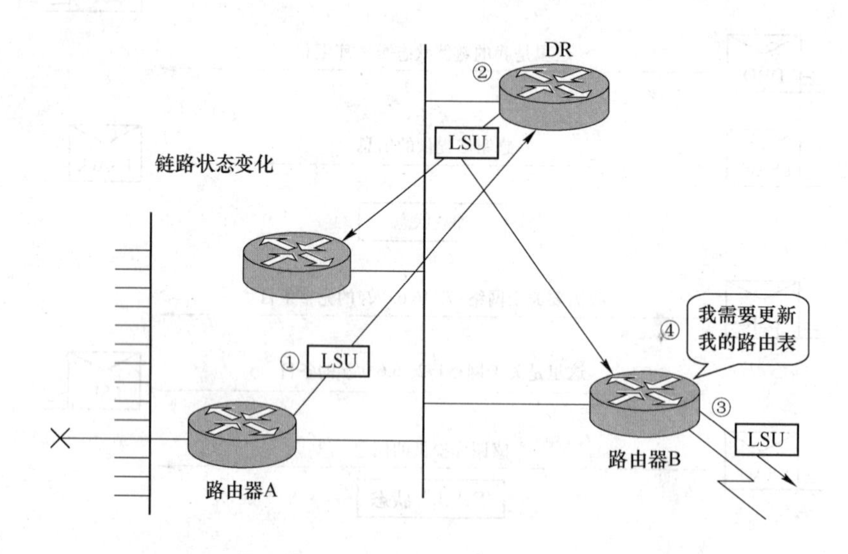

图 3-10 链路状态更新将拓扑结构的变化通知给路由器

在多路访问链路上的扩散过程如下：

（1）路由器注意到一个链路状态的变化，将含有更新过的 LSA 条目的 LSU 多目组播到地址 224.0.0.6，该地址代表所有 OSPF DR 和 BDR。一个 LSU 数据包可能包含几个独立的 LSA。

（2）DR 对接收到的变化进行确认，并且通过 OSPF 多目组播地址 224.0.0.5 将该 LSU 扩散到网络上的其他路由器。为使该扩散过程可靠，各 LSA 必须分别确认。在接收到 LSU 后，各路由器通过 LSAck 来回应 DR。

（3）如果某个路由器还连接在另一个网络上，它通过向该多路访问网络上的 DR 转发 LSU，从而将 LSU 扩散到其他网络；如果这个网络是一个点对点型网络，它就将 LSU 扩散到相邻的路由器。接着，该多路访问网络上的 DR 向网络中的其他路由器多目组播该 LSU。

（4）当接收到含有发生了变化的 LSA 的 LSU 时，路由器将更新它的链路状态数据库。然后它将对新的链路状态数据库使用 SPF 算法以生成新的路由表。在一小段延迟之后，它就切换到新的路由表。每次收到LSU时，路由器都会在重新计算它的路由表之前等待一段时间以减少翻动路由对它的影响。

各LSA都有它自己的老化（aging）计时器，承载在LS寿命域内。该计时器的缺省值是30分钟。在一个LSA条目到时后，产生该条目的路由器将再发送一个有关该网络的LSU以证实该链路仍然是活跃的。这种验证方法与距离矢量型路由协议相比要节省带宽，因为后者要将整个路由表发送给相邻路由器。

图3-11给出了路由器接收到一个LSU时所做出的以下分析：

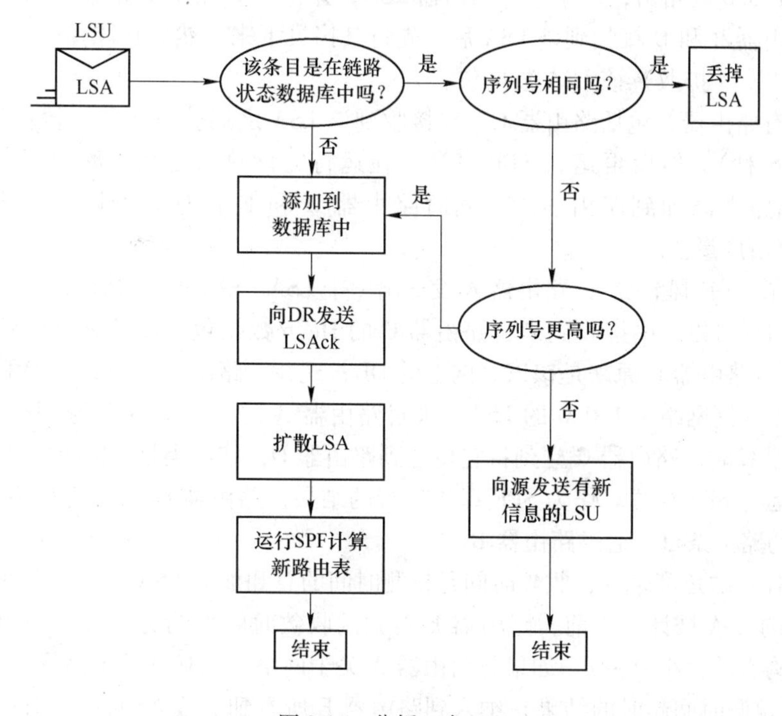

图3-11 分析一个LSU

（1）如果这个条目不存在，路由器将把该LSU添加到它的链路状态数据库中，向DR发送一个LSAck，向其他路由器扩散该LSU，并更新它的路由表。

（2）如果这个条目已经存在，并且与所接收到的LSU含有的信息相同，那么路由器将忽略该LSU。

（3）如果这个条目已经存在，但是所接收到的LSU中含有新的信息，那么路由器将把该LSU添加到它的链路状态数据库中，向DR发送一个LSAck，向其他路由器扩散该LSU，并更新它的路由表。

（4）如果这个条目已经存在，但是所接收到的LSU中含有旧的信息，那么路由器将用它自己的新信息向发送方发送一个LSU。

存在着许多不同类型的LSA。本章讨论了路由器链路LSA，即有关链路和其状态的一个LSA，以及网络LSA，即由DR所发送出去的LSA。网络LSA描述了连接到一个多路访问网段的所有路由器。第4章将讨论其他LSA类型。

3.3.5 OSPF 收敛

这里所介绍的 OSPF 收敛步骤是为了与其他路由协议进行比较。运行 OSPF 的路由器采用一个多目组播地址来传播 LSA。当图 1-14 中的路由器 C 检测到网络 1.1.0.0 失效时，OSPF 收敛的过程如下：

（1）路由器 C 检测到在路由器 A 和 C 之间以太网上的链路失效。路由器 C 试图在该以太网接口上执行 DR 的选举程序，但却不能接触到任一邻居。路由器 C 从其路由表中删除到网络 1.1.0.0 的路由，产生一个路由器 LSA，并将它从所有其他接口发送出去。

（2）路由器 B 和 D 接收到该 LSA 后，先将其拷贝下来，然后从除接收它的接口以外的所有接口转发（扩散）该 LSA 数据包。

（3）所有路由器，包括路由器 C，在接收到该 LSA 之后会先等待一段内置的延迟时间（缺省为 5 秒），然后再运行 SPF 算法。在运行完该算法之后，路由器 C 将到网络 1.2.0.0 的新路由添加到路由表中，同时路由器 D 和 E 在它们的路由表中更新到网 1.2.0.0 的路由度量值。

（4）过了一段时间之后，路由器 A 发送出一个 LSA。这是因为路由器 A 没有在 down 机检测时间内通过以太网接收到来自路由器 C 的 Hello 数据包，该 down 机检测时间的缺省值为 40 秒。路由器 C 原来是该以太网上的 DR；现在，路由器 A 变成了 DR，并且发送出一个关于以太网网络 1.1.0.0 的 LSA。来自路由器 A 的这个 LSA 传遍到整个网络。当它到达路由器 C 时，路由器 C 立刻将它传送到路由器 D，依此类推。5 秒之后，所有路由器又会重新运行 SPF 算法。作为 SPF 算法运行的结果，路由器 C 会更新其路由表中到网络 1.1.0.0 的路由条目：通过路由器 B。

从路由器 E 的角度来说，收敛时间是检测时间的总和加上 LSA 扩散时间再加上 5 秒。在路由器 A 的 LSA 被计入之前，路由器 E 看到的收敛时间大约为 6 秒（也可能会更长，这与拓扑结构表的大小有关）。如果将路由器 A 关于网络 1.1.0.0 的 LSA（作为对路由器 C 的 down 机检测时间超时的结果）纳入到路由器 E 所看到的收敛时间之内的话，那么收敛时间就又增加了另外的 40 秒。

3.4 在点对点拓扑结构中的 OSPF 运行

在点对点网络上，路由器通过向多目组播地址 ALLSPFRouters（224.0.0.5）发送 Hello 数据包来动态地检测它的邻居。在点对点物理网络上，相邻路由器在它们能够直接进行通信的时候就形成了相邻关系。不需要进行选举，同时也没有 DR 或 BDR 的概念，如例 3-2 所示。

【例 3-2】 点对点拓扑结构——相邻选举。

```
Router#debug ip ospf adj
Point-to-point interfaces coming up: No election
OSPF: Interface Serial1 going Up
OSPF: Rcv Hello from 192.168.0.11 area 0 from Serial1 10.1.1.2
OSPF: End of Hello processing
```

```
OSPF: Build router LSA for area 0, router ID 192.168.0.10
OSPF: Rcv DBD from 192.168.0.11 on Serial1 seq 0x20C4 opt 0x2 flag 0x7 len 32 state INIT
OSPF: 2 Way Communication to 192.168.0.11 on Serial1, state 2WAY
OSPF: Send DBD to 192.168.0.11 on Serial1 seq 0x167F opt 0x2 flag 0x7 len 32
OSPF: NBR Negotiation Done. We are the SLAVE
OSPF: Send DBD to 192.168.0.11 on Serial1 seq 0x20C4 opt 0x2 flag 0x7 len 72
```

通常，一个 OSPF 数据包的 IP 源地址设置为它的输出接口地址。在 OSPF 中使用无编号 IP 接口也是可能的。在这些接口上，IP 源地址将设置为路由器上的另一个接口的 IP 地址。

在点对点拓扑结构上的缺省 OSPF 的 Hello 间隔和 down 机判定间隔分别是 10 秒和 40 秒。对于 BRI/PRI 连接，除了通常的 OSPF 配置命令之外，还应该使用“**dialer map**”命令。对于异步链路，除了用通常的 OSPF 配置命令之外，还应该在异步接口上使用“**async default routing**”命令。该命令使路由器能够通过异步接口将路由更新传输到其他路由器上。在这两种情况中，当使用“**dialer map**”命令时，可以使用“**broadcast**”关键字来指明广播应该转发到协议地址。

3.5 NBMA 拓扑结构中的 OSPF 运行

3.5.1 NBMA 网络

NBMA 网络是指那些能支持多台路由器但不具有广播能力的网络。当用一个接口通过一个 NBMA 网络互连多个场点时，因为网络的非广播特性，可能会有可达性问题。帧中继、ATM 和 X.25 都是 NBMA 网络的例子。部分互连或点对多点 NBMA 拓扑结构并不能保证路由器一定会接收到来自其他路由器的多目组播或广播包。要想提供广播能力，必须在 VC 上启用广播选项。本节以帧中继为例进行讨论。

在 NBMA 拓扑结构上缺省的 OSPF 的 Hello 间隔和 down 机判定间隔分别是 30 秒和 120 秒。表 3-1 包含了各种 OSPF 环境中的缺省 Hello 间隔和 down 机判定间隔。

表 3-1 各种 OSPF 环境中的缺省 Hello 间隔和 down 机判定间隔

OSPF 环境	Hello 间隔	down 机判定间隔
广播	10 秒	40 秒
点对点	10 秒	40 秒
NBMA	30 秒	120 秒

通过帧中继，可以用多种方法来互连远程场点，如图 3-12 所示。图 3-12 所示的示例拓扑结构，包括以下内容：

（1）星型拓扑结构，是最普遍的帧中继网络拓扑结构。在这种环境下，远程场点连接到一个提供服务或应用的中心场点。这是最经济的拓扑结构，因为它需要的固定虚电路的数量最少。在这个背景下，中心路由器提供一条多点连接，因为它通常用一个接口互连多个固定虚电路。

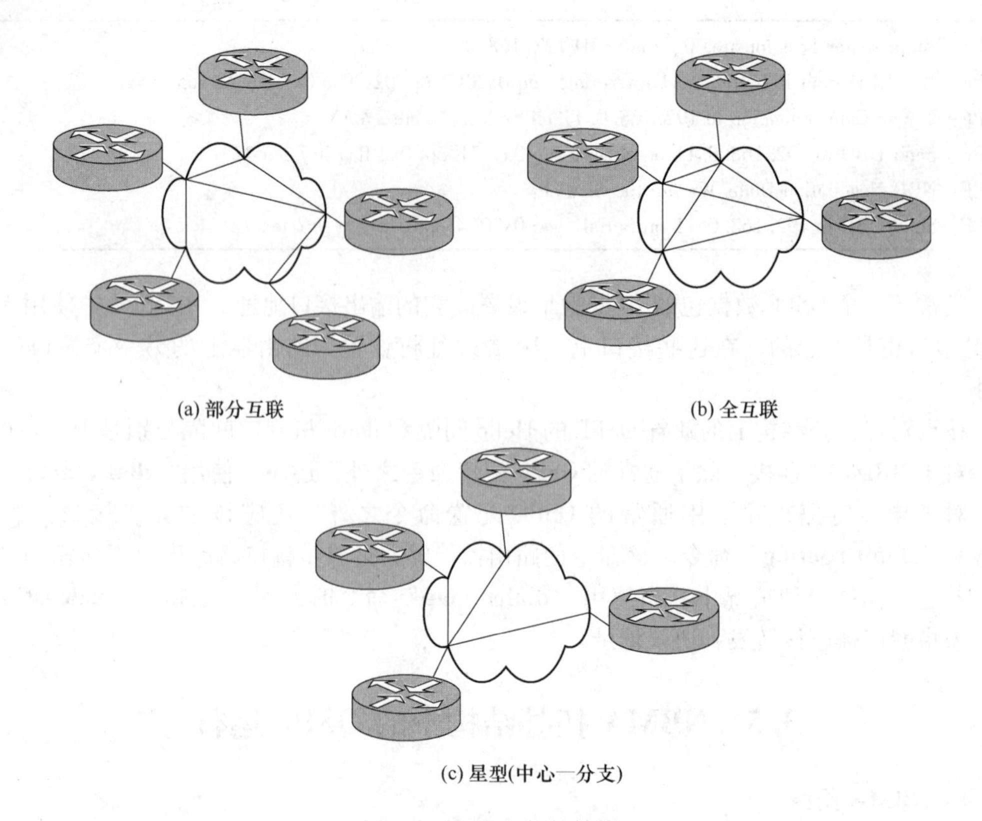

图 3-12 NBMA 拓扑结构

(2) 在全连接拓扑结构中，所有路由器都有到所有其他目的地的虚电路。这种方法的费用较高，但是它提供了从各个场点到所有其他场点的直接连接，并提供了冗余性。PVC 数目需求公式为 $n(n-1)/2$，其中 n 是场点数。

(3) 在部分互连的拓扑结构中，不是所有场点都有到中心场点的直接连接。

缺省地，帧中继网络在远程场点间提供 NBMA 连接。因此，路由信息更新必须被路由器复制下来，然后再发布到各虚电路上。

OSPF 将 NBMA 环境看作像任何一种广播型介质一样。可是 NBMA 云图通常被建成“中心—分支”型拓扑结构，在该结构中，固定虚电路或交换虚电路设置成部分互连。在这种情况下，物理拓扑结构并不能提供 OSPF 所认为存在的多路访问功能。

在 NBMA 拓扑结构中，DR 的选举也成为一个问题，因为 DR 和 BDR 需要与 NBMA 网络中的所有路由器完全的物理连接。DR 和 BDR 也需要有一个包含所有其他路由器的列表以建立相邻关系。

3.5.2 OSPF 的运行模式

如 RFC2328 中所描述的那样，OSPF 在 NBMA 拓扑结构中以两种正式模式之一运作：

(1) NBMA 模式。模仿 OSPF 在一个广播型网络中的运行。也就是说，路由器交换更新信息以识别它们的邻居，并选举 DR 和 BDR。这种配置通常可以在一个全互连网络中看到。为了使这种模式能正确工作，有些配置，比如定义 OSPF 邻居，在路由器上是必要的。要实现广播功能，路由器对要进行广播的数据包进行复制，并分别将它们发送到所有目的地。这个过程特别消耗 CPU 时间，且占用大量带宽。

（2）点对多点模式。将非广播型网络看作一个点对点链路的集合。在这种环境下，路由器识别它们的邻居，但是不选举 DR 和 BDR。这种配置通常用在部分互连的网络中。

在 NBMA 模式和点对点模式间的选择决定了 Hello 协议及更新扩散在非广播型网络上的工作方法。Cisco 所定义的附加模式有：点对多点非广播模式、广播模式和点对点模式。这些模式将在本节后面部分进行讨论。

3.5.3 子接口

在 NBMA 拓扑结构中配置路由器时，通常采用子接口。一个物理接口可以分成多个称为子接口的逻辑接口，每个子接口可以定义为点对点或点对多点型接口。子接口最初是为了更好地解决由 NBMA 上的横向隔离和基于距离矢量的路由协议所产生的问题。一个点对点子接口有着与任何物理点对点接口相同的属性。可以通过下面的命令来创建子接口：

interface serial *number. subinterface-number* {**multipoint** | **point-to-point**}

表 3-2 对“**interface serial**”命令进行了解释。

表 3-2 “interface serial”命令

命　令	描　述
number. subinterface-number	接口号和子接口号。子接口号的范围可从 1 到 4294967293。在句点（.）前的接口号必须与该子接口所属的接口号相匹配
multipoint	在多点子接口上进行 IP 路由，所有的路由器都在同一子网中
point-to-point	在点对点子接口上进行 IP 路由，每对点对点路由器都在它们自己的子网上

在点对点子接口上的缺省 OSPF 模式是点对点模式，在点对多点子接口上的缺省 OSPF 模式是 NBMA 模式。

3.5.4 NBMA 模式的相邻关系

在 NBMA 模式下，OSPF 模仿在广播网络上的运行；为 NBMA 网络选举 DR 和 BDR，DR 为网络发起一个 LSA。请注意，在这种环境下，为在相互间建立起相邻关系，路由器通常是全互连的（如果它们不是全互连，那么必须人工选择 DR 和 BDR，同时必须让 DR 和 BDR 与所有路由器有完全的连通性）。要开始 DR 选举程序，必须静态地定义邻居。当采用 NBMA 模式时，所有路由器都在同一子网上。

在 NBMA 模式下，当通过一个非广播型接口向外扩散 LSA 时，LSA 更新或 LSAck 数据包被复制下来，并发送到相邻关系表所列的每个 NBMA 邻居。

如果在网络中没有太多邻居，那么从链路状态数据库的大小和路由数据流量角度来说，NBMA 模式是在 NBMA 网络上运行 OSPF 的最有效方法。

（1）全互联和直接通讯。在该模式下，所有连接到 NBMA 网络的路由器通常是全互联的。

（2）网络的稳定性。对于多路访问环境，连路状态型路由协议需要定义好相邻关系才能进行路由更新信息的交换。在 OSPF 中，DR 和 BDR 要保证在同一网段上的所有路由器都具有关于该网络的相同的链路状态信息。如果网络不稳定，例如，一条链路失效了，那么注意到该链路状态变化的路由器会以多目组播方式将一条更新信息发送到 DR 和 BDR。DR 确认该更新并将它扩散给其他路由器。该数据流会穿过 NBMA 网络，这样就给路由器 CPU 增加了过多的负担。

如果在一个接口上使用一条 PVC，那么当这条 PVC 失效时，在这个接口上接收不到 keepalive 消息，该接口就会失效。这就是说链路失效将会被识别出来。如果在子接口上运行 OSPF，当有一个于接口失效时，物理接口仍然是 up 的，路由器不会认为该链路失效或存在任何连接问题。当一个子接口失效时，keepalive 消息仍可以从其他子接口上接收到，所以主接口仍然会报告说该接口是 up 的，且线路协议也是 up 的。

在每个网段上选举一台 DR 和一台 BDR，其目的是为了防止该网段被来自网段上所有路由器的广播更新所淹没。这并不意味着广播只限于来自这些路由器。当有变化发生时，DR 和 BDR 处理这个变化。然后，这个变化将扩散到整个区域。该帧中继云图有可能就是它自己的区域，因此能将它的链路变化与网络的其余部分隔开。然而，这并不是一条通用的规则，这取决于客户的网络和供应商。

在不是所有路由器都能直接进行通信的 NBMA 网络上，可以通过子接口将 NBMA 网络分成几个逻辑子网，每个子网上的路由器都能直接进行通信。如果每条虚电路定义为一个独立的逻辑子网的话，那么每个独立的子网就可以当作 NBMA 网络，或者当作一个点对点网络。可是，这种需要相当大的管理负荷，并且容易配置错误。用点对多点模式来运行这种 NBMA 网络可能会更好一些。

3.5.4.1 点对多点模式的相邻关系

点对多点模式（即点对多点广播模式）下的网络是设计用来在部分互连或星型拓扑结构中工作的。在点对多点模式中，OSPF 将 NBMA 网络上所有路由器到路由器的连接都看作是点对点链路，也就是说，不选举 DR 或 BDR，也不会为网络生成一个 LSA。

OSPF 点对多点模式是通过交换附加的链路状态更新信息来工作的，这种更新信息包含许多描述到相邻路由器的连通性的信息元素。

在大型网络中，采用点对多点模式可以减少完全连通所必需的 PVC 数量，因为我们不需要全互连的拓扑结构。此外，不使用全互连拓扑结构也减少了路由器邻居表中邻居条目的数量。点对多点模式有以下属性：

（1）网络不要求全互连。这种网络环境允许运行在两台非直接连接路由器之间进行路由，前提是这两台路由器都有虚电路连接到一台共同的路由器。将非直连的邻居路由器互连起来的路由器应配置为点对多点的模式。其他路由器，假设它们只有到中心路由器的连接，可以配置为点对点模式；如果一台路由器既与中心路由器相连，也和另一台路由器相连，那么它也应该配置为点对多点模式。

（2）不需要静态邻居配置。在广播网络中，OSPF 路由器采用一个多目组播的 OSPF Hell 数据包来识别邻居路由器。在 NBMA 模式中，邻居需要静态地定义以开始 DR 选举程序和进行路由更新信息的交换。然而，因为点对多点模式将网络看作一个点对多点链路的集合，所以不需要用多目组播 Hello 数据包来动态发现邻居，也不需要静态地配置邻居。

如果需要，也可以对邻居以及到各邻居的开销进行定义。

(3) 使用一个 IP 子网。与 NBMA 模式一样，当使用点对多点模式时，所有的路由器都在同一个 IP 子网中。

(4) 复制 LSA 数据包。也和 NBMA 模式一样，在点对多点模式中，当从一个非广播型接口进行扩散时，LSA 更新或 LSAck 数据包要复制下来，并将其发送到邻居表中所定义的各个邻居。

3.5.4.2 Cisco 附加模式的相邻关系

正如前面所提到过的，Cisco 为 OSPF 相邻关系还定义了几种附加模式，下面将讨论这些模式。

(1) 点对多点非广播模式。多点非广播模式是 Cisco 对符合 RFC 的点对多点模式的一个扩展。采用这种模式时，必须静态地定义邻居，如果必要的话，还可少修改到邻居的链路开销以反映每条链路的不同带宽。RFC 的点对多点模式是用来支持底层多目组播和广播功能的点对多点虚电路（VC），因此允许动态地邻居发现。但是，有些点对多点网络采用非广播型介质（比如传统的 IP over ATM，或帧中继 SVC），并且因路由器不能动态地发现它们的邻居而不能采用 RFC 模式。

(2) 广播模式。广播模式是避免静态列出所有现存邻居的一种解决手段。接口将逻辑地设置为广播型并以类似局域网的模式进行工作。DR 和 BDR 的选举仍要执行，故应该特别注意保证要么是全互连的拓扑结构，要么是基于接口 OSPF 优先级的静态 DR 选择。

(3) 点对点模式。点对点模式是当在 NBMA 网络中只存在两个节点时采用。这种模式通常只用在点对点型子接口上。每条点对点连接都是一个 IP 子网。相邻关系建立在点对点网络上，没有 DR 或 BDR 的选举。

表 3-3 提供了在 NBMA 拓扑结构上 OSPF 运行的不同模式间的一个简明比较。

表 3-3 在 NBMA 拓扑结构上 OSPF 运行的不同模式总结

模 式	期望的拓扑结构	子 网 地 址	相邻关系	RFC 或 Cisco 定义的
NBMA	全互连	邻居必须属于同一子网号	人工配置 选举 DR/BDR	RFC
广播	全互连	邻居必须属于同一子网号	自动 选举 DR/BDR	Cisco
点对多点	部分互连或星型	邻居必须属于同一子网号	自动 选举 DR/BDR	RFC
点对多点非广播	部分互连或星型	邻居必须属于同一子网号	手工配置 没有 DR/BDR	Cisco
点对点	通过子接口的部分互连或星型	各子接口属于不同的子网	自动 没有 DR/BDR	Cisco

3.6 单区域内的 OSPF 配置方法

配置 OSPF 的步骤如下：

(1) 通过全局配置命令：

router ospf *processs-id*

在路由器上启用 OSPF 进程。在这条命令中，“*processs-id*”是一个内部编号，用来识别是否在一台路由器上运行着多个 OSPF 进程。该“*processs-id*”不需要与其他路由器上的“*processs-id*”相匹配。不建议在同一台路由器上运行多个 OSPF，因为这样会生成多个数据库实例（instance），将带来额外的负担。

（2）通过“**network area**”路由器配置命令来标识路由器上的哪些 IP 网络号是 OSPF 网络的一部分。对于每个网络，必须标识出该网络所属的区域（**area**）。网络号可以是路由器所支持的网络地址或所配置的具体接口地址。路由器通过将该地址与通配掩码（wildcard mask）进行比较而知道怎样解释该地址。表 3-4 解释了“**network area**”命令的含义。

network *address wildcard-mask* **area** *area-id*

表 3-4 “network area”命令

命　令	描　述
address	可以是网络地址、子网地址，或者接口的地址。让路由器知道向哪些链路进行通告，用哪些链路来监听通告，以及通告什么网络
wildcard-mask	用来决定怎样读地址的一个反向掩码。该掩码有通配比特，“0”表示要求匹配，“1”表示“不关心”。例如，0. 0. 255. 255 表示对前两个字节要求匹配。如果在“*address*”参数之外指定了接口地址，那么使用掩码 0. 0. 0. 0
area-id	指定与该地址相关的区域。它可以是十进制数或与 IP 地址相似的形式：A. B. C. D

例 3-3 提供了图 3-13 中 OSPF 区域内部路由器 A、B 和 C 上的配置。

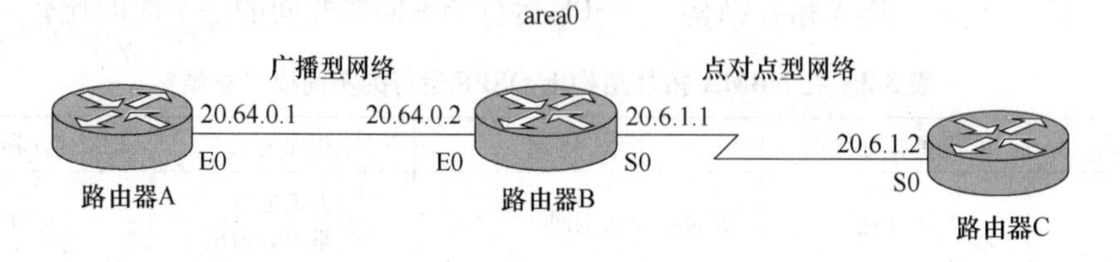

图 3-13　在区域内部路由器上配置 OSPF

【**例 3-3**】图 3-13 中路由器 A、B 和 C 上的配置。

```
< Output Omitted >
RouterA (config) #interface Ethernet0
RouterA (config-if) #ip address 20. 64. 0. 1 255. 255. 255. 0
!
< Output Omitted >
RouterA (config) #router ospf 1
RouterA (config-router) #network 20. 0. 0. 0 0. 255. 255. 255 area 0
...
< Output Omitted >
RouterB (config) #interface Ethernet0
```

```
RouterB (config-if) #ip address 20.64.0.2 255.255.255.0
!
RouterB (config) #interface Serial0
RouterB (config-if) #ip address 20.6.1.1 255.255.255.0
<Output Omitted>
RouterB (config) #router ospf 50
RouterB (config-router) #network 20.6.1.1 0.0.0.0 area 0
RouterB (config-router) #network 20.64.0.2 0.0.0.0 area 0
!
RouterC (config) #interface Serial0
RouterC (config-if) #ip address 20.6.1.2 255.255.255.0
<Output Omitted>
RouterC (config) #router ospf 50
RouterC (config-router) #network 20.6.1.2 0.0.0.0 area 0
```

3.6.1 OSPF 任选配置命令

3.6.1.1 路由器 ID

在活跃接口上最高的 IP 地址通常用作 OSPF 路由器 ID，这可以通过在一个环回接口上配置一个 IP 地址而取代之。在这种情况下，这类环回地址的最高 IP 地址将成为 OSPF 路由器 ID。

interface loopback *ipaddress*

要确定路由器的路由器 ID，可以输入“**show ip ospf interface**”命令。

如果配置了一个环回接口，那么 OSPF 将更加可靠，因为这种接口将总是活跃的并且不会像一个真实接口那样有可能会失效。出于这个原因，建议在关键路由器上使用环回地址。如果打算通过“**network area**”命令通告环回地址的话，可以考虑采用私有 IP 地址以节省合法 IP 地址。注意，环回地址在每台路由器上是一个单独的子网。

对于是否应采用一个不被通告的地址存在着赞成和不赞成两种意见。采用一个不被通告的地址可以节省真正的 IP 地址，但是该地址不会出现在 OSPF 表中，所以它不能被 **ping** 到。该决定是代表在网络排错的容易性和地址空间节省上的一个折中。

3.6.1.2 选举和路由器优先级

用以下命令修改 OSPF 的优先级：

ip ospf priority *number*

其中，“*number*”是一个从0到255的数，缺省值是1。优先级值0表示一个接口不能选举为 DR 或 BDR。有最高优先级的路由器是 DR，有第二高优先级的路由器将成为 BDR。

如果有一台更高优先级的路由器添加到网络中，那么 DR 和 BDR 仍保持不变。DR 和 BDR 仅当在它们之一出现失效时才会发生变化。如果 DR 失效，BDR 将成为 DR，并选举一台新的 BDR。如果 BDR 失效，就选举一台新的 BDR。

3.6.1.3 链路开销（cost）

修改链路开销需要通过命令：

ip ospf cost *cost*

覆盖分配给一个OSPF接口的缺省开销值。在这条命令中，“*cost*”是一个从1到65535的数，它表示分配给该接口的度量值。路径开销是沿路径到目的地的链路中所有转发数据流的接口所分配的开销总和。

Cisco的OSPF缺省开销值是基于链路的带宽。其他厂商可能会采用不同的技术设置链路的OSPF开销。因为连接到相同链路的所有接口都必须对该链路的开销值达成一致，所以有时可能要修改缺省开销值。

通常，Cisco路由器的路径开销是通过下面的公式来计算的：

$$cost = 10^8 / \text{带宽（以 bps 为单位）}$$

采用这个公式，下面是一些缺省开销的示例：

（1）56Kbps串行链路：1785；

（2）T1（1.544Mbps串行链路）：64；

（3）10Mbps以太网：10；

（4）16Mbps令牌环：6。

在T1串行线路上，缺省带宽是1.544Mbps。如果该线路的实际速率更慢，可以通过“**bandwidth**”命令来设定真正的线路速率，链路的开销就会随所配置的带宽而相应改变。

3.6.1.4 修改开销

要控制OSPF如何计算接口的缺省度量值（开销），可以使用“**auto-cost reference-bandwidth**”路由器配置命令来改变OSPF开销公式中的分子。

OSPF度量值是用“参考带宽/链路带宽”来计算的，其中参考带宽等于100Mbps，或者说是10^8bps。链路带宽是由“**bandwidth**”命令所确定的。例如，一条64Kbps链路将得到1562的度量值。

如果有多条高带宽的链路（比如FDDI或ATM），最好用一个更大的数来区分这些链路上的开销。例如，Sonet OC-12的带宽为622Mbps，可以使用“**auto-cost reference-bandwidth**”命令来改变参考带宽为合适的值。若采用标准度量值公式就是10^8/622000000bps，它得到的开销将为0.16；若参考带宽设置为622Mbps，则得到的开销将为622000000/622000000bps=1。注意，改变接口上的带宽或在“**router ospf**”下改变参考带宽，将导致在所有路由器上的SPF重新计算。

在下面的命令中，“*reference-bandwidth*”是以Mbps为单位，其范围是在1～4294967之间，缺省值是100Mbps（10^8bps）。

auto-cost reference-bandwidth *reference-bandwidth*

通过这条命令所做的任何改变都必须在AS中的所有路由器上进行，以让它们都使用同一公式来计算开销。“**ip ospf cost**”命令所设置的值覆盖了从“**auto-cost**”命令计算出来的开销。

3.6.2 在NBMA拓扑结构中配置OSPF

在NBMA拓扑结构上的OSPF可以配置在以下不同的模式中：

（1）RFC兼容模式：NBMA模式、点对多点模式。

（2）Cisco定义模式：点对多点非广播模式、广播模式、点对点模式。

在接口配置模式下输入命令

ip ospf network *work-mode*

用来指定OSPF网络模式的配置。可能的模式列在表3-5中。

表3-5 “ip ospf network”命令

模 式	描 述
非广播型（**non-broadcast**）	将网络模式设置为NBMA模式，对于NBMA接口和点对多点子接口来说是缺省模式
点对多点（**point-to-multpoint**）	将网络模式设置为点对多点模式，即点对多点广播模式
点对多点非广播（**point-to-mult-point non-broadcast**）	将网络模式设置点对多点非广播模式
广播型（**broadcast**）	将网络模式设置广播模式。对于广播型多路访问网络，比如以太网来说是缺省模式
点对点（**point-to-point**）	将网络模式设置点对点模式。对于点对点接口和子接口来说是缺省模式

3.6.2.1 在NBMA模式下配置OSPF

在NBMA模式中，DR的选举是一个问题，因为DR和BDR需要与连接到网络云图的所有路由器具有相同的物理连接。而且，因为这种网络不具有广播功能，所以DR和BDR需要有关于连接到网络云图的所有其他路由器的一个静态列表。也就是说，需要采用人工设置的方法来建立其OSPF邻居表，也即可以通过“**neighbor**”命令来人工配置邻居表。

下面的“**neighbor**”命令用来配置互连到NBMA网络的OSPF路由器。“**neighbor**”命令中所用到不同的选项在表3-6中说明。

neighbor *ip-address* [**priority** *number*] [**poll-interval** *sec*] [**cost** *number*]

表3-6 “neighbor”命令

命 令	描 述
ip-address	邻居接口的IP地址
priority *number*	（任选项）它是表示与给定的IP地址相关联的NBMA邻居路由器优先级值，缺省值是0。该关键字不能用在点对多点模式的接口上
poll-interval *sec*	（任选项）反映轮询时间间隔的无符号整数值。该值应该比Hello时间间隔大得多。该关键字不能用在点对多点模式的接口上
cost *number*	（任选项）到邻居的开销值，以一个从1到65535之间的整数表示。如果没有配置具体开销值，则使用接口上的开销，它基于带宽或由“**ip ospf cost**”命令所设定。在点对多点模式上，这是唯一有意义的关键值参数。该关键字不能用在NBMA模式的网络上

例3-4展示了通过“**neighbor**”命令的用法。

【**例3-4**】通过“**neighbor**”命令在NBMA模式中配置OSPF。

```
R1 (config) #interface Serial0
R1 (config-if) #ip address 10. 1. 1. 1 255. 255. 255. 0
R1 (config-if) #encapsulation frame-relay
R1 (config-if) #ip ospf network non-broadcast
```

```
R1 (config) #router ospf 1
R1 (config-router) #network 10.1.1.0 0.0.0.255 area 0
R1 (config-router) #neighbor 10.1.1.2
R1 (config-router) #neighbor 10.1.1.3
R1 (config-router) #neighbor 10.1.1.4
```

注意，NBMA 模式是缺省采用的，所以不需要显式使用“**ip ospf network non-broadcast**”命令。但“**neighbor**”命令是必要的。

3.6.2.2　在点对多点模式下配置 OSPF

一个 OSPF 点对多点接口可以看作一个或多个编号的点对点接口，这种广域网云图可配置成一个个不同的子网。

例 3-5 提供了在点对多点模式中使用 OSPF 时所需要配置的一个示例。

【例 3-5】 在点对多点模式中配置的 OSPF。

```
R1 (config) #interface serial 0
R1 (config-if) #ip address 10.1.1.1 255.255.255.0
R1 (config-if) #encapsulation frame-relay
R1 (config-if) #ip ospf network point-to-multpoint
R1 (config) #router ospf 1
R1 (config-router) #network 10.1.1.0 0.0.0.255 area 0
```

3.6.2.3　在广播模式中配置 OSPF

如果配置成广播模式就可以避免使用“**neighbor**”命令。管理员不需要人工指定所有现存的邻居。这种广播型模式在全互连的网络工作得最好。例 3-6 提供了在广播模式中的 OSPF 配置。

【例 3-6】 在广播模式中 OSPF 的配置。

```
R1 (config) #interface Serial0
R1 (config-if) #ip address 10.1.1.1 255.255.255.0
R1 (config-if) #encapsulation frame-relay
R1 (config-if) #ip ospf network broadcast
R1 (config) #router ospf 1
R1 (config-router) #network 10.1.1.0 0.0.0.255 area 0
```

3.6.2.4　在点对点模式中配置 OSPF

在点对点模式中，OSPF 将各子接口看作是一个物理的点对点网络，所以其相邻关系是自动形成的。下面的步骤解释了怎样在子接口中配置 OSPF 点对点模式，如例 3-7 所示。

（1）进入要创建的子接口的物理接口配置模式。

（2）建议删掉所有分配给该物理接口的网络层地址，将物理层地址分配给子接口。

（3）配置成帧中继封装。

（4）像 3.5.3 节中所讨论的那样配置子接口。

（5）在子接口上配置网络层地址和帧中继链路连接表示符（DLCI）号码。

（6）点对点模式对于点对点子接口来说是缺省的 OSPF 模式，故不需要更多的配置。

【例 3-7】在广播型点对点模式中的 OSPF 配置。

```
R1 (config) #interface Serial0
R1 (config-ip) #no ip address
R1 (config-ip) #encapsulation frame-relay
R1 (config) #interface Serail 0.1 point-to-point
R1 (config-subif) #ip address 10.1.1.1 255.255.255.0
R1 (config-subif) #frame-elay interface dlci 51
R1 (config) #interface Serail 0.2 point-to-point
R1 (config-subif) #ip address 10.1.1.2 255.255.255.0
R1 (config-subif) #frame-elay interface dlci 52
R1 (config) #router ospf 1
R1 (config-router) #network 10.1.1.0 0.0.255.255 area 0
```

3.7 验证 OSPF 的运行

本节介绍的命令可以用来验证 OSPF 的运行和提供统计信息。

（1）**"show ip protocols"** 命令，如例 3-8 所示，显示了整台路由器上有关计时器、过滤器、度量值和所连网络参数以及其他信息。

【例 3-8】"**show ip protocols**"命令的输出。

```
Router#show ip protocols
Routing Protocol is "ospf 200"
  Sending updates every 0 seconds
  Invalid after 0 seconds, hold down 0, flushed after 0
  Outgoing update filter list for all interfaces is
  Incoming update filter list for all interfaces is
  Redistributing: ospf 200
  Routing for networks:
    192.168.1.0
  Routing Information Sources:
    Gateway          Distance    Last Update
    192.168.1.66     110         00:09:40
    192.168.1.49     110         00:09:13
    172.16.11.100    110         00:09:50
Distance: (default is 100)
```

（2）**"show ip route"** 命令，如例 3-9 所示，显示了路由器所知道的路由以及学到这些路由的途径。这是确定本路由器与网络其余部分间连通性的最佳方法之一。

【例 3-9】"**show ip route**"命令的输出。

```
p1r1#show ip route
Codes: C-connected, S-static, I-IGRP, R-RIP, M-mobile, B-BGP
```

```
D-EIGRP, EX-EIGRP external, O-OSPF, IA-OSPF inter area
N1-OSPF NSSA external type 1, N2-OSPF NSSA external type 2
E1-OSPF external type 1, E2-OSPF external type 2, E-EGP
i-IS-IS, L1-IS-IS level-1, L2-IS-IS level-2, *-candidate default
U-per-user static route, o-ODR
T-traffic engineered route

  Gateway of last resort is not set
         192.168.1.0/28 is subnetted, 4 subnets
O           192.168.1.64 [110/1572] via 192.168.1.50, 00:06:28, Serial2
                         [110/1572] via 192.168.1.34, 00:06:28, Serial1
                         [110/1572] via 192.168.1.18, 00:06:28, Serial0
C           192.168.1.32 is directly connected, Serial1
C           192.168.1.48 is directly connected, Serial2
C           192.168.1.16 is directly connected, Serial0
```

（3）“**show ip route ospf**”命令，如例3-10所示，只显示通过OSPF学来的路由。

【例3-10】“**show ip route ospf**”命令的输出。

```
p1r1#show ip route ospf
         192.168.1.0/28 is subnetted, 4 subnets
O           192.168.1.64 [110/1572] via 192.168.1.50, 00:06:28, Serial2
                         [110/1572] via 192.168.1.34, 00:06:28, Serial1
                         [110/1572] via 192.168.1.18, 00:06:28, Serial0
```

（4）“**show ip ospf interface**”命令可以验证接口是否已经配置在目标区域中了。如果没有规定环回接口地址，那么最高的接口地址就作为路由器ID。该命令也显示出各计时器的时间间隔，并显示出相邻关系，即

show ip ospf interface [*type number*]

该命令可显示出接口上与OSPF有关的信息，如例3-11所示。在该命令中，“*type*”是指示接口类型的选项，“*number*”是指示接口号的一个选项。

【例3-11】“**show ip ospf interface**”命令的输出。

```
R2#show ip ospf interface e0
Ethernet0 is up, line protocol is up
  Internet Address 192.168.0.12/24, Area 0
  Process ID 1, Router ID 192.168.0.12, Network Type BROADCAST, Cost: 10
  Transmit Delay is 1 sec, State DROTHER, Priority 1
  Designated Router (ID) 192.168.0.11, Interface address192.168.0.11
  Backup Designed router (ID) 192.168.0.13, Interface address192.168.0.13
  Timer intervals configured, Hello 10, Dead 40, Wait 40, Retransmit 5
    Hello due in 00:00:04
  Neighbor Count is 3, Adjacent neighbor count is 2
```

```
    Adjacent with neighbor 192. 168. 0. 13 (Backup Designated Router)
    Adjacent with neighbor 192. 168. 0. 11 (Designated Router)
  Suppress Hello for 0 neighbor (s)
```

(5)“**show ip ospf**”命令，如例 3-12 所示，显示出所执行过的 SPF 算法的次数。

【例 3-12】“show ip ospf”命令的输出。

```
p1r3#show ip ospf
  Routing Process "ospf 200" with ID 172. 26. 1. 49
  Supports only single TOS (TOS0) route
SPF schedule delay 5 secs, Hold time between two SPFs 10 secs
  Minimum LSA interval 5 secs. Minimum LSA arrival 1 secs
  Number of external LSA 0. Checksum Sum 0x0
  Number of DCbitless external LSA 0.
Number of DoNotAge external LSA 0.
Number of areas in this router is 1. 0 normal 1 stub 0 nssa
    Area 1
Number of interfaces in this area is 2
It is a stub area
Area has no authentication
SPF algorithm executed 6 times
Area ranges are
Number if LSA 7. Checksum Sum 0x25804
Number of DCbitless external LSA 0
Number of indication LSA 0
Number of DoNotAge LSA 0
```

(6)“**show ip ospf neighbor**”命令可按接口显示 OSPF 邻居信息，即

show ip ospf neighbor [*type number*] [*neighbor-id*] [**detail**]

表 3-7 对该命令做了解释。

表 3-7 “show ip ospf neighbor”命令

命　令	描　述
type	(任选项) 接口类型
number	(任选项) 接口号
Neighbor-id	(任选项) 邻居的 ID
detail	(任选项) 所有邻居的详细显示 (列出所有邻居)

例 3-13 给出了该命令在以太网环境中的一个输出示例：已经选举出了 DR 和 BDR，其他只是邻居的路由器（非 DR 或 BDR）被标为 2WAY/DROTHER。在例 3-13（在以太网上的 OSPF）中，“2WAY/DROTHER”状态说明着这台路由器已经与其邻居达到了双向状态。我们也可以观察到路由器 ID 为 192. 168. 0. 12 的路由器是这个以太网分段上的 DR。

【例 3-13】在以太网拓扑结构中的 “**show ip ospf neighbor**” 命令的输出。

```
Router > show ip ospf neighbor
Neighbor ID      Pri      State            Dead Time     Address          Interface
  192.168.0.13   1        2WAY/DROTHER     00:00:31      192.168.0.13     Ethernet0
  192.168.0.14   1        FULL/BDR         00:00:38      192.168.0.14     Ethernet0
  192.168.0.11   1        2WAY/DROTHER     00:00:36      192.168.0.11     Ethernet0
  192.168.0.12   1        FULL/DR          00:00:38      192.168.0.12     Ethernet0
```

例 3-14 提供了在点对点网络中的 OSPF “**show ip ospf neighbor**” 命令的输出示例。

“FULL/-” 状态说明了这台路由器已经与其邻居到达了 “FULL” 状态，并且在这个网段上没有 DR（因为这是一个点对点网络）。

【例 3-14】在点对点网络中的 “**show ip ospf neighbor**” 命令的输出。

```
Router > show ip ospf neighbor
Neighbor ID      Pri      State            Dead Time     Address          Interface
  192.168.0.11   1        FULL/-           00:00:39      10.1.1.2         Serial1
```

在例 3-15 中，采用了 NBMA 模式，尽管看不见，在 “**router ospf**” 命令下使用以建立相邻关系。例 3-15 提供了 “**show ip ospf neighbor**” 命令的输出示例。该示例用的路由器是 DR；ID 为 192.168.0.11 的邻居 BDR。

【例 3-15】在使用了 “**neighbor**” 命令语句的 NBMA 模式中 “**show ip ospf neighbor**” 命令的输出。

```
Router > show ip ospf neighbor
Neighbor ID      Pri      State            Dead Time     Address          Interface
  192.168.0.12   1        FULL/DROTHER     00:01:56      10.1.1.4         Serial0
  192.168.0.13   0        FULL/DROTHER     00:01:34      10.1.1.3         Serial0
  192.168.0.11   1        FULL/BDR         00:01:56      10.1.1.2         Serial0
```

在例 3-16 中，OSPF 广播模式配置在全互连的网络中。该示例是在 BDR 上执行的，ID 为 192.168.0.14 的邻居是 DR。

【例 3-16】在配置为广播模式的帧中继网络上 “**show ip ospf neighbor**” 命令的输出。

```
Router > show ip ospf neighbor
Neighbor ID      Pri      State            Dead Time     Address          Interface
  192.168.0.14   1        FULL/DR          00:00:30      10.1.1.4         Serial0
  192.168.0.13   1        FULL/DROTHER     00:00:36      10.1.1.3         Serial0
  192.168.0.12   1        FULL/DROTHER     00:00:39      10.1.1.2         Serial0
```

（7）例 3-17 中所示的 “**show ip ospf neighbor detail**” 命令显示了详细的邻居列表，包括他们的属性和他们的状态（例如，INT、EXSTART 或者 FULL）。

【例 3-17】“**show ip ospf neighbor detail**” 命令的输出。

```
Router >show ip ospf neighbor detail
Neighbor 160.89.96.54, interface address 160.89.96.54
    In the area 0.0.0.3 via interface Ethernet0
    Neighbor priority is 1, State is FULL
    Option 2
Dead timer due in 0:00:38
  Neighbor 160.89.103.52, interface address 160.89.103.52
    In the area 0.0.0.0 via interface Serial0
    Neighbor priority is 1, State is FULL
    Option 2
    Dead timer due in 0:00:31
```

（8）“**show ip ospf database**” 命令显示拓扑结构数据库的内容。该命令也显示了路由器 ID 和 OSPF 进程 ID。当输入任选关键字 “**router**”、“**network**”、“**summary**”、“**asb-summary**”、“**external**” 时，会显示不同的结果。当想要确认路由器知道的所有网段时，可以使用 “**show ip ospf database**” 命令。

在例 3-18 中，我们看到了链路通告路由器（ADV 路由器）和链路数（link count），为区域 0 中的路由器链路状态显示的链路数给出了各台路由器在这个区域内的所有链路数。在有些情况下，链路数可能会大于在该区域内的物理接口数，因为有些接口类型，比如点对点接口，在 OSPF 数据库中产生两条链路。

【例 3-18】“show ip ospf database” 命令的输出。

```
R2#show ip ospf database
        OSPF Router with ID (192.168.0.12) (Process ID 1)


                Router Link States (Area 0)
 Link ID         ADV Router       Age     Seq#         Checksum    Link count
192.168.0.10    192.168.0.10     817     0x8000003    0xFF56      1
192.168.0.11    192.168.0.11     817     0x8000003    0xFD56      1
192.168.0.12    192.168.0.12     816     0x8000003    0xFB56      1
192.168.0.13    192.168.0.13     816     0x8000003    0xF956      1
192.168.0.14    192.168.0.14     817     0x8000003    0xD990      1
               Net Link States (Area 0)
 Link ID         ADV Router       Age     Seq#         Checksum
192.168.0.14    192.168.0.14     812     0x8000002    0x4AC8
```

（9）其余的命令和它们相关的选项可以在对 OSPF 进行排错时使用。

1）“**clear ip route**” 命令使用来重置 IP 路由表的。可能的选项显示在下面的输出中：

```
R2#clear ip route ?
    *          Delete all routes
  A.B.C.D    Destination network route to delete
```

“**clear ip route** ＊”使路由器清除路由表中的所有路由，然后重新计算它的整个路由表，但是它并不影响相邻关系数据库或拓扑结构数据库。

2）“**debug ip ospf**”命令用来对多种 OSPF 运行操作进行排错。下面是可能的排错选项：

```
R2#debug ip ospf ?
adj                  OSPF adjacency events
events               OSPF events
flood                OSPF flooding
lsa-generation       OSPF lsa-generation
packet               OSPF packets
retransmission       OSPF retransmission events
spf                  OSPF spf
tree                 OSPF database tree
```

3）“**debug ip ospf adj**”命令可以在想监视 DR 和 BDR 的选举时使用，如例 3-19 所示。

【例 3-19】“debug ip ospf adj” 命令的输出。

```
192. 168. 0. 14 on Ethernet0, state 2WAY
OSPF: end of wait on interface Ethernet0
OSPF: DR/BDR election on Ethernet0
OSPF: Elect BDR 192. 168. 0. 14
OSPF: Elect DR 192. 168. 0. 14
        DR: 192. 168. 0. 14 (Id)      BDR: 192. 168. 0. 14 (Id)
OSPF: Send DBD to 192. 168. 0. 14 on Ethernet0 seq 0x11DB opt 0x2 flag 0x7 len 32
OSPF: Build router LSA for area 0, router ID 192. 168. 0. 11
OSPF: Neighbor change Event on interface Ethernet0
OSPF: Rcv DBD to 192. 168. 0. 14 on Ethernet0 seq 0x11DB opt 0x2 flag 0x7 len 32
      start EXSTART
OSPF: NBR Negotiation Done. We are the SLAVE
OSPF: Send DBD to 192. 168. 0. 14 on Ethernet0 seq 0x1598 opt 0x2 flag 0x2 len 52
OSPF: Rcv DBD to 192. 168. 0. 14 on Ethernet0 seq 0x1599 opt 0x2 flag 0x3 len 92
      state EXCHANGE
OSPF: Exchange Done with 192. 168. 0. 14 on Ethernet0
OSPF: DR/BDR election on Ethernet0
OSPF: Elect BDR 192. 168. 0. 13
OSPF: Elect DR 192. 168. 0. 14
        DR: 192. 168. 0. 14 (Id)      BDR: 192. 168. 0. 13 (Id)
```

3.8 综合配置实例

本节包括配置示例和“**show**”命令的输出示例，这些都是源自对图 3-14 中所示网络的配置结果。

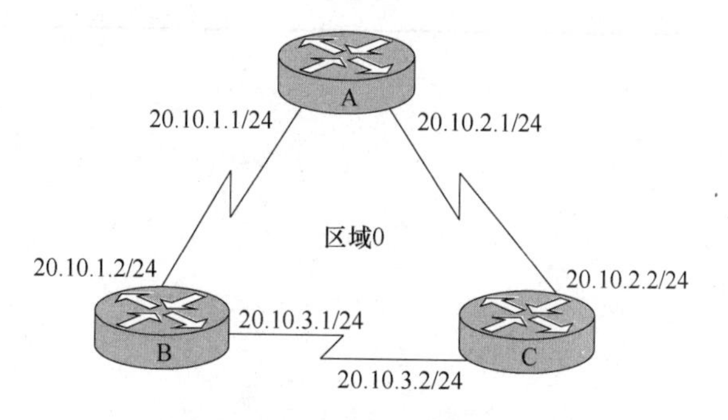

图 3-14　OSPF 单区域拓扑结构

例 3-20 给出了单个区域 OSPF 的典型配置，该配置是在路由器 C 上的。

【**例 3-20**】图 3-14 中路由器 C 上的配置。

```
C#show run
Building configuration…

Current configuration：
!
version 11. 2
no service password-encryption
no service udp-small-servers
no service top-small-servers
!
hostname C
!
interface Ethernet0
  no ip address
  shutdown
!
interface Ethernet1
  no ip address
  shutdown
!
interface Serial0
  ip address 20. 10. 3. 2 255. 255. 255. 0
  no fair-queue
  clockrate 64000
!
interface Serial1
  ip address 20. 10. 2. 2 255. 255. 255. 0
!
router ospf 1
  network 20. 10. 2. 0 0. 0. 0. 255 area 0
  network 20. 10. 3. 0 0. 0. 0. 255 area 0
!
```

```
no ip classless
!
!
line con 0
  exec-timeout 0 0
line aux 0
line vty 0 4
  login
!
end
```

如例 3-20 所示，OSPF 在串口 0 和串口 1 上被激活。

例 3-21 提供了在路由器 C 上一些“**show**”命令的输出示例。从“**show ip route**”命令的输出示例中，可以确定：OSPF 正在接收 OSPF 路由选择信息。从“**show ip ospf neighbor detail**”命令的输出示例中，可以确定：路由器 C 已经与它的两个邻居达到了“满（FULL）”状态。从“**show ip ospf database**”命令的输出示例中，可以确定：路由器 C 只收到了类型 1 LSA。没有收到类型 2 LSA 是因为所有的连接都是点对点类型的，所以就没有选任何指定路由器（DR）。

【例 3-21】 图 3-14 中路由器 C 上“**show ip route**”、“**show ip ospf neighbor detail**”和“**show ip ospf database**”命令的输出。

```
C#show ip route
Codes: C-connected, S-static, I-IGRP, R-RIP, M-mobile, B-BGP
       D-EIGRP, EX-EIGRP external, O-OSPF, IA-OSPF inter area
       N1-OSPF NSSA external type 1, N2-OSPF NSSA external type 2
       E1-OSPF external type 1, E2-OSPF external type 2, E-EGP
       I-IS-IS, L1-IS-IS level-1, L2-IS-IS level-2, *-candidate default
       U-per-user static route, o-ODR
Gateway of last resort is not set
       10.0.0.0/24 is subnetted, 3 subnets
C         20.10.3.0 is directly connected, Serial0
C         20.10.2.0 is directly connected, Serial1
O         20.10.1.0 [110/128] via 20.10.3.1, 00:01:56, Serial0
                    [110/128] via 20.10.2.1, 00:01:56, Serial1
C#show ip ospf neighbor detail
  Neighbor 20.10.3.1, interface address 20.10.3.1
       In the area 0 via interface Serial0
       Neighbor priority is 1, State is FULL
       Options 2
       Dead timer due in 00:00:34
  Neighbor 20.10.2.1, interface address 20.10.2.1
       In the area 0 via interface Serial1
       Neighbor priority is 1, State is FULL
```

```
        Options 2
        Dead timer due in 00:00:36
C#show ip ospf database
         OSPF Router with ID (20.10.3.2) (Process ID 1)
                Router Link States (Area 0)
Link ID       ADV Router     Age     Seq#          Checksum Link count
20.10.2.1     20.10.2.1      301     0x80000004    0x4A49   4
20.10.3.1     20.10.3.1      292     0x80000004    0x1778   4
20.10.3.2     20.10.3.2      288     0x80000004    0x5D2E   4
C#
```

3.9　本章小结

在本章中，我们学习了为什么在大型网络中链路状态型路由协议 OSPF 比距离矢量型路由协议 RIP 好。我们看到了 OSPF 是怎样通过 Hello 协议发现其邻居的；也看到了 OSPF 是怎样建立拓扑结构数据库，并在该数据库上使用 SPF 算法选择最佳路由并建立它的路由表的。我们也学习了 OSPF 是怎样在网络拓扑结构发生变化时维护路由的。

同时，我们学习了怎样在广播型和非广播型环境中配置 Cisco 路由器，以便在单区域 OSPF 网络中运行。最后，我们学习了怎样在单个区域内验证 OSPF 的运行和配置 OSPF。

练　习　题

3-1　请列出在大型网络中运行 OSPF 比运行 RIP 要好的几个原因。

3-2　当路由器接收到 LSU 时将执行什么操作？

3-3　指出何时使用交换协议（exchange protocol）和扩散过程，并描述它们各自是怎样运行的。

3-4　给出下面各项的简单描述：内部路由器、LSU、DBD、Hello 数据包。

3-5　用最接近的描述来匹配表 3-8 中的各术语：

A. 指示负责路由同步的路由器。

B. 指示可以路由信息的路由器。

C. 指示能够发现链路状态信息的路由器。

D. 路由器和网络的一个集合。

表 3-8　术语描述表

术　语	答　　案
区域	
满状态	
交换状态	
DR	

3-6　指出 NBMA 网络中 OSPF 的两种 RFC 兼容模式。指出 NBMA 上 OSPF 的 Cisco 专有模式。

3-7　当通过 NBMA 模式在 NBMA 环境中使用 OSPF 时，有多少个子网？

3-8 在路由器所有接口上运行OSPF要使用什么命令？

3-9 在广播模式中配置OSPF要使用什么命令？

3-10 怎样在点对点子接口上配置OSPF点对点模式？

3-11 针对图3-15的OSPF单区域拓扑结构，完成下面的步骤：

（1）关闭连接到主干路由器A的S3接口，使用什么命令？在网络系统内所有路由器上用这条命令关闭IGRP。哪一个路由协议有更好的管理距离，IGRP还是OSPF？

（2）用进程ID为200在网络系统内的所有路由器上启用OSPF，将使用哪条命令？

（3）启用网络系统内的所有接口以运行OSPF，并且将它们的区域设置为区域0。能用OSPF“**network**”命令上的0.0.0.255掩码来完成这项任务吗？

（4）显示路由表，并且验证网络系统内是否具有完全的连通性。使用什么命令来显示路由表？确认能够成功地**ping**到网络系统内的所有其他路由器。

（5）检查路由器B和C的路由表，并且回答问题：OSPF负载均衡是缺省使用的吗，OSPF路由度量值是基于什么，OSPF的缺省管理距离是多少？

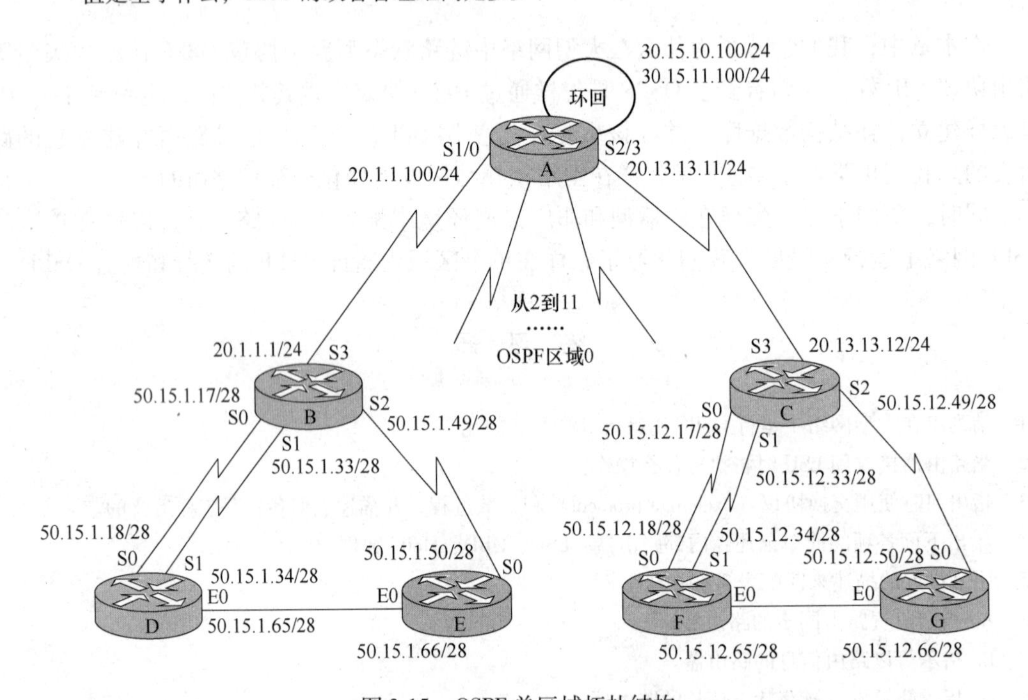

图3-15 OSPF单区域拓扑结构

（6）回答下列问题：

1）路由器D和F的OSPF路由器ID是什么？

2）路由器E和G的OSPF路由器ID是什么？

3）在路由器E和G上发出什么命令以显示OSPF邻居状态。

4）路由器B、C、D和F的邻居状态是“FULL”状态吗？

5）路由器D、E、F和G间的以太网连接上的哪台路由器是DR，为什么？

6）在使用HDLC封装的串行接口上有DR/BDR吗，OSPF路由器的缺省优先级是多少？

7）关闭路由器D、E、F和G的E0接口。

8）在是BDR的路由器上，将它的E0接口OSPF路由器优先级改为2，然后在路由器D、E、F和G上关闭E0接口。现在，哪一台路由器是DR？

（7）在路由器 D 和 F 上发出“**debug ip ospf adj**”命令。关闭和打开路由器 D 和 F 的 E0 接口，观察 OSPF 的相邻调试消息。用什么命令来关闭调试？

（8）从网络系统中的任一路由器上，发出命令以显示 OSPF 数据库。在 OSPF 数据库中看到了哪两种链路状态通告类型？对于路由器链路状态，为什么路由器 D 和 F 的链路数是 5，路由器 B 和 C 的是 6，路由器 E 和 G 的是 3？

（9）在路由器 D、E、F 和 G 发出命令显示有关接口的信息。以太网接口上的 OSPF 网络类型是什么，串行接口上的 OSPF 网络类型是什么，以太网和串行（HDLC）接口上的 OSPF 的 Hello 时间间隔是多少？

3-12 针对图 3-15，回答下列问题：

（1）在路由器 B 和 C 上，打开连接到主干路由器 A。

（2）启用路由器 B 和 C 的 S3 接口以运行 OSPF，并且将它的区域设置为区域 0。能用 OSPF 的“**network**”命令上的 0.255.255.255 掩码来完成这项任务吗？

（3）显示路由表。在路由表中看到主干路由器的环回接口子网地址（注意，也能够看到来自其他网络的路由）了吗？当正在运行 IGRP 时，在路由表中看到主干的环回接口子网地址（或来自其他网络系统的子网）了吗？

多区域 OSPF 协议及其配置方法

本章将介绍在多个区域中 OSPF 协议的使用、操作、配置和验证。当学习完本章的内容之后，我们将学会描述与互连多个区域有关的问题，也将看到区域类型间的区别，以及 OSPF 是怎样支持 VLSM 的。最后，我们将解释 OSPF 是怎样在多个区域内支持路由归纳，以及它是怎样在一个多区域 NBMA 环境中运行的。

4.1 多个 OSPF 区域

在上一章中，我们学习了 OSPF 是怎样在单个区域内运作的。现在考虑如果单个区域爆炸性地增大到 400 个网络时将会发生什么。

（1）SPF 算法的频繁计算。由大量网络分段组成的网络发生变化是难免的。路由器得用非常多的 CPU 时间来重新计算路由表，因为它们将接受到区域内所产生的每个路由更新。

（2）路由表规模巨大。每台路由器需要为每个网段维持至少一个路由条目，对于有 400 个网段的网络，每台路由器维持至少 500 个条目；如果每台路由器还存在其他可选择路径到达其他路由器的情况占这 400 个网段的 25%，那么其路由表就至少会额外再增加 100 个条目。

（3）链路状态表规模巨大。因为链路状态表包含网络的完整拓扑结构，所以，即使路由没有选入路由表，每台路由器都需要为区域内的每个网段维护一个条目。

为了解决这些问题，OSPF 设计为可将巨大区域分成仍然能够交换路由信息的多个较小的、更易于管理的区域。

OSPF 的这种将一个大型网络分成多个区域的能力称为体系化路由。体系化路由使我们能够将大型网络（自治系统）分成称为区域的若干小网络，如图 4-1 所示。通过这项技术，虽然在区域之间仍然会进行路由（称为域间路由），但是许多内部路由的运作，比如重新计算数据库，就被限制在一个区域内。在图 4-1 中，如果区域 1 存在链路 up/down 翻滚的问题时，在其他区域的路由器就不需要不断运行它们的 SPF 算法，因为它们已经从区域 1 的问题中隔离开来了。

OSPF 的体系化拓扑结构有以下优点：

（1）SPF 计算频率降低。因为详细的路由信息可限制在各区域内，不必将所有链路状态的变化扩散到每个区域。这样，当发生拓扑结构变化时，不是所有的路由器都需要运行 SPF 算法。只有那些受拓扑结构变化影响的路由器需要重新计算路由。

（2）路由表规模更小。当采用多个区域时，域内网络的详细路由条目限制在区域内。

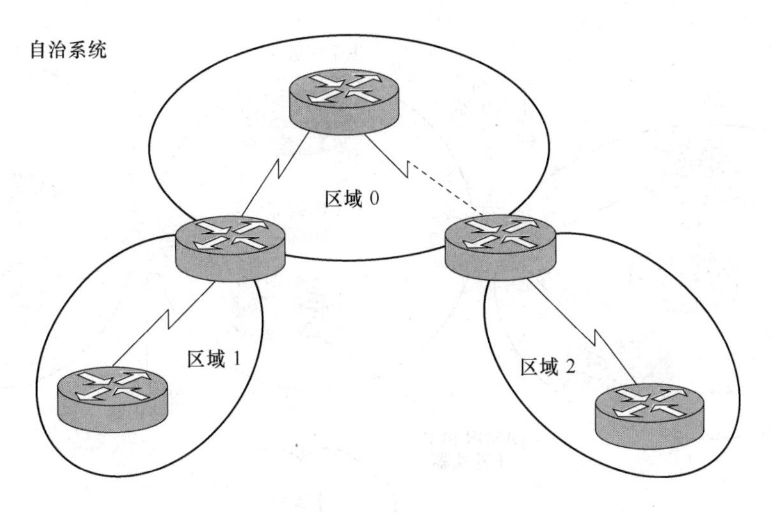

图 4-1　OSPF 体系化路由

与将这些详细路由通告到区域外相反，这些路由可以归纳为一个或多个汇总地址。只广播这些汇总信息，既可以保持到所有网络的可达性，又减少在区域间传播的 LSA 通告数量。

（3）链路状态更新（LSU）负荷降低。LSU 包含多种 LSA 类型，包括链路状态信息和归纳信息。可以不必对区域内各个网络都发送一个 LSU，而只在区域间通告一条或几条归纳的路由即可，这样就降低了与传输到其他区域的 LSU 信息相关联的额外开销。

体系化路由可使路由更为有效，因为它使我们能够控制允许进出一个区域的路由更新。OSPF 通过给各区域和连接各区域的路由器分配一定的特性来启用不同类型的路由更新。区域和路由器特性决定了它们是怎样处理路由信息的，包括路由器能够生成、接收和发送什么类型的 LSU。本节介绍 OSPF 多区域组件，即路由器类型、LSA 类型和区域类型的特性、使用和配置方法。表 4-1 总结出了 OSPF 设计时应注意的问题。

表 4-1　OSPF 设计指南

范　围	最少路由器数量	平均路由器数量	最多路由器数量
一个自治系统内	20	510	1000
一个区域内	20	160	350
一个管理域内	1	23	60

4.1.1　路由器的类型

OSPF 路由器的不同类型，如图 4-2 所示，对控制数据流如何进入和离开区域是不同的。各种路由器类型如下：

（1）内部路由器。所有接口都在同一个区域内的路由器是内部路由器。在同一个区域内的各内部路由器都有着相同的链路状态数据库。

（2）主干路由器。位于主干区域内的路由器，它们至少有一个接口连接到区域 0。这些路由器采用与内部路由器相同的程序步骤和算法来维护 OSPF 路由信息。区域 0 是其他 OSPF 区域间的连接区域。

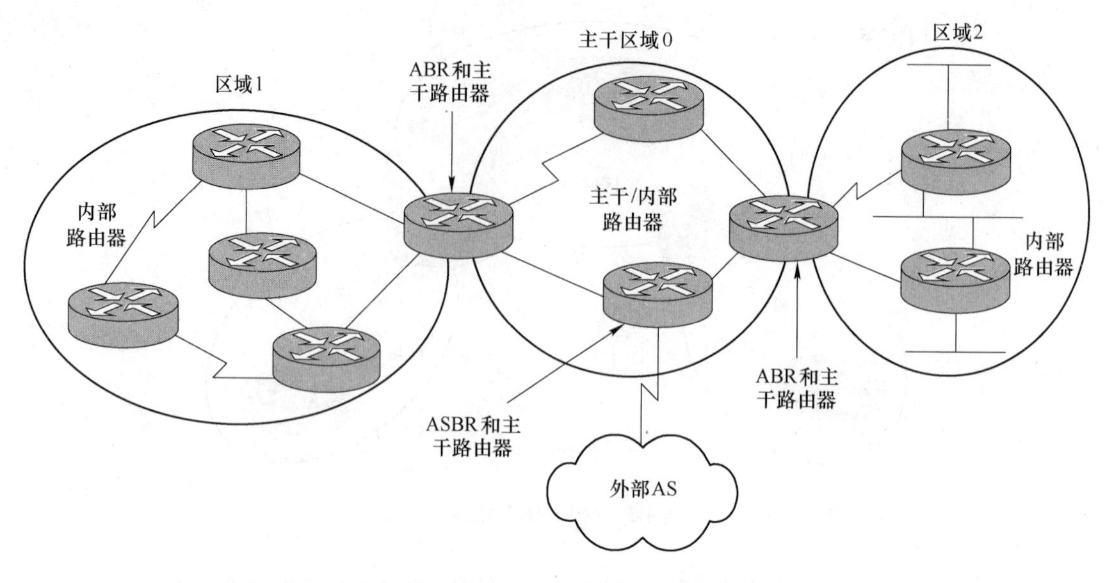

图 4-2　路由器的类型

（3）区域边界路由器（ABR）。有连接到多个区域接口的路由器，这些路由器为它们所连接的每个区域维护着独立的链路状态数据库，并路由那些去往或来自其他区域的数据流。ABR 是区域的出口点，这就是说目的地为另一区域的路由信息只能通过本区域的 ABR 才能到达目的地。ABR 可以从它们所连接区域的链路状态数据库中归纳信息，并且将该信息发布到主干区域。主干区域中的 ABR 随后将这些信息转发到所连接的所有其他区域。一个区域可能有一台或多台 ABR。

（4）自治系统边界路由器（ASBR）。有至少一个到外部网络（另一个自治系统，比如一个非 OSPF 网络）的接口和另一个在 OSPF 内的接口的路由器。这些路由器能引入（称为再发布，redistribution）非 OSPF 的网络信息到 OSPF 网络中，反之亦然。

一台路由器可以有多于一种的路由器类型。例如，如果一台路由器连接着区域 0 和区域 1，以及一个非 OSPF 网络，那么它可以看作一台 ABR、一台 ASBR 和一台主干路由器。

路由器对于它所连接的每个区域都有一个独立的链路状态数据库。因此，一台 ABR 可能有一个区域 0 的链路状态数据库和另一个它所参与区域的链路状态数据库。属于同一区域的两台路由器有关于该区域的相同的区域链路状态数据库。

链路状态数据库在每对相邻路由器间是同步的，也就是说在一台路由器和它的指定路由器（DR）及备用指定路由器（BDR）之间是同步的。

4.1.2　LSA 类型

表 4-2 给出了包含在 LSU 中的 LSA 类型。表 4-2 中名称一栏提供了各种 LSA 的正式名称，第一对括号中所包含的是在路由表中对一个具体 LSA 所使用的名称，第二对括号显示了该 LSA 类型在 OSPF 数据库中是怎样表示的。例 4-1 提供了一个 OSPF 数据库示例。

特别注意，类型 3 和类型 4 的 LSA 是“汇总”LSA，它们可能被、也可能不被归纳。LSA 类型 6 没有出现在表 4-2 中，因为 Cisco 路由器不支持它们。所有的 LSA 类型，除类型 5 之外，都只在一个区域内进行扩散。本章只介绍 LSA 类型 1～5 和类型 7，类型 6 的 LSA 在 RFC1584 中有介绍。

表 4-2 LSA 的类型

LSA 类型	名 称	描 述
1	路由器链路条目 （O：OSPF） （路由器链路状态）	由各路由器为它所属的区域而生成。描述路由器到该区域链路的状态。这些信息只在特定区域内进行扩散。链路状态和成本开销是该类型 LSA 所提供的两个描述符
2	网络路由条目 （O：OSPF） （网络链路状态）	由 DR 在多路访问型网络中所生成。描述连接到某个网络的一组路由器。这些条目只在包含该网络的区域内进行扩散
3 或 4	汇总链路条目 （IA：OSPF 区域间） （网络链路状态汇总和 ASBR 链路状态汇总）	由 ABR 产生。描述 ABR 和其所在的某个区域各内部路由器之间的链路。这些条目通过主干区域扩散到其他区域的 ABR。类型 3 的 LSA 描述到本区域内各网络的路由，并将其发送到主干区域。类型 4 的 LSA 描述到 ASBR 的可达性。这些链路条目将不扩散到完全末节区域（totally stubby area）
5	自治系统外部链路条目 （E1：OSPF 外部类型 1；E2：OSPF 外部类型 2） （AS 外部路由状态）	由 ASBR 产生。描述到自治系统外部目的地的路由。它们会扩散到 OSPF 自治系统内除了末节、完全末节和次末节以外的区域
7	次末节区域（not-so-stubby area，NSSA）自治系统外部链路条目 （N1：OSPF NSSA 外部类型 1；N2：OSPF NSSA 外部类型 2）	由一个 NSSA 中的 ASBR 产生。这些 LSA 与类型 5 的 LSA 相似，但它们只在 NSSA 内进行扩散。在区域边界路由器上，类型 7 的 LSA 转换为类型 5 的 LSA，并且会扩散到主干区域

【例 4-1】OSPF 数据库的输出。

```
R1#show ip ospf database
        OSPF Router with ID (10.64.0.1) (Process ID 1)

                Router Link States (Area 1)
Link ID       ADV Router      Age     Seq#          Checksum     Link count
10.1.2.1      10.1.2.1        651     0x80000005    0xD482       4

                Net Link States (Area 1)
Link ID       ADV Router      Age     Seq#          Checksum     Link count
10.64.0.1     10.64.0.1       538     0x80000002    0xAD9A

                Summary Link States (Area 1)
Link ID       ADV Router      Age     Seq#          Checksum     Link count
10.2.1.0      10.2.1.2        439     0x80000002    0xE6F8
```

图 4-3 提供了在一个 OSPF 网络中进行扩散的不同 LSA 的示例。路由器链路状态是类型 1 的 LSA，网络链路状态是类型 2 的 LSA，汇总链路状态是类型 3 的 LSA，外部链路状态是类型 5 的 LSA。

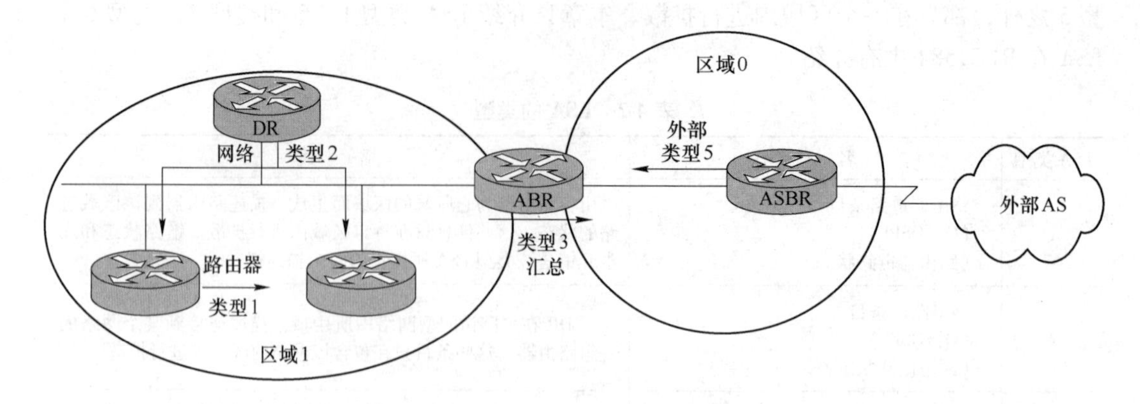

图 4-3　在网络中扩散的 LSA 示例

4.1.2.1　与归纳路由相关联的路由开销计算方法

归纳路由的开销是出现在归纳中某条域内路由的最小开销再加上 ABR 到主干的开销。例如，如果 ABR 到主干的链路开销是 50，同时如果该 ABR 有一条域内路由的最小开销为 49，那么与归纳路由相关联的总开销将会是 99。这种计算是为每条归纳路由自动进行的。

4.1.2.2　外部路由开销的计算方法

外部路由的开销根据在 ASBR 上所配置的外部类型而有所不同。我们可将路由器配置为以下外部数据包类型之一：

（1）类型 1（E1）。如果数据包是一个 E1 类型，那么将通过把外部开销加到数据包经过各链路的所有内部开销上来计算度量值。当有多个 ASBR 都要通告一条到同一外部自治系统的路由时，可以使用这种数据包类型。

（2）类型 2（E2）。这是缺省的类型。如果数据包是一个 E2 类型，那么不管他经过区域中的什么地方，它总是只分配了外部开销。如果只有一台路由器正在通告一条到外部自治系统的路由时，可以使用这种数据包类型。类型 2 要优于类型 1 路由，除非存在着两条到该目的地的等开销路由。

不同路由协议交换路由信息的过程称为再发布（redistribution）。再发布将在第 9 章中进行讨论。图 4-4 提供了怎样计算类型 1 外部路由的示例。

4.1.3　区域类型

为一个区域所设置的特性可以控制着它所接收的路由信息类型。可能的区域类型包括以下几种：

（1）标准区域。该类区域的运行特征如第 3 章所述。这种区域能够接收（区域内）链路更新、（区域间）路由归纳，以及外部路由。

（2）主干区域（转接区域）。当互连多个区域时，主干区域是所有其他区域所连接的中心区域。主干区域总是标注为区域 0。所有其他区域都必须连接到该区域以交换信息并路由信息。OSPF 主干区域具有所有标准 OSPF 区域所具有的属性。

（3）末节区域。这是指不接受那些关于本自治系统（也就是说，OSPF 网络）以外路由信息的一种区域，比如来自非 OSPF 网络的路由。如果路由器需要路由到自治系统以外

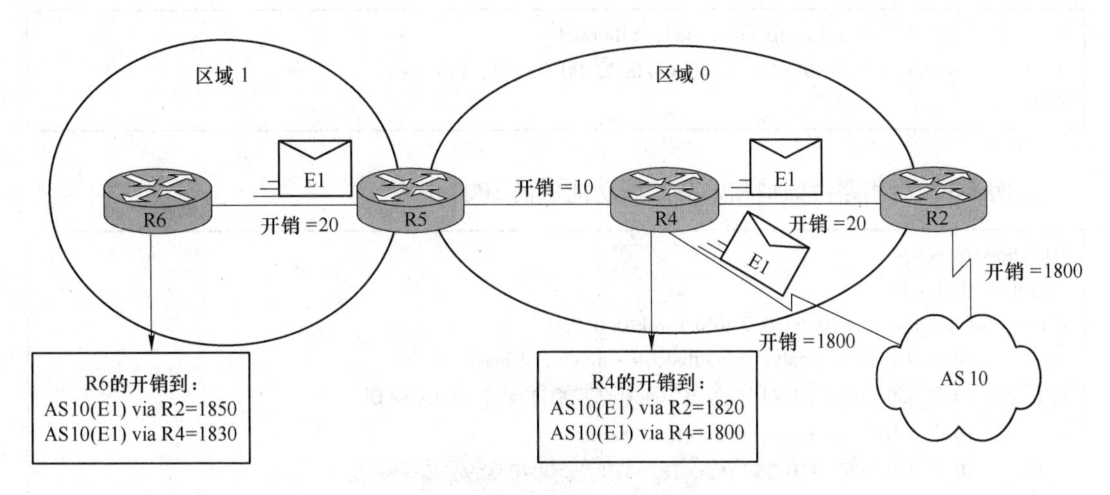

图 4-4 外部路由计算

的网络，那么它们使用缺省路由。缺省路由记为 0.0.0.0。

（4）完全末节区域。这是一种不接收外部自治系统路由或来自本自治系统内其他区域的归纳路由的区域。如果路由器需要向本区域外的网络发送数据包，那么它使用缺省路由。完全末节区域是 Cisco 专用特性。

（5）次末节区域。次末节区域接收有限数量的外部路由。这些路由的数量仅限于那些所需的提供域间连接的路由。

例 4-2 ~ 例 4-4 提供了在分别使用路由归纳、末节区域和完全末节区域时所生成路由表的一个对比。

【例 4-2】 没有任何特殊 OSPF 功能的 IP 路由表：没有使用路由归纳时路由表条目。

```
R1#show ip route
<Output Omitted>
        10.0.0.0/24 is subnetted, 15 subnets
O IA    10.3.1.0 [110/148] via 10.64.0.2, 00:03:12, Ethernet0
C       10.1.3.0 is directly connected, Serial0
O IA    10.2.1.0 [110/74] via 10.64.0.2, 00:31:46, Ethernet0

C       10.1.2.0 is directly connected, Serial1
O IA    10.3.3.0 [110/148] via 10.64.0.2, 00:03:12, Ethernet0
O IA    10.2.2.0 [110/138] via 10.64.0.2, 00:31:46, Ethernet0
O       10.1.1.0 [110/128] via 10.1.3.1, 00:31:46, Serial0
                 [110/128] via 10.1.2.1, 00:31:46, Serial1
O IA    10.3.2.0 [110/212] via 10.64.0.2, 00:03:12, Ethernet0
O IA    10.2.3.0 [110/74] via 10.64.0.2, 00:31:46, Ethernet0
O IA    10.4.2.0 [110/286] via 10.64.0.2, 00:02:50, Ethernet0
O IA    10.4.3.0 [110/222] via 10.64.0.2, 00:02:50, Ethernet0
O IA    10.4.1.0 [110/222] via 10.64.0.2, 00:02:50, Ethernet0
O IA    10.66.0.0 [110/158] via 10.64.0.2, 00:02:51, Ethernet0
```

```
C        10.64.0.0 is directly connected, Ethernet0
O IA     10.65.0.0 [110/84] via 10.64.0.2, 00:03:19, Ethernet0
R1#
```

【例 4-3】启用路由归纳和末节区域功能后的 IP 路由表。

```
R1#show ip route
<Output Omitted>
Gateway of last resort is 10.64.0.2 to network 0.0.0.0
         10.0.0.0/8 is variably subnetted, 9 subnets, 2 masks
O IA     10.2.0.0/16 [110/74] via 10.64.0.2, 00:11:11, Ethernet0
C        10.1.3.0/24 is directly connected, Serial0
O IA     10.3.0.0 /16 [110/148] via 10.64.0.2, 00:07:59, Ethernet0
C        10.1.2.0 /24 is directly connected, Serial1
O        10.1.1.0/24 [110/128] via 10.1.3.1, 00:16:51, Serial0
                     [110/128] via 10.1.2.1, 00:16:51, Serial1
O IA     10.4.0.0/16 [110/222] via 10.64.0.2, 00:09:13, Ethernet0
O IA     10.66.0.0/24 [110/158] via 10.64.0.2, 00:16:51, Ethernet0
C        10.64.0.0/24 is directly connected, Ethernet0
O IA     10.65.0.0 /24 [110/84] via 10.64.0.2, 00:16:51, Ethernet0
O*IA     0.0.0.0/0 [110/11] via 10.64.0.2, 00:16:51, Ethernet0
R1#
```

【例 4-4】启用路由归纳和完全末节区域功能后的 IP 路由表。

```
R3#show ip route
Gateway of last resort is 10.66.0.1 to network 0.0.0.0
         10.0.0.0/24 is subnetted, 4 subnets
O    10.4.2.0 [110/128] via 10.4.3.2, 00:20:43, serial1
              [110/128] via 10.4.1.1, 00:20:43, serial0
C    10.4.3.0 is directly connected, serial1
C    10.4.1.0 is directly connected, serial0
C    10.66.0.0 is directly connected, serial0
O*IA 0.0.0.0/0 [110/11] via 10.66.0.1, 00:20:43, Ethernet0
```

4.2 多区域中的 OSPF 运行

本节总结了路由器在多区域环境中运行时是怎样生成链路信息、扩散信息，以及如何建立其路由表的。OSPF 路由器的运行是非常复杂的，它要根据网络本质特性的复杂性来考虑各种可能的背景问题。本节只提供了一个基本的概述，如果需要进一步了解详细的信息，可以参考 OSPFv2 的 RFC 文档。

在介绍 ABR 和其他路由器类型是怎样处理路由信息之前，需要了解数据包是怎样穿越多个区域的。一般来讲，数据包必须通过的路径如下：

（1）如果数据包的目的地是本区域内的一个网络，那么它将被区域内部路由器转发到目的地内部路由器。

（2）如果数据包的目的地是本区域外的一个网络，那么它必须经过下面的路径：1）数据包从本网络到该区域中的一个 ABR；2）ABR 将数据包通过主干区域发送到目的地网络的 ABR；3）目的地 ABR 将数据包转发到其所在的区域内的目的地网络。

4.2.1　扩散 LSU 到多个区域

ABR 负责生成关于它们所连接各区域的路由信息，并且通过主干区域将这些信息扩散到其他区域。图 4-5 提供了在多区域环境中所交换的不同 LSA 类型的示例。LSA 扩散的一般过程如下：

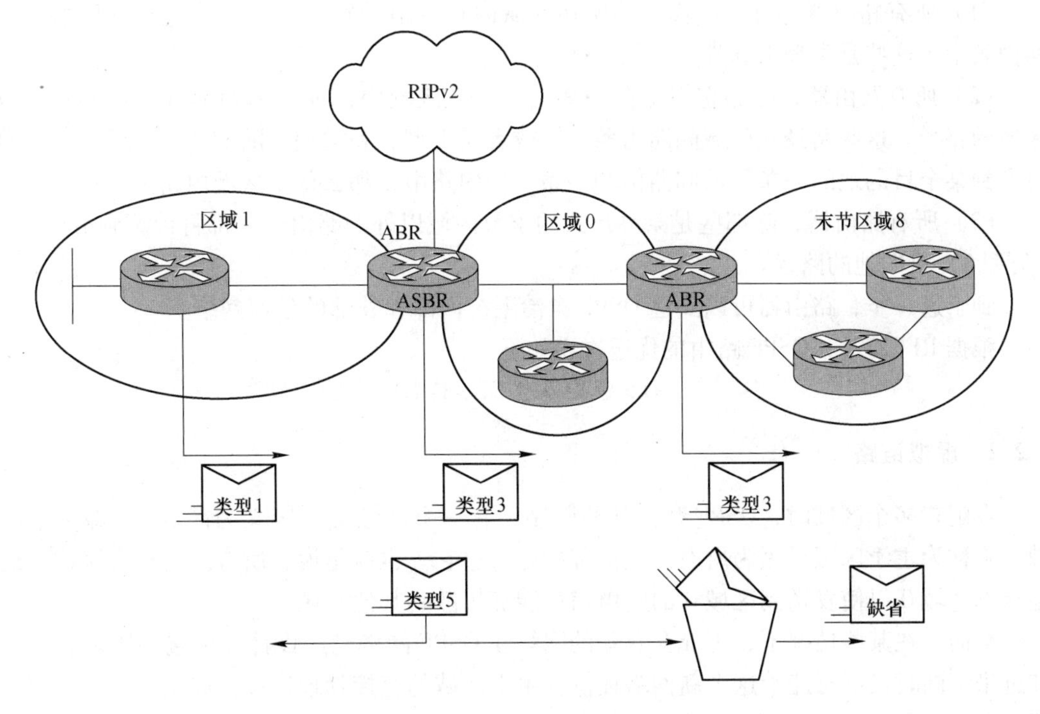

图 4-5　将 LSU 扩散到多个区域

（1）正如第 3 章中所讨论的那样，首先是区域内路由过程。要注意，整个区域必须在 ABR 能够开始发送汇总 LSA 之前完成同步。

（2）ABR 检查区域内的链路状态数据库，生成汇总 LSA（类型 3 和 4）。缺省地，ABR 为它所知道的每个网络发送汇总 LSA。要想减少汇总 LSA 条目，可以配置路由归纳使一个 IP 地址段能够代表多个网络。要使用路由归纳，在区域中必须使用连续的 IP 编址。一个好的 IP 编址方案将减少一个 ABR 需要通告的汇总 LSA 条目的数量。

（3）汇总 LSA 放到一个 LSU 中，并通过所有不在本地区域的 ABR 接口发布出去，但有下面的例外：

1）如果一个接口连接着一台处于“exchange”状态中的路由器，那么将不通过该接口转发汇总 LSA；

2）如果一个接口连接着一个完全末节区域，那么将不通过该接口转发汇总 LSA；

3）如果汇总 LSA 包括一个类型 5 路由，并且接口连接着一个末节或完全末节区域，那么将不通过该接口转发 LSA。

（4）当 ABR 或 ASBR 接收到汇总 LSA 时，会将它们添加到自己的链路状态数据库中，并将它们扩散到其所在的区域，然后由区域内部路由器将这些信息纳入到它们自己的数据库中。

要减少内部路由器所维护的路由条目数量，可以将该区域定义为某种形式的末节区域。

在所有类型的路由器都接收到路由更新信息后，它们必须将这些信息添加到它们的链路状态数据库中，并且重新计算路由表。计算路径的次序如下：

（1）所有路由器都首先计算到其所在区域内目的地的路径，并且将这些条目添加到路由表中。这些是类型 1 和类型 2 的 LSA。

（2）所有路由器，除非它们是在一个完全末节区域中，都计算到本自治系统内其他区域的路径。这些路径是区域间路由条目，或者叫类型 3 和类型 4 的 LSA。如果路由器同时有到某个目的地的一条区域间路由和一条区域内路由，那么保留区域内路由。

（3）所有路由器，除那些是某种形式的末节区域以外的路由器，都将计算到 AS 外部（类型 5）目的地的路径。

到了这一步，路由器可以到达 OSPF 自治系统内部和外部的任何网络。

根据 RFC2328，OSPF 路由的优选次序如下：

O > O IA > O E1 > O E2

4.2.2 虚拟链路

在配置多个区域时，OSPF 存在某些限制，有一个区域必须定义为区域 0，即主干区域。它称为主干区域是因为所有的通信都必须通过它。也就是说，所有区域都应该物理地连接到区域 0 以使发送到区域 0 的路由信息能够扩散到其他区域。

然而，在某些情况下，可能会有新的网络在 OSPF 网络已经设计和配置完毕之后再添加进来，同时又不可能给这个新网络提供到主干区域的直接物理连接，如图 4-6 所示。虚拟链路为没有到达主干区域直接连接的区域提供了到主干区域的逻辑路径。使用虚拟链路有两个条件：

（1）它必须建立在连接着一个共同区域的两台 ABR 之间，如图 4-6 中的 ABR1 和 ABR2 之间的虚拟链路。

（2）这两台 ABR 其中的一台必须连接着主干区域，如图 4-6 中的 ABR1。

在使用虚拟链路时，在 SPF 计算过程中需要对它们进行特别处理。也就是说，必须确定真实的下一跳路由器以便计算通过主干区域到达目的地的真实路径开销。

虚拟链路用于以下目的：

（1）链接一个没有到主干区域直接物理连接的区域，如图 4-6 所示。该链接可能发生在比如两个公司进行合并的情况。

（2）在区域 0 发生不连续时对主干区域进行弥补。

图 4-7 展示出了虚拟链路的第二个用途。主干区域的不连续有可能会发生。例如，如

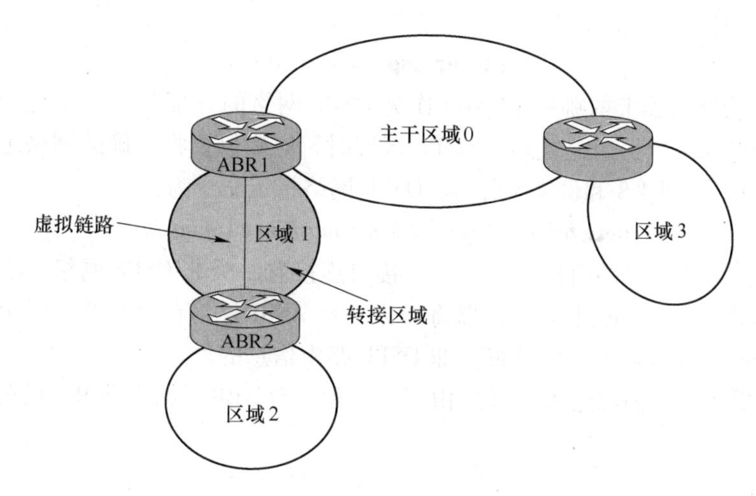

图 4-6 用虚拟链路满足到主干区域的连接要求

果各自运行 OSPF 的两个公司试图通过共同区域 0 将两个独立的网络合并为一个；另一个情况是重新设计整个 OSPF 网络，并且创建一个联合的主干区域。

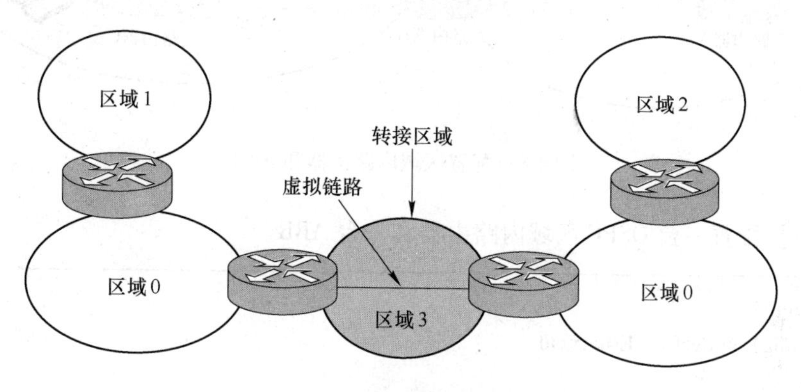

图 4-7 不连续的区域 0

创建一条虚拟链路的另一个原因是在路由器失效导致主干区域分为两个部分时能提供冗余。在图 4-7 中，不连续的区域 0 通过一条经过共同区域 3 的虚拟链路进行链接。如果原先不存在一个共同区域，那么可以创建一个作为转接区域。

出于相邻的目的，OSPF 将两台由一条虚拟链路连在一起的路由器看作一个无编号的点对点主干网络。由于它们不共享一条物理连接，因此，它们的互联接口的 IP 地址不必在同一 IP 子网上。当配置一个无编号接口时，它引用路由器上的另一个接口地址，当通过"**network**"命令在无编号接口上启用 OSPF 时，使用代表无编号接口所引用接口的一个"*address wildcard-mask*"。

4.3 使用和配置 OSPF 的多区域组件

路由器上没有用来激活 ABR 或 ASBR 功能的特殊命令。路由器通过它所连接区域的情况来承担这个角色。基本 OSPF 配置步骤如下：

（1）在路由器上启用 OSPF：

router ospf *process-id*

（2）指明将路由器上的哪些 IP 网络作为 OSPF 网络的一部分。对于每个网络，必须标识该网络所属的区域。当配置多个 OSPF 区域时，应确保要将正确的网络地址与想要的区域 ID 相关联，如图 4-8 和例 4-5 所示。OSPF 网络指定命令为：

network *address wildcard-mask* **area** *area-id*

（3）（任选项）如果路由器至少有一个接口连接着一个非 OSPF 网络，那么还需执行相应的配置步骤。在这一点上，路由器将作为一台 ASBR。将在第 9 章中讨论路由器是怎样与其他 OSPF 路由器交换（再发布）非 OSPF 路由信息的。

例 4-5 提供了一台内部路由器（路由器 A）和一台 ABR（路由器 B）的配置示例，如图 4-8 所示。

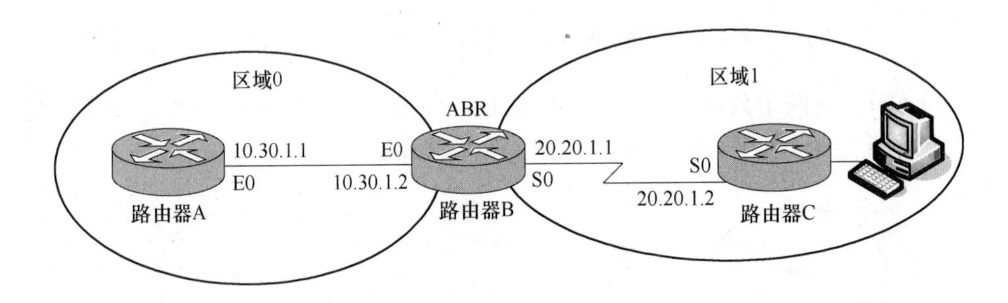

图 4-8 配置区域内路由器和 ABR

【例 4-5】配置一台 OSPF 区域内路由器和一台 ABR。

```
<Output Omitted>
RouterA (config) #interface Ethernet0

RouterA (config-if) #ip address 10. 30. 1. 1 255. 255. 255. 0
!
<Output Omitted>
RouterA (config) #router ospf 10
RouterA (config-router) #network 10. 0. 0. 0 0. 255. 255. 255 area 0

<Output Omitted>
RouterB (config) #interface Ethernet0
RouterB (config-if) #ip address 10. 30. 1. 2 255. 255. 255. 0
!
RouterB (config) #interface Serial0
RouterB (config-if) #ip address 20. 20. 1. 1 255. 255. 255. 0
<Output Omitted>
RouterB (config) #router ospf 20
RouterB (config-router) #network 20. 20. 1. 1 0. 0. 0. 0 area 1
RouterB (config-router) #network 10. 30. 1. 2 0. 0. 0. 0 area 0
```

4.3.1 采用末节和完全末节区域

RFC 提供了 OSPF 末节网络和 OSPF NSSA 网络的配置。完全末节区域是 Cisco 的专用标准。本节主要介绍末节区域和完全末节区域。

配置末节区域可以减小区域内的链路状态数据库的大小，因此可以降低对路由器的内存需求。外部网络（类型 5 的 LSA），比如从其他协议再发布到 OSPF 的那些网络，将不允许扩散到末节区域，如图 4-9 所示。从这些区域到外部网络的路由是基于缺省路由（0.0.0.0）的。ABR 将缺省路由（0.0.0.0）发送给末节区域。存在一条缺省路由意味着如果数据包要寻址到一个不在内部路由器的路由表中的网络，那么路由器将自动把该数据包转发到基于缺省路由（0.0.0.0）发送 LSA 的 ABR 上。这使得末节区域内的路由器可以减小路由表的大小，因为一条缺省路由代替了许多外部路由。

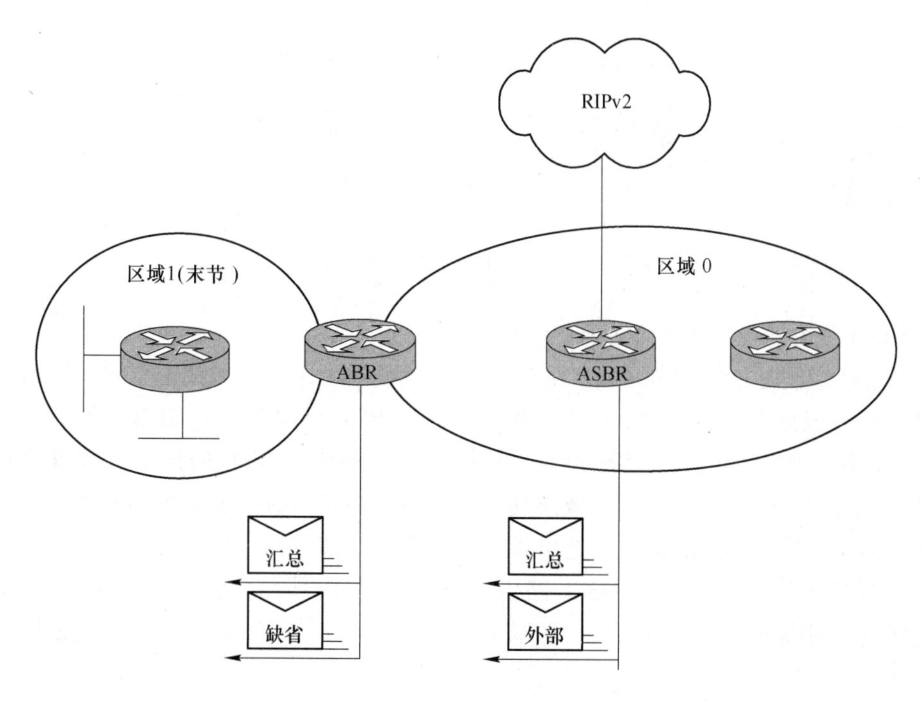

图 4-9　向一个末节区域扩散 LSA

当具有“中心—分支”型网络拓扑结构时，就可以创建末节区域。将分支，比如一个分支办事处，设置成末节区域。在这种情况下，分支办事处不需要知道在总部场点的每个网络的细节，但它却能够通过缺省路由到达那里。

要进一步减少路由表条目的数量，可以创建一个完全末节区域。这是 Cisco 的一种专用特性。完全末节区域是阻止外部的类型 5 的 LSA 和汇总 LSA（类型 3 和 4，区域间路由）进入该区域的一种末节区域，如图 4-10 所示。通过这种方法，区域内路由和缺省路由 0.0.0.0 是该末节区域所知道的唯一路由。ABR 将缺省归纳路由 0.0.0.0 发送到完全末节区域。每台路由器都挑选最近的 ABR 作为到外部区域的网关。

完全末节网络进一步减少了路由信息（与末节区域相比），并且增加了 OSPF 网络的稳定性和可扩展性。这通常是比创建一个标准末节区域更好的解决方案，除非目标区域既

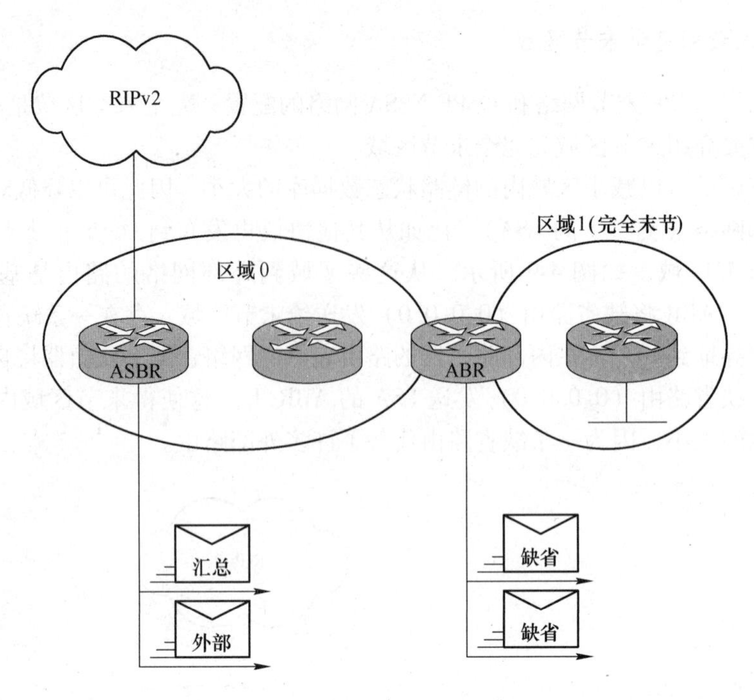

图 4-10　向一个完全末节区域扩散 LSA

使用了 Cisco 路由器也使用了非 Cisco 路由器。

当一个区域满足下面的标准时，它就可以设置成一个末节区域或完全末节区域：

（1）该区域只有一个出口，或者虽然存在多个出口（ABR），但路由到外部区域不必采用最佳路径。如果该区域有多个出口，那么一台或多台 ABR 将向该末节区域发送一条缺省路由。这种情况下，到其他区域或其他自治系统的路由有可能会采用一条到目的地的次佳路径，即通过距离目的地比其他出口远的一个出口离开该区域。

（2）在末节区域内的所有 OSPF 路由器（ABR 和内部路由器）都配置为末节路由器，这样它们才能成为邻居并交换路由信息。创建末节网络的配置命令将在下一节中介绍。

（3）该区域不需要作为虚拟链路的一个转接区域。

（4）在末节区域内没有 ASBR。

（5）该区域不是主干区域（不是区域 0）。

这些限制是必要的，因为一个末节或完全末节区域主要是由配置来传送内部路由，不接收外部链路路由。

4.3.1.1　配置末节和完全末节区域

要将一个区域配置为末节和完全末节区域，应完成下面的步骤：

（1）像本章前面所描述的那样配置 OSPF。

（2）通过将如表 4-3 所解释的“**area stub**”命令添加到该区域内的所有路由器上来定义该区域为末节或完全末节区域：

area *area-id* **stub**［**no-summary**］

表 4-3 配置末节和完全末节区域的“area stub”命令

命 令	描 述
area-id	作为末节或完全末节区域的一个标识符。该标识符可以是一个十进制值或者一个 IP 地址
no-summary	只用于连接着完全末节区域的 ABR。防止 ABR 将汇总 LSA 发送到末节区域。使用该选项来创建一个完全末节区域

注：1. 包含在 Hello 数据包内的末节标志必须在末节区域内的所有路由器上设置。

2. “**no-summary**”关键字可以输入到非 ABR 路由器上，但是它不产生任何结果。

（3）通过如表 4-4 所解释的“**area default-cost**”命令定义发送到末节或完全末节区域的缺省路由的开销（任选项，只用于 ABR）：

area *area-id* **default-cost** *cost*

表 4-4 改变 OSPF 缺省路由的开销

命 令	描 述
area-id	末节区域标识符。该标识符可以是一个十进制值或者一个 IP 地址
cost	用于一个末节或完全末节区域的缺省路由的开销。该开销的值是一个 24 比特数。缺省开销值是 1

4.3.1.2 末节区域配置示例

在例 4-6 中，区域 2 定义为末节区域，如图 4-11 所示。来自外部自治系统的外部路由不会转发到该末节区域。

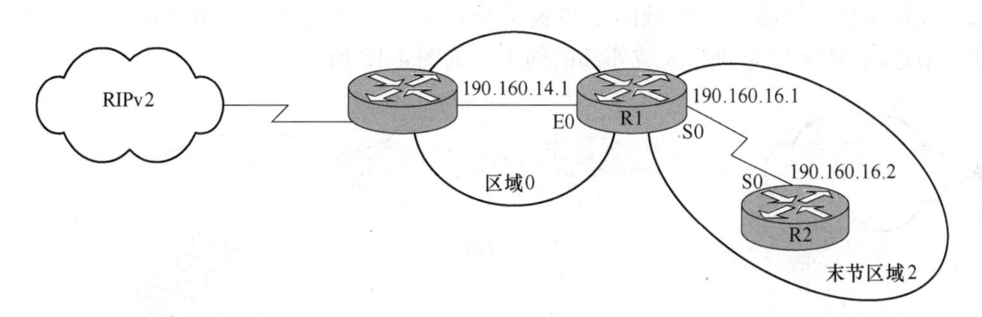

图 4-11 末节区域拓扑结构

【**例 4-6**】配置一个末节区域。

```
R1#

interface Ethernet0
ip address 190. 160. 14. 1 255. 255. 255. 0
interface Serial0
ip address 190. 160. 16. 1 255. 255. 255. 252

router ospf 10
network 190. 160. 14. 0 0. 0. 0. 255 area 0
network 190. 160. 16. 0 0. 0. 0. 255 area 2
```

```
area 2 stub

R2#
interface Serial0
ip address 190. 160. 16. 2 255. 255. 255. 252

router ospf 20
network 190. 160. 16. 0 0. 0. 0. 255 area 2
area 2 stub
```

在例 4-6 中各台路由器配置中的最后一行，“**area 2 stub**”定义了末节区域。该末节区域的缺省路由开销没有配置在 R1 上，所以这台路由器用缺省开销值 1 加上任何内部开销来通告 0. 0. 0. 0（缺省路由）。

该末节区域中的所有路由器都必须配置“**area stub**”命令。

出现在 R2 路由表中的唯一路由是域内路由（在路由表中用 O 表示）、缺省路由和区域间路由（在路由表中，两者都用 IA 进行标注；缺省路由用一个星号进行标注）。

注：“**area stub**”命令决定了末节区域中的路由器是否能成为邻居。如果它们要交换路由信息的话，该命令必须包括在末节区域内的所有路由器中。

4. 3. 1. 3　完全末节区域配置示例

在例 4-7 中，关键字“**no-summary**”已经添加到 R1（ABR）的“**area stub**”命令中。该关键字使归纳路由（区域间）也被阻止在末节区域之外。末节区域中的各台路由器挑选最近的 ABR 作为到达区域外部的网关，如图 4-12 所示。

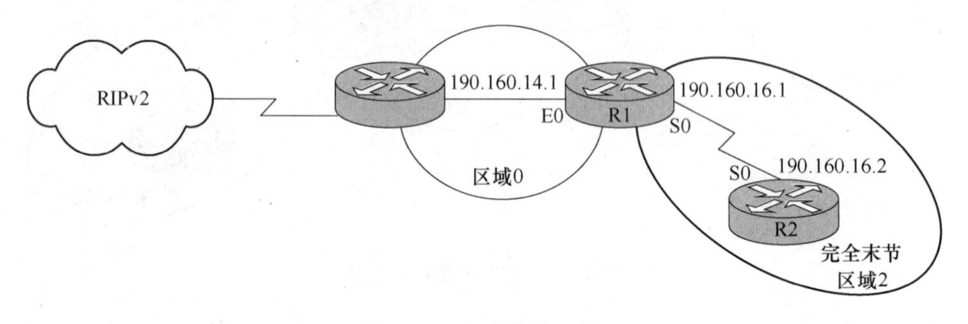

图 4-12　完全末节区域

【**例 4-7**】完全末节区域配置。

```
R1#show run
<Output omitted>
router ospf 10
network 190. 160. 14. 0. 0. 0. 0. 255 area 0
network 190. 160. 16. 0. 0. 0. 0. 255 area 0
area 2 stub no-summary

R2#show run
```

```
router ospf 20
network 190.160.16.0.0.0.0.255 area 2
area 2 stub
```

在例 4-7 中，出现在 R2 路由表中的唯一路由是域内路由（在路由表中用 O 表示）和缺省路由。不包括任何域外路由（在路由表中用 IA 进行标注）。

要想进一步减少发送到末节区域的 LSA 的数量，可以在 ABR（R1）上配置“**no-summary**”命令以防止它将汇总 LSA（LSA 类型 3）发送到末节区域，因此 R2 只有域内路由。另外请注意，正如例 4-7 所示，配置末节区域和完全末节区域的区别在 ABR 上是否应用了关键字“**no-summary**”。

OSPF 生成缺省路由的方法根据缺省路由（0.0.0.0）将发送到的区域类型——正常区域、末节区域、完全末节区域和 NSSA 的不同而有所不同。在正常区域内，缺省情况下路由器不生成缺省路由。要想让 OSPF 路由器生成一条缺省路由，可以使用路由器配置命令：

default-information originate [**always**] [**metric** *metric-value*] [**metric-type** *type-value*] [**route-map** *map-name*]

这样将产生带有链路状态 ID 0.0.0.0 和网络掩码 0.0.0.0 的一条外部类型 2 链路（缺省地），使路由器成为一台 ASBR。

向正常区域发送缺省路由有两种办法。如果 ASBR 已经有了缺省路由，那么可以向该区域通告缺省路由 0.0.0.0。如果 ASBR 没有该缺省路由，那么可以将关键字“**always**”添加到“**default-infrmation originate**”命令中，于是它将通告缺省路由 0.0.0.0。

对于末节和完全末节区域，到末节区域的 ABR 用链路状态 ID 0.0.0.0 生成一个汇总 LSA。即使在 ABR 没有缺省路由时也是这样。在这种情况下，不需要使用“**default-information originate**”命令。

NSSA 的 ABR 可以生成缺省路由，但并不是缺省地生成。要迫使 ABR 生成缺省路由，可以通过命令：

area *area-id* **nssa default-information-originate**

ABR 用链路状态 ID 0.0.0.0 生成类型 7 的 LSA。如果只想将路由注入进正常区域，而不进入 NSSA 区域，可以在 NSSA 的 ABR 上使用“**no-redistribution**”选项。

4.3.2　次末节区域（NSSA）

次末节区域（NSSA）在 Cisco IOS 11.2 版本中引入。NSSA 是基于 RFC1587“The OSPF NSSA Option（OSPF NSSA 选项）”。NSSA 使我们可以创建一个混合型末节区域，这种区域可以接收某些自治系统外部路由，这些外部路由称作类型 7 LSA。类型 7 LSA 可以由 NSSA 产生，也可以在 NSSA 内传播。类型 7 LSA 只能在单个 NSSA 内传播，不能被 ABR 扩散到骨干区域或任何其他区域；但它们所含的信息可以通过 ABR 翻译到类型 5 LSA 中而传播到骨干区域。和末节区域一样，NSSA 不接收或产生类型 5 LSA。

有些 ISP 或网络管理员，必须要将使用 OSPF 协议的中心场点与使用其他路由协议

（例如 RIP 协议或 EIGRP 协议）的远程场点连接起来，这时他们就可以使用 NSSA，如图 4-13 所示。可以使用 NSSA 来简化对这种网络拓扑结构的管理。

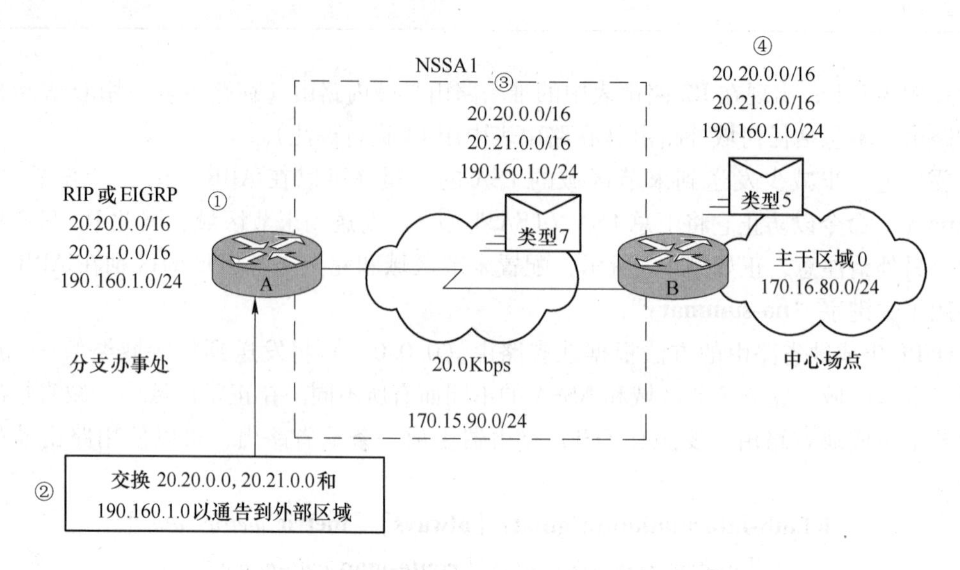

图 4-13　在何处使用 NSSA 的一个拓扑结构示例

在 NSSA 之前，对末节区域不能引入外部路由的限制意味着：图 4-13 中路由器 A 和路由器 B 之间的连接不能是一个末节区域。因此，如果在该连接上运行 OSPF，它就是一个标准 OSPF 区域，并将利用类型 5 LSA 引入从 RIP 或 EIGRP 学到的路由。因为可能不想让分支办事处从中心场点得到所有的类型 5 路由，路由器 B 将被迫同时运行 OSPF 和 RIP 或 EIGRP 协议。

现在，可以利用 NSSA，通过将公司路由器和远程路由器之间的区域定义为一个 NSSA，来扩展 OSPF 以覆盖这个远程连接，如图 4-13 所示。

在图 4-13 中，路由器 A 定义为一个 ASBR。它配置成将 RIP/EIGRP 域中的任何路由交换到 NSSA 中。下面是使用 NSSA 时所发生的一些步骤：

（1）路由器 A 接收关于网络 20. 20. 20. 0. 0/16、20. 21. 0. 0/16 和 190. 160. 1. 0/24 的 RIP 或 EIGRP 路由。

（2）连接 NSSA 的路由器 A 将这些非 OSPF 路由作为类型 7 LSA 引入到 NSSA 中。

（3）路由器 B 作为 NSSA 和主干区域 0 之间的 ABR，接收这些类型 7 LSA。

（4）对转发数据库（forwarding database）进行 SPF 计算之后，路由器 B 将类型 7 LSA 翻译成类型 5 LSA，然后将它们扩散到整个主干区域 0。

在这一点上，路由器 B 可以将路由 20. 20. 0. 0/16 和 20. 21. 0. 0/16 归纳为路由 20. 0. 0. 0/8，也可以过滤掉这些路由中的一条或者多条。

配置 **OSPF NSSA** 的步骤如下：

（1）在连接到 NSSA 的路由器上配置 OSPF。

（2）用下面的命令将一个区域配置为 NSSA，命令的解释见表 4-5：

area *area-id* **nssa** ［**no-redistribution**］［**default-information-originate**］

表 4-5 "area nssa" 命令

命　　令	描　　述
area-id	要配置为 NSSA 的区域标识符。该标识符可以是一个十进制数值，也可以是一个 IP 地址
no-redistribution	（任选项）当路由器是一个 NSSA 的 ABR，而且使"**redistribute**"命令只将路由引入到标准区域，而不引入到 NSSA 区域时，使用该参数
default-information-originate	（任选项）用于对 NSSA 区域产生类型 7 缺省路由。该参数只在 NSSA 的 ABR 路由器上生效

（3）该区域内的所有路由器都必须一致同意该区域是 NSSA，否则，各路由器之间就无法互相交流。因此，要在 NSSA 区域中的所有路由器上配置该命令。

（4）在翻译过程中控制路由归纳或/和路由过滤（任选），可以使用下面的命令，命令的解释见表 4-6：

summary-address *address mask* [*prefix mask*] [**not-advertise**] [**tag** tag]

表 4-6 "summary-address" 命令

命　　令	描　　述
address	指一定地址范围的归纳地址
prefix	（任选项）目的地 IP 路由前缀
mask	（任选项）归纳路由的 IP 子网掩码
not-advertise	（任选项）用于抑制与前缀/掩码对相匹配的路由
tag	（任选项）标缀值，可用作通过路由映像控制路由再发布的一个匹配值

图 4-14 和例 4-8 提供了一个 NSSA 配置示例。

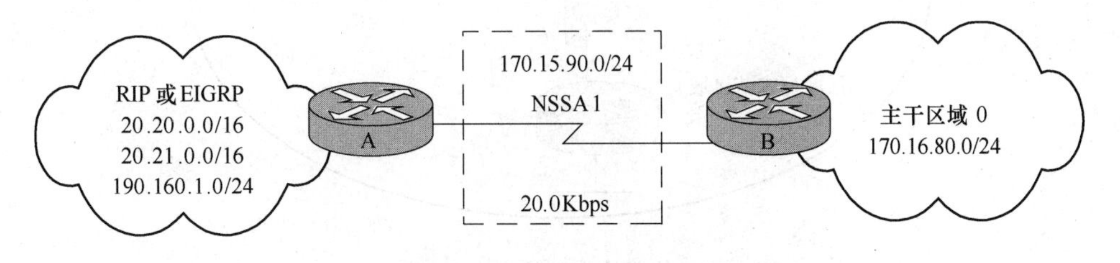

图 4-14 NSSA 拓扑结构示例

【**例 4-8**】图 4-14 中的路由器配置 NSSA。

```
Router A Configuration:
router ospf 1
  redistribute rip subnets
  network 170.15.90.0 0.0.0.255 area 1
  area 1 nssa
Router B Configuration:
router ospf 1
```

```
summary-address 20. 0. 0. 0 255. 0. 0. 0
network 170. 16. 80. 0 0. 0. 0. 255 area 0
network 170. 15. 90. 0 0. 0. 0. 255 area 1
area 1 nssa
```

4.3.3 多区域 NBMA 环境

在 NBMA 的 OSPF 环境中也可以采用多区域。在图 4-15 中，位于公司总部的网络是在区域 0 中，全互连帧中继网络和分布在各地区的场点网络被分配在区域 1 内。区域 1 是一个末节区域。这种设计的一个好处是，它消除了外部 LSA 扩散到帧中继网络的可能性，因为 OSPF 不将 LSA 扩散到末节区域。在这种情况下，就是区域 1。路由器 R1 是作为一台 ABR，它阻止区域 0 中拓扑结构变化所导致区域 1 中的路由器对拓扑结构重新进行 SPF 计算。采用这种拓扑结构时，远程局域网段必须参与到区域 1 中，或者需要配置虚拟链路以将局域网段所在的区域连接到主干区域。

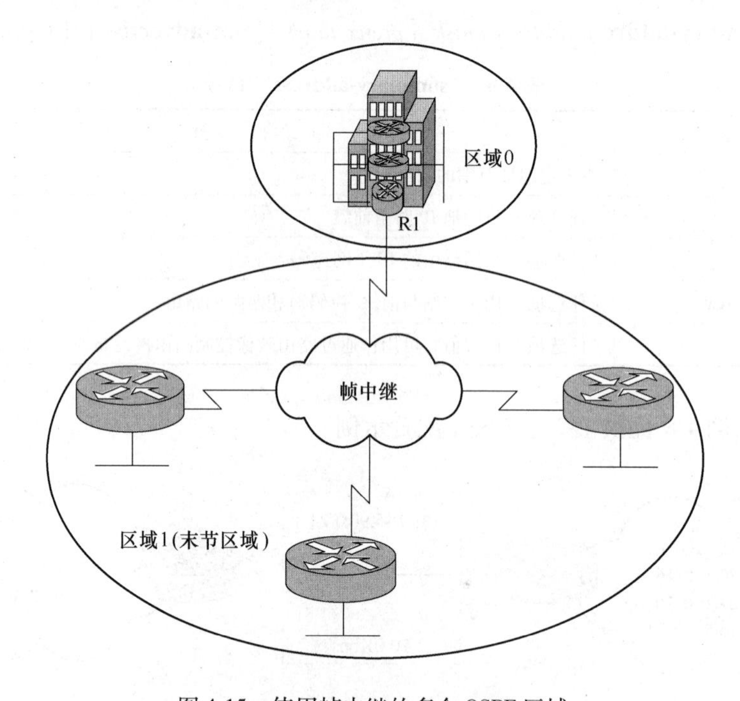

图 4-15 使用帧中继的多个 OSPF 区域

另一种可能的 OSPF 区域配置涉及将所有的帧中继接口都放在区域 0 内，如图 4-16 所示。这样可以允许各远程场点和公司总部都可以作为末节或转接区域，但是它会使汇总 LSA 扩散到整个帧中继网络，并且在区域 0 中发生拓扑结构变化时，会导致较大数量的路由器重新进行 SPF 计算。

4.3.4 支持路由归纳

归纳是将多条路由合并到一条通告信息里。路由归纳的运行和优点已经在第 1 章中进行讨论。可是，在这一点上，我们应该认识到在网络中进行恰当归纳的重要性。路由归纳

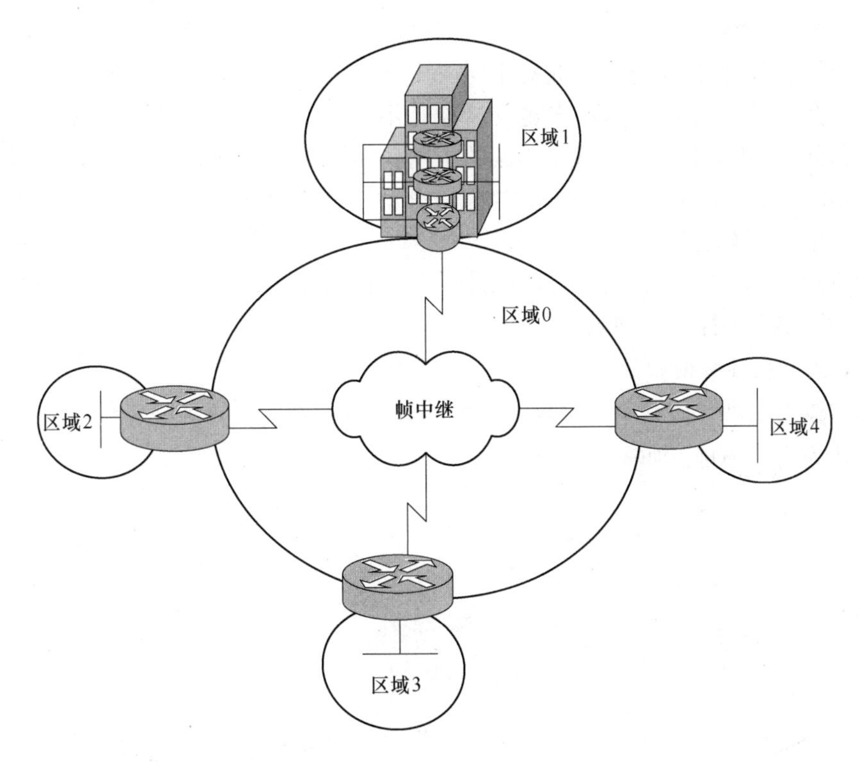

图 4-16　在有中心化区域 0 的帧中继上的多个 OSPF 区域

直接影响着 OSPF 进程所消耗的带宽、CPU 和内存资源。

如果不采用路由归纳，那么每条具体链路的 LSA 都将传输到 OSPF 的主干区域和更远的区域，导致不必要的网络流量和路由器负荷。无论什么时候发送一个 LSA，所有受影响的 OSPF 路由器都必须通过 SPF 算法重新计算它们的 LSA 数据库和路由。

采用路由归纳时，只有归纳路由才传输到主干区域（区域 0）。这个过程是非常重要的，因为它能防止每台路由器都重新运行其 SPF 算法，这样就增强了网络的稳定性，同时也减少了不必要的路由信息数据流。同样采用路由归纳时，如果一条网络链路失效了，该拓扑结构变化将不传输到主干区域（以及通过主干区域而到达其他区域），因此，将不会发生扩散到区域外部的情况。

特别注意，对于汇总 LSA（类型 3 和类型 4）要小心，它们可能包含、也可能不包含归纳路由。存在下面两种类型的归纳：

（1）区域间路由归纳。区域间路由归纳是在 ABR 上完成的，应用于来自各区域内的路由，并不应用于通过再发布而发送到 OSPF 内的外部路由。要想充分利用路由归纳的优势，区域内的网络地址应该以一种连续的方式进行分配，这样才能够将这些地址合并为一个地址。

（2）外部路由归纳。外部路由归纳是针对通过再发布注入到 OSPF 网络中的外部路由。在这里，确保要归纳的外部地址范围是连续的同样也很重要。对来自两台不同路由器的重叠范围进行归纳将导致数据包发送到错误的目的地。通常只有 ASBR 才归纳外部路由，但是 ABR 也能这样做。

4.3.4.1　VLSM

OSPF 传送子网掩码信息，因此对于同一主网络可支持多个子网掩码。因为子网掩码是链路状态数据库的一部分，OSPF 也支持地址不连续的子网。可是，其他路由协议，比如 RIPv1 和 IGRP 不支持 VLSM 或不连续的子网。如果同一主网络跨越了一个 OSPF 和 RIP 或 IGRP 域的边界，那么再发布到 RIP 或 IGRP 的 VLSM 信息将会丢失，同时必须在 RIP 或 IGRP 域内配置静态路由。

因为 OSPF 支持 VLSM，所以可以设计一个真正的体系化寻址方案。体系化寻址能大大提高整个网络上的路由归纳效率。

4.3.4.2　采用路由归纳

要利用路由归纳，区域中的网络地址应该以一种连续的方式进行分配，这样使一组地址可以合并为一个地址。如图 4-17 所示。

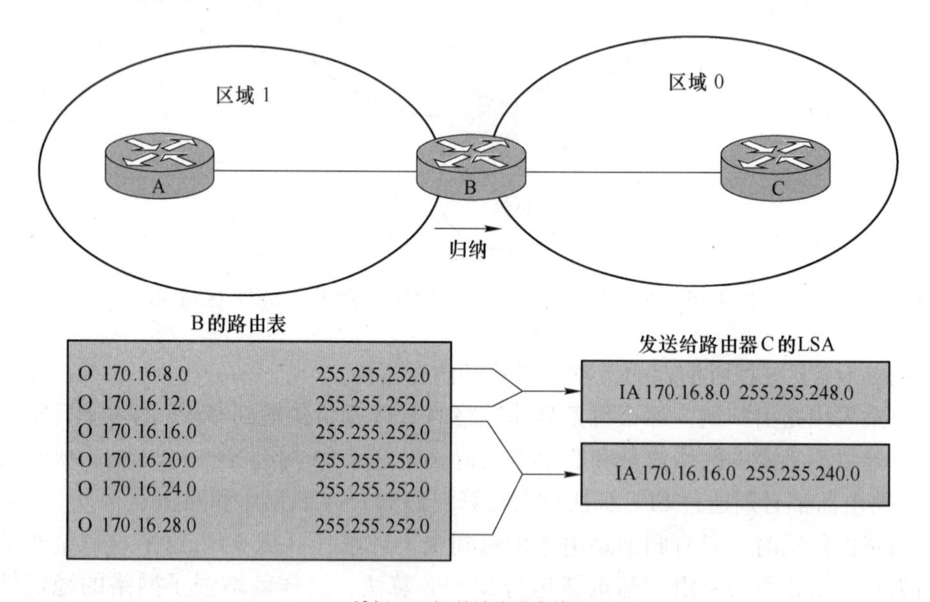

图 4-17　两个区域间的路由归纳

在图 4-17 中，路由器 B 的路由表中的 6 个网络可以归纳成两条地址通告信息。各地址的第 3 个八位字节以二进制形式显示在表 4-7 中，以说明哪些地址可以进行归纳。

表 4-7　对路由器 B 上地址归纳的二进制计算

比 特 值	128	64	32	16	8	4	2	1	十进制
前两个地址可归纳成前缀：/21	0	0	0	0	1	0	0	0	8
	0	0	0	0	1	1	0	0	12
后 4 个地址可归纳成前缀：/20	0	0	0	1	0	0	0	0	16
	0	0	0	1	0	1	0	0	20
	0	0	0	1	1	0	0	0	24
	0	0	0	1	1	1	0	0	28
实际掩码是/22（255.255.252.0）									

4.3.4.3 配置路由归纳

在 OSPF 中，归纳功能缺省是关闭的。要在 ABR 上配置路由归纳，请完成下面的步骤：

（1）按照本节前面介绍的方法配置 OSPF。

（2）通过下面的“**area range**”命令，指示 ABR 为某个区域在将路由发送到其他区域之前进行归纳路由，命令的解释见表 4-8：

area *area-id* **range** *address mask*

表 4-8 “area range”命令

命　令	描　　述
area-id	要进行路由归纳的区域标识符
address	为一定地址范围指定的归纳地址
mask	用于该归纳路由的 IP 子网掩码

要在 ASBR 上配置路由归纳以归纳外部路由，请完成下面的步骤：

（1）按照本节前面介绍的方法配置 OSPF。

（2）通过下面的“**summary-address**”命令，指示 ASBR 在将外部路由发送到 OSPF 域之前进行归纳，命令的解释见表 4-9：

summary-address *address mask* [*prefix mask*][**not-advertise**][**tag** tag]

表 4-9 “summary-address”命令

命　令	描　　述
address	为一定地址范围指定的归纳地址
mask	用于该归纳路由的 IP 子网掩码
prefix	目的地的 IP 地址前缀
not-advertise	（任选项）用来抑制与前缀/掩码对相匹配的路由
tag	（任选项）为通过路由映射图（route map），或者其他路由协议比如 EIGRP 和 BGP 控制路由再发布，而用作匹配值的标记值

特别注意，OSPF 的“**summary-address**”命令只归纳外部路由。该命令通常用在将外部路由注入到 OSPF 域的 ASBR 上，但是也可以用在 ABR 上。对于 OSPF 区域间的路由归纳（换句话说，对于 IA 路由归纳），应使用“**area range**”命令。

图 4-18 提供了图解说明：路由归纳可以在两个方向上发生。

【**例 4-9**】在 ABR 上的路由归纳配置。

```
A#
router ospf 10
  network 170.16.32.1 0.0.0.0 area 1
  network 170.16.96.1 0.0.0.0 area 0
  area 0 range 170.16.96.0 255.255.224.0
```

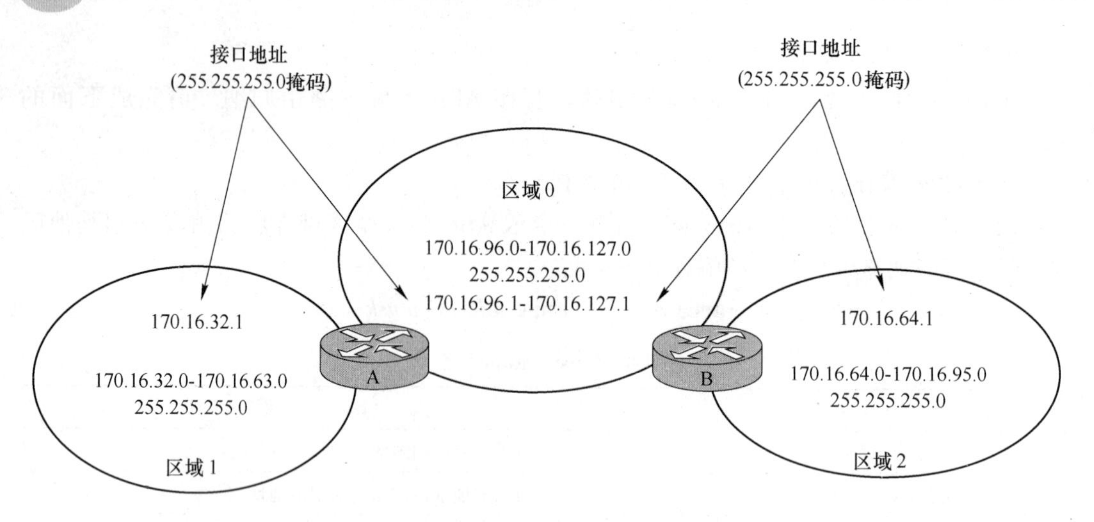

图 4-18　在多个区域上的路由归纳

```
   area 1 range 170. 16. 32. 0 255. 255. 224. 0

B#
router ospf 10
   network 170. 16. 64. 1 0. 0. 0. 0 area 2
   network 170. 16. 127. 1 0. 0. 0. 0 area 0
   area 0 range 170. 16. 96. 0 255. 255. 224. 0
   area 2 range 170. 16. 64. 0 255. 255. 224. 0
```

在路由器 A 上的配置中，以下情况是真实的：

（1）区域 0 地址范围 170. 16. 96. 0　255. 255. 224. 0。将区域 0 标识为包含要被归纳发布到区域 1 的这一网络地址范围的区域。ABR A 将范围从 170. 16. 96. 0 到 170. 16. 127. 0 的子网归纳为 170. 16. 96. 0　255. 255. 224. 0。这个归纳是通过用掩码 255. 255. 224. 0 将子网 96 的最左边的前 3 个比特进行掩码来完成的。

（2）区域 1 地址范围 170. 16. 32. 0　255. 255. 224. 0。将区域 1 标识为包含要被归纳发布到区域 0 的这一网络地址范围的区域。ABR A 将范围从 170. 16. 32. 0 到 170. 16. 63. 0 的子网归纳为 170. 16. 32. 0　255. 255. 224. 0。

在路由器 B 上的配置也以完全相同的方式工作。

特别注意，根据不同网络的拓扑结构，有时不想归纳区域 0 中的网络。例如，如果在一个区域和主干区域间有一台以上的 ABR，那么发送带有具体网络信息的汇总 LSA 将确保选择最近的路径。如果做了地址归纳，可能将导致选择一条次佳路径。

4. 3. 5　配置虚拟链路

要配置虚拟链路，请完成下面的步骤：

（1）配置 OSPF，正如在本节前面所讨论的那样。

（2）在将要配置虚拟链路的各台路由器上，通过表 4-10 中所解释的“**area virtual-link**”命令生成虚拟链路：

area *area-id* **virtual-link** *router-id*

配置虚拟链路的路由器是将远程区域连接到转接区域的 ABR，并将转接区域连接到主干区域的 ABR。

表 4-10 "area virtual-link" 命令

命　令	描　述
area-id	虚拟链路所在过渡区域的 ID（十进制或点分十进制格式），没有缺省值
router-id	虚拟链路对端的邻居路由器 ID

如果不知道邻居的路由器 ID，可以 Telnet 上去，然后输入"**show ip ospf interface**"命令，如例 4-10 所示。

【例 4-10】"**show ip ospf interface**"命令的输出。

```
remoterouter#show ip ospf interface ethernet 0
Ethernet0 is up, line protocol is up
Internet Address 10.64.0.2/24, Area 0
Process ID 1, Router ID 10.64.0.2, Network Type BROADCAST, Cost: 10
Transmit Delay is 1 sec, State DR, Priority 1
Designated Router (ID) 10.64.0.2, Interface address 10.64.0.2
Backup Designated router (ID) 10.64.0.1, Interface address 10.64.0.1
```

在图 4-19 中，区域 3 没有到主干区域（区域 0）的直接物理连接，但主干区域是 LSA 的集合点，这又是 OSPF 所必需的，ABR 将汇总 LSA 转发到主干区域，然后由主干区域转发给所有其他区域。所有域间数据流都经过主干区域转发。

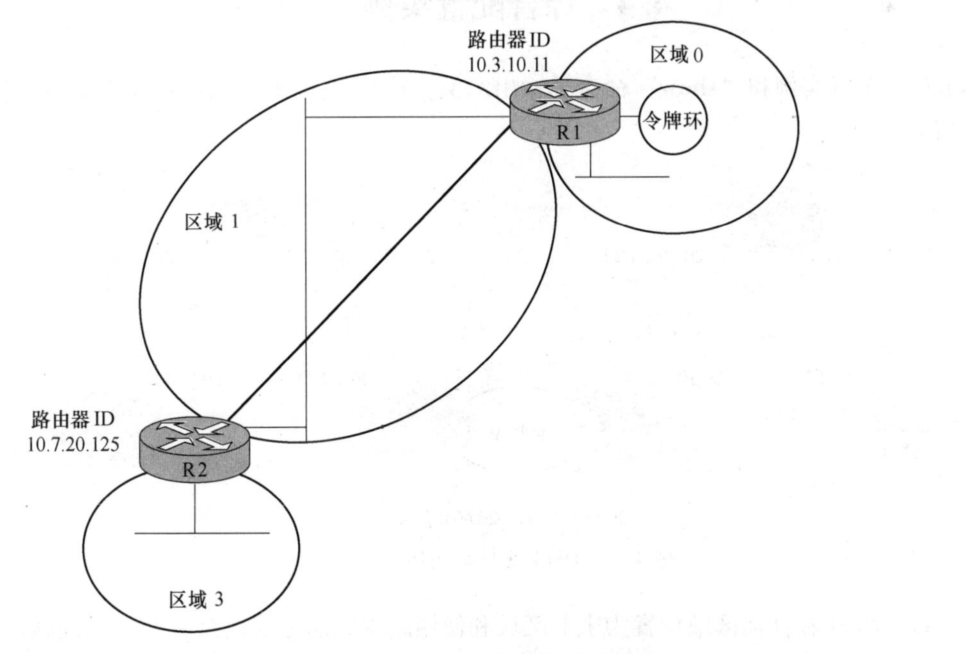

图 4-19　对虚拟链路的需求

要提供到主干区域的连接，必须在 R2 和 R1 之间配置一条虚拟链路。区域 1 将作为转接区域，R1 将是到区域 0 的入口，R2 将有一条通过转接区域到主干区域的逻辑连接。

在图 4-19 中，必须在虚拟链路的两端路由器上都进行配置。例 4-10 展示出了 R1 和 R2 的配置，在这些配置中：

（1）R2 有“**area 1 virtual-link 10. 3. 10. 11**”命令。通过该命令，区域 1 定义为转接区域，并配置了虚拟链路另一端的路由器 ID。

（2）R1 有“**area 1 virtual-link 10. 7. 20. 125**”命令。通过该命令，区域 1 定义为转接区域，并且配置了虚拟链路另一端的路由器 ID。

【**例 4-11**】在 R1 和 R2 路由器上的虚拟链路配置。

```
R1#show run
<output omitted>
router ospf 100
network 10. 2. 3. 0 0. 0. 0. 255 area 0
network 10. 3. 2. 0 0. 0. 0. 255 area 1
area 1virtual-link 10. 7. 20. 125

R2#show run
<output omitted>
router ospf 63
network 10. 3. 0. 0 0. 0. 0. 255 area 1
network 10. 7. 0. 0 0. 0. 0. 255 area 3
area 1 virtual-link 10. 3. 10. 11
```

4.4　综合配置实例

本节包括配置实例和“**show**”命令的输出示例，这些都是源自对图 4-20 中所示网络的配置结果。

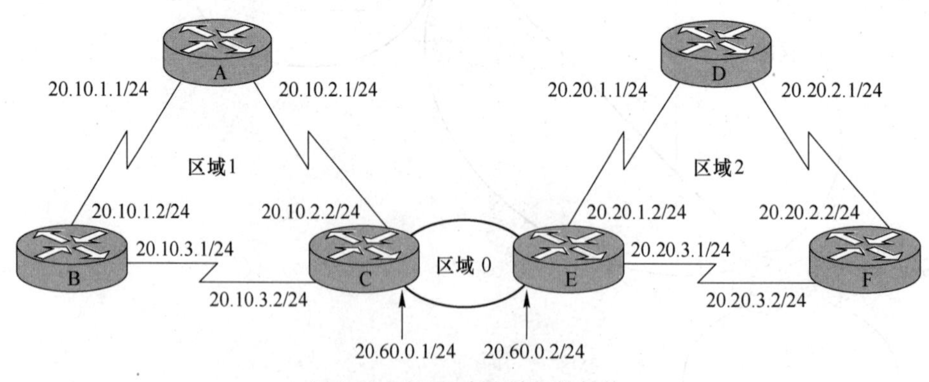

图 4-20　OSPF 多区域拓扑结构

例 4-11 给出了在任何区域配置为末节区域和使用路由归纳之前，路由器 C 上的输出。可以观察到：OSPF 数据库非常大，并有来自类型 1（路由器链路状态）、类型 2（网络链路状态）和类型3（汇总网络链路状态）LSA 的多个条目。

【例 4-12】配置末节区域和使用路由归纳前图 4-20 中路由器 C 上的输出。

```
C#show ip ospf database
     OSPF Router with ID (20.60.0.1) (Process ID 1)
          Router Link States (Area 0)
Link ID      ADV Router    Age    Seq#          Checksum    Link  Count
20.60.0.1    20.60.0.1     84     0x80000009    0x6B87      1
20.60.0.2    20.60.0.2     85     0x8000000C    0x6389      1
          Net Link States (Area 0)
Link ID      ADV Router    Age    Seq#          Checksum
20.60.0.2    20.60.0.2     85     0x0000001     0x7990
          Summary Net Link States (Area 0)
Link ID      ADV Router    Age    Seq#          Checksum
20.10.1.0    20.60.0.1     128    0x80000001    0x92D2
20.10.2.0    20.60.0.1     129    0x80000001    0x59F
20.10.3.0    20.60.0.1     129    0x80000001    0xF9A9
20.20.1.2    20.60.0.2     71     0x80000001    0x716F
20.20.2.1    20.60.0.2     41     0x80000001    0x7070
20.20.3.1    20.60.0.2     51     0x80000001    0x657A
          Router Link States (Area 1)
Link ID      ADV Router    Age    Seq#          Checksum    Link  Count
20.10.2.1    20.10.2.1     859    0x80000004    0xD681      4
20.10.3.1    20.10.3.1     868    0x80000004    0x6389      4
20.60.0.1    20.60.0.1     133    0x80000007    0xAF61      4
          Summary Net Link States (Area 1)
Link ID      ADV Router    Age    Seq#          Checksum
20.20.1.2    20.60.0.1     74     0x80000001    0xDBFB
20.20.2.1    20.60.0.1     45     0x80000001    0xDAFC
20.20.3.1    20.60.0.1     55     0x80000001    0xCF07
20.60.0.0    20.60.0.1     80     0x80000003    0x299
C#
```

例 4-13 给出了路由器 C 的配置输出，该路由器是一个末节区域的 ABR，并执行着路由归纳。

【例 4-13】图 4-20 中路由器 C 的配置。

```
C#show run
Building configuration…

Current configuration:
!
version 11.2
no service password-encryption
```

```
no service udp-small-servers
no service tcp-small-sercers
!
hostname C
!
interface Ethernet0
ip address 20. 60. 0. 1 255. 255. 255. 0
!
interface Ethernet1
!
interface Serial0
  ip address 20. 10. 3. 2 255. 255. 255. 0
  no fair-queue
clockrate 64000
!
interface Serial1
  ip address 20. 10. 2. 2 255. 255. 255. 0
!
router ospf 1
  network 20. 60. 0. 0 0. 0. 0. 255 area 0
  network 20. 10. 2. 0 0. 0. 0. 255 area 1
  network 20. 10. 3. 0 0. 0. 0. 255 area 1
!
no ip classless
!
!
line con 0
  exec-timeout 0 0
line aux 0
line vty 0 4
  login
!
end
```

例 4-13 给出了在网络中配置了末节区域并使用了路由归纳之后，路由器 C 的输出。在 OSPE 拓扑数据库中的条目数量减少了。

【例 4-14】配置末节区域并使用了路由器归纳后，图 4-20 中路由器 C 上“**show ip ospf datatbase**”命令的输出。

```
C#show ip ospf database
    OSPF Router with ID (20. 60. 0. 1) (Process ID 1)
        Router Link States (Area 0)
Link ID       ADV Router     Age    Seq#          Checksum    Link  Count
20. 60. 0. 1  20. 60. 0. 1   245    0x80000009    0x6B87      1
20. 60. 0. 2  20. 60. 0. 2   246    0x8000000C    0x6389      1
```

```
          Net Link States (Area 0)
Link ID       ADV Router     Age     Seq#          Checksum
20.60.0.2     20.60.0.2      246     0x0000001     0x7990
          Summary Net Link States (Area 0)
Link ID       ADV Router     Age     Seq#          Checksum
20.10.0.0     20.60.0.1      54      0x80000001    0x1B8B
20.20.0.0     20.60.0.2      25      0x80000001    0x9053
          Router Link States (Area 1)
Link ID       ADV Router     Age     Seq#          Checksum  Link  Count
20.10.2.1     20.10.2.1      1016    0x80000004    0xD681    4
20.10.3.1     20.10.3.1      1026    0x80000004    0xEB68    4
20.60.0.1     20.60.0.1      71      0x80000007    0xE9FF    2
          Summary Net Link States (Area 1)
Link ID       ADV Router     Age     Seq#          Checksum
0.0.0.0       20.60.0.1      76      0x80000001    0x4FA3
C#
```

4.5 本章小结

在学习完本章后，我们应该能够描述有关互连多个区域的问题，理解 OSPF 如何解决这些问题，并解释区域、路由器和 LSA 的各种可能类型间的区别。我们也应该能够说明 OSPF 是怎样支持 VLSM 的，它怎样在多区域中应用路由归纳，以及它在多区域 NBMA 环境中是怎样运行的。

最后，我们应该能够配置一个多区域 OSPF 网络，并验证 OSPF 在多区域中的运行。

练 习 题

4-1 给体系化路由下个定义，并解释它解决了什么网络问题。

4-2 什么区域的内部路由器将接收类型 5 的 LSA?

4-3 什么区域类型连接到主干区域?

4-4 主干区域必须配置成什么区域?

4-5 给出下面各 LSA 类型的一个简要描述：

类型 1：路由器链路条目

类型 2：网络链路条目

类型 3 或 4：汇总链路条目

类型 5：自治系统外部链路条目

4-6 描述数据包从一个区域到另一个区域所必须经过的路径。

4-7 什么时候缺省路由被注入到一个区域?

4-8 OSPF 路由器的 4 种类型是什么?

4-9 什么路由器生成类型 2 的 LSA?

4-10 配置完全末节区域的优点是什么?

4-11 在 ABR 上使用什么命令来对某个区域进行路由归纳?

IS-IS 协议及其配置方法

本章介绍了中间系统-中间系统（IS-IS）技术及协议的发展状态，同时还介绍了一些基本的配置实例。本章首先介绍了开放系统互联（OSI）中的路由方式，然后重点介绍了集成 IS-IS，这项技术支持对 IP 的路由。提供了基本 IS-IS 和集成 IS-IS 路由器配置命令、实例以及故障处理的指导。

学完本章后，读者可以解释以下问题：基本的 OSI 术语和 OSI 中使用的网络层协议、网络及端口在 IS-IS 中的表示方法、区域路由的基本原则、IS-IS 在 NBMA 环境中的使用。读者将能够掌握集成 IS-IS 和 OSPF 的异同点，以及 IS-IS 使用的一种寻址规划的特点。读者将能够描述 IS-IS 路由器的类型及其在 IS-IS 区域设计中的角色，描述 IS-IS 区域的组织结构，建立相邻的概念，以及路由信息和数据库同步的概念。最后，已知一组网络需求，读者将可以配置集成 IS-IS 并验证路由器的正确运行。

5.1 OSI 协议和 IS-IS 路由协议概述

5.1.1 OSI 协议

OSI 协议是促进不同厂商设备之间互操作的数据网络协议及其他标准的国际性计划中的一部分。OSI 计划是出于对国际性网络标准的需求，OSI 计划的制定是为了方便软硬件系统之间通信，而不管底层的结构如何。OSI 规范由两个国际标准组织制定实施：ISO 和国际电信联盟标准部（ITU-T）。ISO 负责制定数据网络的标准。OSI 互联系统包括具有如下特性的各种网络服务：

（1）独立于底层通信架构。

（2）端到端传输。

（3）透明（如果一个协议对所传送的数据不做任何限制，则称为是透明的。这意味着报文头部和数据都必须不加改变地实现端到端传输）。

（4）服务质量（quality of service，QoS）选择。

（5）寻址。

IS-IS 的发展很特别，不像 OSPF 那么规范——

1985 年：最初称为 DECnet 版本 V 路由（DECnet phase V routing）。

1988 年：被 ISO 采纳，改名为 IS-IS。

1990 年：发表 RFC1142，“OSI IS-IS 域内路由协议（OSI IS-IS intradomain routing Protocol)”。

1990 年：发表 RFC1195，“在 TCP/IP 和双重环境中使用 OSI IS-IS（use of OSI IS-IS for routing in TCP/IP and dual environments）”。

1991 年：Cisco IOS 软件开始支持 IS-IS。

1995 年：ISP 开始采用 IS-IS。

2000 年：发表 IETF 草案“IS-IS 流量工程扩展(IS-IS extension for traffic engineering)”。

2001 年：发表 IETF 草案“IS-IS 支持通用 MPLS 扩展（IS-IS extension in support of generalized MPLS）”。

IS-IS 在电信运营商和大的 ISP 中很流行。这种流行起源于因特网刚刚产生时的 ISP，它们选择了 IS-IS 而不是 OSPF 作为 IGP。那时人们认为，IS-IS 作为 IGP 比 OSPF 受到的限制更少。这些 ISP 发展成了今天的“1 级”（tier 1）运营商。所以，为 1 级运营商提供的设备都必须支持 IS-IS。

OSI 协议族支持物理层、数据链路层、网络层、传输层、会话层、表示层以及应用层的各种标准协议。

OSI 网络层地址通过两种类型的层次化地址来实现：网络服务接入点（NSAP）地址和称为网络实体名（NET）的一个 NSAP 的特定子集。NSAP 是网络层和传输层之间边界上的一个概念点。NSAP 是将 OSI 网络层服务提供给传输层的位置。每个传输层实体都赋予一个独立的 NSAP，通过 NSAP 地址在 OSI 互联网络中加以标识。

OSI 协议族描述了两种网络层的路由协议：终端系统-中间系统（ES-IS）和 IS-IS。另外，OSI 协议族实现了两种网络服务：无连接服务和面向连接服务。面向连接的服务在传送数据之前，首先要以所需要的服务建立一个连接。无连接的服务事先不需要建立连接即可发送数据。通常，面向连接的服务可以提供一定程度的传输保证，而无连接服务则不能。

5.1.1.1 OSI 协议术语

在 OSI 网络中，存在 4 个主要的结构实体：主机、区域、主干和域。下面介绍这些实体并讲述路由器如何用于 OSI 网络：

（1）域是指 OSI 网络中属于同一机构管理的一部分。如今，域渐渐倾向于称为自治系统。

（2）在 OSI 域中，可以定义一个或者多个区域。区域是一个逻辑实体，由一系列连续的路由器及其连接的数据链路组成。所有属于同一区域的路由器交换所有能够到达的主机信息。

（3）区域连接起来形成主干。主干中所有的路由器知道如何到达各个区域。

（4）终端系统（ES）是任何无路由功能的主机或节点。中间系统（IS）即路由器。这些术语是 OSI 中 ES-IS 协议和 IS-IS 协议的基础。

5.1.1.2 OSI 协议族到 OSI 参考模型的映射

OSI 协议族支持 OSI 七层参考模型各层中的各种标准协议。ISO 于 20 世纪 80 年代开发了开放系统互联网络系统。包括两个主要部分：

（1）网络抽象模型。称为 OSI 参考模型或七层模型。

（2）一组具体的网络协议。称为 OSI 协议族，包括 CLNP、ES-IS 等等。

OSI 协议模型比 OSI 协议本身得到了更广泛的接受。

图 5-1 给出了 OSI 整个协议集及其与 OSI 参考模型中各层的关系。

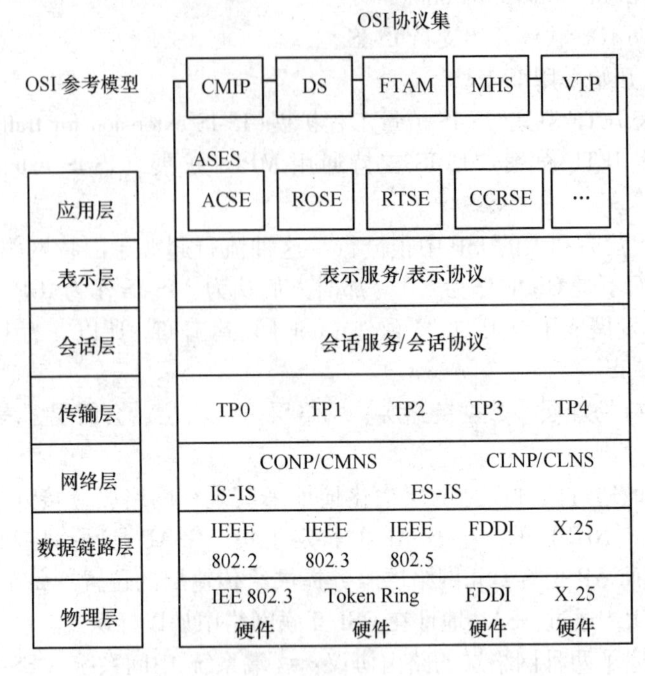

图 5-1 OSI 协议族与 OSI 参考模型的映射方式

5.1.2 OSI 网络层

5.1.2.1 OSI 服务和网络协议

OSI 传输层可以从 OSI 网络层得到两种服务：

（1）无连接网络服务（CLNS）。CLNS 进行数据报的发送，不需要在数据传送之前建立电路。

（2）连接模式网络服务（CMNS）。CMNS 需要在传输数据之前显式地在两个传输层实体之间建立一个路径或电路。

CLNS 和 CMNS 定义了提供给传输层的服务，这些服务用来在网络层传送数据的协议称为无连接网络协议（CLNP）和面向连接网络协议（CONP）。OSI 模型中的 CLNP 与 Internet 模型中的 IP 相对应。

CONP 与 CMNS 的区别如下：

（1）CONP 是一个在面向连接的链路上传送上层（传输层）数据和错误提示的网络层协议。CONP 基于 X. 25 的分组层协议（PLP），在 ISO 8208 标准（“X. 25 Packet-Layer Protocol for DTE”）中描述。CONP 提供 CMNS 与上层（传输层）协议之间的接口。CONP 作为传输层与 CMNS 之间的接口，是一个网络层服务，在 ISO 8818 标准中描述。

（2）CMNS 使用 CONP 显式地建立路径的功能。当向 CMNS 提供支持时，传送功能使用 X. 25 协议进行路由。CMNS 功能包括连接建立、保持和终结，同时提供了请求 QoS 特定的机制。

CLNP 和 CLNS 的区别如下：

（1）CLNP 是一个在无连接的链路上传送上层（传输层）数据及错误提示的网络层协议。CLNP 提供 CLNS 与上层（传输层）协议之间的接口。

（2）CLNS 通过 CLNP 向传输层提供服务。如果提供了 CLNS 支持，则采用路由协议来交换信息，完成路由功能。CLNS 不进行建立或终结连接的操作，因为在网络上传送的每个数据包都是独立地选择路径。而且 CLNS 提供“尽力传送”，也就是说不存在任何保证，数据可能丢失、损坏、次序错乱或者重复。CLNS 依赖传输层的协议来完成错误检测与更正。

OSI 协议与服务总结见表 5-1。

表 5-1 OSI 协议与服务总结

类	协议	服务	路由方法	路径建立方法
面向连接	CONP	CMNS	采用 X. 25 协议路由	通过连接建立、保持和终结，显式地建立路径
无连接	CLNP	CLNS	采用路由协议路由	数据包独立地选择路径

5.1.2.2 OSI 路由协议

ISO 为两种路由协议制定了标准：

（1）ES-IS 发现协议。ES-IS 协议在终端系统和中间系统之间进行路由，称为 0 层“路由”。ES-IS 类似于 IP 中的 ARP 协议。尽管 ES-IS 严格来说并不算是路由协议，我们还是把它包含在这里，因为它通常与路由协议联合使用，完成在互联网络中进行端到端的数据传送。

（2）IS-IS 路由协议。IS-IS 在中间系统之间进行层次化（1 层、2 层和 3 层）路由。3 层路由在不同的自治域之间进行。但是要注意 IS-IS 路由协议自身并不能完成 3 层路由。跨域路由需要用到其他协议。

图 5-2 展示了 OSI 中使用的层次化路由。

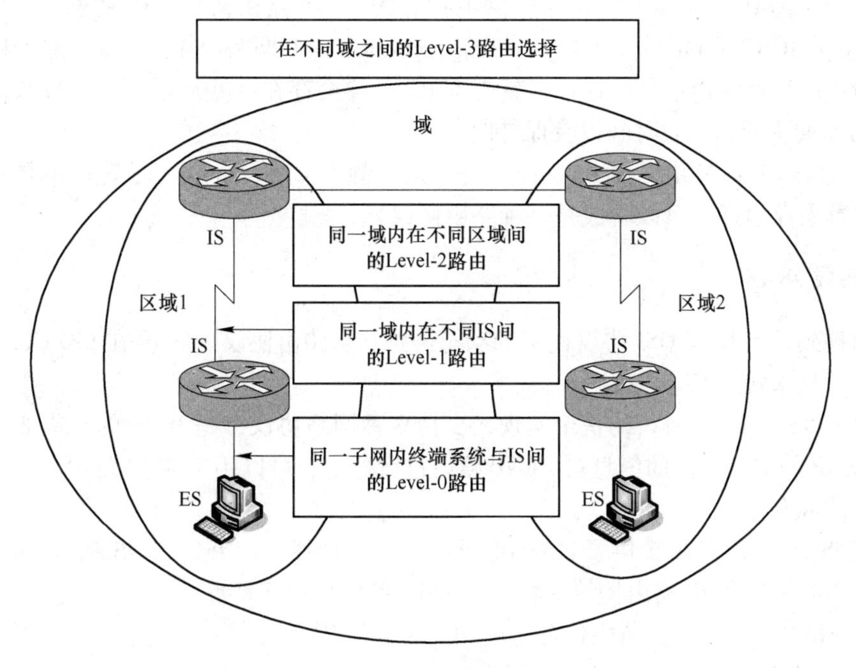

图 5-2 OSI 层次化路由

为简化路由器的设计和运行，OSI 将路由器选择区分为1层、2层和3层。1层的IS只跟属于同一区域内的其他1层IS通信；2层IS则在不同的1层区域之间进行路由，并由此构成自治域内的路由主干；3层路由在不同的自治域之间进行。层次化路由结构简化了主干的设计，因为1层IS只需要知道怎样找到最近的2层IS。

在OSI中，每个ES存在于一个特定的区域中。OSI路由过程开始时，ES通过监听中间系统Hello（ISH）包来发现最近的IS。当ES准备发送数据到另一个ES时，它会把数据包发给直接相连的网络上的IS，这就是0层路由。然后，IS查找目的地址并按照最佳路由转发数据包。如果目的地ES属于同一个子网，本地的IS可以通过监听终端系统（ESH）包得知这一情况，并正确地转发数据包。IS也可以返回一个重定向信息到发送方，告知存在一个更加直接的路由。

如果目的地地址是位于同一区域不同子网的ES，IS知道正确的路由（1层路由）信息，并正确地转发数据包。

如果目的地地址是位于不同的区域，1层IS将数据包发送到最近的2层IS（2层路由），接下来逐步通过2层IS将数据转送到目的区域的2层IS。在目的地区域内，IS沿最佳路由将数据转发出去，直到到达目的地ES。

在不同的自治域间进行路由称为3层路由。对于OSI CLNS/CLNP环境中的路由，Cisco提供以下协议：

（1）IS-IS。IS-IS是一个动态链路状态路由协议，用于在ISO CLNS环境中为CLNP选择路由。路由器通常作为IS，可以与其他的IS通过IS-IS协议交换可达信息。作为一个IS，路由器可以是1层、2层或1/2层路由器。对于后一种情况，路由器可以在区域的出口点宣告自己为1层。集成IS-IS协议广播其他路由信息代替CLNS，或者与CLNS一同使用。特别地，集成IS-IS可以路由CLNS、IP或者两者混合（后一种情况称为双重模式）。

（2）ISO-IGRP。Cisco ISO软件提供了特有的CLNS路由协议。顾名思义，ISO-IGRP基于Cisco的IGRP（interior gateway routing protocol，内部网关路由协议）。这个协议采用距离向量技术广播路由信息。这样，就与IGRP一样会存在一些局限，包括较长的收敛时间（因为周期更新和无效时间以及保持时间）。

（3）静态CLNS路由。与IP一样，可以建立静态CLNS路由（尽管这不是一个真正的协议，静态路由还是可以看成是一种路由协议）。

5.1.3 集成IS-IS

前面提到，IS-IS是OSI协议栈中的动态链路状态路由协议。IS-IS在ISO CLNS环境中发布路由信息来转发CLNP数据。

集成IS-IS是IS-IS协议的一个实现，支持多种网络协议，是IS-IS的扩展版本。集成IS-IS根据IP网络和子网的信息对CLNP路由进行标记，可以用于纯IP路由、纯ISO路由或者两者的混合。

集成IS-IS为IP环境提供了除OSPF外的又一种选择，使ISO CLNS和IP的路由合二为一。和所有的现代IP路由协议一样，集成IS-IS支持以下特性：

（1）VLSM。在路由更新中包含掩码和前缀的信息。

（2）IP路由和IS-IS路由的相互再发布。

（3）IP 路由的汇总。

5.1.3.1 集成 IS-IS 与 OSPF 对比

集成 IS-IS 和 OSPF 都是链路状态协议，具有以下相同点：

（1）链路状态表示、老化和度量。

（2）链路状态数据库和 SPF 算法。

（3）更新、决策和扩散过程。

OSPF 是基于一个中心主干区域（区域 0），所有其他区域理论上都与区域 0 有物理连接。在 OSPF 中，区域的边界存在于 ABR 之上。每条链路只属于一个区域，不同的接口可以分别属于不同的区域。这种中心—主干的配置方法会带来一些不可避免的设计局限。使用这种层次化的模型时，需要一段连续的 IP 地址结构，以便于向主干做地址聚合，以减少向主干以及其他网络广播的路由信息数量。

同样地，IS-IS 也是一种层次化结构，具有 1 层和 2 层路由器。但是在 IS-IS 中，区域的边界在链路上，而不是在路由器上，即整个路由器，而不是单个接口，属于同一个区域。如图 5-2 所示，每个 IS-IS 路由器属于同一个 2 层区域。这样，使用的链路状态数据包（LSP），也称为链路状态协议数据，大大减少。于是，同一区域中可以容纳更多的路由器。这种能力使 IS-IS 比 OSPF 更具有扩展性。IS-IS 允许以一种更加灵活的方式扩展主干：增加新的 2 层路由器。在 IS-IS 中，这一过程比 OSPF 更简单。

考虑到 CPU 的利用率及对路由更新信息的处理，IS-IS 比 OSPF 的效率更高。在 IS-IS 中，每个区域中的每台 IS-IS 路由器只发送一条 LSP（包括再发表的前缀/路由）。相比之下，OSPF 则需要发送很多条 LSA。不仅是需要处理的 LSP 减少，而且 IS-IS 添加和删除前缀的方式也更加节省处理器资源。

OSPF 和 IS-IS 都是链路状态协议，所以都提供快速的收敛。收敛时间取决于多种因素，如定时器、节点数、路由器类型等。

使用缺省的定时器，IS-IS 检测错误比 OSPF 更快，因此收敛速度也更快。当然，如果存在很多邻居需要考虑，收敛速度还取决于路由器的处理能力。IS-IS 倾向于比 OSPF 占用更少的 CPU 资源。

IS-IS 中使用的定时器比 OSPF 中的定时器能够更精细地进行调整。由于使用了更多的定时器，可以得到更好的颗粒度。通过调校这些定时器，收敛时间可以明显下降。但是这种速度的增长可能会带来不稳定的代价。在做任何调整之前，网络操作人员一定要理解改变定时器意味着什么。

IS-IS 和 OSPF 都有良好的扩展性。链路状态协议的可扩展性在当今 ISP 的主干上得到了印证。

OSPF 确实比 IS-IS 有更多的功能，包括路由标记、末节区域和非完全末节区域（NSSA），以及 OSPF 按需电路。

5.1.3.2 1 层、2 层和 1/2 层路由器

一个 IS-IS 网络称为一个域。这一概念与 OSPF 中的自治系统（AS）等同。在域中存在两个层次：

（1）1 层 IS 负责区域内 ES 的转发。这一点类似于 OSPF 中的完全末节区域中的非主干路由器。

（2）2 层 IS 只负责区域间的路由转发。这类似于 OSPF 中的内部主干路由器。

（3）1/2 层 IS 在非主干区域和主干区域之间路由。这些路由器参与 1 层区域内路由以及 2 层区域间的路由。类似于 OSPF 中的 ABR。

1 层路由器又称为站点路由器，因为它们使站点（ES）之间互联并将其连接到网络的其余部分。特别注意，终端站点不通过 CLNP 互相通信。

一组连续的 1 层路由器形成一个区域。1 层路由器维护一个 1 层数据库。这个数据库定义了区域自身的结构以及连接到邻近区域的出口点。

2 层路由器称为区域路由器，因为它们连接了不同的 1 层区域。2 层路由器存储一个独立的数据库，其中只包括区域间互联拓扑结构信息。

1/2 层路由器同时保存两套独立的链路状态数据库，这使得它们看起来像是两台 IS-IS 路由器：

（1）所支持的 1 层功能：与同一区域内其他 1 层路由器通信，在 1 层拓扑结构数据库中维护 1 层 LSP 信息；向其他 1 层路由器通告它们是区域的一个出口。

（2）所支持的 2 层功能：与主干中其他部分通信，除 1 层数据库之外，另外维护一个 2 层拓扑结构数据库。

IS-IS 没有 OSPF 中区域 0 的概念。IS-IS 的主干可以表现为一组独立的区域，这些区域由一串 2 层路由器互联，穿行于 1 层区域之间。IS-IS 主干包含一组 1/2 路由器和 2 层路由器，而且必须连续。

IS-IS 使用两层结构。这两个层次的链路状态是分别发布的，产生出 1 层 LSP 和 2 层 LSP。点对点链路上的 LSP 使用单播（unicast）地址发送，广播介质（LAN）上的 LSP 通过组播（multicast）地址发送。

与 OSPF 相同，LAN 上的一台路由器代表整个 LAN 发送 LSP 信息。IS-IS 中，这台路由器称为 DIS（designated intermediate system，指定中间系统）。这是个伪节点，是这个 LAN 的代表，分别代表网络发送 1 层和 2 层 LSP。特别注意，IS-IS 中没有备用 DIS，OSPF 中有备用 DR。如果 DIS 失效，就开始新一轮选举。

5.1.3.3 IS-IS 层次结构举例

图 5-3 给出了一个 IS-IS 区域配置示例的物理视图。物理上，1/2 层路由器在本区域内

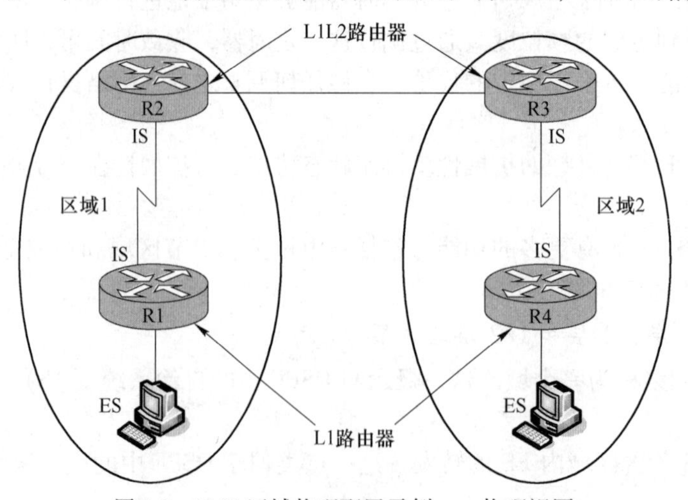

图 5-3 IS-IS 区域物理配置示例——物理视图

与 1 层路由器相连，在主干中与 2 层路由器相连。图中，R2 和 R3 是 1/2 层路由器，R1 和 R4 是 1 层路由器。R2 和 R3 属于各自的 1 层区域，之间有物理连接。

图 5-4 给出了图 5-3 中同一例子的逻辑视图。在图 5-4 中，R2 和 R3 是 1/2 层路由器，R1 和 R4 是 1 层路由器。R2 和 R3 也是 1 层路由器，但是同时提供了将两个 1 层区域连接至 2 层主干的入口。

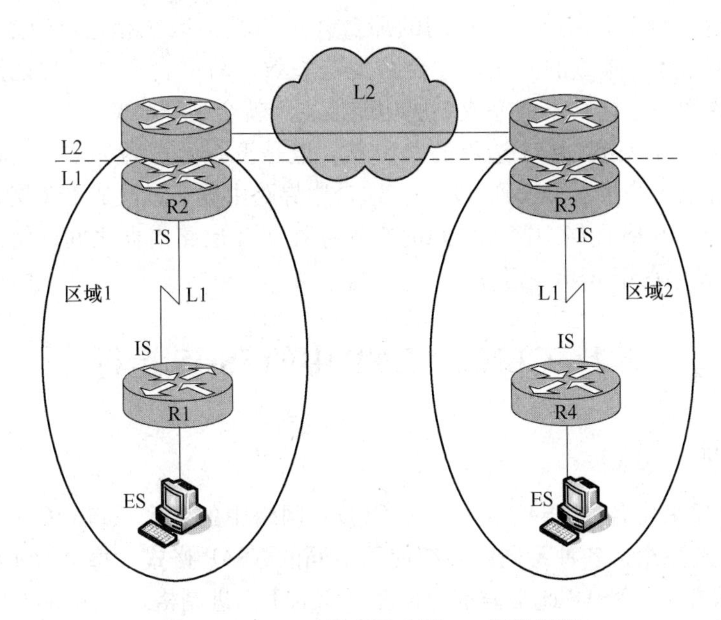

图 5-4 IS-IS 区域配置示例——逻辑视图

图 5-5 给出了另外一个例子。

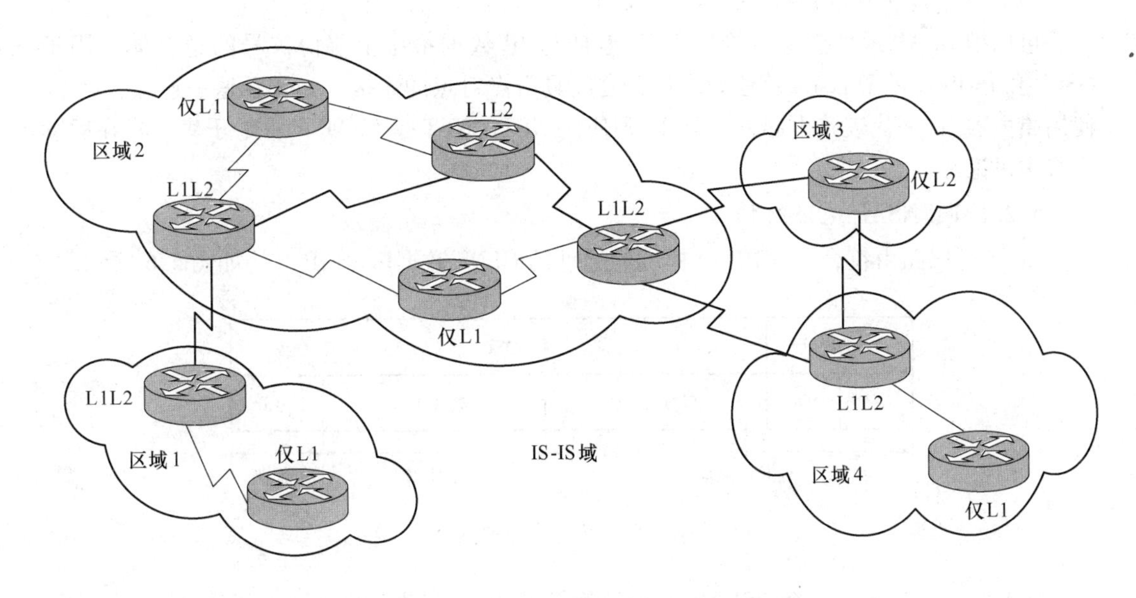

图 5-5 IS-IS 中的 2 层和 1/2 层路由器构成 2 层主干

图 5-5 中，区域 1 包括两台路由器：

（1）一台靠近区域 2 的边界，所以是 1/2 层 IS。

（2）另一台完全包含在区域中，所以是单具 1 层。

区域 2 包含许多路由器：

（1）一些路由器指定为单具 1 层，只能做区域内部路由（以及去往出口点）。

（2）1/2 层路由器形成了穿过区域链接到相邻区域的链路。

（3）虽然这三台 1/2 层路由器中间的那台并不与其他区域相连，但是仍然要支持 2 层路由，这样主干才是连续的。如果这台路由器失效，另一台单具 1 层的路由器（虽然也有穿越区域的物理连接）不能完成 2 层功能，主干就会裂开为两半。

区域 3 包含一台靠近区域 3 边界的路由器，但是没有区域内邻居，所以是单具 2 层的。如果有一台新的路由器添加到区域 3，这台边界路由器应该改成 1/2 层路由器。

图 5-5 还说明 IS-IS 网络中区域之间的边界存在于 2 层路由器之间的链路上（比较一下，OSPF 的边界存在于 ABR 之上）。

5.2　CLNS/CLNP 中的 IS-IS 运行

5.2.1　OSI 寻址

OSI 的网络层采用各种 NSAP 地址来标记 OSI 网络中的各个系统。OSI 地址经常直接称作 NSAP。特别注意，各种不同的系统使用不同的 NSAP 格式，每个 OSI 路由协议使用各自 NSAP 表示方法。NSAP 通常表示为长度可变的十六进制格式，最多可以有 40 位十六进制数字。NSAP 也用于 ATM。NSAP 包含以下部分：

（1）设备的 OSI 地址。

（2）与上层进程的连接。

可以把 NSAP 地址想象成等价于 IP 地址与 IP 数据报中上层协议号的组合体。用于 OSPF 和 IS-IS 中的 Dijkstra 算法要求设备之间具有点对点的连接。为表示这一连接，OSPF 使用路由器 ID 来代表路由器，而 IS-IS 则使用 NET。NET 是 NSAP 的一个子集，将在后续几节中讨论。

5.2.1.1　NSAP 地址结构

Cisco 可以路由符合 ISO 10589 标准的地址的 CLNS 数据。NSAP 结构如图 5-6 所示。

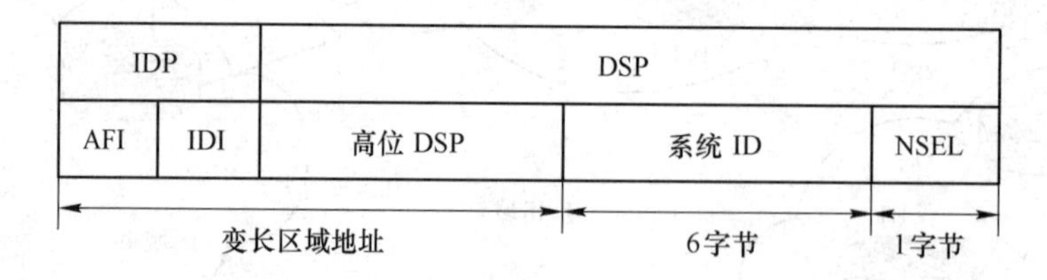

图 5-6　NSAP 地址结构

如图 5-6 中所示，一个 OSI NSAP 地址最长可达 20 字节，包含以下部分：

（1）机构及格式 ID（the authority and format ID，AFI）表示地址的格式以及发放地址的机构。AFI 长度为 1 字节。

（2）域间 ID（the interdomain ID，IDI）标明所属域。IDI 最长可达 10 字节。

（3）AFI 和 IDI 一起构成了 NSAP 地址中的域间部分（interdomain part，IDP）。这部分基本上等价于 IP 中的地址类。

（4）高位特定域部分（high-order domain-specific part，HODSP）用来将一个域分成不同的区域。这部分可以看成是 IP 子网在 OSI 中的对应体。

（5）系统 ID 标识 OSI 设备（包括 ES 和 IS）。在 OSI 当中，每个设备具有一个地址，这一点与 DECnet 协议相同。与此不同的是，IP 中每个端口都有一个地址。OSI 并没有为系统 ID 指定一个固定的长度，只是要求所有设备的系统 ID 必须长度相同。Cisco IOS 软件将系统 ID 固定为 6 个字节，其后紧跟 1 字节的 NSAP 选择符（NSAP selector，NSEL）。通常使用介质访问控制层（MAC）地址作为系统 ID。

（6）NSEL（又称 N 选择符、服务 ID 或进程 ID）用来标识设备上的某个进程。这基本相当于 IP 中的服务器端口号或套接字（socket）。NSEL 的长度是 1 字节，并不用来作路由决策。如果 NSEL 设为 00，则表示设备自身——即其网络层地址。这种情况下，NSAP 称为网络实体名（network entity title，NET）。

（7）HODSP、系统 ID 和 NSEL 共同构成了 NSAP 中的特定域部分（domain-specific part，DSP）。

5.2.1.2　IS-IS 与 ISO-IGRP 中 NSAP 的比较

IS-IS 和 ISO-IGRP 对 NSAP 有不同的定义，如图 5-7 所示。NSAP 用在 IS-IS 中使用两层结构，将 IDP 和 HODSP 合在一起，共同表示区域地址（2 层），余下的系统 ID 部分用作 1 层路由。NSAP 用在 ISO-IGRP 中时分为三个部分：1 字节的 NSEL、6 字节的系统 ID、1 至 13 字节的区域地址或称区域 ID。一个 NSAP 的长度可以是 8 ~ 20 字节。通常使用大于 8 字节的长度来保证区域划分具有一定的粒度。

特别注意，图 5-7 中的长度用字节来表示，但 NSAP 地址通常采用 16 进制数字。像 ATM 地址一样，NSAP 地址长度具有 160 个 2 进制位。

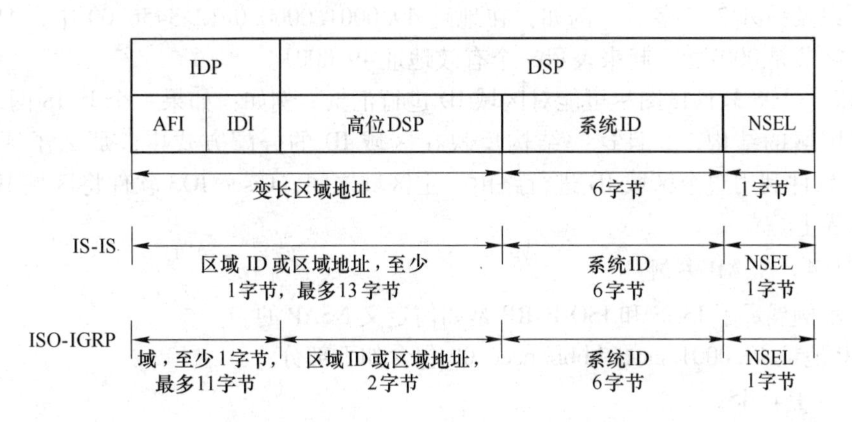

图 5-7　IS-IS 与 ISO-IGRP 定义 NSAP 地址

ISO-IGRP 路径建立在一个三层结构的基础之上：域（3 级，用 AFI 和 IDI 表示）、区域（2 层，用 HODSP 表示）和系统 ID（1 层）。IS-IS 中的区域 ID 在 ISO-IGRP 中被分为域和区域。ISO-IGRP 将系统 ID 左边的 2 个字节用作区域 ID 或区域地址。这样，ISO-IG-

RP 网络中理论上可以存在 65535 个区域。其余部分（最长 11 字节）作为域 ID。所以，ISO-IGRP 中 NSAP 最短为 10 字节（1 字节的 NSEL、6 字节的系统 ID、2 字节的区域以及最短 1 字节的域）。

ISO-IGRP 发送的路由信息基于域（长度可变）、区域（协议将长度固定为 2 字节）以及系统 ID（长度固定为 6 字节）。ISO-IGRP 没有使用 NSEL。

5.2.1.3 网络实体名

如上所述，如果 NSEL 是 00 的话，那么 NSAP 表示设备自身，即等价于设备的 OSI 第 3 层地址。NSEL 为 00 的 NSAP 地址称为网络实体名（NET）。NET 被路由器用于 LSP 中作为自身的标识。所以，NET 是 OSI 路由计算的基础。NET 和 NSAP 用 16 进制表示并且首尾必须与字节边缘对齐。

CLNS 需要正式的 NSAP 前缀。以 49 开头的地址视为私有地址（类似于 RFC1918 中所描述的私有 IP 地址）。这些地址可以用作 IS-IS 路由，但不应广播到其他的 CLNS 网络中去。

根据图 5-7 以及下面几节中的例子，Cisco IOS 软件中，IS-IS 路由进程按如下方式定义 NSAP 地址（从右端即所谓最不显著位开始描述）：

（1）最右端一个字节是 NSEL，只能有 1 字节长度，用两个 16 进制数字表示，前面加点（.）。在 NET 中，这个 NSEL 置为 00。

（2）前面的 6 个字节（这一长度已被 Cisco IOS 软件固定）是系统 ID。用户可以自行将路由器的 MAC 地址或一个 IP 地址（在集成 IS-IS 中，如一个 loopback 端口的 IP 地址）设定为系统 ID。

（3）Cisco IOS 软件中的 IS-IS 进程将余下部分地址当作区域 ID，或称为区域地址，描述如下：

1）长度为 1 至 13 字节。

2）用一个 1 字节的字段限制区域定义的范围。这样，每个区域 ID 包括 3 字节：1 字节的 AFI 以及另外 2 个字节。例如：在地址 49.0001.0000.0c12.3456.00 中，AFI 是 49，另外 2 个字节是 0001，合起来表示一个有效地址 49.0001。

3）Cisco IOS 软件试图尽可能对区域 ID 进行汇聚。例如：如果一个 IS-IS 网络具有主区域和子区域的结构，并且这一结构反映在区域 ID 的分配方式中，那么子区域之间，Cisco IOS 软件利用整个区域 ID 进行路由。主区域之间，Cisco IOS 软件将区域 ID 汇聚至主区域边界上。

5.2.1.4 NSAP 举例

以下示例展示了 IS-IS 和 ISO-IGRP 是如何定义 NSAP 的。

NSAP 地址 49.0001.aaaa.bbbb.cccc.00 包含如下部分：

（1）对于 IS-IS：

——区域为 49.0001

——系统 ID 为 aaaa.bbbb.cccc

——NSEL 为 00

（2）对于 ISO-IGRP：

——域为 49

——区域为 0001

——系统 ID 为 aaaa. bbbb. cccc

——NSEL 在 ISO-IGRP 中被忽略

NSAP 地址 39. 0f01. 0002. 0000. 0c00. 1111. 00 包含如下部分：

（1）对于 IS-IS：

——区域为 39. 0f01. 0002

——系统 ID 为 0000. 0c00. 1111

——NSEL 为 00

（2）对于 ISO-IGRP：

——域为 39. 0f01

——区域为 0002

——系统 ID 为 0000. 0c00. 1111

——NSEL 在 ISO-IGRP 中被忽略

5.2.2　IS-IS 中如何标识系统

在 IS-IS 中，区域 ID 是和 IS-IS 路由进程相关联的。一个路由器只能属于一个 2 层区域。区域 ID（或者叫区域地址）唯一标识了这个路由区域，而系统 ID 则标识了每一个节点。

5.2.2.1　区域 ID 和系统 ID 的限制

区域 ID 和系统 ID 的限制如下：

（1）同一区域内所有的路由器必使用相同的区域 ID。因为这些路由器本就在同一区域内，所以只能使用唯一的区域 ID 来标识这个区域。

（2）只有在具有相同的区域地址时，一个 ES 才和一个 1 层路由器相邻。换句话说，ES 只认那些与它具有相同区域 ID 的 IS（或同一子网上的 ES）。

（3）区域的路由（1 层）基于系统 ID。所以，每个设备（ES 和 IS）必须具有这个区域中唯一的系统 ID，而且所有的系统 ID 都必须具有相同的长度。Cisco 规定了系统 ID 为 6 字节。

（4）所有的 2 层 IS 识别 2 层主干区域中所有其他的 IS。所以，这些 IS 也必须具有区域中唯一的系统 ID。

5.2.2.2　系统 ID

系统 ID 在同一区域中必须唯一。如上所述，可以自由选择把路由器的 MAC 地址或者将 IP 地址（尤其对于集成 IS-IS，如一个 loopback 端口的 IP 地址）编码到系统 ID 中。

通常建议在整个域中都保持唯一的系统 ID。这样，当一个设备转移到一个不同的区域中时在 1 层或 2 层区域中都不会产生冲突。

同一域中所有系统 ID 的长度都必须相同。这是 OSI 的要求。Cisco 则在所有情况下都将系统 ID 的长度固定为 6 字节，从而强化了这一规定。

IS-IS 使用了另外两个术语：子网连接点（subnetwork point of attachment，SNPA）和电路（circuit）。SNPA 是一个提供子网服务的点。SNPA 通常采用如下方式确定：

(1) LAN 端口的 MAC 地址。

(2) X. 25 或 ATM 中的虚电路 ID。

(3) 帧中继里面的 DLCI。

(4) 对于 HDLC 而言，SNPA 即 HDLC。

链路是两相邻 IS 之间的一条路径。如果这两个邻居的 SNPA 可以通信的话，则称链路是“up”的。电路则是一个端口。端口通过电路 ID（circuit ID）来唯一标识。路由器为其上每个端口分配一个字节的电路 ID：

(1) 对点对点端口来说，这就是电路的全部标识，如：03。

(2) 对于 LAN 端口（以及其他广播型多路访问端口）来说，这个电路 ID 被标记在 DIS 的系统 ID 之后形成一个 7 字节的 LAN ID。例如：1921. 6811. 1001. 03，这时 03 即电路 ID。

5. 2. 2. 3 IS-IS 网络中 NET 地址举例

图 5-8 显示了 IS-IS 域中路由器的 NET 地址。在图 5-8 中观察以下内容：

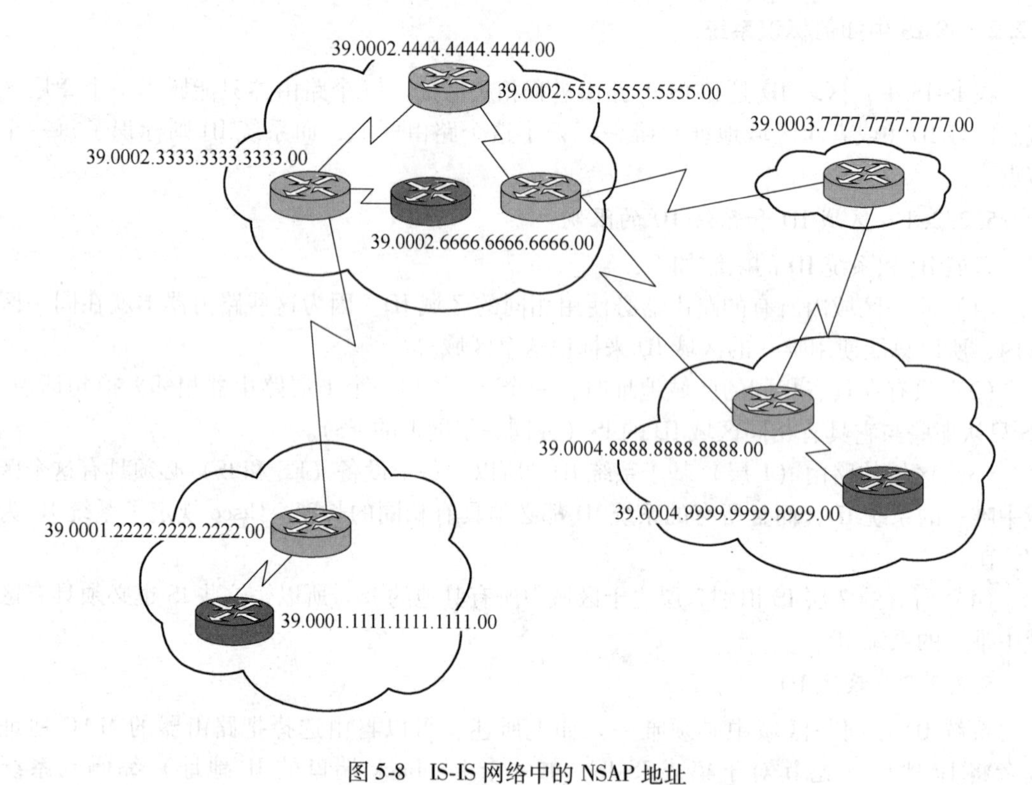

图 5-8 IS-IS 网络中的 NSAP 地址

(1) 6 字节的系统 ID 在整个网络中是唯一的。

(2) 3 字节的区域 ID 在区域内相同而在区域间则不同。

(3) 1 字节的 NSEL 置为 00，说明这些都是 NET。

5. 2. 3 IS-IS PDU

OSI 协议栈将一组数据定义为协议数据单元（protocol data unit，PDU）。所以，OSI 称帧为数据链路 PDU，而包（IP 中称为数据报）则称为网络 PDU。

图 5-9 中有三种 PDU（通过 802.2 逻辑链路控制封装）。如图 5-9 所示，IS-IS 和 ES-IS PDU 直接封装在数据链路 PDU 中（没有 CLNP 报头或 IP 报头），而真正的 CLNP 数据包在数据链路报头和 CLNS 信息之间有一个完整的 CLNP 报头。

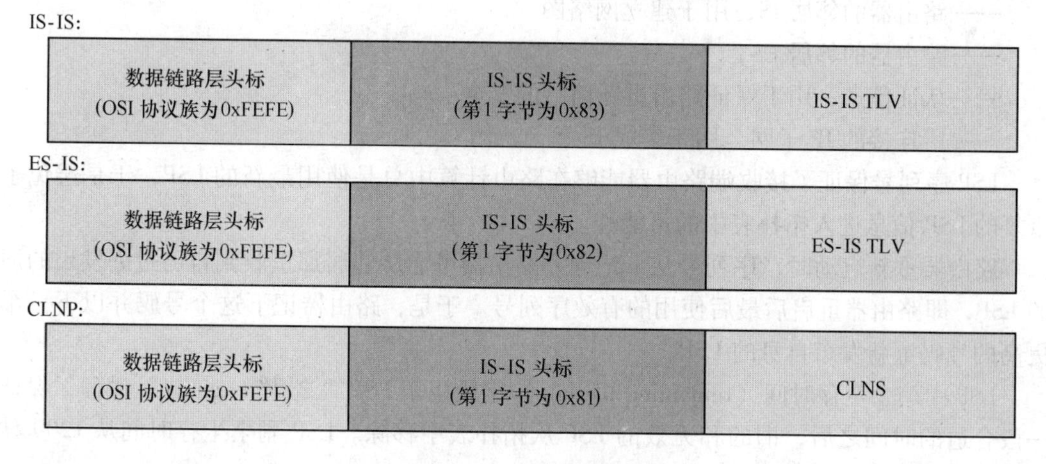

图 5-9 OSI 协议数据单元

IS-IS 和 ES-IS PDU 根据 PDU 的功能，可以包含多个可变长度字段。每个字段包含类型代码、长度和相应值，所以称为 TLV，即类型（type）、长度（length）和值（value），如图 5-9 所示。

有四种常见类型的包，每一种又可分为 1 层和 2 层：

（1）LSP：用来发布链路状态信息。

（2）Hello PDU（ES-IS Hello（ESH），IS-ES Hello（ISH），IS-IS Hello（IIH））：用于建立和维护邻接状态。

（3）部分序列（Partial sequence）PDU（PSNP）：用于应答及请求链路状态。

（4）完全序列（Complete sequence）PDU（CSNP）：用于发布路由器中全部的链路状态信息。

5.2.3.1 链路状态数据包（LSP）

（1）网络表示。在 OSI 中存在两种主要的物理连接：

1）广播：多路访问介质类型，支持对所连接的一组设备进行寻址。以 LAN 为代表。

2）非广播：必须对每个 ES 单独进行寻址的介质类型。通常是 WAN 链路。包括点对点链路、多点链路及动态建立链路。

所以，IS-IS 的链路状态只支持对两种介质的表示：

1）广播：用于 LAN。

2）点对点：用于所有其他介质。

特别注意，IS-IS 中没有 NBMA 网络的概念。建议使用点对点链路来代替 NBMA 网络，如纯 ATM、帧中继及 X.25。

（2）LSP 内容。在 IS-IS 中路由器用 LSP 来描述自身。路由器的 LSP 包括：

1）LSP 头，包括以下内容：

——PDU 类型和长度

——LSP ID 和序列号

——LSP 的剩余生存时间，用于计算 LSP 的老化

2）TLV 可变长字段：

——路由器的邻居 IS，用于建立网络图

——路由器的邻居 ES

——认证信息，用于保证路由更新信息的安全

——所连接的 IP 子网，用于集成 IS-IS

LSP 序列号保证了接收端路由器能够在路由计算中总是使用最新的 LSP，于是避免了重复的 LSP 信息进入拓扑表中的可能性。

路由器重新启动时，序列号从 1 记起。路由器可能从邻居那里收到自己过去发出的旧的 LSP，即路由器重启后最后使用的有效序列号。于是，路由器记下这个号码并以下一个更高的号码重新发布自身的 LSP。

LSP 中剩余生存时间（remaining lifetime）字段用于 LSP“老化（aging）”过程，保证一段合适的时间之后，旧的和无效的 LSP 从拓扑表中移除。LSP 剩余生存时间从 1200 秒（20 分钟）递减至 0。

特别注意，根据 ISO 10589，IS-IS 使用的刷新间隔是 15 分钟。每个生成 LSP 的路由器负责按照这个时间更新自身的记录。剩余生存时间计时器是指一条 LSP 信息在 LSP 数据库中保持有效的时间。

（3）LAN 表示。IS-IS 中使用的 Dijkstra 算法需要为广播介质设置一个虚拟路由器来建立一个由单一源节点至所有其他节点的最短路的加权有向图。由于这个原因，选出一个 DIS，这个 DIS 会产生一个 LSP 来代表虚拟路由器。这个路由器收集所有与其连接的路由器信息，形成一个星形的拓扑结构。DIS 如图 5-10 所示。选举 DIS 的决策过程是：首先选择配置了最高优先权的路由器，其次选择具有最高 MAC 地址的路由器。

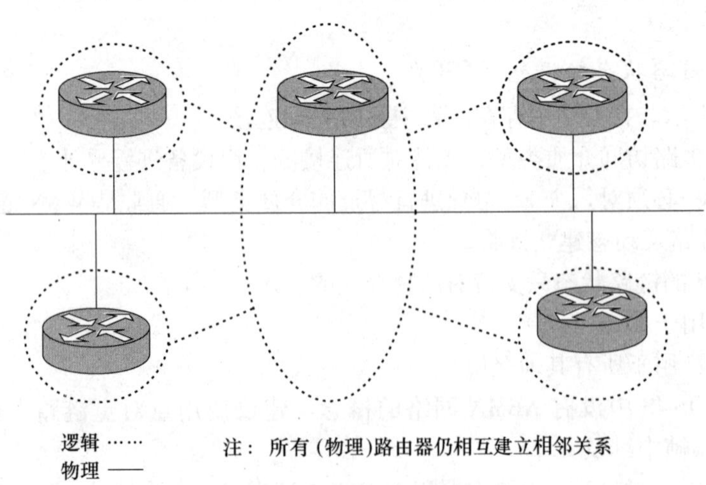

图 5-10　IS-IS 选举 DIS 来代表 LAN

在 IS-IS 中，LAN 上每一个路由器都与所有其他路由器以及 DIS 建立相邻关系。所以，如果 DIS 出了问题，另一台路由器可以迅速接管，而对网络拓扑只会产生很小的影响，或不产生任何影响。

（4）LSP 变量。IS-IS 的 LSP 中包含一些关于路由器连接的特定信息。这些信息包含在 LSP 主题中的多个 TLV 字段当中：

1）与邻居路由器的链接，包括各接口的度量值。

2）与邻居 ES 的链接。

特别注意，如果运行了集成 IS-IS，那么路由器连接的 IP 子网表示成 ES，并通过特殊的 TLV 来表示 IP 信息。

IS-IS 链路的度量值是与面向邻居 IS（路由器）的某个输出方向接口相关联的。一共有四种度量：

1）缺省度量：开销。IS-IS 不自动计算度量值。相比之下，某些路由协议会根据带宽（如 OSPF）或带宽/时延（如 EIGRP）自动计算度量值。使用窄度量（缺省情况）时，接口的开销取 1 到 63 之间的值。所有链接缺省取值为 10。到达一个目的地的总开销为沿着从源到目的地的某条特定路径所经过的所有接口的开销总和，具有最小开销的路径将被采用。

2）时延、花费及错误（可选）。这几种度量用于“服务类型”（ToS）路由中。可以用来根据 IP 包中 ToS 字段中的 DTR 位（时延、吞吐量及可靠性）来计算备选路由。

（5）扩展度量值。在 IS-IS 中，我们讨论了旧式窄开销度量值的使用，路径的总度量值被限制在 1023 以内（指从做计算的路由器到任何其他节点或前缀之间沿一条路径的所有链路上的度量总和），这个值很小，对大的网络不适用。而且，尤其是在高带宽链路上，对于一些新特性，如流量工程以及其他一些应用等，不能提供颗粒度。Cisco IOS 软件支持 24 比特的度量字段，即所谓宽度量，解决了这个问题。使用这种新的宽度量，链路的度量最高可达到 16777215（$2^{24}-1$），路径总的度量可以达到 4294967295（$2^{32}-1$）。在同一网络中使用不同种类的度量会引发严重的问题：因为（同一区域中）所有的路由器基于同样的链路状态数据库来计算路由表，所以链路状态协议才能够避免循环路由出现。如果有的路由器使用旧形式（窄度量）而有的路由器使用新形式（宽度量）TLV，这一原则将被打破。假如旧式和新式的度量都使用相同的接口开销，则 SPF 算法会计算出无循环的拓扑。

5.2.3.2 Hello 消息

IS-IS 使用 Hello PDU 来与其他路由器（IS）和 ES 建立相邻关系。Hello PDU 承载着系统的信息、参数和能力。

IS-IS 使用 3 种 Hello PDU：（1）ESH，由 ES 发往 IS；（2）ISH，由 IS 发往 ES；（3）IIH，用于 IS 之间。图 5-11 显示了这 3 种 Hello PDU。

（1）IS-IS 通信。IS 使用 IIH 来建立和维护相邻关系。当建立了相邻关系以后，IS 通过 LSP 来交换链路状态信息。IS 发送 ISH 给 ES，ES 则接收这些 ISH，并随机选择一个 IS（它接收到的第一个 ISH 的发送者）作为转发数据包的目标。所以，OSI 中的 ES 无须任何配置即可将数据发送给网络上其余的系统。IS（路由器）接收 ESH，并了解到本网段中所有的 ES，IS 将这些信息都包含在 LSP 中。对于一个特定的目的地，IS 可能会发送重定

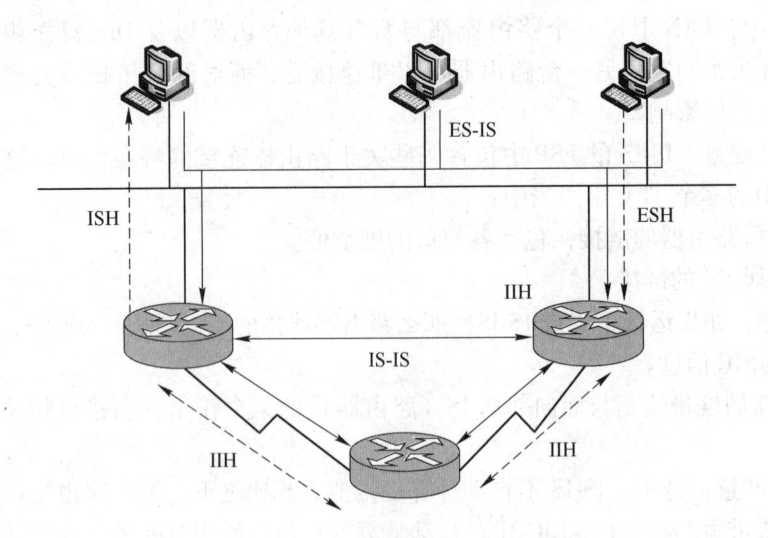

图 5-11 三种 IS-IS Hello PDU

向消息给 ES，提供一个离开本网段的最佳选择。这一过程类似于 IP 重定向。

（2）相邻关系。1 层与“2 级”相邻关系是分别建立的。如果同一区域中两台路由器同时运行 1 层和 2 层协议，它们会建立两个相邻关系，每个级别各一个。“1 级”和 2 层相邻关系分别存储在 1 层和 2 层相邻关系表中。

1）对于 LAN，这两个相邻关系分别通过 1 层和 2 层各自的 IIH PDU 来建立。LAN 中的路由器与同一 LAN 中所有其他路由器都建立相邻关系并向其发送 LSP（这一点不同于 OSPF：OSPF 中路由器只与 DR 建立相邻关系）。

2）对于点对点链路，只有一种 IIH，其中有部分内容说明该 Hello 消息是 1 层、2 层或两者都是。

3）缺省状态下，Hello PDU 发送间隔为 10 秒，宣布相邻路由器状态为“down”的超时间隔为 30 秒（即连续丢失三个 Hello 包）。这些计时器都可以调整（本书不介绍调整计时器的命令）。

（3）局域网相邻。IIH PDU 宣告了区域 ID。对于 1 层和 2 层邻居会分别发送 IIH 消息。相邻关系是根据接收到的 IIH 中包含的区域地址以及路由器的类型来建立的。

例如，图 5-12 中，来自两个不同区域的路由器连接在同一局域网上。在这个局域网中，存在如下关系：

1）1 号区域中的路由器只接收来自同一区域中的路由器发出的 1 层 IIH PDU，所以，也就只跟同一区域中的路由器建立相邻关系。

2）类似地，2 号区域中的路由器也只接收来自同一区域的 1 层 IIH PDU。

3）2 层路由器（或者是 1/2 层路由器中的 2 层进程）只接收 2 层 IIH PDU 并且只建立 2 层相邻关系。

（4）广域网相邻。对于点对点链路（即 WAN），1 层和 2 层 IIH PDU 相同，但是在 Hello 中包含层号和区域 ID。如图 5-13 所示。

1）同一区域中的 1 层路由器之间（包括单具 1 层路由器和 1/2 层路由器之间）交换指明 1 层的 IIH PDU，并建立 1 层相邻。

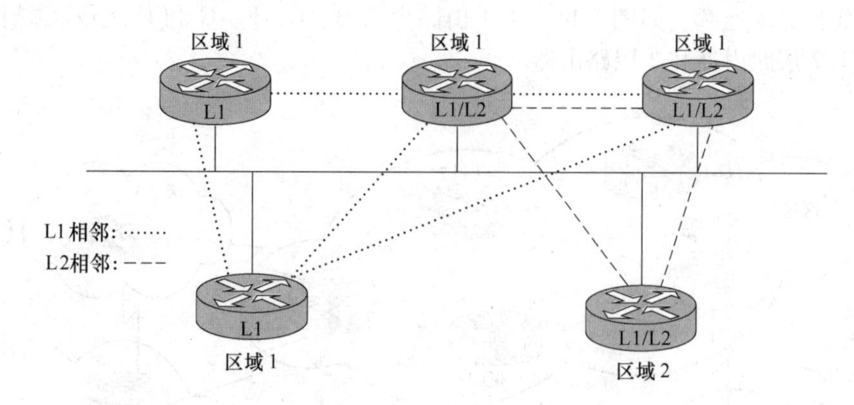

图 5-12 IS-IS 相邻关系基于区域地址和路由器类型

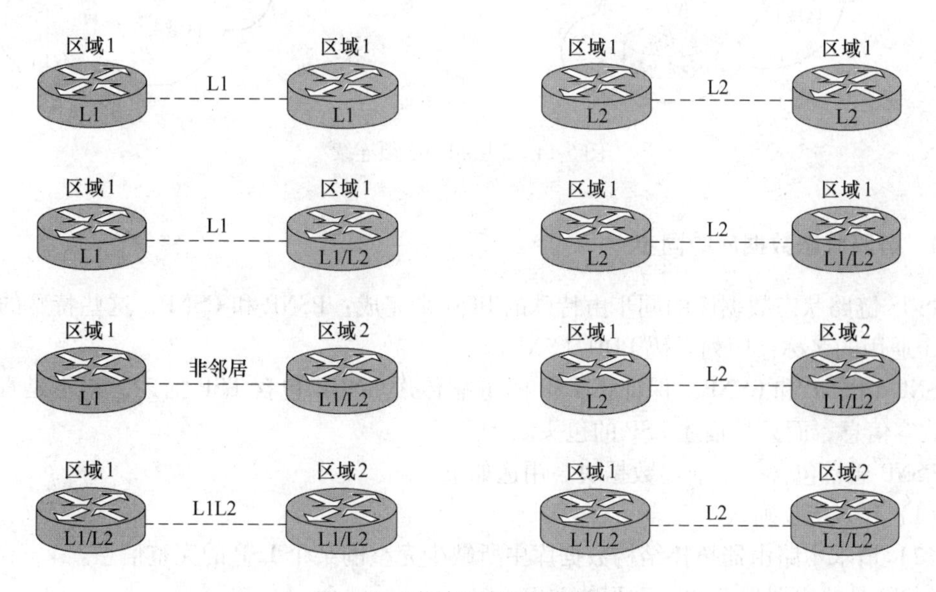

图 5-13 广域网中的相邻关系

2）2 层路由器间（同一区域内或不同区域间，包括单具 2 层路由器和 1/2 层路由器间）交换指明 2 层的 IIH PDU，并建立 2 层相邻。

3）两个不同区域的 1/2 层路由器之间只建立 2 层相邻。

4）两个 1 层路由器之间可能物理上连接，却不在同一区域内（包括分属不同 1 层区域的单具 1 层路由器和 1/2 层路由器）。这些路由器之间也交换 1 层 IIH PDU，但最终将其忽略，因为区域 ID 不符。所以这些路由器之间并不建立相邻关系。

（5）2 层相邻。图 5-14 显示了如下实例：

1）单具 1 层路由器只建立 1 层相邻。

2）2 层路由器只建立 2 层相邻（跨区域）。

3）1/2 层路由器与同一区域内的 1/2 层邻居同时建立 1 层和 2 层两个相邻关系。

特别注意，OSPF 中存在一个主干“区域”，而 IS-IS 中则是一个主干“路径”。这个由相互连接的 2 层路由器组成的路径称为主干，所有区域都必须与主干相连。2 层相邻与区域无关而且必须连续。如图 5-14，主干由路由器 B、C、F、G 和 H 组成。主干即是一串连续的 1/2 层路由器和 2 层路由器。

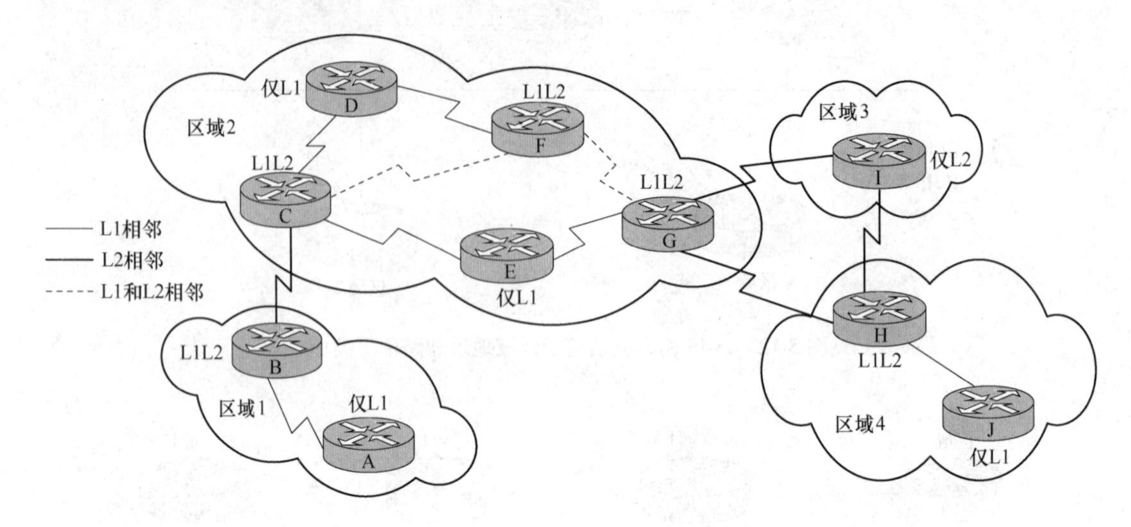

图 5-14 2 层相邻必须连续

5.2.4 链路状态数据库的同步

IS-IS 链路状态数据库的同步由特殊的 PDU 来完成：PSNP 和 CSNP。这些特殊的 PDU 有一个通用的名称：序列号码 PDU（SNP）。

SNP（PSNP 和 CSNP）保证了 LSP 的可靠传送。SNP 包含 LSP 描述，它不是真正的 LSP 内容信息，而只是描述 LSP 的包头。

PSNP 通常包含一个描述数据块。用途如下：

（1）LSP 接收确认。

（2）请求本路由器拓扑结构数据库中所缺少完整的某个 LSP 的完整信息。

CSNP 是路由器保存的一系列的 LSP。

在局域网中，CSNP 是周期性发送的。接收路由器可以将 CSNP 中的 LSP 序列与自身的链路状态数据库进行比较，并就所缺少的 LSP（通过 PSNP）发出请求。

在点对点链路上 CSNP 只在链路激活时才发送。在 Cisco IOS 软件中，点对点链路上也可以配置成周期性地发送。

图 5-15 是点对点链路上链路状态同步的一个实例。图中：

（1）一条链路出现故障。

（2）路由器 R2 发现故障，并发出一条 LSP 说明情况变化。

（3）路由器 R1 收到 LSP，储存在拓扑表中，返回一个 PSNP 给 R2 确认接收到 LSP。

局域网中，DIS 周期性的（每隔 10 秒）发送 CSNP，罗列出其链路状态数据库中保存的 LSP。这个信息通过多目组播发送到局域网上的所有 IS-IS 路由器。

图 5-16 是局域网上链路状态数据库同步的一个例子。图中路由器 R2 是 DIS，R2 发送一个 CSNP。路由器 R1 将这个 LSP 序列与自己的拓扑表进行比较，发现缺少一条 LSP。于是，R1 发送一条 PSNP 给 DIS（即 R2），请求所缺少的 LSP。DIS 于是重新发布这条 LSP，

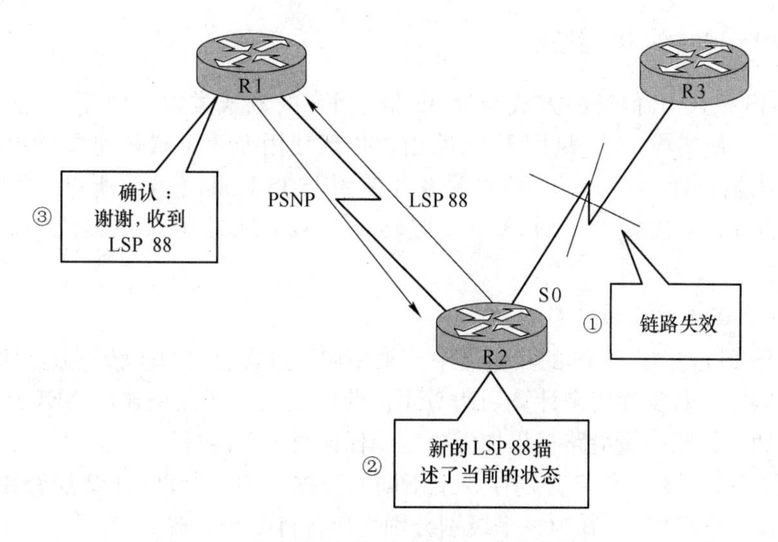

图 5-15　点对点链路上的链路状态数据库同步

R1 通过 PSNP 进行确认（最后两步与图 5-15 类似，图中没有表示）。

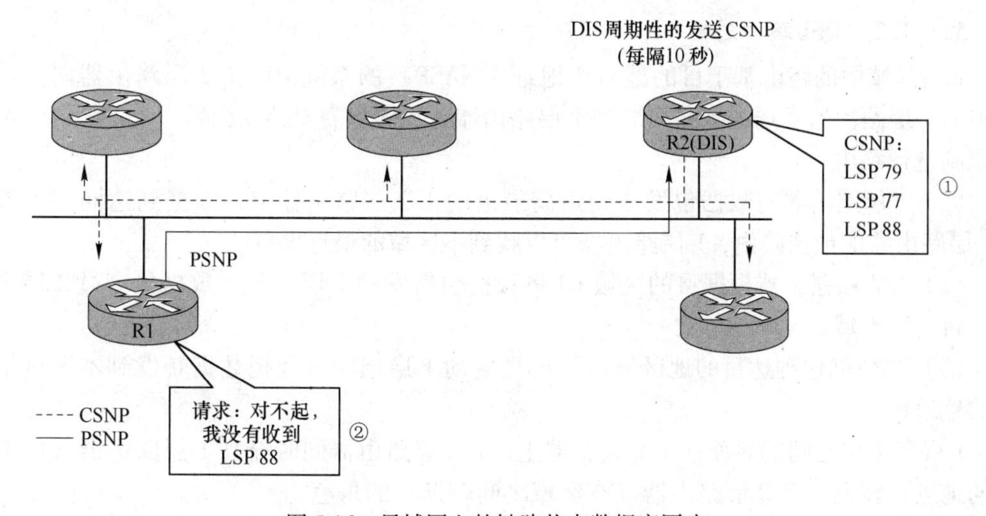

图 5-16　局域网上的链路状态数据库同步

5.3　采用集成 IS-IS 进行 IP 和 OSI 路由

集成 IS-IS 支持如下三种类型的网络：

（1）单一的 OSI 网络（CLNS）。

（2）单一的 IP 网络。

（3）混合网络（即同时包含 OSI 和 IP）。

集成 IS-IS 的 LSP 可以包含多个变长 TLV 字段，其中包含 OSI 特定的状态信息和 IP 特定的状态信息。

5.3.1 集成 IS-IS 中的 IP 网络

集成 IS-IS 描述 IP 信息的方式与 IS-IS 描述 ES 的方式类似，对于 IP 信息有特定的 TLV。但是，即使集成 IS-IS 只用于 IP 路由，仍然使用 OSI 协议来建立路由器之间的相邻关系（路由器仍然建立 ES/IS 相邻关系并使用 IS-IS Hello 包）。所以，需要一个 NET 地址使用 Dijkstra 算法做 SPF 计算和 2 层转发。NET 地址用来在集成 IS-IS 中标识路由器。

5.3.1.1 建立 OSI 转发数据库

在运行 IS-IS 或集成 IS-IS 的路由器中，采用如下过程建立 OSI 转发数据库：

（1）链路状态数据库用来计算到达 OSI 目的地地址（指路由器的 NET 地址或 OSI 地址）的 SPF 树。链路度量沿路径累加以决定到任何目的地的最短路径。

（2）1 层与 2 层路由信息分别存放于不同的数据库中。所以，1/2 层路由中，SPF 运行两次（每次一个级别），并为每个级别分别生成各自的 SPF 树。

（3）基于 1 层和 2 层 SPF 树，通过部分路由计算（PRC）得到 ES 可达信息。若网络是一个纯 IP 的集成 IS-IS 环境，则不在 OSI 中得到 ES 可达信息。

（4）最佳路径添加到 CLNS 路由表中（即 OSI 转发数据库）。

5.3.1.2 OSI 路由过程

1 层区域中的路由基于目的地 OSI 地址（NASP）的系统 ID。1/2 层路由器向同一区域中的 1 层路由器发送缺省路由。当 1 层路由器有数据包需要转发到另一个区域时，按以下原则进行路由：

（1）1 层路由器将数据包发送到距离最近的 1/2 层路由器上。根据到达同一区域中 1/2 层路由器的最佳路由，1 层路由器可以找到本区域的最近出口。

（2）1/2 层路由器根据目的区域 ID 将数据包转发到 2 层主干。数据包穿过 2 层主干到达目的地区域。

（3）当数据包到达目的地区域后，再次启动 1 层选路过程把数据转发到本区域中的目的地地址。

1 层和 2 层之间的界面在 1/2 路由器上。1/2 层路由器同时充当 1 层路由器（向 1 层目的地进行转发）和 2 层路由器（在区域之间转发）的角色。

2 层选路是根据区域 ID。如果一个 1/2 层路由器（从 2 层邻居处）接收到一个发往自己区域的数据包，它将根据系统 ID，进行 1 层转发。

1 层路由器只考虑到达最近的 1/2 层路由器这一情况，有可能导致非最佳路由的出现。如图 5-17 所示。图 5-17 中，路由器 R1 通过区域 1 的 1/2 层路由器将数据包转发给路由器 R2。这个 1/2 层路由器根据目的地区域 ID 直接将数据转发给区域 2。在区域 2 中，这个数据包按照 1 层路由转发给 R2（虽然这样产生的“下一跳”是另一个 1/2 层路由器，但是通过 1 层转发方式）。

从 R2 返回到 R1 的数据由 R2 发给距离最近的 1/2 层路由器。这个路由器到 R1 最短的路是通过区域 4，于是返回的数据包选择了与来时不同的另一条路。从图 5-17 可以看到，这条路并不是最佳的。由此可见，非对称路由（数据包往返路径不同）会对网络造成不良影响。

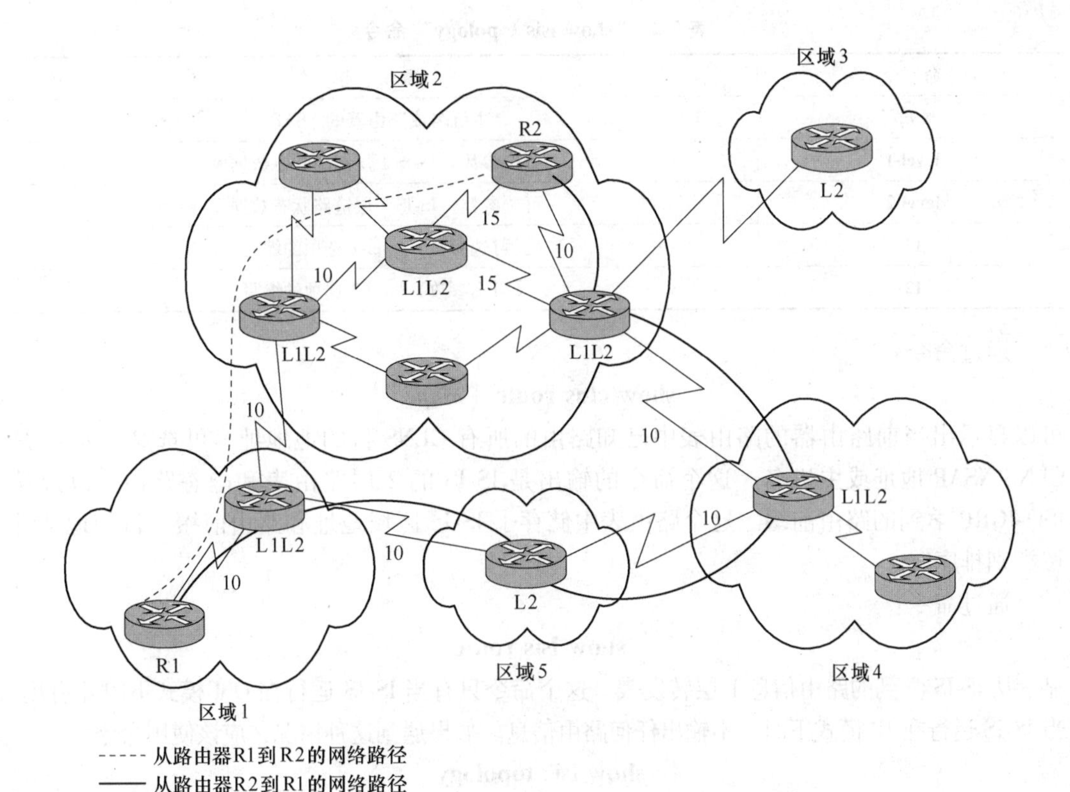

图 5-17 IS-IS 非最佳区域间路由举例

5.3.1.3 IS-IS 域间互联

IS-IS 域是 IS-IS 区域的集合，等价于 IP 的自治系统（AS），IS-IS 可以支持多个域的互联。在纯 OSI（CLNS）环境中，可以使用 ISO-IGRP 这个 Cisco 的专有协议。ISO-IGRP 解释了 CLNS 中的 IDI 部分，并允许做域间路由；也可以使用静态 CLNS 路由。标准的 OSI 域间路由协议（IDRP）提供了同样的功能，但是 Cisco IOS 软件不支持 IDRP。在 IP 环境中，则需要 IP 域间协议。最常见的是边界网关协议（BGP）。

5.3.1.4 OSI（CLNS）的区域内与区域间路由实例

本节提供一个 OSI（CLNS）区域内和区域间通过 IS-IS 或集成 IS-IS 进行路由的例子。

（1）例子中使用的 CLNS 故障处理命令。例子中使用了一些 Cisco 路由器上故障处理命令的结果来说明 OSI 路由是如何工作的。例子中使用的命令随后将详细说明。

特别注意，一些 CLNS 故障处理命令使你可以输入 CLNS 名字来代替 NSAP 地址，而另外一些命令则同时显示名字和 NSAP 地址。这种名字和地址的映射可以通过全局配置命令“**clns host**”完成。

通过命令：

show isis topology ［*nsap*］［**level-1**］［**level-2**］［**l1**］［**l2**］

可以显示一个到所有连接的路由器的路径。表 5-2 解释了这个命令。

表 5-2 “**show isis topology**”命令

命 令	描 述
nsap	主机名或路由器的 NSAP
level-1	（可选参数）IS-IS 1 层链路状态数据库
level-2	（可选参数）IS-IS 2 层链路状态数据库
11	（可选参数）level-1 选项的缩写
12	（可选参数）level-2 选项的缩写

通过命令：

show clns route [*nsap*]

可以显示出当前路由器的路由表中已知路由的所有 CLNS 目的地地址，可选参数 *nsap* 是 CLNS NSAP 地址或主机名。这个命令的输出是 IS-IS 的 2 层路由表和静态路由，以及从 ISO-IGRP 学到的路由前缀。这个路由表中储存了 IS-IS 区域地址和路由前缀，目的地地址按类别排序。

通过命令：

show isis route

显示从 IS-IS 学到的路由信息 1 层转发表。这个命令只有当 IS-IS 运行在 OSI 模式下时才有用。当 IS-IS 运行在 IP 模式下时，不输出任何路由信息。如果遇到这种情况，应该使用命令：

show isis topology

如果想知道下一条路由器，或者由多个运行的进程要对配置文件进行故障处理，可以使用如表 5-3 所解释的命令：

which-route {*nasp-address* | *clns-name*}

表 5-3 “**which-route**”命令

命 令	描 述
nasp-address	CLNS 目的地网络地址
clns-name	目的地主机名

通过命令：

show ip route [*address* [*mask*] [**longer-prefixes**]] | [*protocol* [*process-id*]]

可以显示所有的或特定部分的 IP 路由表。这个命令在表 5-4 中解释。

表 5-4 “**show ip route**”命令

命 令	描 述
address	（可选）显示给定地址的路由信息
mask	（可选）子网掩码参数
Longer-prefixes	（可选）将地址和掩码构成一个前缀，所有满足这个前缀的路由都会显示
protocol	（可选）路由协议名称或者“**connected**”、“**static**”、“**summary**”等关键字。如果指定路由协议，可以从以下关键字中选择一个：**bgp**，**egp**，**eigrp**，**hello**，**igrp**，**isis**，**ospf**，**rip**
process-id	（可选）用来标识指定的协议中某个进程的 ID 号。

（2）网络实体。图 5-18 显示了本例子中使用的网络。

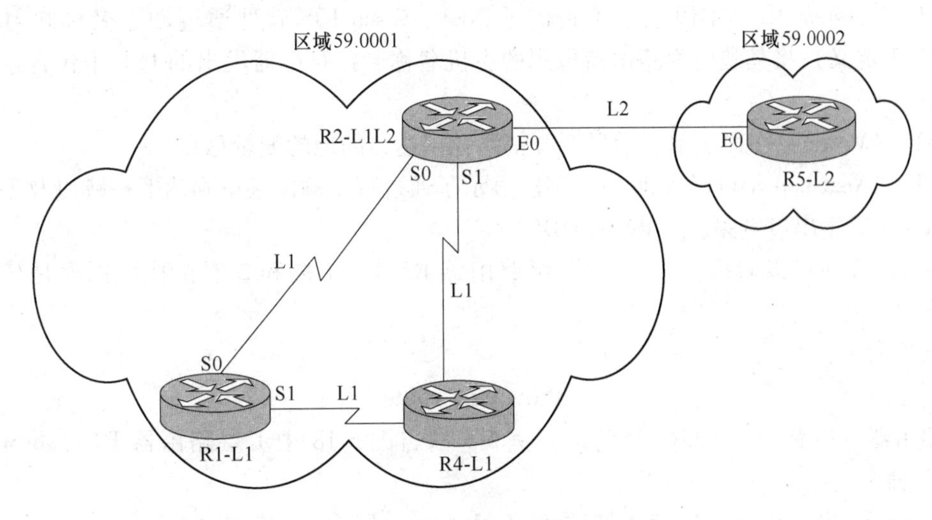

图 5-18 区域内与区域间路由示例

（3）实例中排错命令输出。例 5-1 取自 R1 路由器“**show isis topology**”命令的结果。R1 是图 5-18 中的一个 1 层路由器。

【**例 5-1**】图 5-18 中 **R1** 路由器“**show isis topology**”命令的输出。

```
R1#show isis topology
IS-IS paths to level-1 routers
  System Id      Metric        Next-Hop       Interface       SNPA
    R1             ..
    R2             10            R2              S0           * HDLC *
    R4             10            R4              S1           * HDLC *
```

例 5-2 取自 R2 路由器“**show isis topology**”命令的结果。R2 是图 5-18 中的一个 2 层路由器。

【**例 5-2**】图 5-18 中 R2 路由器“**show isis topology**”命令的输出。

```
R2#show isis toptology
IS-IS paths to level-1 routers
  System Id      Metric        Next-Hop       Interface       SNPA
    R1             10            R1              S0           * HDLC *
    R2             ..
    R4             10            R4              S1           * HDLC *
IS-IS paths to level-2 routers
  System Id      Metric        Next-Hop       Interface       SNPA
    R2             ..
    R5             10            R5              E0           0010. 7bb5. 9e20
```

命令“**show isis topology**”可以显示出到目的地 NET 的最低开销路径。例 5-1 和例 5-2

中的各输出字段如下：

（1）“System ID”字段显示了目的地 NET。Cisco IOS 软件通过动态名称映射（由 RFC 2763 定义）将其映射为路由器可用的主机名称。在路由器发出的 LSP 中包含这个主机名。

（2）“Metric”字段显示了沿最低开销路径到达目的地的度量总和。

（3）“Next-hop router”（即 IS）字段显示了通过哪个输出接口到达下一跳以及下一跳的 SNPA（对于串口电路，SNPA 即 HDLC）。

从例 5-2 中可以看出，在“1-2”级路由器 R2 中，1 层和 2 层拓扑数据库是分别存放的。

通过命令：

show clns route

得到路由器可以路由的 CLNS 目的地。例 5-3 取自图 5-18 中 1 层路由器 R1“**show clns route**”命令的结果。

【例 5-3】图 5-18 中 R1 路由器“**show clns route**”命令的输出。

```
R1#show clns route
CLNS Prefix Routing Table
59.0001.0000.0000.0001.00, Local NET Entry
```

如例 5-3 所示，图 5-18 中路由器 R1 只显示自己的 NET，这是因为 R1 是一个单具 1 层的路由器，没有 2 层区域路由可以显示。

通过命令：

show isis route

显示去往 IS-IS 邻居的 1 层路由。例 5-4 为图 5-18 中 R1 路由器“**show isis route**”命令的结果。

【例 5-4】图 5-18 中 R1 路由器“**show isis route**”命令的输出。

```
R1#show isis route
IS-IS level-1 Routing Table-version 312
  System Id    Next-Hop    Interfaace    SNPA       Metric    State
    R2           R2          S0         *HDLC*       10      Up L2-IS
    R4           R4          S1         *HDLC*       10      Up
    R1
Default route out of area-(via 2 L2-attached ISs)
  System Id    Next-Hop    Interfaace    SNPA       Metric    State
                 R2          S0         *HDLC*       10      Up
```

如例 5-4 所示，图 5-18 中路由器 R1 可以看到同一区域中其他的 1 层路由器：R2 和 R4。1/2 层路由器出现在 1 层路由表中（通过 1 层连接），但记录最后会有一个标记说明同时也用作 2 层，如果 R2 是 1/2 层路由器。距离最远的 1/2 层路由器也会作为离开本区域的缺省路由。对于例 5-4 来说，同样也是 R2。

与“**show isis topology**”相同，“**show isis route**”命令显示的每一个IS的路由包括：下一跳IS，达到下一跳的输出接口，下一跳的SNPA，以及到达目的地的度量总和。在例5-4中，所有的邻居状态都是“Up”，这说明已通过Hello建立了相邻关系。

作为比较，例5-5中是取自图5-18中R2路由器“**show clns route**”命令的结果。这个结果中不但包括自身的NET记录，还包括自身所在区域以其他区域的2层路由。

【例5-5】 图5-18中R2的路由器“**show clns route**”命令的输出。

```
R2#show clns route
CLNS Prefix Routing Table
59.0001.0000.0000.0002.00, Local NET Entry
59.0002 [110/10]
    via R5, IS-IS, Up, Ethernet0
49.0001  [100/0]
    via R2, IS-IS, Up
```

特别注意，如例5-5中所示，路由器R2是一个1/2层路由器，将去往本身区域（区域59.0001）的路由都看作是穿过自己。这样，进一步说明了在1/2层路由器中，1层和2层进程是分别运行的。

例5-6中是取自图5-18中R2路由器“**show isis route**”命令的结果。这个结果中包括R2中通往邻居R4和R1的路由。

【例5-6】 图5-18中R2路由器“**show isis route**”命令的输出。

```
R2#show isis route
IS-IS level-1 Routing Table-version 42
    System Id    Next-Hop    Interface    SNPA       Metric    State
      R4           R4          S1         *HDLC*       10       Up
      R1           R1          S0         *HDLC*       10       Up
```

还有一种得到某个目的地NET或NSAP的路由的方法：“**which-route**”命令。例5-7是取自图5-18中R1路由器“**which-route**”命令的结果。

【例5-7】 图5-18中R1路由器“**which-route**”命令的输出。

```
R1#which-route 59.0001.0000.0000.0002.00
Route look-up for destination 59.0001.0000.0000.0002.00
        Found route in IS-IS level-1 routing table


Adjacency entry used:
 System Id       Interface        SNAP      State    Holdtime     Type     Protocol
0000.0000.0002      S0           *HDLC*      Up         26          L1       IS-IS
        Area Address (es): 59.0001
        Uptime: 00:09:50

R1#which-route 59.0002.0000.0000.0005.00
```

```
Route look-up for destination 59.0002.0000.0000.0005.00
      Using route to closest IS-IS level-2 router

Adjacency entry used:
  System Id        Interface     SNAP        State    Holdtime    Type    Protocol
0000.0000.0002     S0            *HDLC*      Up       27          L1      IS-IS
    Area Address (es): 59.0001
    Uptime: 00:09:57
```

例 5-7 中，“**which-route**” 命令是在 R1 这个单具 1 层路由器上使用的。第一条命令请求通往路由器 R2 的路由（命令中的 NSAP 是 R2 的 NSAP）。第二条命令请求通往 R5 的路由。“**which-route**” 命令的输出说明：目的地是 1 层可达或通过缺省出口转往 2 层。后一种情况则显示下一跳的信息。

作为比较，例 5-8 是取自图 5-18 中 R5 路由器 “**which-route**” 命令的结果。R5 是一个 2 层路由器。

【例 5-8】 图 5-18 中 R5 路由器 “**which-route**” 命令的输出。

```
R5#which-route 59.0001.0000.0000.0002.00
      Found route in CLNS L2 prefix routing table

Route entry used:
i  59.0001    [110/10]    via R2, E0/0
Adjacency entry used:
System Id        Interface        SNAP            State    Hold.    Type    Prot
    R2           E0/0             0000.0c92.e515  Up       24       L2      IS-IS
  Area Address (es): 59.0001

R5#which-route 59.0001.0000.0000.0001.00
      Found route in CLNS L2 prefix routing table

Route entry used:
i  59.0001    [110/10]    via R2, E0/0
Adjacency entry used:
System Id        Interface        SNAP            State    Hold.    Type    Prot
    R2           Et0/0            0000.0c92.e515  Up       21       L2      IS-IS
  Area Address (es): 59.0001
```

例 5-8 中，第一条命令请求通往 R2 的路由，第二条命令请求通往 R1 的路由。在输出示例中，针对 2 层路由器 “**which-route**” 命令的输出表明，路由记录源自 CLNS 的 2 层路由表，返回的是通往目的地的下一跳信息。

5.3.2 建立 IP 转发表

到此为止，本节讲述的是集成 IS-IS 中的 OSI 部分的过程和输出，这些内容与纯 OSI

IS-IS 路由是相同的。而对于 IP 网，当运行集成 IS-IS 时，IP 信息就会包含在 LSP 中。IP 可达性类似于 IS-IS 中的 ES 信息。重要的是，IP 信息并不参与 SPF 树的计算，只是简单地作为叶节点与树的连接信息。所以，IP 可达性的更新只是一个部分路由计算（PRC）过程（类似 ES 可达性）。

通过 PRC 产生的 IP 路由提交给 IP 路由表，然后，根据路由表的原则（例如，可以根据管理距离的原则）进行比较决定是否接收。进入路由表之后，IP IS-IS 路由根据情况表示为通过 1 层或 2 层的连接。

将 IP 可达性从 IS-IS 网络核心结构中分离出来给予了集成 IS-IS 比 OSPF 更大的可扩展性。OSPF 为每个 IP 子网发送 LSA。如果一个子网发生故障，LSA 会在整个网络中泛滥，在任何情况下，所有的路由器都必须进行一次完整的 SPF 计算。

相比之下，集成 1S-IS 网络中，SPF 树根据 CLNS 信息建立。如果在集成 IS-IS 中一个 IP 子网出错，LSP 仍旧会像 OSPF 中一样泛滥。但是，如果出错的子网是一个叶子 IP 子网（即子网信息的丢失不影响底层的 CLNS 结构），SPF 树不会受到影响，所以，只需进行部分路由计算。

图 5-19 描绘了一个运行集成 IS-IS 的 IP 网络。其中每个路由器的 IP 地址是指 loopback0 接口地址。例 5-9 是实例网络中 R2 路由器的路由表，路由信息是 IS-IS 路由。

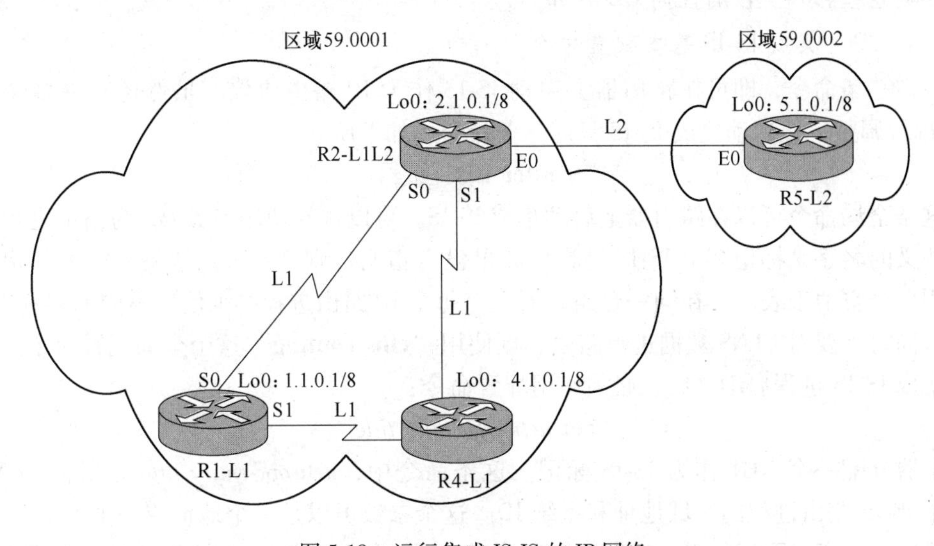

图 5-19　运行集成 IS-IS 的 IP 网络

【**例 5-9**】图 5-19 中 R2 路由器“**show ip route**”命令的输出。

```
R2#show ip route
    <output omitted>
i  L1   1.1.0.0/8    [115/10]    via   20.12.0.1, S0
i  L1   4.1.0.0/8    [115/10]    via   20.24.0.4, S1
i  L2   5.1.0.0/8    [115/10]    via   21.0.0.10, E0
```

例 5-9 中的输出结果说明如下：

（1）“i”表示这条路由信息来自 IS-IS。

（2）“L1”和“L2”通往目的地 IP 网络的 IS-IS 路径是通过 IS-IS 1 层路由和 2 层路由得到的。

（3）“下一跳”IP 地址是指相应的 IS-IS 下一跳邻居路由器的 IP 地址。

5.4 集成 IS-IS 路由器基础配置

5.4.1 集成 IS-IS 配置

5.4.1.1 集成 IS-IS 配置步骤

配置集成 IS-IS 应该按照如下步骤进行：

（1）定义区域，做好路由器的地址规划（包括定义 NET），决定哪些接口将要运行 IS-IS。

（2）在路由器上启动 IS-IS 作为 IP 路由协议，（如果有需要的话）给进程分配一些标签。

（3）在路由器上配置好 NET，这是路由器 IS-IS 中的标记。

（4）在路由器合适接口上启动集成 IS-IS。连接末梢 IP 网络的接口，例如 lookback 接口（尽管这些接口上没有任何 CLNS 邻居）。

5.4.1.2 集成 IS-IS 基本配置命令

只需三条命令，即可在路由器上启动 IS-IS 作为 IP 路由协议。虽然还有许多命令对 IS-IS 进行调整，但启动集成 IS-IS 只需三条命令，如下所述。

router isis [*tag*]

这条全局命令可以在路由器上启动集成 IS-IS。可以选择使用参数 *tag* 为路由进程起一个有意义的名字来标记多个 IS-IS 进程。如果没有指明，则假定 *tag* 是一个空值，相应进程也用一个空值来表示。在同一台路由器上，每个 IP 路由进程必须使用不同的名称。

若同时需要对 CLNS 数据进行路由，则使用“**clns routing**”这个全局配置命令。

集成 IS-IS 进程启动之后，必须使用配置命令：

net *network-entity title*

给路由器分配一个 NET 作为 IS-IS 标记。这条命令中，*network-entity title* 是所需的 NET，指定了 IS-IS 路由进程的区域地址和系统 ID。这个参数可以是一个地址或一个名称。

最后，对于需要运行 IS-IS 来发布 IP 信息（并进一步建立 IS-IS 相邻关系）的接口，必须使用接口配置命令：

ip router isis [*tag*]

进行配置。如果路由器上有多个 IS-IS 进程（通过配置多个“**router isis**”命令），必须通过适当的 *tag* 指明该接口属于哪个 IS-IS 进程。

在接口上配置集成 IS-IS 协议与配置其他协议略有不同。其他协议大多通过在路由器配置模式下使用“**network**”命令来指定，而“**router isis**”命令下却没有“**network**”命令。

若同时需要路由 CLNS 数据，则使用接口配置命令：

clns router isis [*tag*]

5.4.1.3　集成 IS-IS 的其他配置命令

缺省情况下，Cisco IOS 软件在 IS-IS 路由器上同时启动 1 层和 2 层。如果路由器只是作为一个区域路由器或者作为主干路由器，可以通过路由器配置命令：

is-type {level-1 | level-1-2 | level-2-only}

来指定。表 5-5 解释了这条命令。要指定路由器只作为区域路由器（或 1 层路由器），使用“**level-1**”。要指定路由器只作为主干路由器（或 2 层路由器），使用“**level-2-only**”。

表 5-5　“is-type”命令

命　令	描　述
level-1	路由器只作为站点路由器。这个路由器只学习本区域内目的地的路由，跨区域路由依赖于 1/2 层路由器
level-2	路由器既作为站点路由器又作为区域路由器。这个路由器同时运行两套路由算法，这是配置缺省
level-2-only	路由器只作为区域路由器。这个路由器是主干的一部分，不与同一区域中的单具 1 层路由器交互

类似地，尽管一个路由器可能是 1/2 层路由器，其中某些接口或许只要建立 1 层相邻，而另一些接口则建立 2 层相邻。接口配置命令：

isis circuit-type {level-1 | level-1-2 | level-2-only}

用来指定 1 层接口或单具 2 层接口。表 5-6 解释了这条命令。因为缺省配置是 1/2 层，如果没有指明，Cisco IOS 软件试图在接口上同时建立两种类型的相邻关系。

表 5-6　“isis circuit-type”命令

命　令	描　述
level-1	如果本系统与其邻居之间至少具有一个相同的区域地址，则建立 1 层相邻。本接口还会建立 2 层相邻
level-1-2	如果邻居也配置为“**level-1**”且至少具有一个相同的区域地址，则同时建立 1 层和 2 层相邻。如果不存在相同区域，则建立 2 层相邻。这是缺省配置
level-2-only	如果其他路由器是 2 层或 1/2 层且接口也配置为 1/2 层或 2 层，建立 2 层相邻。该接口不会建立 1 层相邻

与其他某些 IP 协议不同，IS-IS 在设置链路度量值时，并不考虑线路速度和带宽的因素。所有接口的缺省度量值为 10。缺省值可以通过接口配置命令：

isis metric default-metric {level-1 | level-2}

进行改变。同一接口上 1 层和 2 层的度量值可以不同。表 5-7 解释了这条命令。

表 5-7　“isis metric”命令

命　令	描　述
Default-metric	设定链路的度量值，用来计算链路两端的路由器到达对端的开销。可以对 1 层或 2 层路由分别配置，取值范围是 0 到 63，缺省值是 10
level-1	标明度量值只用于 1 层（区域内）路由的 SPF 计算
level-2	标明度量值只用于 2 层（区域间）路由的 SPF 计算

可以使用全局配置命令：

clns host *name nsap*

定义一个名称至 NSAP 的映射，用于需要 NSAP 的命令。如果这样设定，使用“**show**”或“**debug**”命令时，会显示分配的 NSAP 名称。表 5-8 解释了这条命令。

表 5-8 “clns host”命令

命 令	描 述
name	准备分配给 NSAP 的名称，以字母或数字开头都可以。但如果以数据开头，所能进行的操作将会受到限制
nsap	名称代表的 NSAP

路由配置命令：

summary-address *address mask* {**level-1** | **level-1-2** | **level-2**} *prefix mask*

用来为 IS-IS 和 OSPF 创建归纳地址。命令“**no summary-address**”则恢复缺省值。表 5-9 解释了这条命令。

表 5-9 “summary-address”命令

命 令	描 述
address	为一段地址分配的归纳地址
mask	归纳地址的 IP 子网掩码
level-1	只对再发布到 1 层的路由使用所配置的地址/掩码值进行归纳
level-1-2	当向 1 层到 2 层 IS-IS 中做路由再发布，以及当 2 层 IS-IS 发布的 1 层路由可达时，进行路由归纳
level-2	1 层路由学到的内容使用所配置的地址/掩码进行归纳进入 2 层主干。向 2 层 IS-IS 进行路由再发布时，也同样进行归纳
prefix	目的地地址的 IP 路由前缀
mask	归纳地址的 IP 子网掩码

通过接口配置命令：

isis priority *value* {**level-1** | **level-2**}

可以设定路由器的优先级。要恢复缺省值，使用该命令的“**no**”形式。表 5-10 解释了这条命令。

表 5-10 “isis priority”命令

命 令	描 述
value	设置路由器的优先级。可以取 0 到 127 之间的数值，缺省为 64
level-1	只设定 1 层优先级
level-2	只设定 2 层优先级

5.4.1.4 集成 IS-IS 配置实例

本节提供了一些配置集成 IS-IS 的例子。第一个例子提供了运行集成 IS-IS 所需的最少命令。第二个例子提供了一个包含两个区域的配置。

（1）集成 IS-IS 基本配置示例。例 5-10 提供了一个简单的集成 IS-IS 的例子。只设定了 IS-IS 进程和 NET，并在接口上启动了 IS-IS。具有这样配置的路由器是一个只支持 IP 的 1/2 层路由器。

【例 5-10】 集成 IS-IS 基本配置。

```
interface ethernet 0
  ip address 10. 1. 1. 1 255. 255. 255. 0
  ip router isis
!
interface serial 0
  ip address 10. 1. 2. 1 255. 255. 255. 0
  ip router isis
!
router isis
  net 01. 0001. 0000. 0000. 0002. 00
```

（2）具有两个区域的 IS-IS 配置示例。这个例子说明了怎样配置一个具有两个区域的简单网络，并对链路和路由器的 1 层和 2 层操作加以优化。图 5-20 是例子中使用的网络。

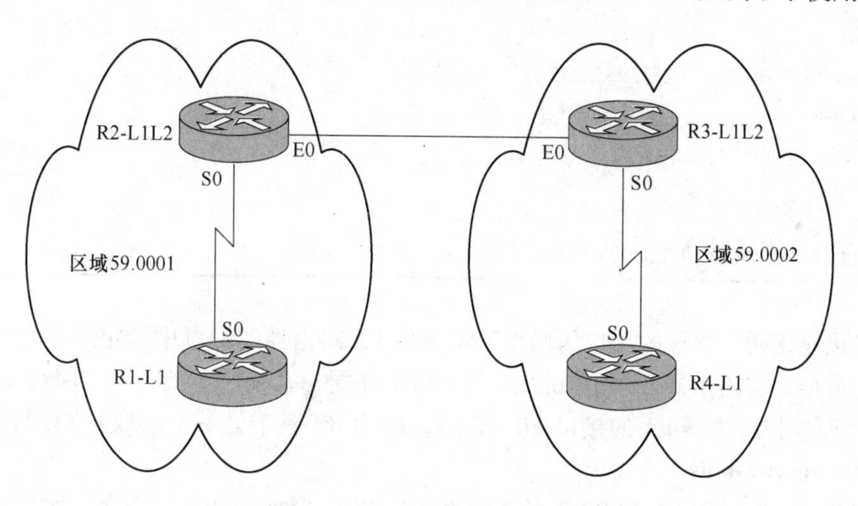

图 5-20　具有两个区域的集成 IS-IS 网络

图 5-20 中，路由器 R1 在区域 59. 0001 中，没有与其他区域的连接，所以只要作为一个 1 层路由器即可。例 5-11 是 R1 的配置文件。

【例 5-11】 图 5-20 中路由器 R1 的配置文件。

```
hostname R1
!
interface S0
  ip address 192. 168. 120. 1 255. 255. 255. 0
  ip router isis
```

```
!
router isis
 net 59.0001.1921.6800.1005.00
 is-type level-1
```

例 5-11 中，配置“**router isis**”里面的命令“**is-type level-1**”保证了路由器只生成 1 层数据，其接口只参与 1 层相邻关系。注意这里不用在接口配置中再使用“**isis circuit-type**”命令。IS-IS 进程的配置已经暗示了所有的接口都是单具 1 层。

图 5-20 中，路由器 R2 是区域 59.0001 的成员，同时还与相邻区域 59.0002 有连接。这样，R2 既要作为 1 层路由器，又要作为 2 层路由器。由于这是缺省操作，所以路由器的配置中不需要再使用“**is-type**”命令。例 5-12 是 R2 的配置文件。

【**例 5-12**】图 5-20 中路由器 R2 的配置文件。

```
hostname R2
interface E0
 ip address 192.168.220.2 255.255.255.0
 ip router isis
 isis circuit-type level-2-only
!
interface S0
 ip address 192.168.120.2 255.255.255.0
 ip router isis
 isis circuit-type level-1
!
router isis
 net 59.0001.1921.6800.1006.00
```

为优化连接两个邻居的接口的操作，本例中 R2 路由器的配置中指定了需要建立的相邻关系的类型。与路由器 R1 相连的接口 S0（R1 在同一区域）上指定了“**isis circuit-type level-1**”，而连接路由器 R3 的接口 E0（2 层，因为 R3 属于另一个区域）则配置了“**isis circuit-type level-2-only**”。

特别注意，路由器 R1 和 R2 上的接口都可以配置“**isis metric**”命令，对串行接口和以太接口指定不同的度量。

5.4.2 CLNS 排错命令

即使对于只有 IP 的网络而言，集成 IS-IS 的排错也涉及 CLNS 数据的检查。例如，IS-IS 相邻关系是通过 OSI 来建立的，而不是通过 IP。所以，查看 IS-IS 邻居要用“**show clns neighbors**”命令。实际上，CLNS 相邻关系的两端的 IP 地址可以分属不同的 IP 子网，而并不影响 IS-IS 的运行，但是 IP 下一跳的解析会发生问题。针对前面的一个例子，在本节中将阐述更多的 CLNS 的“**show**”系列命令。

命令：

show clns

显示出 CLNS 网络的普通信息。

命令：

show clns protocol [*domain* | *area-tag*]

显示路由器上特定 IS-IS 进程的信息。表 5-11 解释了这条命令。

表 5-11 "show clns protocol" 命令

命 令	描 述
domain	（可选）某个 ISO IGRP 路由域
area-tag	（可选）某个 IS-IS 区域

命令：

show clns interface [*type number*]

显示运行了 IS-IS 的接口上的 CLNS 特定信息。表 5-12 解释了这条命令。

表 5-12 "show clns interface" 命令

命 令	描 述
type	（可选）接口类型
number	（可选）接口号

命令：

show clns neighbors [*type number*] [**detail**]

非常有用，可以显示相邻的 IS，即与这个路由器有相邻关系的路由器（如果有相邻 ES，也一并显示）。表 5-13 解释了这条命令。

表 5-13 "show clns neighbors" 命令

命 令	描 述
type	（可选）接口类型
number	（可选）接口号
detail	（可选）如果指定，则显示邻居在 Hello 消息中发送的区域地址。否则，只显示一条汇总信息

命令"**show clns neighbors**"中的可选关键字"**detail**"显示邻居的详细信息，如果不指定，则只列出一条汇总结果。在命令中指定接口类型和编号可以将列表缩小到只经过某个特定接口的邻居。

要得到 IS-IS 路由器中只与 IS-IS 相关的相邻关系，可以使用命令：

show clns is-neighbors [*type number*] [**detail**]

邻居记录按所在区域排序。表 5-14 解释了这条命令。

表 5-14 "show clns is-neighbors" 命令

命 令	描 述
type	（可选）接口类型
number	（可选）接口号
detail	（可选）如果指定，则显示 IS 所在区域地址。否则，只显示一条汇总信息

5.4.3　集成 IS-IS 排错命令

本节进一步讲述集成 IS-IS 网络的排错命令。命令：

show isis route

显示 IS-IS 1 层路由表（即去往本区域内所有其他系统 ID 的路由）。5.3.3.4 节中有本命令的一个输出示例。

命令：

show clns route [*nsap*]

显示 IS-IS 的 2 层路由表（以及静态路由和 ISO-IGRP 学到的路由前缀）。5.3.3.4 节中有关于本命令更详细的介绍和一个输出示例。

命令：

show isis database [**level-1**][**level-2**][**l2**][**l2**][**detail**][*lspid*]

显示 IS-IS 链路状态数据库的内容。表 5-15 解释了这条命令。

表 5-15　"show isis database" 命令

命　令	描　　述
level-1	（可选）显示 1 层 IS-IS 链路状态数据库
level-1	（可选）显示 2 层 IS-IS 链路状态数据库
l1	（可选）**level-1** 的缩写
l2	（可选）**level-2** 的缩写
detail	（可选）如果指定，则显示每条 LSP 的内容。否则，只显示一条汇总信息
lspid	（可选）链路状态 PDU 标识。如果指定，显示与此 ID 对应的那条 LSP 的内容

要强制 IS-IS 刷新链路状态数据库并重新计算所有的路由，可以执行命令：

clear isis [*tag* | *]

用"*tag*"指定要刷新的进程，或用"*"刷新所有的 IS-IS 记录。

要了解路由器进行全部 SPF 计算的情况及原因，使用命令：

show isis spf-log

5.4.3.1　IP 排错命令

对集成 IS-IS 网络 IP 功能的排错，可以使用标准的 IP 中的"**show**"系列命令。命令：

show ip protocols

显示当前活动的路由协议运行在哪些接口上，为哪些网络做路由，以及与路由协议相关的其他信息。

命令：

show ip route [*adress*[*mask*][**longer-prefixes**]] | [*protocol*[*process-id*]]

显示 IP 路由表。可以指定某条特定的路由或列出某个特定路由进程的路由表中的全部路由。这条命令在 5.3.1.4 节中有详细介绍。

5.4.3.2　集成 IS-IS 排错命令输出示例

这些输出示例仍然是从图 5-20 中使用的配置示例中得到的。图 5-21 再次描绘了这个网络，这次增加了 IP 地址。图 5-21 中各路由器使用的系统 ID 如下：路由器 R1——1921.6800.1005、路由器 R2——1921.6800.1006、路由器 R3——1921.6800.1007、路由器 R4——1921.6800.1008。

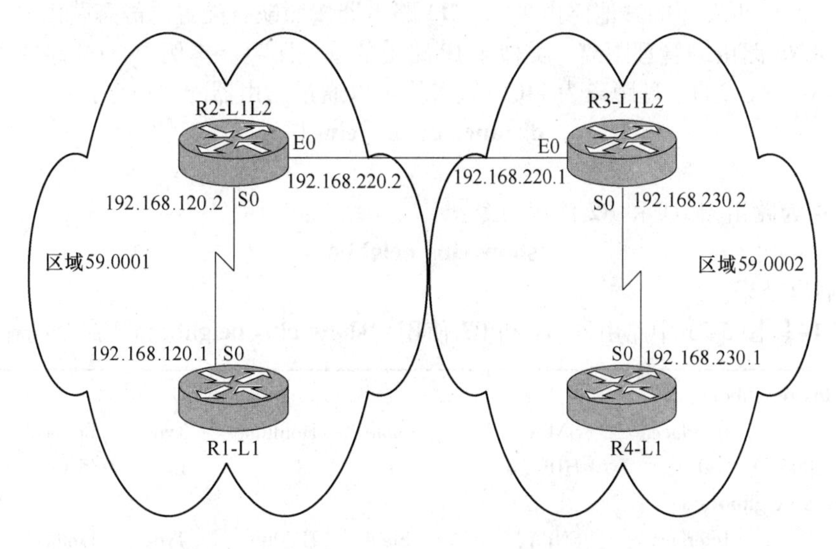

图 5-21　具有两个区域的集成 IS-IS 网络（带有 IP 地址）

例 5-13 提供了图 5-21 中路由器 R2 使用命令：

show clns protocol

所产生的输出结果。

【例 5-13】图 5-21 中路由器 R2 使用"**show clns protocol**"命令的输出。

```
R2#show clns protocol
IS-IS Router：<Null Tag>
  System Id：1921.6800.1006.00 IS-Type：level-1-2
  Manual area address (es)：
        59.0001
  Routing for area address (es)：
        59.0001
  Interfaces supported by IS-IS：
        Serial 0-IP
        Ethernet 0-IP
  Redistributing：
    static
  Distance：110
```

例 5-13 包含如下内容：

（1）集成 IS-IS 的进程标识（如果存在的话）。路由器 R2 无标识。

（2）路由器的系统 ID、IS 层级及区域 ID。路由器 R2 的系统 ID 是 1921.6800.1006.00，是一个 1/2 层路由器，属于区域 59.0001（注意这个命令得到的系统 ID 中包括系统

ID 字段和 NSEL 字段，本例中 NSEL 是 00）。

（3）使用集成 IS-IS 完成路由的接口（包含 IP、CLNS 或二者）。对于 R2 路由器，接口 Serial 0 和 Ethernet 0 使用集成 IS-IS 只是完成 IP 路由。

（4）做路由再发布的其他路由来源。R2 路由器按照缺省配置对静态路由做再发布。

（5）CLNS 路由的管理距离。类似于 IP 路由的管理距离。本例中，R2 路由器在 CLNS 环境中的 IS-IS 缺省的管理距离为 110。缺省值可以通过路由器配置命令：

distance *value* [**clns**]

进行改变。

例 5-14 为路由器 R1 和 R2 使用命令：

show clns neighbors

所产生的输出结果。

【例 5-14】图 5-21 中路由器 R1 和 R2 使用“**show clns neighbors**”命令的输出。

```
R1#show clns neighbors
System Id         Interface    SNPA            State   Holdtime   Type   Protocol
1921.6800.1006    Se0          *HDLC*          Up      28         L1     IS-IS
R2#show clns neighbors
System Id         Interface    SNPA            State   Holdtime   Type   Protocol
1921.6800.1007    Et0          0010.7b81.d6ec  Up      24         L2     IS-IS
1921.6800.1005    Se0          *HDLC*          Up      21         L1     IS-IS
```

从例 5-14 中可以看出：

（1）IS-IS 邻居。路由器 R1 有一个邻居：路由器 R2。路由器 R2 有两个邻居：路由器 R1 和 R3。

（2）邻居的 SNPA 和状态。

（3）保持时间，即一条相邻记录超时的秒数。指宣布一个邻居为“down”之前，还剩多少时间用来等待接收一个 Hello 消息。

（4）邻居的 IS 层级和类型。路由器 R1 把 R2 看作是一个 1 层路由器。路由器 R2 把 R2 看作 1 层路由器而把 R3 看作 2 层路由器。

例 5-15 是路由器 R2 执行命令：

show clns interface

所产生的输出结果。

【例 5-15】图 5-21 中路由器 R2 使用“**show clns interface**”命令的输出。

```
R2#show clns interface S0
  Serial0 is up, line protocol is up
  Checksums enabled, MTU 1500, Encapsulation HDLC
  ERPDUs enabled, min. interval 10 msec.
  RDPDUs enabled, min. interval 100 msec., Addr Mask enabled
  Congestion Experienced bit set at 4 packets
  CLNS fast switching enabled
  CLNS SSE switching disabled
```

```
  DEC compatibility mode OFF for this interface
  Next ESH/ISH in 21 seconds
Routing Protocol: IS-IS
  Circuit Type: level-1
  Interface number 0x1, local circuit ID 0x100
  Level-1 Metric: 10, Priority: 64, Circuit ID: 1921.6800.1006.00
  Number of active level-1 adjacencies: 1
  Next IS-IS Hello in 7 seconds
```

例5-15说明如下：

（1）接口S0上运行了IS-IS，只会尝试建立1层相邻。

（2）用于IS-IS的接口号和电路ID。

（3）接口的度量值以及用于DIS选举的优先级。

（4）Hello定时器的信息和已经建立的相邻关系。

例5-16是路由器R2上命令“**show ip protocols**”的输出结果。

【例5-16】路由器R2使用“**show ip protocols**”命令的输出。

```
R2#show ip protocols
Routing Protocol is "isis"
  Sending updates every 0 seconds
  Invalid after 0 seconds, hold down 0, flushed after 0
  Outgoing update filter list for all interfaces is
  Incoming update filter list for all interfaces is
  Redistributing: isis
  Address Summarization:
    None
  Routing for Networks:
      Ethernet0
      Serial0
  Routing Information Sources:
    Gateway          Distance          Last Update
    192.168.120.1      115             00:04:53
    192.168.220.1      115             00:04:58
  Distance: (default is 115)
```

例5-16说明路由器R2上，运行着集成IS-IS。同时还有参与集成IS-IS路由的接口和路由信息的来源（相邻路由器）。IS-IS的缺省IP管理距离是115。

例5-17是在路由器R1和R2上执行命令：

how ip route isis

所产生的输出结果。这个命令只显示IP路由表中的IS-IS路由。

【例5-17】路由器R1和R2上执行“**show ip route isis**”命令的输出。

```
R1#show ip route isis
i* L1 0.0.0.0/0 [115/10] via 192.168.120.2, Serial0
```

```
R2#show ip route isis
i L2 192.168.230.0/24 [115/20] via 192.168.220.1, Ethernet0
```

例 5-17 中，路由器 R1 上的路由表来自 1 层，用 i L1 标签表示。这条路由是路由器 R2 的缺省路由，例 5-17 中路由器 R2 上的路由来自 2 层，用 i L2 标签表示。对于所有的路由，方括号中显示的是管理距离和度量值，如［115/20］。集成 IS-IS 的缺省 IP 管理距离是 115。每条路由所显示的度量值是指到达目的地的 IS-IS 开销。

特别注意，有两种不同的管理距离。命令“**show clcn protocol**”显示的是 CLNS 管理距离，缺省为 110；命令“**show ip route**”显示的是 IP 的管理距离，缺省为 115。

例 5-18 是路由器 R2 使用命令：

show clns

所产生的输出结果。

【**例 5-18**】路由器 R2 使用“**show clns**”命令的输出。

```
R2#show clns
Global CLNS Information:
  2 Interfaces Enabled for CLNS
  NET: 59.0001.1921.6800.1006.00
  Configuration Timer: 60, Default Holding Timer: 300, Packet Lifetime 64
  ERPDU's requested on locally generated packets
  Intermediate system operation enabled (forwarding allowed)
  IS-IS level-1-2 Router:
    Routing for Area: 59.0001
```

例 5-18 说明路由器 R2 上有两个接口启动了 CLNS，R2 区域 59.0001 中的一个 1/2 层路由器。

例 5-19 给出了路由器 R1 和 R2 使用命令：

show clns is-neighbors

所产生的输出结果。

【**例 5-19**】路由器 R1 和 R2 使用“**show clns is-neighbors**”命令的输出。

```
R1#show clns is-neighbors

System Id       Interface   State   Type   Priority   Circuit Id        Format
1921.6800.1006  Se0         Up      L1     0          0                 Phase V
R2#show clns is-neighbors

System Id       Interface   State   Type   Priority   Circuit Id        Format
1921.6800.1007  Et0         Up      L2     64         1921.6008.1006.0  Phase V
1921.6800.1005  Se0         Up      L1     0          0                 Phase V
```

例 5-19 中，路由器 R1 有一个邻居 IS：路由器 R2。路由器 R2 有两个邻居 IS：路由器

R1 和 R3。

例 5-20 给出了路由器 R2 上使用命令

show isis database

所产生的输出结果。

【**例 5-20**】图 5-21 中的路由器 R2 上使用“**show isis database**”命令的输出。

```
R2#show siss database
IS-IS Level-1 Link State Database
LSPID                    LSP Seq Num    LSP Checksum   LSP Holdtime   ATT/P/OL
1921.6800.1005.00-00     0x00000004     0x485B         936            0/0/0
1921.6800.1006.00-00 *   0x00000005     0x2E18         1155           1/0/0
1921.6800.1006.01-00 *   0x00000001     0xFC74         462            0/0/0

IS-IS Level-2 Link State Database
LSPID                    LSP Seq Num    LSP Checksum   LSPHoldtime    ATT/P/OL
1921.6800.1006.00-00 *   0x00000003     0x28FA         1180           0/0/0
1921.6800.1006.01-00 *   0x00000002     0x7C36         1196           0/0/0
1921.6800.1007.00-00     0x00000003     0xF3BF         462            0/0/0
```

例 5-20 中，1/2 层路由器 R2 有两个独立的数据库，一个是 1 层数据库，另一个是 2 层数据库。

例 5-21 给出了路由器 R2 上使用命令：

show isis spf-log

的进行完全 SPF 计算的时间及原因。

【**例 5-21**】图 5-21 中的路由器 R2 上使用“**show isis spf-log**”的输出。

```
R2#show isis spf-1og

Level 1 SPF log
When      Duration  Nodes  Count  Last trigger LSP       Triggers
00:17:52  0         1      4      1921.6800.1006.00-00   NEWAREA NEWADJ NEWLSP TLVCONTENT
00:17:47  4         2      1      1921.6800.1005.00-00   TLVCONTENT
00:12:24  4         3      2      1921.6800.1006.01-00   NEWLSP TLVCONTENT
00:12:13  4         3      2      1921.6800.1006.00-00   ATTACHFLAG LSPHEADER
00:64:32  4         3      1                             PERIODIC
Level 2 SPF log
When      Duration  Nodes  Count  Last trigger LSP       Triggers
00:17:53  0         1      1      1921.6800.1006.00-00   NEWLSP
00:12:24  4         2      3      1921.6800.1006.01-00   NEWADJ NEWSLP TLVCODE
00:12:19  4         3      1      1921.6800.1007.00-00   NEWLSP
00:04:33  8         3      1                             PERIODIC
```

例 5-21 中，路由器 R2 分别为 1 层和 2 层 SPF 算法保留了两个独立的记录。

5.5 集成 IS-IS 塑造 WAN 网络

5.5.1 IS-IS 中的 WAN 分类

典型的 WAN 通过点对点或点对多点来实现，大多数都支持多连接。但是 WAN 通常不支持广播，所以被纳为 NBMA 类型。

IS-IS 认为存在 3 种 WAN 类型：

（1）点对点租用线路：这种电路的 IS-IS 配置不存在什么问题。

（2）拨号连接：如果可能，应避免在拨号连接上使用 IS-IS，除非用作备份线路。

（3）交换式 WAN：存在各种 NBMA 网络设计。

5.5.1.1 点对点

典型的点对点 WAN 在两台路由器间使用租用线路。一个点对点 WAN 包含两台设备，电路两端各一台。通常这样的连接使用 Cisco HDLC 或点对点协议（point-to-point protocol，PPP）。这恰好对应于 IS-IS 分类中的点对点网络。

在点对点的链路上，只有一种 IIH PDU。这个消息中指定了相邻关系是 1 层、2 层或两者都是。相邻关系建立以后，每个邻居都会发送一个 CSNP，描述链路状态数据库的内容。然后每个路由器通过 PSNP 向邻居请求所缺少的 LSP，收到答复后通过 PSNP 确认。

这种操作减少了点对点链路上的路由数据的流量，因为每个路由器与邻居之间只是交换链路状态数据库中所缺的信息，而不是整个链路状态数据库。

5.5.1.2 拨号连接

拨号连接如果使用按需拨号路由（dial-on-demand，DDR），配置成点对点 WAN 或点对多点 WAN 都可以。解释如下：

（1）老式 DDR 拨号连接（即使用 **dialer map** 命令的）属于 NBMA（尽管可能采用 PPP 作为线路协议）。这是由于单个接口可以支持多个目标。

（2）拨号原型（dialer profile）和拨号虚拟原型（dialer virtual profile）属于点对点连接（为每个拨号原型代表一个远端原型），但是与 NBMA 网络类似，这些方式也会遇到邻居丢失延迟的问题。

（3）拨号原型属于点对点连接，因为如果远端断开连接，接口立即中断。这可以更快地检测邻居丢失，收敛也更加迅速。

作为一条通用原则：IS-IS 可以用于拨号，但不能提供拨号备份功能。

5.5.1.3 交换式 WAN

只有对于全网状配置，IS-IS 才可以工作于 NBMA 多点网络。如果不是全网状连接，就会产生严重的连接和路由问题。但是，即使有全网状结构，仍然无法保证全网状连接始终存在。底层交换式 WAN 网络故障或某些路由器上的错误配置都会暂时或长期地打破全网状结构。所以 IS-IS 网络中应该避免使用 NBMA 多点配置，而使用点对点子接口代替。

点对点子接口通常应该配置自己的 IP 子网地址（典型情况是 30 位，即“/30”子网掩码）。现代 IP 网络使用私有地址或变长子网，通常有足够的空闲 IP 地址可以分配给点对点子接口。

另外，由于集成 IS-IS 使用 CLNS 报文完成路由通告，在点对点接口上可以使用接口配置命令“**ip unnumhered**”。但是，只有较新版本的 Cisco IOS 软件（12.0 版本以后）才支持，较早的版本会由于链路两端 IP 子网不匹配而无法建立 IS-IS 相邻关系。

5.5.2 NBMA WAN 中配置集成 IS-IS

5.5.2.1 配置步骤

在交换式 WAN 介质上启动集成 IS-IS，请参照如下步骤：

（1）启动集成 IS-IS 进程并按通常情况分配一个 NET。

（2）在每个 NBMA 接口上做如下配置：

1）在 NBMA 对等体间设计一个网状结构（全网状或部分网状）。

2）为每个 NBMA 虚电路配置点对点子接口，并分配 IP 地址。

3）定义从 3 层协议/地址到虚电路的映射。如果使用手动映射（如：**x25 map** 或 **frame-relay map** 命令），必须指定关键字 **broadcast** 来支持路由转发数据。不过，IP 映射并不要求这一操作（只是用来解析下一跳，而不是转发报文）。

4）使用命令“**ip router isis**”命令在子接口上启动 IS-IS 进程。这条命令一定不要用在主接口上，否则这个（多点）接口将为自身产生伪节点 LSP。

还可以使用定时器和过滤命令来进行调整，控制链路状态信息的扩散。

特别注意，可以通过两种办法减少 LSP 的扩散：

（1）在特定接口上对扩散进行过滤。与网状组相比，全面过滤的优点是配置方便且容易理解，扩散的 LSP 更少。在所有的链路上进行过滤提供了最好的扩展性能但网络结构的健壮性会变差，所有的链路允许扩散则导致很差的扩展性能。

（2）配置网状组（**mesh groups**）。网状组的优点是可以在所有的路由器上允许一跳的 LSP 扩散。而全面过滤则会允许一些路由器收到多跳的 LSP。这一相对较小的扩散延迟会影响收敛时间，但是与整个收敛时间相比可以忽略。

5.5.2.2 在 NBMA 中通过点对点子接口运行 IS-IS

图 5-22 是一个通过帧中继连接并使用点对点子接口的路由器网络。这个网络中，帧中继表示为一个子网的集合，每一个帧中继的永久虚电路（PVC）看作是自己子网的点对点网络。

图 5-22 所示是一个星形拓扑的网络。注意星形各点的路由器（R1、R2 和 R3）同样使用点对点子接口连接，尽管只连接了一个 VC（与中心路由器 R4 不同）。对于其他所有路由协议来说，这仅是一个最好的办法（因为允许不改动现有的 VC 而增加新的 VC），但对于 IS-IS 却是必须的。主接口（如接口 Serial 0）是个多点接口，即使恰好只配置了一条 VC。如果这一单个的 VC 配置在主接口上，IS-IS 会把它看成是广播网络，而试图选举一个 DIS。而且，由于多点端会发送广播形式的 Hello，但中心路由器则会发送点对点 Hello PDU，所以相邻关系无法建立。

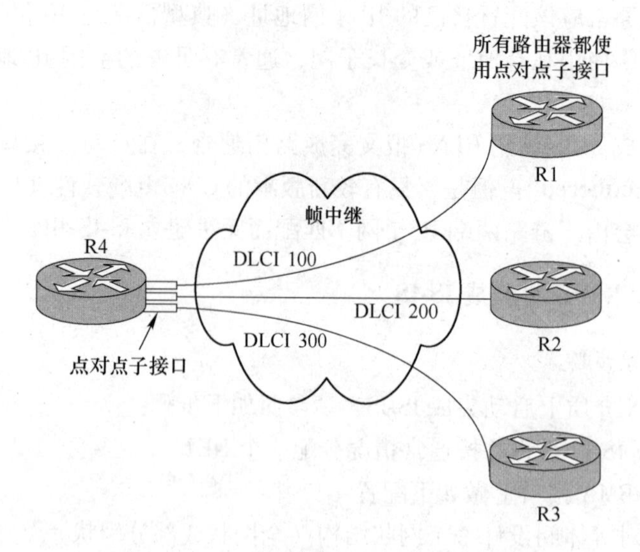

图 5-22 使用点对点子网的帧中继网络

例 5-22 给出了图 5-22 中路由器 R4 的配置文件。

【**例 5-22**】图 5-22 中路由器 R4 的配置。

```
interface Serial0/0
 encapsulation frame-relay
!
interface Sersal0/0. 1 point-to-point
  ip address 10. 1. 1. 1 255. 255. 255. 252
  ip router isis
  frame-relay interface-dlci 100
!
interface Serial0/0. 2 point-to-point
  ip address 10. 1. 1. 5 255. 255. 255. 252
  ip router isis
  frame-relay interface-dlci 200
!
interface Serial0/0. 3 point-to-point
  ip address 10. 1. 1. 9 255. 255. 255. 252
  ip router isis
  frame-relay interface-dlci 300
```

例 5-22 解释如下：

（1）封装类型（frame-relay）是在主接口（Serial 0/0）下设置的，主接口不包括 IP 和 IS 的配置。

（2）定义了三个子接口，每个 VC 一个。每个子接口指定如下参数：

1）点对点链接的 IP 地址，每个子接口都不同。

2）集成 IS-IS 作为子接口的路由协议（通过“**ip router isis**”命令）。

3）对于该点对点子接口使用的 VC，使用命令：

frame-relay interface-dlci

这是在VC上启动IP和CLNS所需的唯一命令。路由器自动在VC上启动该点对点子接口上所允许的所有协议，并指定所有协议的广播。

例5-23给出了图5-22网络实例中路由器R4上使用命令：

show frame-relay map

所产生的输出结果。

【**例5-23**】图5-22中路由器R4上使用“**show frame-relay map**”命令的输出。

```
R4#show frame-relay map
Serial0/0.1 (up): point-to-point dlci, dlci 100 (0x64, 0x1840), broadcast
          status defined, active
Serial0/0.2 (up): point-to-point dlci, dlci 200 (0xC8, 0x3080), broadcast
          status defined, active
Serial0/0.3 (up): point-to-point dlci, dlci 300 (0xA4, 0x4580), broadcast
          status defined, active
```

在例5-23中，命令“**show frame-relay map**”显示出每个帧中继VC的状态，提供的信息如下：

（1）分配的子接口：如Serial 0/0.1。

（2）类型：本例中是point-to-point，即指定为点对点子接口。

（3）VC标识：例如：dlci 100。

（4）是否支持广播（如路由）报文。

（5）状态：状态为“defined”意味着配置在帧中继交换机上；状态为“active”意味着这条VC是可用的；状态为“inactive”则另一端的路由器不可用。状态“deleted”指在最新的LMI完全状态更新中没有广播这条DLCI。

例5-24给出了图5-22的网络实例中路由器R4上执行命令：

debug isis adj-packets

所产生的输出结果。

【**例5-24**】图5-22中路由器R4上执行“**debug isis adj-packets**”命令的输出。

```
R4#debug isis adj-packets
ISIS-Adj: Sending serial IIH on Serial0/0.1, length 1499
ISIS-Adj: Rec serial IIH from DLCI 100 (Serial0/0.1), cir type L1L2, cir id 00, length 1499
ISIS-Adj: rcvd state UP, old state UP, new state UP
ISIS-Adj: Action = ACCEPT
    <output omitted>
ISIS-Adj: Sending serial IIH on Serial0/0.2, length 1499
ISIS-Adj: Rec serial IIH from DLCI 200 (Serial0/0.2), cir type L1L2, cir id 01, length 1499
ISIS-Adj: Sending serial IIH on Serial0/0.3, length 1499
ISIS-Adj: Rec serial IIH from DLCI 300 (Serial0/0.3), cir type L1L2, cir id 02, length 1499
```

例5-24显示了已经通过子接口Serial0/0.1建立的邻居，发送和接收的串行（即点对点）IIH PDU，并宣告相邻状态为“up”。同时还包括与对端子接口的系列交互。

5.5.2.3　在 NBMA 中使用多点子接口运行 IS-IS

图 5-23 给出了图 5-22 中网络的另一个 NBMA 版本。本例中所有的帧中继端口都配置为多点子接口（multipoint subinterface）。或者是多点子接口（在中心路由器 R4 上），或者是在其他路由器的主接口上，所有的接口共享同一个 IP 子网。

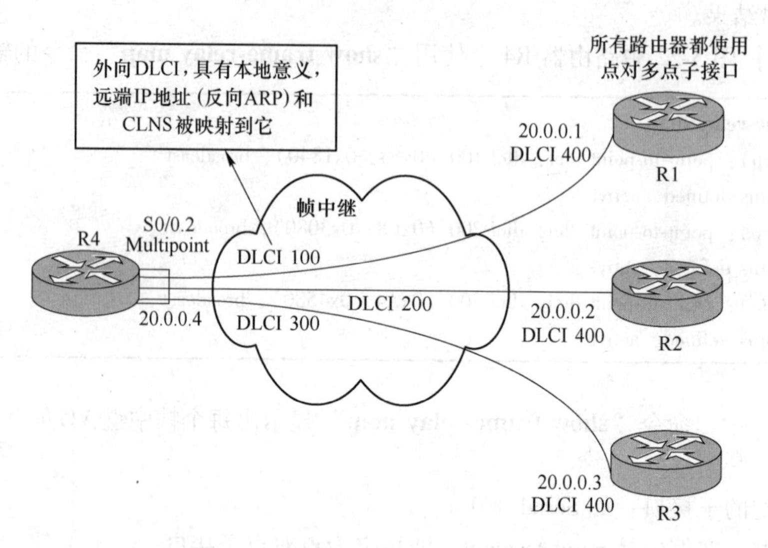

图 5-23　使用多点子接口的帧中继网络

与上一个例子相同，图 5-23 中的网络仍是星形结构。在多点环境中，建立全网状结构非常重要。所以，虽然图中没有表示，但是网络中所有的路由器都有 VC 互联。

如果这是一个真正的中心—分支（hub-and-spoke）环境，而且分支设备之间不需要相互通信，这一拓扑只需图中所示的 DLCI 即可工作，而不需要全网状结构。这种情况下，中心路由器（R4）必须成为 NBMA 网络的 DIS（因为 R4 是唯一其他路由器都看得到的），所以其帧中继接口要设置一个合适的优先级。每个分支路由器上都会安装通过本地 IP 地址去往其他分支路由器的路由。但是，由于分支间没有直接的 VC，去往这些目的地的数据包会丢掉。

【例 5-25】图 5-23 中路由器 R4 的配置文件。

```
interface Serial0/0
  encapsulation frame-relay
!
interface Serial0/0.2 multipoint
  ip address 20.0.0.4 255.0.0.0
  ip router isis
frame-relay map clns 100 broadcast
frame-relay map clns 200 broadcast
frame-relay map clns 300 broadcast
frame-relay interface-dlci 100
frame-relay interface-dlci 200
```

```
frame-relay interface-dlci 300
!
router isis
    net 00 . 0001. 0000. 0000. 0004. 00
```

如例5-25中所示，在多点环境中IP和CLNS映射必须分别配置：

（1）命令“**frame-relay interface-dlci**”用来在帧中继PVC上启动IP。反向ARP解析远端的IP地址。在点对点子连接中，这条命令启动所有的流量，但是对于多点环境，则只启动IP。

（2）另外，也可以使用命令：

fame-relay map ip *ipaddress dlci*

显式地加入IP映射。这时，不需要关键字“**broadcast**”，因为只有直连的IP报文才会使用这条VC（要记住集成IS-IS路由协议不发送IP报文）。

（3）在多点环境中，CLNS必须要独立于IP，通过命令：

frame-relay map clns

单独启动。CLNS用于IS-IS路由报文，所以必须指定“**broadcast**”关键字。

例5-26和例5-27说明了在上述例子中使用同一个命令，多点环境中产生的输出结果却略有不同。例5-26给出了图5-23中路由器R4执行命令“**show frame-relay map**”所产生的输出结果。

【**例5-26**】图5-23中路由器R4执行“**show frame-relay map**”命令的输出。

```
R4#show frame-relay map
Serial0/0. 4 (up): CLNS dlci 400 (0x190, 0x6400), static, broadcast, CISCO, status defined, active
Serial0/0. 4 (up): ip 10. 1. 4. 3 dlci 400 (0x190, 0x6400), dynamic, broadcast, status defined, active
```

例5-26中“**show frame-relay map**”命令再次显示了每个帧中继VC的状态，但是这一次分别生成了IP和CLNS映射（虽然使用同个VC）。CLNS映射是一个静态（static）映射，而且指定类型为广播（broadcast）。IP映射则是动态（dynamic），因为IP地址是通过反向ARP解析完成的。

例5-27给出了图5-23中路由器R4执行“**debug isis adj-packets**”命令的输出结果。

【**例5-27**】图5-23中路由器R4执行“**show frame-relay map**”命令的输出。

```
R4#debug isis adj-packets
ISIS-Adj:Sending L2 LAN IIH on Serial0/0. 2,length 1500
ISIS-Adj:Rec L2 IIH from DLCI 400 (Serial0/0. 2),cir type L1L2,cir id 0000. 0000. 0004. 03,length 1499
ISIS-Adj:Sending L1 LAN IIH on Serial0/0. 2,length 1500
ISIS-Adj:Rec L1 IIH from DLCI 400 (Serial0/0. 2),cir type L1L2,cir id 0000. 0000. 0004. 03,length 1499
```

例5-27中，命令“**deug isis adj-packets**”再次显示了相邻关系的建立。这次因为是多点环境，相邻关系使用LAN IIH PDU。

5.5.3 检测不匹配接口

如果 NBMA 环境中接口配置有误，网络将不会如期待的那样工作。一个配置错误的例子是当链路的一端指定了点对点子接口而另一端却指定为点对多点接口。在每一个路由器上使用命令：

show clns neighbors

会发现这一错误。例 5-28 中给出一个例子。例子中路由器 R2 指定了一个点对点接口，而路由器 R4 却使用了一个点对多点接口的配置。

【**例 5-28**】错误配置的路由器执行"**show clns neighbors**"命令的输出。

```
R2#show clns neighbors

System Id         Interface   SNPA            State   Holdtime   Type   Protocol
0000.0000.0004    Se0/0.2     DLCI 300        Up      8          L1     IS-IS
R5                Et0/0       0050.3ef1.5960  Up      8          L2     IS-IS
R1                Se0/0.2     DLCI 300        Up      23         L1     IS-IS

R4# show clns neighbors

System Id         Interface   SNPA            State   Holdtime   Type   Protocol
R6                Et0/0       0010.117e.74a8  Up      26         L2     IS-IS
R3                Se0/0.3     DLCI 400        Up      28         L2     IS-IS
0000.0000.0002    Se0/0.2     DLCI 300        Init    29         L1     IS-IS

0000.0000.0001    Se0/0.1     DLCI 200        Init    290        LS     IS-IS
```

例 5-28 中阴影所示行中为一台路由器对另一台的视图。路由器 R2（点对点一端）显示相邻关系已经"up"。但是，在路由器 R4（点对多点一端）相邻关系卡在"init"状态。

配置的错误在于 VC 两端设置了不同的类型，这是不合理的。点对点一端发送 IIH PDU，而点对多点一端却发送 LAN IIH PDU。

ISO 标准（ISO 10589）为 LAN 相邻的初始化定义了 3 次握手过程，如下：

（1）相邻关系从"down"开始。IS 发送标识自身的 LAN IIH PDU。

（2）如果接收到 LAN IIH PDU，则相邻关系载入"init"状态，这台路由器向邻用发送 IIH PDU，将邻居的 SNPA 包含在其中。邻居也做同样的事情，包含这台路由器的 SNPA。

（3）IS 接收到从相邻路由器发来的 IIH，其中包含自身的 SNPA 标识。这时，这个 IS 就知进新的邻居已经知道了自己的存在，于是，宣告相邻状态为"up"。

根据 ISO 标准，这一过程在点对点相邻关系中省略。但是，Cisco IOS 软件通过在序列 Hello PDU 中增加点对点相邻状态 TLV（TLV 240）实现了同样的三次握手过程。与 LAN 相邻类似，路由器在宣告相邻为"up"之前，在邻居的 Hello PDU 中检查自身

SNPA。

本例中配置不匹配的结果依赖于 Cisco IOS 软件版本。如果使用 12.1（1）T 之前的版本，会发生如下情况（例 5-28 中）：

（1）路由器 R4（配置为多点）。从路由器 R2 接收到点对点 Hello，但是当作 LAN Hello，并将相邻状态设为“init”。然后在收到的 Hello PDU 中查找自己的 SNPA（在 LAN Hello PDU 中，标识在 TLV 6 中的 IS Neighbors，但是这个 TLV 在序列 Hello 中不存在），却没有找到。所以相邻状态仍停留在“init”状态。

（2）路由器 R2（配置为点对点）。接收到 LAN Hello PDU，当作点对点 Hello。R2 在 Hello 中查找 TLV 240（点对点相邻状态）却没有找到。为向后兼容，抑或是允许链路使用 Cisco 的 IS-IS 设备，路由器假设这是一个 ISO 规定的点对点链路，并忽略 Cisco 的三次握手，允许相邻建立，将其设为“up”。

如果使用 12.1（1）T 以后版本的 Cisco lOS 软件，会发生如下情况：

（1）路由器 R4（配置为多点）。接收到点对点 Hello，发现这是一个错误的 Hello 类型，将邻居设成 ES。在路由器 R4 上执行“**show clns neighbors**”命令的输出结果中，路由器 R2 将显示为“up”，协议是 ES-IS。

（2）路由器 R2（配置为点对点）。接收到 LAN Hello，发现不匹配，将邻居忽略。路由器 R4 根本不会出现在 R2 的“**show clns neighbors**”命令出结果中，使用命令“**debug isis adj-packets**”可以显示出接收到的 LAN IIH PDU，R2 声明了不匹配结果。

5.6 本章小结

本章中，我们学习了 OSI 协议、IS-IS 以及集成 IS-IS 的基本内容，同时还学习了怎样在 Cisco 路由器上为 IP 配置集成 IS-IS 及排除错误。

IS 即为路由器，区域是 OSI 网络中属于同一管理机构的部分。在 OSI 域中，可以定义一个或多个区域。区域是一个逻辑实体，由一组连续的路由器及其相互连接的数据链路组成。同一区域内所有的路由器交换其可以到达的所有设备的信息。区域相互连接成主干，主干中所有的路由器知道如何到达所有的区域。

IS-IS 是 OSI 协议栈中的动态链路状态路由协议，IS-IS 发布 ISO CLNS 环境中转 CLNP 数据的路由信息。

集成 IS-IS 是为路由多种网络协议而设计的一个 IS-IS 实现，是用于 ISO CLNS 和 IP 混合环境或单一 IP 环境的 IS-IS 扩展版本。

OSI 网络层地址是通过标识 OSI 网络中所有系统的 NSAP 地址来实现的。如果 NSAP 中的 NSEL 字段为 00，NSAP 代表的是设备自身——也就是说，等价于该设备的 OSI 三层地址。

练 习 题

5-1 OSPF 和集成 IS-IS 有哪些异同点？

5-2 在 IS-IS 环境中如何标识一台路由？

5-3 NSAP 和 NET 有什么区别？

5-4 一个唯一的系统 D 定义了什么？

5-5 IS-IS 支持哪种网络表示方式？

5-6 什么是伪节点？

5-7 两个 1 层区域如何通信？

5-8 系统之间如何通过 IS-IS 找到对方？

5-9 列出 IS-IS 系统之间的相邻类型。

5-10 如何在 Cisco 路由器上启动 IS-IS？

6 EIGRP 协议及其配置方法

本章将介绍增强型内部网关路由协议（EIGRP）。学习完本章后，我们可以了解EIGRP 的特性和操作运行，解释 EIGRP 是怎样发现、选择和维护路由的，解释 EIGRP 是怎样支持 VLSM 使用的，解释 EIGRP 是怎样在 NBMA 环境中运行的，解释 EIGRP 是怎样支持路由归纳应用的，了解 EIGRP 是怎样支持大型网络的。我们将学会配置 EIGRP，验证 EIGRP 的操作运行，以及对于给定的一套网络要求，配置一种 EIGRP 环境并验证路由器的正确运行。

6.1 EIGRP 概述

EIGRP 是结合了链路状态和距离矢量型路由协议优点的 Cisco 专用协议，该混合协议具有以下特性：

（1）快速收敛。EIGRP 采用弥散修正算法（DUAL）来实现快速收敛，运行 EIGRP 的路由器存储去往目的地的备份路由（如果有的话），所以它能够很快切换到其他可选路由上。如果在本地路由表中没有合适的路由或备份路由，那么 EIGRP 将查询它的邻居以发现另外的路由。这些查询信息将传播出去直到发现了可选路由。

（2）减少带宽占用。EIGRP 不发送定期的路由更新信息。相反，当去往目的地的路径或度量值发生变化时，它只采用部分更新的方式。当路由信息变化时，DUAL 只发送有关那条链路的更新而不是整个路由表。此外，该信息只传输到需要它的路由器，这与链路状态型路由协议的运行相反，后者是将变化更新信息发送到区域内的所有路由器。

（3）支持多种网络层协议。EIGRP 使用独立于协议的模块（PDM）支持 AppleTalk、IP 和 Nevell 的 NetWare。

本章只介绍 EIGRP 在 TCP/IP 环境的实施。EIGRP 是源于距离矢量型路由协议。正如其前任 IGRP 那样，EIGRP 很容易进行配置，并能适用于各种网络拓扑结构。EIGRP 增加了几种链路状态特性，比如动态邻居发现，这使它成为一种高级的距离矢量型路由协议。

尽管 EIGRP 与 IGRP 兼容，但因为它的快速收敛特性和在任何时候对无环路拓扑结构的保证，所以它能提供更高的性能。部分路由更新信息只在拓扑结构发生变化时才生成，其发布仅限于给那些需要这些更新信息的路由器。作为一种无类别路由协议，EIGRP 为各目的地网络通告一个路由掩码。该特性能够支持不连续的子网和 VLSM。总结起来，EIGRP 具有下面几项主要特性：快速收敛，减少带宽占用，对多种网络层协议的支持，增强的距离矢量能力，100% 无环路，易于配置，增量更新，对 VLSM、不连续网络和无类别路由的支持，与 IGRP 兼容。

6.1.1　EIGRP 的优点

EIGRP 比传统的距离矢量型路由协议提供了更多的好处。最重要的好处之一是在对带宽的使用方面。采用 EIGRP 时，路由运行数据流主要是通过多目组播方式而不是广播，其结果是，末端站点不受路由更新或查询信息的影响。

EIGRP 采用 IGRP 中的算法来计算度量值，但该值是以 32 比特的格式来表示，所以能为路由提供更详细的信息。EIGRP 的度量值是将 IGRP 的度量值乘以 256。EIGRP 的一个重要优点是它支持非等度量值负载均衡，从而允许管理员能够在网络中更好地分配数据流。

一些 EIGRP 的操作特征是基于链路状态型路由协议。例如，EIGRP 允许管理员在网络地址中的任一比特位创建归纳路由，而不是像传统的距离矢量型路由协议那样，只能在主网络地址的边界上进行按类别归纳。EIGRP 也支持来自其他路由协议的路由再发布。

像所有 TCP/IP 路由协议一样，EIGRP 依靠 IP 数据包来传送路由信息。EIGRP 的路由进程是 OSI 参考模型中传输层的功能。载有 EIGRP 信息的 IP 数据包在它们 IP 包头中使用协议号 88。图 6-1 展示了一个 IP 数据包的格式和用于指明数据包负载类型的值。

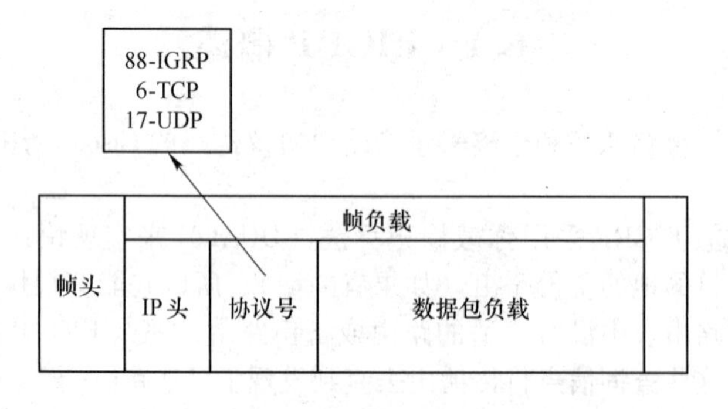

图 6-1　帧和 IP 数据包

EIGRP 是设计能够同时在局域网和广域网环境中运行的。在多路访问拓扑结构中，比如以太网和令牌环，相邻关系是通过可靠的多目组播方式来形成和维护的。EIGRP 支持所有广域网拓扑结构：专用链路、点对点链路和 NBMA 拓扑结构。

EIGRP 同时支持体系化和非体系化 IP 寻址。EIGRP 也支持 VLSM，这促进了 IP 地址的有效分配。可以在接口上应用从地址（secondary address）以解决特别的寻址问题，但所有的路由开销流量都通过主接口地址生成。

缺省地，EIGRP 在主网络地址边界进行路由归纳，如图 6-2 所示。同样，管理员可以在任意比特位边界上配置手工归纳以缩小路由表的大小。EIGRP 支持超级网络（supernet）的创建或聚合的地址块（网络）。

6.1.2　EIGRP 术语

有关 EIGRP 的术语如下：

（1）邻居表。每台 EIGRP 路由器都维护着一个列有相邻路由器的邻居表。该表与 OSPF 所使用的邻居（相邻关系）数据库是可比的。它们都服务于同一个目的，即确保在

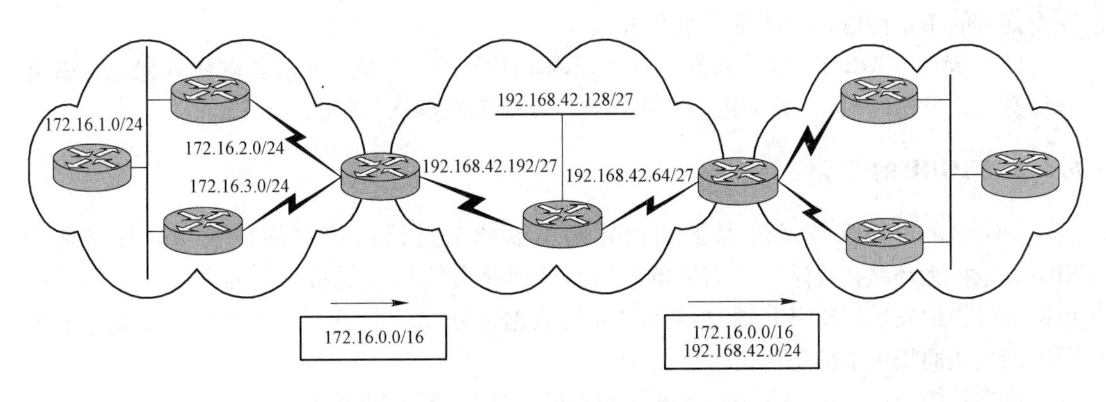

图 6-2　路由归纳示例

各直连邻居间的双向通信。EIGRP 为它所支持的每种网络协议都维护一张邻居表，比如一张 IP 邻居表、一张 IPX 邻居表和一张 Apple Talk 邻居表。

（2）拓扑结构表。EIGRP 路由器为所配置的每种网络协议都维护着一个拓扑结构表：IP、IPX 和 Apple Talk。所有被学到的到目的地的路由都维护在拓扑结构表中。

（3）路由表。EIGRP 从拓扑结构表中选择到目的地的最佳路由，并将这些路由放到路由表中。路由器为每种网络协议都维护一个路由表。

（4）后继路由器（successor）。这是用来到达目的地的主要路由器。后继路由器保存在路由表中。

（5）可行后继路由器（feasible successor，FS）。这是一个去往目的地方向的下行邻居，但它不是最小开销的路径，并且也不用来转发数据。换句话说，这是一条到目的地的备份路由。这些路由是与后继路由同时筛选出来的，但是它们保存在拓扑结构表中。该拓扑结构表可以为一个目的地维护多个可行后继路由器。

6.2 EIGRP 的操作

6.2.1 EIGRP 数据包

EIGRP 采用如下 5 种数据包类型：

（1）Hello。Hello 数据包用于发现邻居。它们以组播方式发送，并且带有一个确认号码 0。

（2）更新（update）。更新数据包用来通告被某台路由器认为达到收敛的路由。当发现一条新的路由，并且当收敛已经完成（当该路由变成被动的）时，这些更新数据包以多目组播方式发送。为了使拓扑结构表能够同步，在 EIGRP 的启动过程中，更新数据包以单点传送方式可靠地发送给邻居。

（3）查询（query）。当路由器进行路由计算但没能发现可行的后继路由时，它就向其邻居发送一个查询数据包以询问它们是否有一个到达目的地的可行后继路由。查询数据包总是以多目组播方式被可靠地发送。

（4）应答（response）。应答数据包是用于对查询数据包进行应答。应答数据包是向原查询方的单点传送，它被可靠地发送。

（5）确认（ACK）。确认数据包是用来确认更新、查询和应答的。确认数据包是以单点传送方式发送的 Hello 数据包，其中包含一个非零的确认号码。

6.2.2 EIGRP 的可靠性

EIGRP 的可靠性技术确保了到相邻路由器的关键路由信息的传输。这些信息是 EIGRP 维护无环路拓扑结构所需要的。所有传递路由信息（更新、查询和应答）的数据包都被可靠地发送。EIGRP 通过给各可靠的数据包分配一个序号，并对该序号要求一个明确的确认而提供了信息传送可靠性。

可靠传输协议（reliable transport protocol，RTP）负责 EIGRP 数据包到所有邻居的有保证和按顺序的传输。它支持多目组播或单点传送数据包的混合传输。出于对效率的考虑，只有某些 EIGRP 数据包被保证可靠传输。在一个有多目组播能力的多路访问网络上，比如以太网，不必可靠地将 Hello 数据包单独发送到所有邻居。出于这个原因，EIGRP 只发送单个组播 Hello 数据包，它包含一个告知接收方该数据包不必确认的指示符。其他类型的数据包，比如更新数据包，在数据包中指明了需要进行确认。RTP 包含一种用来当未确认的数据包挂起时能快速发送多目组播数据包的机制，这样能确保在速率变化的链路中收敛时间仍然很短。

RTP 确保在相邻路由器间正在进行的通信能够维持下去。因此，它为每个邻居维护了一张重传（retransmission）表。该表指示还没有被邻居确认的数据包。未确认的可靠数据包最多可以重传 16 次或直到保持时间（hold time）超时，以它们当中的时间更长者为限。保持时间是路由器在宣布邻居失效前等待接收来自同级消息的时间，以秒计。缺省的保持时间设置为 Hello 时间间隔的 3 倍。保持时间的值可以通过“**show ip eigrp neighbors**”命令来查看。

可靠的多目组播数据包的使用是非常有效的。在驻有多个邻居的多路访问介质上存在一个潜在的延迟：只有当所有的同级路由器都确认了前面的多目组播数据包已被可靠地接收，下一个多目组播数据包才能传输。如果一个或更多个同级路由器应答得慢一些，那么它（们）会因为延迟了下一个包传输而影响所有的同级路由器。RTP 是设计来处理这种异常情况的。对多目组播应答慢的邻居将使未确认的多目组播数据包作为单点传送进行重传，这使可靠的多目组播运行能够继续进行而不会延误与其他同级的通信。

6.2.3 EIGRP 相邻关系

路由器从已配置 EIGRP 的接口发送出 Hello 数据包。EIGRP 所使用的多目组播地址是 224.0.0.10。当 EIGRP 路由器接收到来自属于同一个自治系统路由器的 Hello 数据包时，它就建立一个相邻关系。

Hello 数据包的时间间隔根据介质的不同而不同。Hello 数据包在一条局域网链路，比如以太网、令牌环和 FDDI 上每 5 秒发一次。对于点对点链路，比如点对点协议（PPP）、高级数据链路控制协议（HDLC）、点对点帧中继链路、ATM 子接口，以及带宽高于 T1 的多点电路，包括 ISDN 主速率接口（PRI）、交换式多兆位数据服务（SMDS）和帧中继，缺省的时间间隔也设置为 5 秒。在低速链路，比如多点串行接口和 ISDN 基本速率接口

（BRI）上，Hello 数据包发送的频率要低一些，在这些类型的接口上，Hello 数据包以 60 秒的时间间隔发送。

通过 Hello 协议，EIGRP 路由器可以动态的发现直接与它相连的其他路由器。所学到的关于邻居的信息，比如邻居所使用的地址和接口，被维护在邻居表里。邻居表也维护着保持时间。保持时间是在没有接到来自邻居的 Hello 或某些其他 EIGRP 数据包时，路由器仍认为这个邻居是 up 的时间总量。Hello 数据包报告保持时间值。

如果在保持时间期满之前没有接收到数据包，那么就认为检测到了拓扑结构的变化。该邻居的相邻关系就被删除，并且所有从该邻居学到的拓扑结构表条目都将被删除，就像这个邻居已经发送了一个说明所有路由都不可达的更新一样。这使路由可以快速地重新收敛。当路由器在没有对一条路由进行重新计算时，这条路由认为是被动的（passive），当重新计算时，该路由是活跃的（active）。

发送 Hello 数据包的速率，称为 Hello 时间间隔，可以用命令：

ip eigrp hello-interval

在每个接口上进行调整。保持时间缺省地设置为 Hello 时间间隔的 3 倍。因此，缺省保持时间在局域网和快速广域网接口上是 15 秒，在慢速广域网接口上是 180 秒。保持时间也可以通过命令：

ip eigrp hold-time

进行调整。

特别注意，如果改变了 Hello 时间间隔，那么必须人工调整保持时间以反映所配置的 Hello 时间间隔。

即使 Hello 和保持时间值不匹配，两台路由器也可能成为 EIGRP 邻居。这意味着可以在不同路由器上独立设置 Hello 时间间隔和保持时间。

因为所有 EIGRP 数据流都使用接口的主地址（primary address），所以 EIGRP 不通过从地址（second address）建立同级关系。此外，如果邻居属于不同的自治系统，或者度量值计算技术常数（*K* 值）在共同链路上没有正确设置，那么将不能形成同级关系。

6.2.3.1 邻居表

EIGRP 路由器像 OSPF 那样多目组播 Hello 数据包以发现邻居和交换路由更新信息。在 OSPF 协议中，我们了解只有相邻路由器才交换路由信息。每台路由器都根据它所接收到的来自运行相同网络层协议的相邻 EIGRP 路由器的 Hello 数据包来建立邻居表。可以通过命令：

show ip eigrp neighbors

查看 IP 邻居表，如例 6-1 所示。

【**例 6-1**】“**show ip eigrp neighbors**”命令的输出。

```
R2#show ip eigrp neighbors
IP-EIGRP neighbors for process 400
H   Address       Interface  Hold    Uptime    SRTT   RTO   Q Cnt   Seq Num
                             (sec)   (ms)
1   172.68.2.2    To0        13      02:15:30  8      200   0       9
0   172.68.16.2   Se1        10      02:38:29  29     200   0       6
```

EIGRP 为每种配置了的网络层协议都维护着一个邻居表。该表包括以下几个元素：

（1）H（handle）。Cisco IOS 内部用来记录邻居的编号。

（2）邻居地址。邻居的网络层地址。

（3）接口。能够到达邻居的路由器输出接口。

（4）保持时间。认为链路不可用之前，在没有接收到来自邻居的任何数据包情况下所等待的最长时间。最初，所期望的数据包是 Hello 数据包，但在当前的 Cisco IOS 软件版本中，在接收到来自邻居的第一个 Hello 数据包之后的任何 EIGRP 数据包都将重置计时器。

（5）相邻关系建立时间（uptime）。自从本地路由器第一次接到来自邻居的数据包所经历的时间，以小时、分和秒计。

（6）平均回程计时器（SRTT）。路由器将 EIGRP 数据包发送到邻居和该路由器接收到对该数据包的确认之间所用的毫秒数。该计时器用于确定重传时间间隔，也称为重传超时（retransmit timeout，RTO）。

（7）RTO。软件在将重传队列中的数据包重传给邻居之前所等待的时间，以毫秒计。

（8）队列数量（queue count）。在队列中等待发送的数据包数量。如果该值经常大于 0，就可能存在拥塞问题。

（9）序列号（Seq Num）。路由器从邻居所接收的上一次更新、查询或应答数据包的序列号。

6.2.3.2 拓扑结构表

当路由器动态地发现一个新邻居时，将向新邻居发送一个有关它所知道路由的更新信息，并也从这个新邻居接收路由更新。这些更新信息放入拓扑结构表。拓扑结构表含有相邻路由器所通告的所有目的地。命令：

show ip eigrp topology all-links

可以显示在拓扑结构表中的所有 IP 条目。命令：

show ip eigrp topology

只能显示 IP 路由的后继路由和可行后继路由。有一点一定要注意，如果邻居正在通告某个目的地，那么它必须是在用这条路由转发数据包。所有距离矢量型路由协议都必须严格地遵守这个规则。

拓扑结构表也为每个目的地维护了邻居所通告的度量值，以及路由器用来到达目的地的度量值。路由器所用的度量值是所有邻居通告的最佳度量值，加上该路由器到达最佳邻居的开销。当直连的路由或接口发生变化时，或者当相邻路由器报告了一条路由的变化时，拓扑结构表也要进行更新。

6.2.3.3 初始路由发现

EIGRP 将发现邻居和学习路由结合成一步。图 6-3 展示出了初始的路由发现过程。下面是对初始路由发现过程的描述：

（1）一个新路由器（路由器 A）连接到链路上来，它通过其所有接口发送出一个 Hello 数据包。

（2）从一个接口接收到该 Hello 数据包的路由器（路由器 B）用更新数据包进行应答，该更新数据包含有路由表中除通过这个接口学到的路由以外（横向隔离）的全部路

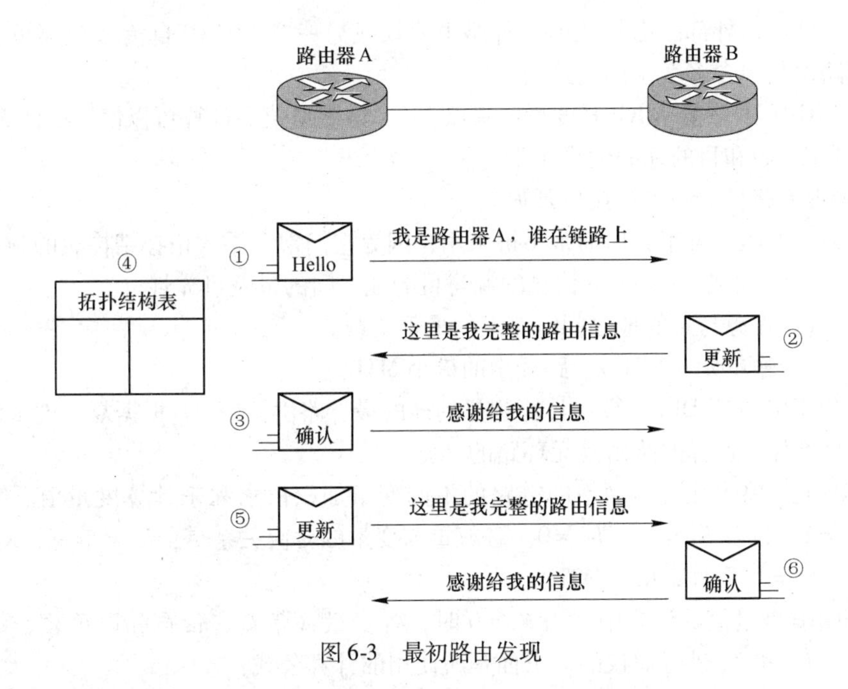

图 6-3　最初路由发现

由。与 OSPF 的运行操作不同，路由器 B 不对路由器 A 发出一个 Hello 数据包。相反，上述更新数据包就建立了通信设备间的相邻关系。为了达到这个目的，这些更新数据包的初始比特（Init bit）被置位，以说明这是一个初始过程。更新数据包含有邻居路由器所知道的路由信息，包括邻居为各个目的地通告的度量值。

（3）路由器 A 用一个说明它已经接收到更新信息的确认数据包对各邻居进行应答。

（4）路由器 A 将所有更新数据包插入到它的拓扑结构表中。该拓扑结构表包括相邻路由器所通告的所有目的地，其数据信息包括所有目的地、能够到达的目的地的所有邻居及其相关的度量值。

（5）路由器 A 与它的各个邻居交换更新数据包。

（6）在接收到的更新数据包后，各路由器都向路由器 A 发送一个确认数据包。当接收到所有更新数据包后，该路由器就准备好选择要保留在拓扑结构表中的主路由和备份路由。

横向隔离控制着 EIGRP 更新和查询数据包的发送。当在一个接口上启用横向隔离时，那些去往目的地的下一跳是本接口的路由就不会从这个接口发送出去，这就减少了产生路由环路的可能性。缺省地，横向隔离在所有接口上均被启用。横向隔离阻止路由器从某一接口收到的路由信息再从该接口通告出去。这一行为普遍优化了多台路由器间的通信，尤其是在链路出现失效的情况下。

6.2.3.4　路由计算

EIGRP 路由过程与其他路由协议不同。EIGRP 路由的主要特征如下：

（1）EIGRP 选择主路由和备份路由，并将这些路由添加到拓扑结构表中（每个目的地最多有 6 个），然后将主路由放到路由表中。与 OSPF 相似，EIGRP 支持几种类型的路由：内部、外部（也就是非 EIGRP 路由）和归纳路由。内部路由是指来源于 EIGRP 自治系统内部的路由，外部路由是从另一种路由协议或另一个 EIGRP 自治系统那里学到的路由，归纳路由是包含多个子网的路由。

（2）EIGRP 度量值是 IGRP 度量值乘以 256。该度量值的计算可以使用下面 5 个变量：

1）带宽。源和目的地间的最小带宽。

2）延迟。路径上的累计接口延迟。

下面的标准尽管可用，但通常不被采用，因为它们常会导致拓扑结构表的频繁计算：

3）可靠性。根据 keepalive 信息的源与目的地之间的最差可靠性。

4）负载。在源与目的地之间链路上的最重负载。

5）最大传输单元（MTU）。路径中的最小 MTU。

（3）EIGRP 采用 DUAL 算法计算到目的地的最佳路由。DUAL 根据复合度量值来选择路由，并且确保所选择的路由是无环路的。

EIGRP 通过将去往目的网络的链路的不同变量加权值求和来计算度量值。缺省常数是 $K_1 = K_3 = 1$，以及 $K_2 = K_4 = K_5 = 0$。各权重与变量的对应关系是：K_1 = 带宽，K_2 = 负载，K_3 = 延迟，K_4 = 可靠性，K_5 = MTU。

在 EIGRP 度量值的计算中，当 $K_5 = 0$ 时，各变量（带宽、带宽除以负载、延迟）是用常数 K_1、K_2 和 K_3 进行加权的。下面是所使用的计算公式：

$$度量值 = K_1 \times 带宽 + [(K_2 \times 带宽)/(256 - 负载)] + K_3 \times 延迟$$

如果这些 K 值等于它们的缺省值，那么公式将变成：

$$度量值 = 1 \times 带宽 + [(0 \times 带宽)/(256 - 负载)] + 1 \times 延迟 = 带宽 + 延迟$$

如果 K_5 不等于 0，那么还要执行一个额外的运算：

$$度量值 = 度量值 \times [K_5/(可靠性 + K_4)]$$

K 值在 Hello 数据包中传送。不匹配的 K 值可能会导致邻居复位（缺省地，在度量值计算中只使用 K_1 和 K_3）。只有在做了认真的计划后才能修改这些 K 值，修改这些 K 值可能会阻止网络收敛。

特别注意，延迟和带宽的格式与那些通过命令“**show interfaces**”显示出来的有所不同。EIGRP 的延迟值是路径中延迟的总和，再乘以 256。“**show interfaces**”命令显示出来的延迟是以微秒为单位。

带宽是用路径上的最小带宽来计算的，以 Kbps 为单位。该值去除 10^7，然后乘以 256。

EIGRP 用一种 32 比特而不是 IGRP 所用的 24 比特格式来表示其度量值。这种表示方法可以使我们在计算后继路由时做出更细致的决定。当将 IGRP 路由集成到一个 EIGRP 域时，用 256 乘以 IGRP 度量值就可以得到相对应的 EIGRP 度量值。

6.2.3.5 路由表和 EIGRP 弥散修正算法（DUAL）

DUAL 是选择将哪些信息存储到拓扑结构表中的一种有限状态机技术。因此，DUAL 包括对所有路由进行计算的过程，它记录所有邻居通告的全部路由。DUAL 使用称为度量值的距离信息来选择到达目的地的一个有效且无环路的路径，并将这个选择结果插入到路由表中。最低开销路由是通过将下一跳路由器和目的地之间的开销（称为通告距离（advertised distance，AD））加上本路由器和下一跳路由器之间的开销（总和称为可行距离

(feasible distance，FD))。后继路由器（successor）是一台用于数据包转发的相邻路由器，它提供一条到目的地的最小开销路径，并保证不是路由环路中的一部分。如果它们有相同可行距离的话，有可能存在多台后继路由器，所有后继路由器都添加到路由表中。路由表实际上是拓扑结构表中的一个子集，拓扑结构表包含有关各路由和备份路由的更详细信息，以及仅为 DUAL 所使用的信息。

备份路径中的下一跳路由器也称为可行后继路由器（FS）。当路由器失去了一条路由时，它将查看拓扑结构表以寻找一台 FS。如果有的话，这条路由将不会置为活跃状态，最佳的可行后继路由器将提升为后继路由器，并安装到路由表中。当没有可行后继路由器时，这条路由将置为活跃状态，并进行新的路由计算。

要考察下一跳路由器是否有资格成为可行后继路由器，它必须有一个小于当前后继路由可行距离的通告距离 AD。一次可以保留一台以上的可行后继路由器。

当没有可行后继路由器，但邻居路由器正在通告关于该目的地的路由时，将重新进行路由计算。通过这个过程，可确定一台新的后继路由器。重新计算路由所用的时间会影响收敛时间。

在下面的示例中，我们将检查路由器 C、路由器 D 和路由器 E 拓扑结构表中的部分条目（关于网络（a）），以便更好地理解 EIGRP 的行为。图 6-4 所示的部分拓扑结构表说明了以下内容：

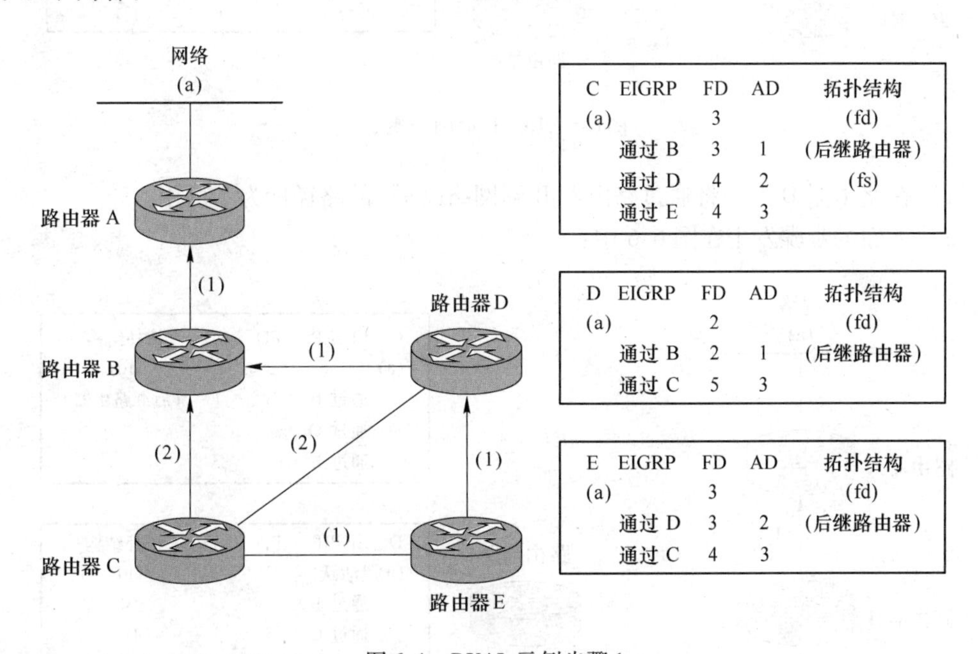

图 6-4 DUAL 示例步骤 1

(1) FD 或者 fd（可行距离）：等于去往网络（a）的链路开销总和。

(2) AD 或者 ad（通告距离）：相邻路由器所通告的到网络（a）的路径链路开销。

(3) 后继路由器：到网络（a）的包转发路径，路径开销等于 fd。

(4) FS 或者 fs（可行后继路由器）：可选路径。

示例网络是稳定和收敛的。

EIGRP 使用横向隔离技术。例如，路由器 E 将不把它到网络（a）的路由传给路由器 D，因为路由器 E 将路由器 D 作为它到网络（a）的下一跳。

在图 6-5 中，路由器 B 和 D 检测到了链路的失效。在通告了链路失效以后，DUAL 执行图 6-5 中的操作：

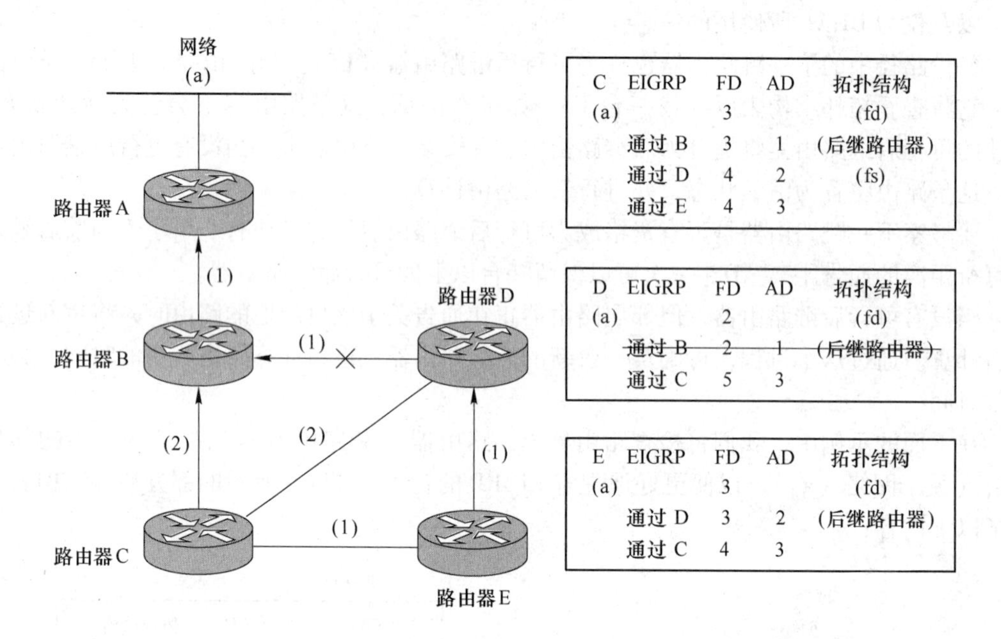

图 6-5 DUAL 示例步骤 2

（1）在路由器 D 上，将通过路由器 B 到网络（a）的路径标为不可用。

（2）下面的步骤发生在图 6-6 中：

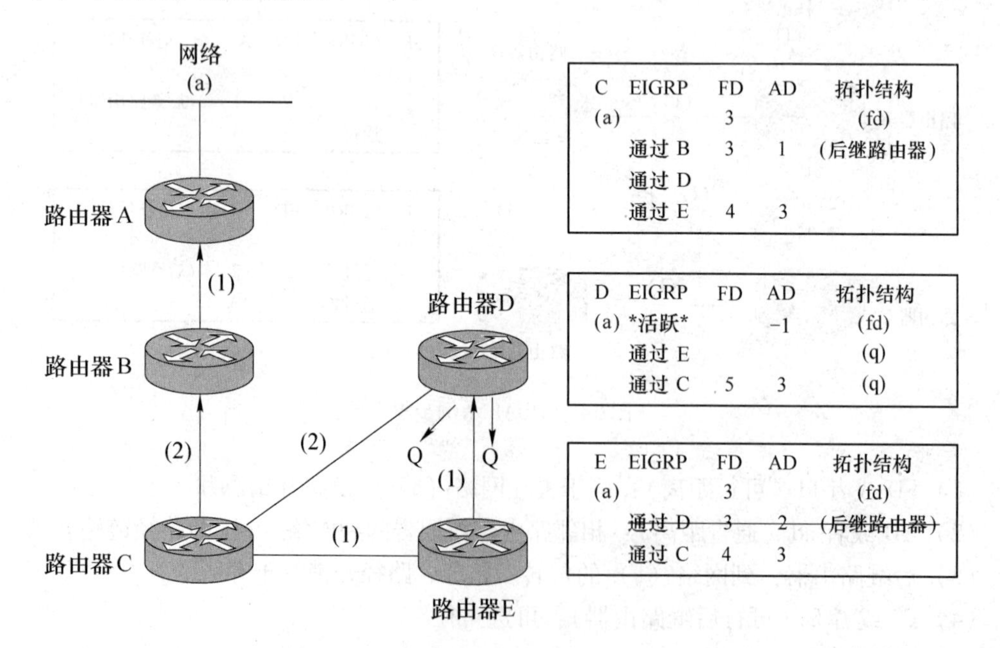

图 6-6 DUAL 示例步骤 3

在路由器 D 上，因为通过 C（3）的 AD 大于通过 B（2）的 FD，所以没有到网络（a）的可行后继路由。于是：

1）将到网络（a）的度量值设置为不可达（-1 为不可达）；

2）将到网络（a）的路由置为活跃状态；

3）向路由器 C 和路由器 E 发送查询其他可选路径的信息；

4）将路由器 C 和 E 标记为有查询挂起（q）。

（3）在路由器 E 上，将通过路由器 D 到网络（a）的路径标为不可用。

（4）下面的步骤发生在图 6-7 中：

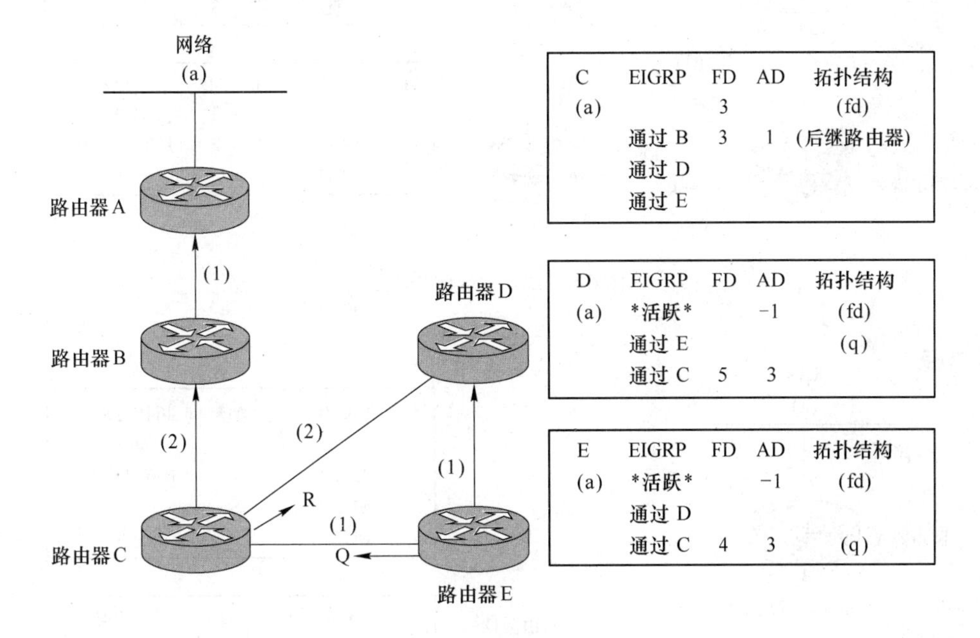

图 6-7　DUAL 示例步骤 4

在路由器 D 上，收到来自路由器 C 的答复：到网络（a）的路径没有变化。于是：

1）取消对路由器 C 的查询挂起标志；

2）到网络（a）的路由保持活跃状态，继续等待路由器 E 的答复（q）。

（5）在路由器 E 上，因为来自路由器 C（3）的 AD 不小于原来 FD 的（也是 3），所以没有到网络（a）的可行后继路由器。于是：

1）发出一个对路由器 C 的查询；

2）将路由器 C 标记为查询挂起（q）。

（6）下面的步骤发生在图 6-8 中：

在路由器 D 上，到网络（a）的路由仍保持活跃状态，继续等待路由器 E 的答复（q）。

在路由器 E 上，接收到来自路由器 C 的答复：没有变化。于是：

1）取消对路由器 C 的查询挂起标志；

2）计算新 FD 的，并将新的后继路由器安放到表中。

（7）下面的步骤发生在图 6-9 中：

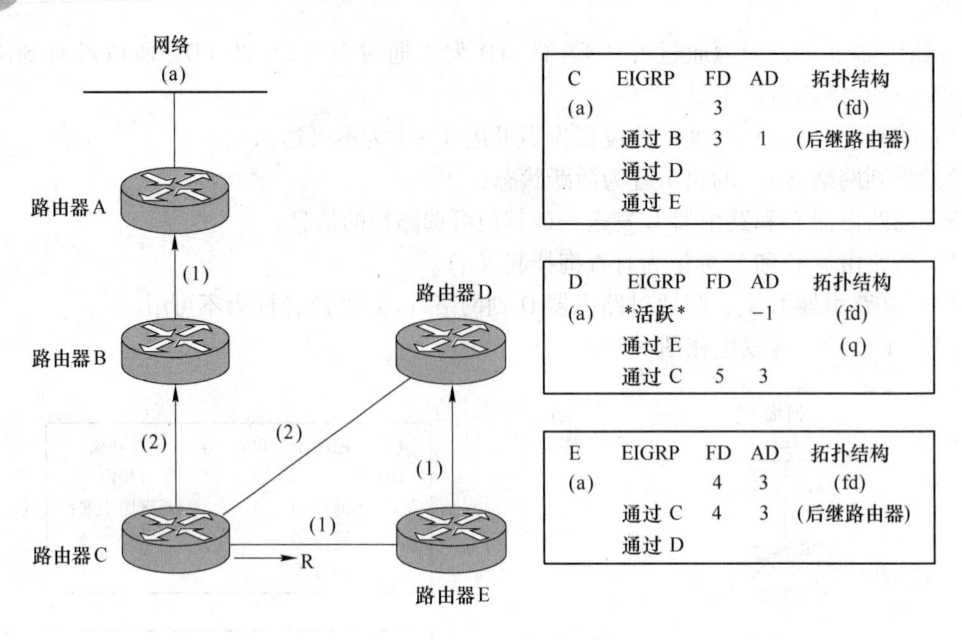

图 6-8　DUAL 示例步骤 5

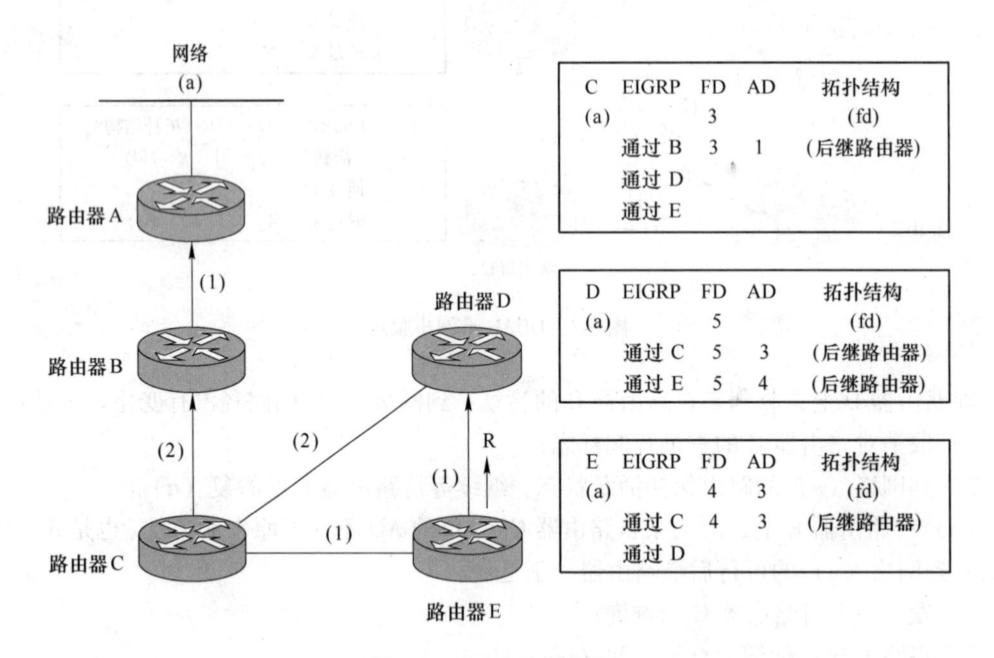

图 6-9　DUAL 示例步骤 6

在路由器 D 中，接收到来自路由器 E 的答复：

1）取消对路由器 E 的查询挂起标志；

2）计算新的 FD；

3）将新的后继路由器安装到路由表中。有两条路由的 FD 相同，它们同时标记为后继路由器。

（8）下面的步骤发生在图 6-10 中：

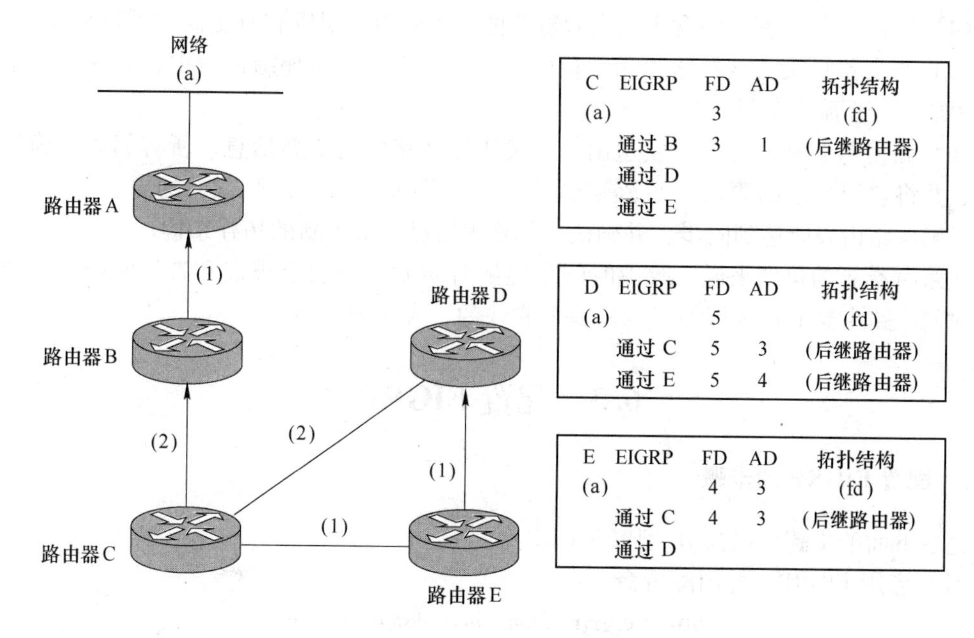

图 6-10　DUAL 示例步骤 7

在路由器 D 上，在拓扑结构表中有到网络（a）的两台后继路由器。两条后继路由都应该列在路由表中，而且等开销负载均衡功能应该生效。

现在，网络是稳定和收敛的。

在图 6-4 中，原来的拓扑结构表（在链路失效前）显示了从路由器 E 通过路由器 D 和 B 的数据流。在图 6-10 中，新的拓扑结构显示了从路由器 D 和 E 通过路由器 C 和 B 的数据流。

特别注意，当 DUAL 决定将数据包传输给一台邻居路由器时，数据包并没有实际生成，直到传输的那一刻。相反，传输队列中包含一些小的，大小固定的数据结构，它们指示当传输数据包时将拓扑结构表的哪些部分包括在该数据包中。这就是说，传输队列并不占用大量的内存，这也就意味着在各数据包中只传送最新信息。如果一条路由几次改变状态，那么在数据包中只传送最后的状态，因此降低了对链路的占用。

6.2.4　EIGRP 收敛

这里所介绍的 EIGRP 收敛步骤只是为了用于与其他路由协议进行比较。当运行 EIGRP 的路由器向其他路由器发送查询和更新消息时，它使用可靠的多目组播消息。当图 1-14 中的路由器 C 检测到网络失效时，EIGRP 收敛的过程如下：

（1）当路由器 C 检测到路由器 A 和路由器 C 之间以太网上的链路失效，它会检测拓扑结构表，以找出一个可行后继路由器，如果没有找到一个合格的替代路由，就会进入活跃（active）状态（表示它必须积极寻找一条新路由）。

（2）路由器 C 从所有接口发送出一个查询消息，以寻找到失效链路的其他路由，该查询使用 EIGRP 到多目组播地址 224.0.0.10。相邻路由器确认这个查询。

（3）来自路由器 D 的答复指明没有其他到网络 1.1.0.0 的路由。

（4）路由器 B 的答复包含了到失效链路的一条路由，尽管它有更高的可行距离。

（5）路由器 C 接受该新路径和度量值信息，将它放入拓扑结构表中，并在它的路由表中生成一个新路由条目。

（6）路由器 C 从所有接口发送出一个关于该新路由的更新信息。所有邻居都确认该更新，并将它们自己的更新（已经确认了的）送回发送方。这些双向的更新是必要的，这样可确保路由表能达到同步，并确认相邻路由器已知道了新的拓扑结构。

从路由器 E 的角度来说，收敛时间是检测时间的总和加上查询和答复时间，再加上更新时间。路由器 E 的实际收敛时间是非常快的，大约为 2 秒。

6.3 配置 EIGRP

6.3.1 配置 EIGRP 的步骤

完成下面的步骤可以为 IP 配置 EIGRP：

（1）启用 EIGRP，并用配置命令：

router eigrp *autonomous-system-number*

来定义自治系统。其中“*autonomous-system-number*”是标识自治系统的号码，它用来指示属于该互联网络自治域内的所有路由器，该值必须与本互联网络自治域内所有路由器的号码相匹配。

（2）启用路由器配置命令：

network *network-number*

来说明哪些网络是 EIGRP 自治系统的一部分。其中“*network-number*”决定了路由器的哪些接口参与 EIGRP，以及路由器向哪些网络进行通告。

（3）如果使用串行链路，特别是帧中继或 SMDS，应出于在链路上发送路由更新数据流的目的而定义链路的带宽。如果不改变这些接口的带宽值，那么 EIGRP 将假设链路上的带宽为 T1 速率。如果链路的实际速率较慢，那么路由器有可能收敛不了，或路由更新可能会损失。用接口配置命令

bandwidth *kilobits*

定义带宽，其中“*kilobits*”是以 Kbps 为单位的带宽值。

对于点对点拓扑结构，比如 PPP 或 HDLC，将带宽配置为与线速相匹配；对于帧中继点对点接口，将带宽设置为承诺信息率（CIR）；对于多点连接，将带宽设置为所有 CIR 的总和。

6.3.2 路由归纳

EIGRP 有些特性具有距离矢量特征，比如在主类网络地址边界上归纳路由——这是传统距离矢量型路由协议做法的一个例子。作为有类别路由协议的传统距离矢量型路由协议不能了解非直连网络的掩码，因为掩码不在路由更新中交换。

在有类别主类网络地址边界上归纳路由可生成较小的路由表。较小的路由表能使路由更新进程不那么带宽密集，即不占用较多的带宽。Cisco 距离矢量型路由协议缺省地启用自动归纳。正如前面所提到的，EIGRP 源于 IGRP，所以它也缺省地在网络地址边界上进

行归纳。EIGRP 缺省地进行自动归纳，但是它可以关闭。

不能在任意网络地址边界处进行路由归纳一直是距离矢量型路由协议的一个缺点。EIGRP 添加了这方面的功能，允许管理员关闭自动归纳，并且可在网络内创建一条或多条归纳路由。

当在接口上配置了路由归纳时，以 Null0（一个直连的、软件意义上的接口）为下一跳的归纳路由就添加到路由表中。

为了能进行有效的归纳，连续地址（子网）块应该回溯到一台共同路由器，这样就可以创建一条归纳路由。一条归纳路由可代替的子网数是与子网掩码扩展到主网络（自然）掩码的比特数有直接关系的。公式 2^n，其中 n 等于子网掩码减少的比特数，说明一条归纳路由可以代表多少个子网。例如，如果归纳掩码比子网掩码少 3 个比特，那么 8 个子网可以归纳到一个路由通告中（$2^3=8$）。

当创建归纳路由时，管理员只需要规定归纳路由的 IP 地址和路由掩码。Cisco IOS 会处理有关正确实施的细节，比如度量值、环路防止，以及当归纳路由不再有效时从路由表中去掉该路由。配置归纳方法如下所述。

EIGRP 自动在有类别网络地址边界归纳路由，但是在有些情况下，我们希望关闭这一功能，比如当有不连续子网时。EIGRP 路由器对它不直连的网络不进行自动网络归纳。

要关闭自动归纳功能，发送下面的命令：

no auto-summary

用下面的接口命令在任意网络地址边界或在路由器不直连的网络创建一条归纳路由：

ip summary-address eigrp *as-number address mask*

表 6-1 总结了这条命令。

表 6-1　“ip summary-address eigrp” 命令

命　令	描　　述
as-number	EIGRP 自治系统号
address	作为归纳地址被通告的 IP 地址。该地址不需要定位在 A 类、B 类或 C 类边界上
mask	用来创建归纳地址的 IP 掩码

图 6-11 显示了一个不连续网络 172.16.0.0。缺省地，路由器 A 和 B 都在有类别网络

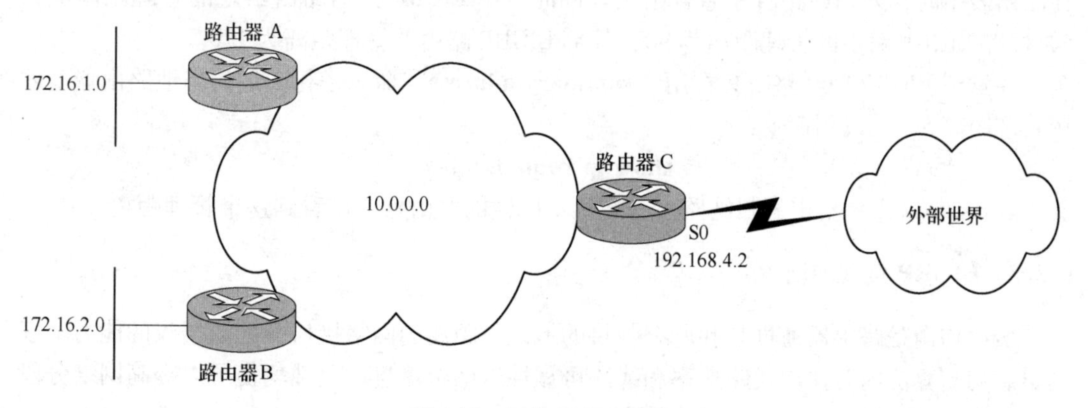

图 6-11　归纳 EIGRP 路由

地址边界归纳路由。在本例中，路由器 C 将有两条同样好的到网络 172.16.0.0 去的路由，并且将在路由器 A 和 B 之间进行负载均衡。

如例 6-2 所示，我们可以关闭这一功能以取消路由归纳，这样路由器 C 就可以准确地知道子网 172.16.1.0 通过路由器 A 可达，子网 172.16.2.0 只有通过路由器 B 才可达。

【例 6-2】在路由器 A 和 B 上关闭 EIGRP 自动归纳。

```
router eigrp 1
  network 10.0.0.0
  network 172.16.0.0
  no auto-summary
```

EIGRP 路由器只自动归纳它所直接连接网络的路由。如果一个网络没有在主类网络地址边界自动归纳（比如在路由器 A 和 B 中，因为自动归纳功能关闭了），那么所有子网路由都将被带进路由器 C 的路由表中。接着，路由器 C 将把有关 172.16.1.0 和 172.16.2.0 子网的路由信息发送给广域网。

如例 6-3 所示，强制将归纳路由从路由器 C 的接口 S0 送出去，将有助于减少对网络 172.16.0.0 到外部世界的路由通告。下面是进行强制归纳的步骤：

（1）选择将传播路由归纳的接口。

（2）规定路由归纳的格式和被路由归纳的自治系统号码。

【例 6-3】强制归纳。

```
router eigrp 1
  network 10.0.0.0
  network 192.168.4.0
!
int S0
  ip address 192.168.4.2 255.255.255.0
  ip summary-address eigrp 1 172.16.0.0 255.255.0.0
```

对于手工归纳，只有当归纳地址中的某一部分（归纳路由所涵盖的一个条目）出现在路由表中时，该归纳路由才通告出去。同时，IP EIGRP 归纳路由给定的管理距离值为 5，标准 EIGRP 路由的管理距离为 90，外部 EIGRP 路由的管理距离为 170。

注意到 EIGRP 归纳路由只在用“**summary-address**”命令进行归纳的本地路由器上才用管理距离 5，可以用命令：

show ip route *network*

其中，“*network*”是指定的归纳路由，在执行归纳的路由器上可看到这个管理距离。

6.3.3　EIGRP 负载均衡

负载均衡是路由器通过它和所有与目的地址等距离的网络接口分配数据流的能力。好的负载均衡算法同时使用线路速率和线路可靠性这两个信息。负载均衡可以提高网络分段的利用率，因此增加了有效的网络带宽。

缺省地，Cisco IOS 将在最多 4 条等开销路径之间进行负载均衡。通过路由器配置命令：

maximum-paths *number*

可以请求在路由表中最多保留 6 条同样好的路由。其中，“*number*”表示最多可保留的同样好的路由条目数。当使用处理器交换方式转发数据流时，在等开销路径上的负载均衡将以每个数据包为基础进行；当采用快速交换方式转发数据包时，在等开销路径上的负载均衡将以每个目的地为基础进行。

EIGRP 能够在有不同度量值的多条路径上均衡数据流。所执行的负载总量可以通过路由器配置命令：

variance *number*

进行控制。其中，“*number*”表示控制负载均衡范围的变化因子（乘数）。

用于控制负载均衡范围的变化因子（乘数）*number* 是一个在 1 到 128 之间的值，缺省值是 1，也就是等开销负载均衡。该乘数因子定义了将被负载均衡所接受的度量值范围。在图 6-12 中，该变化因子是 2，路由器 E 去往网络 Z 的度量值（可行距离）范围在 20 到 45。该值的范围用于对一条潜在路由的可行性选择过程。如果路径中的下一台路由器比本路由器离目的地更近，并且整条路径的度量值是在变化因子所规定的范围之内，那么这条路由就是可行的。只有可行路由才能用于负载均衡。下面列出了可行路由需满足的两个条件：

（1）本地最佳度量值（当前可行距离）必须大于从相邻路由器所学到的该相邻路由器的通告距离。

（2）变化因子 × 本地最佳度量值（当前可行距离）必须大于相邻路由器的通告距离。

如果同时满足了这两个条件，那么经过该相邻路由器的路由认为是可行的，并且添加到路由表中。

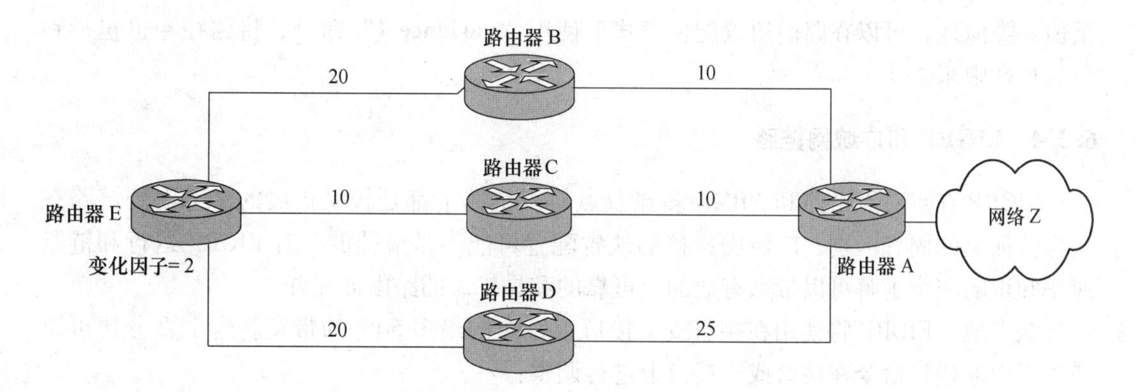

图 6-12　变化因子为 2 的 EIGRP 负载均衡

例如，在图 6-12 中，路由器 B、C 和 D 到网络 Z 的通告距离分别为 10、10 和 25，路由器 E 到网络 Z 的可行距离为 20。当变化因子 =2 时，2 ×20 =40 分别大于路由器 B、C 和 D 到网络 Z 的通告距离分别为 10、10 和 25。但路由器 E 到网络 Z 的可行距离 20 小于路由器 D 的通告距离 25，因此，路由器 E 到网络 Z 的负载均衡路径只有两条：

路由器 E→路由器 B→路由器 A→网络 Z

路由器 E→路由器 C→路由器 A→网络 Z

当去往同一目的地有多条不同开销的可行路由时，要控制流量在这些路径间的分配方式，可以使用路由器配置命令：

traffic-share balanced | min

通过设置关键字“**balanced**”，路由器将按与不同路径相关联的度量值比率进行流量分布。如果设置关键字“**min**”，那么路由器将采用有最小开销的路由。

在图 6-12 中，路由器 E 将采用路由器 C 作为后继路由器，因为它的可行距离最小（20）。通过在路由器 E 上应用“**variance**”命令，经过路由器 B 的路径满足负载均衡的条件。在本例中，通过路由器 B 的可行距离小于两倍的后继路由（路由器 C）可行距离。路由器 D 将不考虑用来做负载均衡，因为通过路由器 D 的可行距离大于两倍的后继路由（路由器 C）可行距离。而且，因为路由器 D 的 AD 是 25，它大于路由器 E 的 FD（20），所以路由器 D 的不认为比路由器 E 距离目的地更近。

例 6-4 是另一个非等值负载均衡的示例，其中到目的地的 4 条不同路径有不同的度量值。

【例 6-4】 非等值负载均衡。

```
Path 1：1100
Path 2：1100
Path 3：2000
Path 4：4000
```

缺省地，路由器将同时通过路径 1 和 2 路由到目的地。要在路径 1、2 和 3 上进行负载均衡，可以使用“**variance 2**”的命令，因为 1100 × 2 = 2200，它大于通过路径 3 的度量值。类似地，可以在路由协议配置模式下使用“**variance 4**”命令，将路径 4 也包括到负载均衡中来。

6.3.4 EIGRP 和广域网链路

EIGRP 在点对点链路和 NBMA 多点及点对点链路上都是较易扩展的。考虑到链路在运行特征上的固有区别，广域网连接的缺省配置可能不是最佳的。对 EIGRP 运行和链路速率知识的完全了解可以带来有效的、可靠的和易扩展的路由器配置。

缺省地，EIGRP 将使用在接口或子接口上宣布的最多 50% 的带宽。这个百分比可以通过下面的接口命令在接口或子接口上进行调整：

ip bandwidth-percent eigrp *as-number percent*

其中，“*percent*”可以设置为大于 100 的值。如果链路带宽因为路由策略的原因被人工配制得低了，这条命令就比较有用。例 6-5 显示了一个使 EIGRP 可以在接口上使用 40Kbps（200% 的配置带宽）带宽的配置。确保线路具有处理所配置容量的能力，是非常关键的。

【**例 6-5**】调整 EIGRP 对链路带宽的使用。

```
interface serial0
bandwidth 20
ip bandwith-percent eigrp 1 200
```

当涉及带宽时，Cisco IOS 对待点对点帧中继子接口的方式与任何其他串行接口一样。IOS 假定这些串行接口和子接口都以 100% T1 线路速率运行。然而，在许多实施中，只有部分 T1 速率可用。因此，当配置这些类型的接口时，应将带宽设置为与服务合同约定的 CIR 相匹配。

当配置多点接口（特别是帧中继）时，要记住带宽是被所有邻居平等分享的。也就是说，EIGRP 通过用该物理接口所连接帧中继邻居的数目去除该物理接口上的“**bandwidth**”命令语句所规定的带宽，来得到属于各邻居的带宽。EIGRP 配置应该反映线路上实际可用带宽的正确百分比。

各安装实施都有唯一的网络拓扑结构，同时也就有唯一的配置。不同的 CIR 值经常需要使用将多点电路与点对点电路特性混合起来的一种混合配置。当配置多点接口时，将带宽配置为电路条数乘上最小的 CIR。这种方式可能无法完全利用较高速率（CIR）的电路，但是它能确保最低 CIR 的电路不过载。如果网络拓扑结构中有少量速率较低的电路，那么这些接口应该定义为点对点连接，这样它们的带宽可以配置为与配给的 CIR 相匹配。

在图 6-13 中，接口已经配置为 224Kbps 的速率。在纯多点拓扑结构中，各条电路将分配给物理接口上的带宽为总带宽的 1/4，这 56Kbps 的带宽分配与各电路所配给的 CIR 是相匹配的。

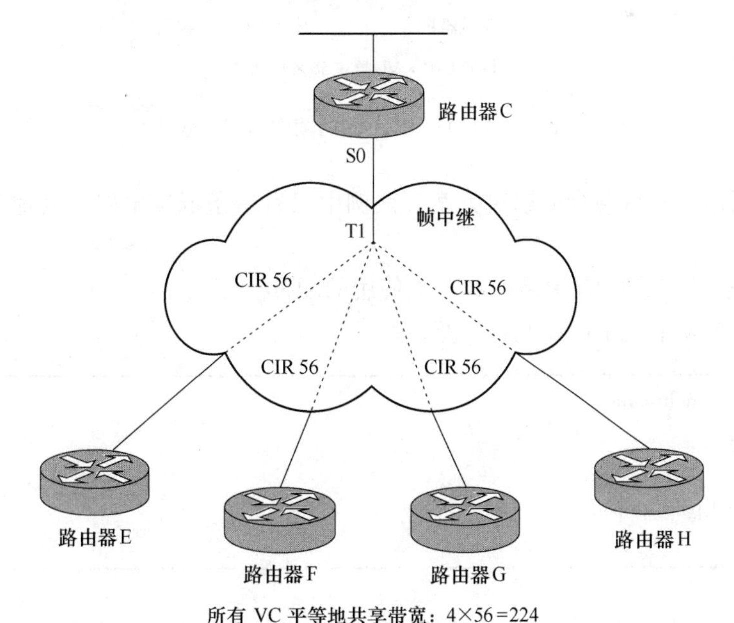

图 6-13　所有 VC 都平等共享带宽的帧中继多点连接

例 6-6 显示了路由器 C 串口 S0 的配置。

【例 6-6】在接口上调整“**bandwidth**”命令。

```
interface serial 0
encapsulation frame-relay
  bandwidth 224
```

在图 6-14 中，其中一条电路配置了 56Kbps 的 CIR，而其他电路有更高的 CIR。这个接口已经为表示最低 CIR 的带宽乘上所支持的电路数（56 ×4 =224）进行了配置。这种配置可保证拓扑结构中速率最低的电路不过载。

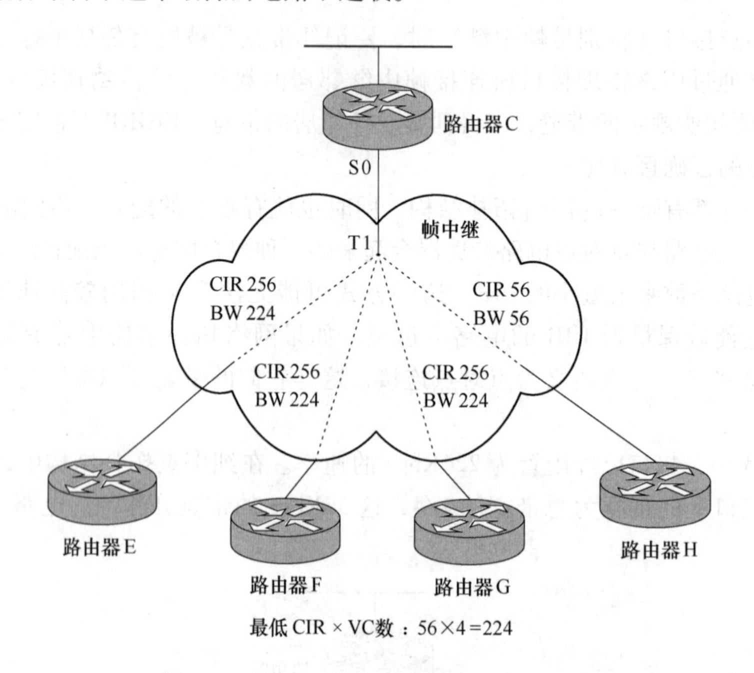

图 6-14 VC 的 CIR 不同的帧中继多点连接

图 6-15 展示了一种混合型解决方案。该例中只有一条低速电路，其他电路都配备了更高的 CIR。

例 6-7 显示了在图 6-15 中路由器 C 上使用的配置。

【例 6-7】为帧中继子接口调整带宽。

```
interface serial 0. 1 multipoint
  bandwidth 768

interface serial 0. 2 point-to-point
  bandwidth 56
```

例 6-7 显示了配置为点对点连接的低速电路。其余的电路设计为多点连接，并且它们各自的 CIR 加在一起以设置该接口的带宽。

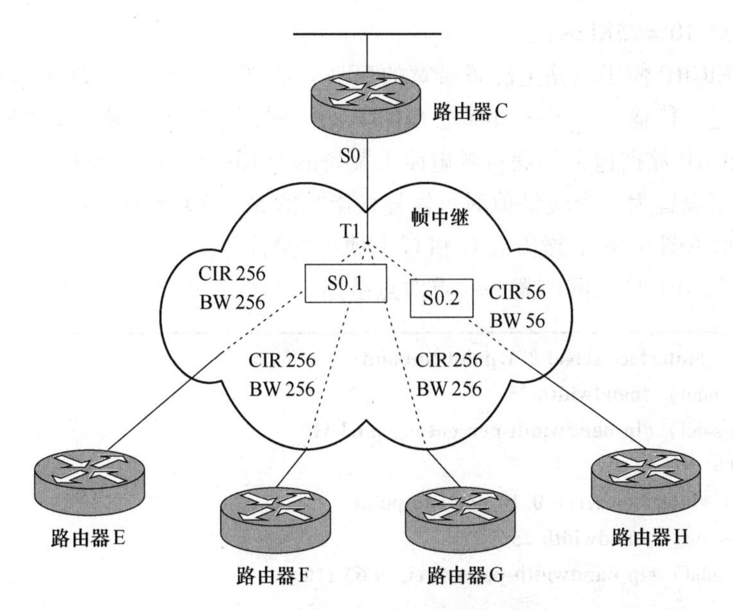

图 6-15　帧中继多点和点对点连接

图 6-16 展示出了一种普通的“中心—分支（hub-and-spoke）”型过预订的拓扑结构，它有 10 条远程虚拟电路，S0 接口的总带宽为 256Kbps。

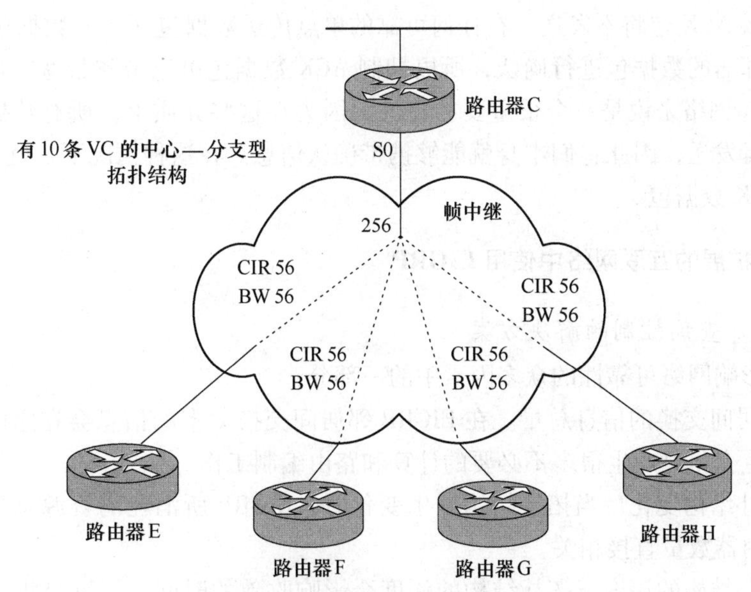

图 6-16　帧中继“中心—分支”型拓扑结构

这些电路配置为 56Kbps 的链路，但在物理接口上并没有足够的带宽来支持这种分配。在一个点对点拓扑结构中，所有的 VC 都平等地对待，并且都精确地配置为可用链路速率的 1/10，即 256/10 = 25Kbps。

缺省地，EIGRP 使用电路上配置带宽的 50%。在图 6-16 中，为确保 EIGRP 数据包通过帧中继网络进行传输，各子接口都把 EIGRP 的分配百分比提高到规定带宽的 110%。这种调整导致 EIGRP 数据包大约获得各电路上配备的 56Kbps 带宽的 28Kbps。这种额外的配置在带宽被人工设置为一个较低值时可恢复被影响的 50：50 比率。

例 6-8 显示了图 6-16 中路由器 C 和 G 上使用的配置。

【**例 6-8**】EIGRP 广域网配置——点对点链路。

```
RouterC (config) #interface serial 0.1 point-to-point
RouterC (config-subif) #bandwidth 25
RouterC (config-subif) #ip bandwidth-percent eigrp 63 110
<output omitted>
Routerc (config) #interface serial 0.10 point-to-point
Routerc (config-subif) #bandwidth 25
Routerc (config-subif) #ip bandwidth-percent eigrp 63 110

RouterG (config) #interface serial 0
RouterG (config-if) #bandwidth 25
RouterG (config-if) #ip bandwidth-percent eigrp 63 110
```

特别注意，抑制 ACK 数据包可以节省带宽。如果一个单点传输数据包已准备好要进行传输，那么 ACK 包将不发送。在任何可靠的单点传送数据包（RTP 数据包）中的 ACK 域都足以对邻居的数据包进行确认，所以抑制 ACK 数据包可以节省带宽。这对于点对点链路和 NBMA 网络来说是一个很重要的特性，因为在这些介质上，所有数据包都以单点传送方式进行发送，因此它们本身就能够携带确认信息。在这种情况下，就不需要另外再发送一个 ACK 数据包。

6.3.5 在可扩展的互联网络中使用 EIGRP

6.3.5.1 查询控制的解决方案

下面是影响网络可靠性的众多因素中的一部分：

（1）邻居间交换的信息总量。在 EIGRP 邻居间交换太多的信息会在路由进程启动和拓扑结构发生变化时产生很多不必要的计算和路由编制工作。

（2）拓扑结构变化。当拓扑结构发生变化时，EIGRP 所消耗的资源总量与由该变化所涉及的路由器数量直接相关。

（3）拓扑结构的深度。拓扑结构的深度会影响收敛的时间。深度是指信息到达所有路由器所必须经过的跳数。

（4）网络中的备选路径数。网络应该提供其他备选路经以避免单点失效的情形。然而，与此同时，太多的额外路径会给 EIGRP 的收敛带来问题。

作为一个高级距离矢量型路由协议，EIGRP 依赖于它的邻居来提供路由信息。如果一条路由丢失了，并且又没有可行后继路由器，那么 EIGRP 将向它的邻居查询有关该丢失路由的信息。

如果路由器丢失了一条路由，并且在它的拓扑结构表中没有可行后继路由器的话，那么它就会寻找去往该目的地的其他路由。这称为路由活跃（去往该目的地的路由置为活跃状态，当路由器不再对一条路由执行重新编制计算时，该路由认为是被动的）。路由的重新编制涉及在接口上向所有邻居发送查询数据包，但不向以前的后继路由器的接口发送（横向隔离），来查询它们是否有到给定目的地的路由。如果某台路由器有一条备选路由，那么它将对查询进行应答，并且不再进一步扩散这个查询信息。如果邻居路由器没有备选信息，那么它将向它自己的每个邻居查询备选路由。这样一来，查询信息将传遍整个网络，因此会创建出一个查询扩展树。当路由器对查询进行应答时，它就不再将查询信息通过网络的那个分支继续传播下去。

因为 EIGRP 为丢失路由查询备选路由所用的多目组播方法非常可靠，所以对每个查询必须收到一个答复。换句话说，当一条路由置为活跃状态，并为之发起了查询时，使这条路由脱离活跃状态的唯一方法是收到对每个查询的答复。因此，当路由器接收到对于每个所生成查询的答复时，这条路由就可以从活跃状态转为被动状态。

如果路由器在 3 分钟内没有接收到对查询的任何答复，那么该路由将置为活跃阻陷（stuck in active，SIA）状态。然后，路由器将重置这些没有做答复的邻居：将从这些邻居处学来的所有路由均置为活跃状态，并向这些邻居重新通告全部路由。限定查询信息在网络中的传播范围（查询范围），也称为查询界限，有助于降低 SIA 事件的发生。

活跃状态时间限制可以通过路由器进程配置命令：

timers active-time ［*time-limit*｜**disabled**］

从缺省的 3 分钟改变为其他值，其中“*time-limit*”以分钟为单位。

可以用命令：

eigrp log-neighbor-changes

来启动对邻居相邻关系变化的记录，以监视路由系统的稳定性，并帮助监测有关 SIA 的问题。

有许多网络的实施采用了多个 EIGRP 自治系统、在不同自治系统间使用双向的路由再发布，以在某种程度上模仿 OSPF 区域。尽管这种方法确实改变了网络运行的方式，但是它不能总实现所预想达到的目的。

对于减少路由条目处于 SIA 状态机会的一种错误的解决方法是采用多个 EIGRP 自治系统，因为这样限制了查询范围。如果一个查询到达了 AS 的边缘（在这里路由被再分布到另一个 AS），那么原始的查询将被答复。然后，一个新查询将由边界路由器的另一个自治系统中发起。这样一来，查询过程就还没有停止，因为查询继续在另一个 AS 中进行，在那里路由有可能进入 SIA 状态。

缺省地，SIA 状态最多持续 3 分钟。超时后，DUAL 将重置与不答复查询信息的邻居的相邻关系。

控制查询的最佳解决方案是缩小查询信息在互连网络中的可达范围。这可以通过路由归纳来完成。可是，查询范围并不是路由被报告处于 SIA 状态的主要原因，最主要的原因如下：

（1）路由器太忙。路由器太慢以至没有时间答复查询（通常是因为过高的 CPU 使用率)。

(2) 路由器有内存问题。路由器不能分配处理查询或创建答复数据包的内存。

(3) 数据包因为电路问题在路由器间丢失。足够的数据包通过该电路交换以维持相邻关系的 up，但有些查询或答复数据包没能通过该电路。

(4) 路由器正在使用单向链路。这是一条由于某种故障在上面只能进行单方向数据传输的链路。

远程路由器一般不需要知道在整个网络中通告的全部路由。因此，网络管理员应该负责确定为正确地转发到用户数据流的哪些信息是必要的，也许还应考虑使用缺省路由。

用来限制对其他路由器提供什么信息的技术示例包括：用于路由更新信息的过滤器，在路由器输出接口上的“**ip summary-address**”命令。

在图 6-17 中，路由器 B 注意到网络 10. 1. 8. 0 的丢失，它向路由器 A、C、D 和 E 发送了一个查询消息。各路由器依次向其邻居发出查询以寻找到网络 10. 1. 8. 0 去的一条可行后继路由。在查询过程的开始，由于网络拓扑结构的原因，各路径都接收到了重复的查询。因此，远程路由器不仅需要答复来自总部办公室的查询，它们还会将查询反射回总部办公室的其他路由器以继续这一查询。这将网络的收敛过程严重地复杂化了。

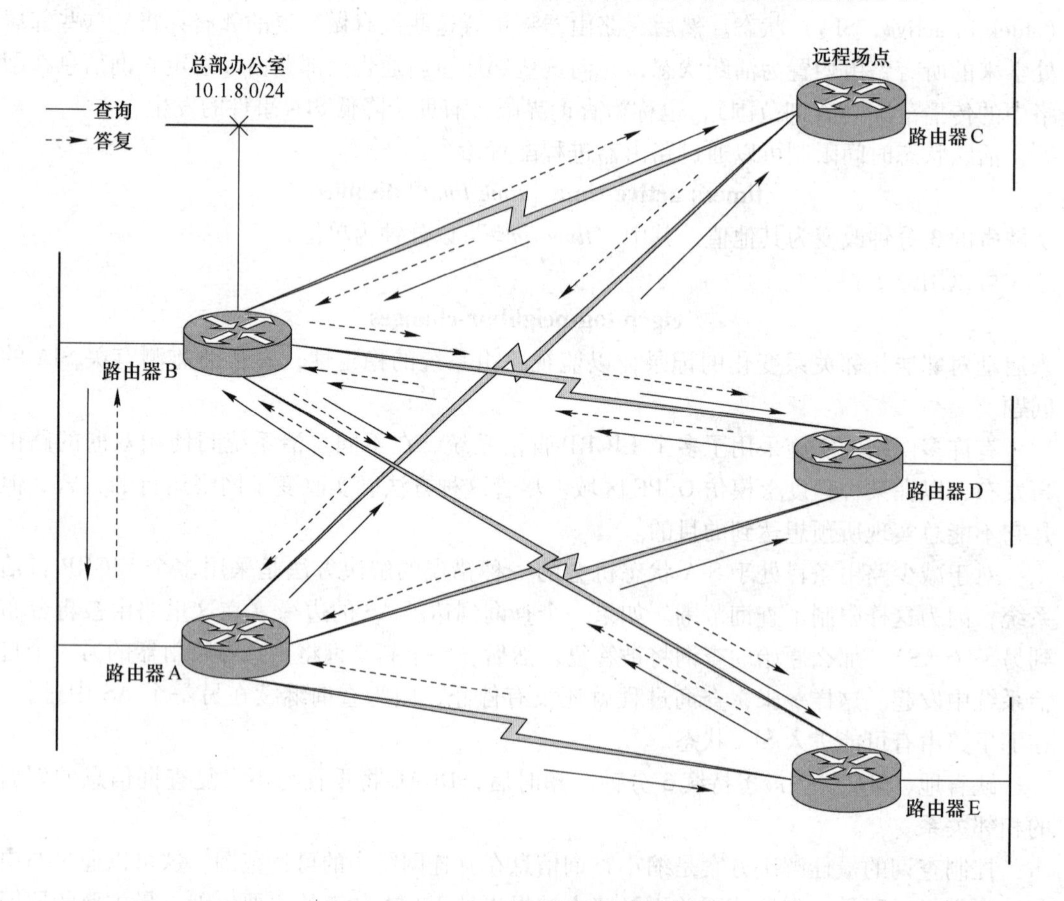

图 6-17　EIGRP 更新和查询过程的影响

在图 6-17 中，网络设计者用从总部办公室到远程场点的两条链路来提供冗余。设计者并不想让数据流从总部办公室流向远程办公室然后再流回总部办公室，但不幸的是，这种情况恰恰会发生。应该说，图 6-17 中的网络设计得很好，但是由于 EIGRP 的行为，远程路由器将被牵扯到收敛过程中。

在路由器 A 和 B 上正确地设置“**ip summary-address**”命令将有助于防止某些路由成分被转发给远程路由器，如图 6-18 所示，这样就可以减少反射回总部办公室的查询。

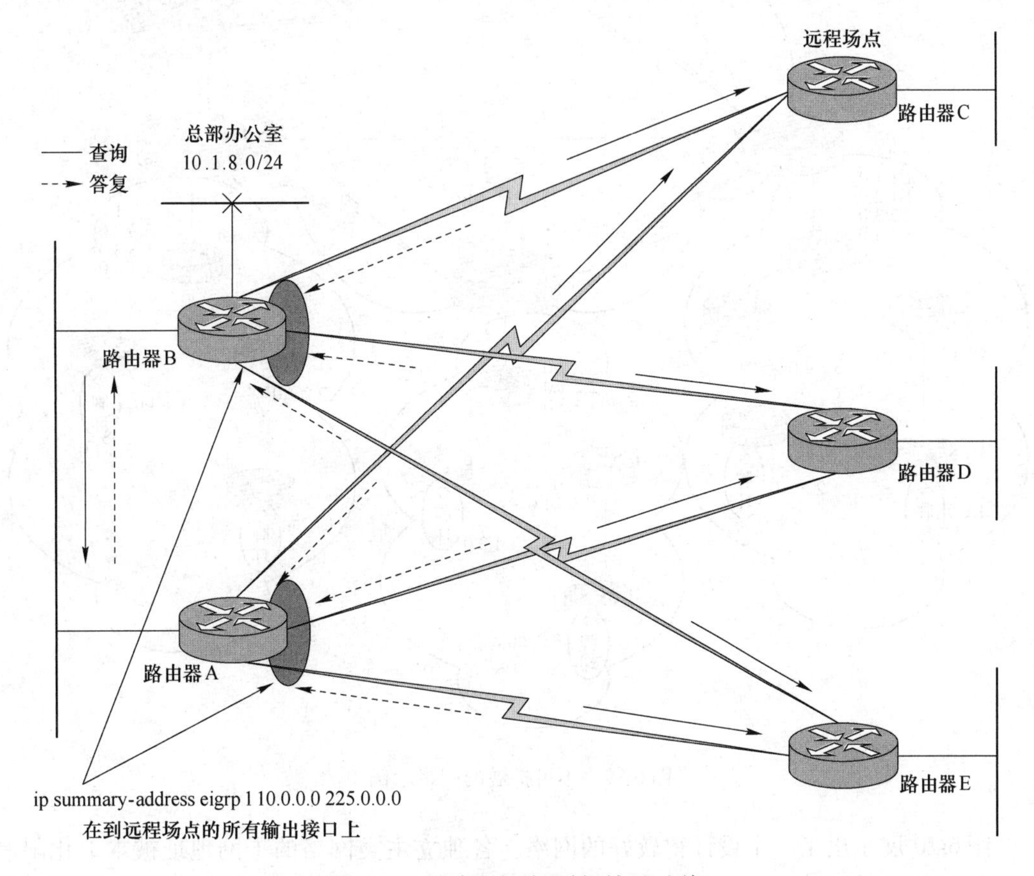

图 6-18　用路由归纳限制更新和查询

另一种方法是通过安装路由过滤器来限制对远程路由器的通告。正确地使用过滤能让远程路由器答复：总部办公室的局域网不可达。路由归纳和路由通告过滤的组合会是最好的解决方案。

6.3.5.2　EIGRP 易扩展性的规则

EIGRP 有许多可以用于创建非常大型互连网络的性能。牢靠的设计原理是网络框架所依赖基础。

正确的地址分配可使路由归纳更为有效。两到三层的体系结构、按功能而不是按地址的位置来分配路由器，将大大有助于数据流的分配和路由的发布。

图 6-19 显示了一个不可扩展的互连网络的拓扑结构，在这里，地址（子网）是随机进行分配的。在该示例中，来自不同主类网络的多个子网都混杂位于所有网络云图中，所以就需要将许多子网路由发送到核心网络。此外，因为地址的随机分配，查询数据流不能

被本地化限制在网络中的任一部分，这也增加了收敛时间。

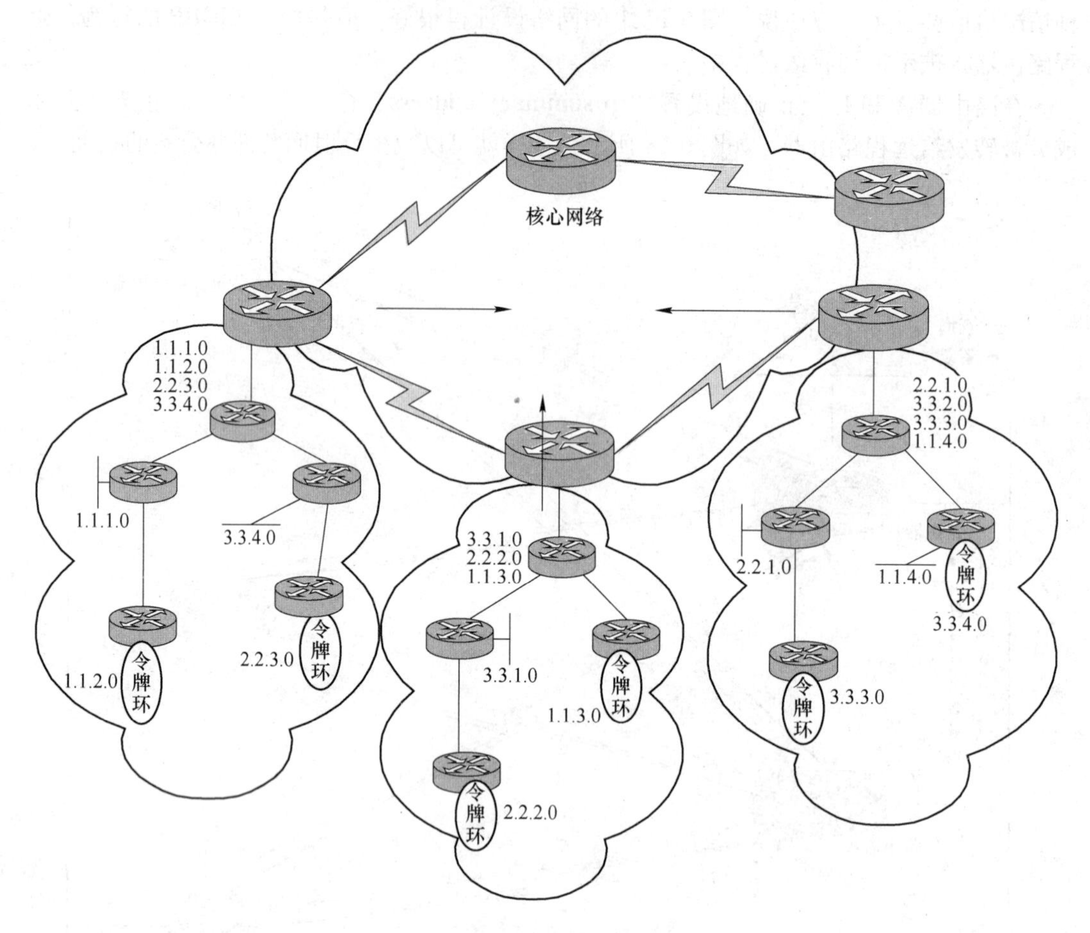

图 6-19　不可扩展的网络示例

图 6-20 展示出了一个设计得较好的网络。各独立主类网络的子网地址被本地化限制用在各个网络云图内，这使得归纳路由可以发送到核心网络。作为一个附加优点，归纳路由是由拓扑结构变化所导致查询消息的边界。

6. 3. 5. 3　分级网络设计

一个分级网络模型，如图 6-21 所示。在体系化模型的所有各层上提供了许多益处：

（1）在核心层。归纳路由减小了核心路由器路由表的大小。这些更小的路由表对于路由查找更为有效，因此可以提供快速交换核心。

（2）在区域总办公室。归纳路由在区域总部办公室通过减少要检查条目的数量帮助选择最有效的路径。

（3）在远程办公室。为远程办公室正确分配地址块可将本地数据流限制在本地，使之不成为网络其他部分的不必要负担。

为了 EIGRP 的正确运行，应该遵从一些常规的设计规则。位于网络收敛点位置上的路由器需要足够的内存来缓存大量的数据包和支持与路由大量数据流有关的众多进程。

在广域网链路上，特别在“中心—分支”型拓扑结构中，应该提供足够的带宽来防

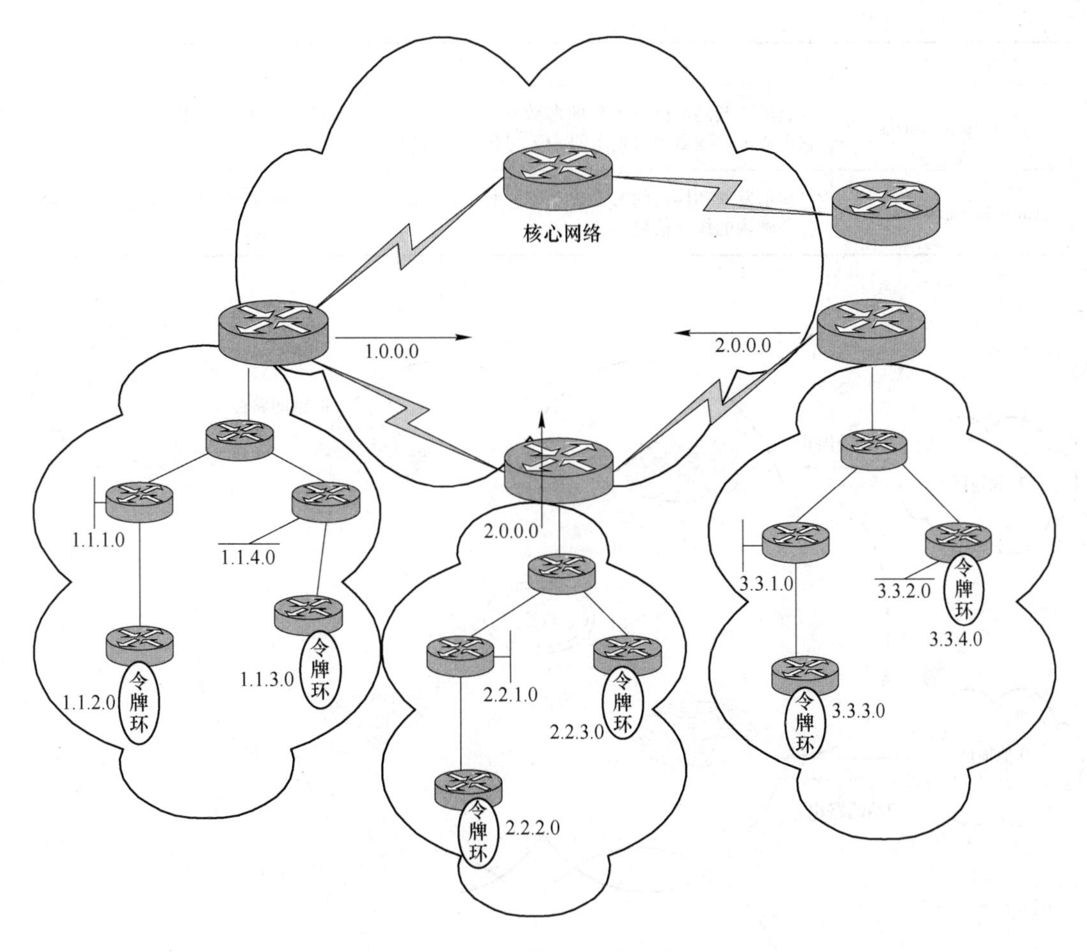

图 6-20 可扩展的网络示例

止路由器的额外数据流开销干扰正常的用户数据流。在这个方面，由于带宽竞争而造成 EIGRP 数据包丢失的影响可能大于一些用户所经历的应用延迟。

多个自治系统可以通过路由再发布进程来共享路由信息。路由再发布的正确实施需要用到路由过滤器来防止反馈环路。强调建议在路由协议和多个自治系统之间进行路由再发布时实施路由过滤。

6.3.6 验证 EIGRP 的运行

表 6-2 描述了用来验证 EIGRP 运行的命令。

表 6-2 验证 EIGRP 运行的命令

命 令	描 述
show ip eigrp neighbors	显示 EIGRP 所发现的邻居
show ip eigrp topology	显示 EIGRP 拓扑结构表。该命令显示拓扑结构表、活跃或被动状态路由、后继路由器的数量和到目的地的可行距离
show ip route eigrp	显示当前在路由表中的 EIGRP 条目

续表 6-2

命　　令	描　　述
show ip protocols	显示活跃路由协议进程的参数和当前状态。该命令可显示出 EIGRP 自治系统号码。它也显示过滤器和再发布的 ACL 号码，以及邻居和距离信息
show ip eigrp traffic	显示发送和接收的 EIGRP 数据包数量。该命令显示对 Hello 数据包、更新、查询、答复和确认的统计信息

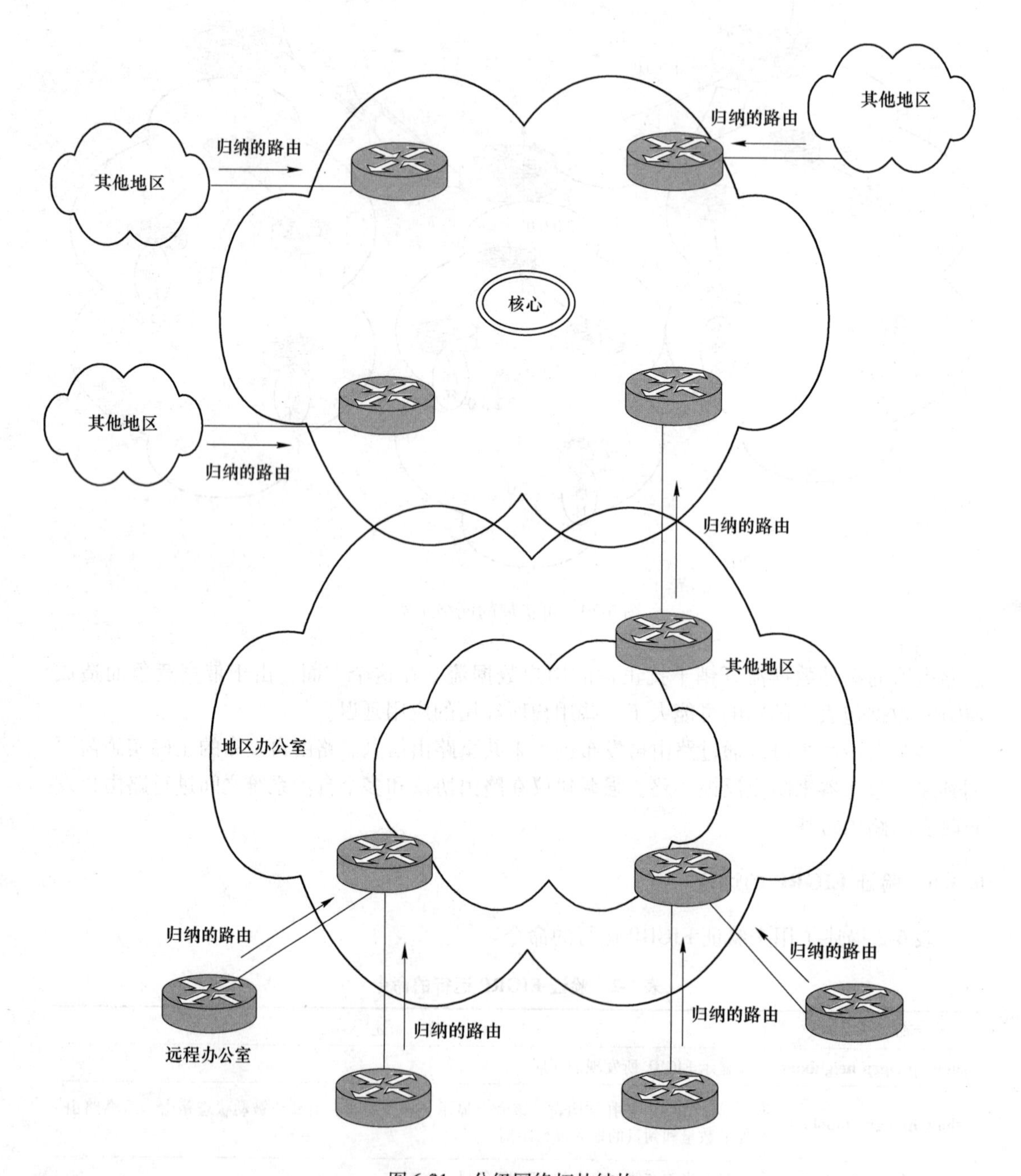

图 6-21　分级网络拓扑结构

表6-3 显示了用来验证 EIGRP 运行的“**debug**”命令。

表6-3 “debug”命令

命　令	描　述
debug eigrp packets	显示发送和接收的 EIGRP 数据包类型。可以为单独或组显示选择最多 11 个数据包类型
debug eigrp neighbors	显示 EIGRP 所发现的邻居和 Hello 数据包的内容
debug ip eigrp	显示在接口上发送和接收的 EIGRP 数据包，因为“**debug ip eigrp**”命令会产生大量的输出信息，所以只有当网络上的流量较小时才使用
debug ip eigrp summary	显示 EIGRP 活动的归纳信息。它也显示过滤器和再发布的 ACL 号码，以及邻居和距离信息

6.4 综合配置实例

这一节包括配置示例和“**show**”命令的输出示例，这些都是源自对图 6-22 中所示网络的配置结果。例 6-9 给出了运行 EIGRP 的路由器 C 的配置输出。

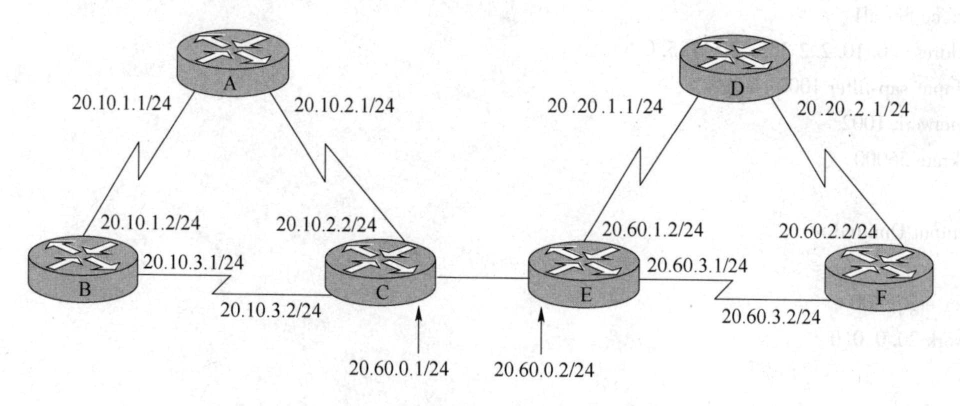

图 6-22　EIGRP 配置示例所用的拓扑结构

【**例 6-9**】图 6-22 中路由器 C 配置 EIGRP。

```
C#show run
Building configuration…
Current configuration…
!
version 11.2
no service password-encryption
no service udp-small-servers
no service tcp-small-servers
!
Hostname C
!
enable password san-fran
!
```

```
no ip domain-lookup
ipx routing 000.0c01.3333
ipx maximum-paths 2
!
interface Loopback0
no ip address
ipx network 1013
!
interface Ethernet0
ip address 20.60.0.1 255.255.255.0
!
interface Serial0
ip address 20.10.3.2 255.255.255.0
ipx input-sap-filter 1000
ipx network 1003
!
interface Serial1
ip address 20.10.2.2 255.255.255.0
ipx input-sap-filter 1000
ipx network 1002
clockrate 56000
!
 <Output Omitted>
!
router eigrp 200
network 20.0.0.0
!
no ip classless
!
!
line con 0
exec-timeout 0 0
line aux 0
line vty 0 4
login
!
end
```

例 6-10 展示出了运行 EIGRP 的路由器 C 的拓扑结构数据，这时还没有修改链路带宽，也就是说，所有链路的带宽现在都是相等的。可以看到，在有到相同网络（20.10.1.0）的等开销路径的情况下，这些等开销路径都作为后继者（successor）出现在拓扑结构表中。

【例 6-10】 修改带宽值之前图 6-22 中路由器 C 的拓扑结构数据库。

```
C#show ip eigrp topology
IP-EIGRP Topology Table for process 200
Codes: P-Passive, A-Active, U-Update, Q-Query, R-Reply, r-Reply status
P 20.10.3.0/24, 1 successors, FD is 2169856
        via Connected, Serial0
P 20.10.2.0/24, 1 successors, FD is 2169856
        via Connected, Serial1
P 20.10.1.0/24, 1 successors, FD is 2681856
        via 20.10.3.1 (2681856/2169856), Serial0
        via 20.10.2.1 (2681856/2169856), Serial1
```

例6-11 配置了"**bandwidth**"和"**ip summary-address**"命令之后，运行EIGRP的路由器C的配置输出。串口0上的带宽被从缺省的1.55Mbps改变为64Mbps。

【例6-11】配置了"**bandwidth**"和"**ip summary-address**"命令后图6-22中路由器C的EIGRP配置。

```
C#show run
Building configuration...
Current configuration...
!
version 11.2
no service password-encryption
no service udp-small-servers
no service tcp-small-servers
!
Hostname C
!
enable password san-fran
!
no ip domain-lookup
ipx routing 000.0c01.3333
ipx maximum-paths 2
!
interface Loopback0
no ip address
ipx network 1013
!
interface Ethernet0
ip address 20.60.0.1 255.255.255.0
ip-summary-address eigrp 200 20.10.0.0 255.255.0.0
!
interface Serial0
ip address 20.10.3.2 255.255.255.0
ipx input-sap-filter 1000
```

```
ipx network 1003
bandwidth 64
!
interface Serial1
ip address 20. 10. 2. 2 255. 255. 255. 0
ipx input-sap-filter 1000
ipx network 1002
clockrate 56000
!
<Output Omitted>
!
router eigrp 200
network 20. 0. 0. 0
!
no ip classless
!
!
line con 0
exec-timeout 0 0
line aux 0
line vty 0 4
login
!
end
```

例 6-12 展示出了运行 EIGRP 的路由器 C 的拓扑结构数据库，这时已经修改了串口 0 的链路带宽，并做了地址归纳。我们将会注意到，对于网络 20. 10. 1. 0，现在只有一条路由作为后继者（successor）出现。

【例 6-12】应用“**bandwidth**”和“**ip summary-address**”命令后图 6-22 中路由器 C 的拓扑结构数据。

```
C#show ip eigrp topology
IP-EIGRP Topology Table for process 200
Codes: P-Passive, A-Active, U-Update, Q-Query, R-Reply, r-Reply status
P 20. 10. 3. 0/24, 1 successors, FD is 40512000
        via Connected, Serial0
        via 20. 10. 2. 1 (3193856/2681856), Serial1
P 20. 10. 2. 0/24, 1 successors, FD is 2169856
        via Connected, Serial1
P 20. 10. 1. 0/24, 1 successors, FD is 2681856
        via 20. 10. 2. 1 (2681856/2169856), Serial1
```

6.5　本章小结

在本章中，我们已经学习了 Cisco 的 EIGRP，一种使用 DUAL 算法做决定的高级路由协议。

我们学习了 EIGRP 是如何区别于 OSPF 的，比如 EIGRP 是怎样将发现邻居和路由学习进程结合为一步的。我们学到 EIGRP 的其他特性包括它对 VLSM 的支持和它的自动归纳特性。我们看到 EIGRP 非常适合于局域网和广域网流量，包括 NBMA 环境。

练　习　题

6-1　IGRP 和 EIGRP 在它们的度量值计算中的区别是什么？

6-2　为什么 EIGRP 路由更新认为是可靠的？

6-3　当一条路由标志为可行后继路由时意味着什么？

6-4　对于在帧中继点对点子接口上配置带宽，建议的实践指导是什么？

6-5　将描述语句的字母填写在该语句所描述的术语前面，如表 6-4 所示。一个语句有可能描述一个以上的术语。语句：

A. EIGRP 支持的网络协议

B. 包含可行后继路由信息的表

C. 决定包括在这个表中的路由信息的管理距离

D. 有到目的地最佳路径的相邻路由器

E. 有到目的地最佳备择路径的相邻路由器

F. EIGRP 所用的确保快速收敛的算法

G. 用来发现邻居的组播数据包

H. 当发现新邻居和发生变化时，EIGRP 路由器所发送的数据包

表 6-4　EIGRP 术语

答　案	术　语
	后继路由器
	可行后继路由器
	Hello 数据包
	拓扑结构表
	IP
	路由更新数据包
	AppleTalk
	路由表
	DUAL
	IPX

6-6 判断下面的语句是否正确：

（1）EIGRP 执行自动归纳。

（2）自动归纳不能关闭。

（3）EIGRP 支持 VLSM。

（4）EIGRP 能够维护三张独立的路由表。

（5）Hello 时间间隔是一个不可变的固定值。

7 BGP 协议及其配置方法

本章将介绍边界网关协议（BGP），包括BGP运行的基础。在学完本章内容之后，我们将掌握BGP的特性和操作、BGP团体（community）、对等体组（peer group）、BGP的同步以及怎样通过BGP的替代方式，即静态路由来连接到另一个自治系统（AS）。我们将能够学会解释BGP的策略路由如何在一个AS内运作，以及BGP对等关系（peering）是怎样起作用的。我们将能够学会描述和配置外部BGP和内部BGP。对于给定的一套网络需求，我们将能够学会配置一个BGP环境，并验证路由器的正确运行。

7.1 BGP概述

7.1.1 自治系统（AS）

一种对路由协议的分类方法是根据它们是否为内部协议或外部协议。下面是路由协议的两种类型：

（1）内部网关协议（IGP）。在自治系统内交换路由信息所使用的路由协议。RIP、IGRP、OSPF和EIGRP都是IGP的例子。

（2）外部网关协议（EGP）。在自治系统间进行互连所使用的路由协议。BGP、ISO-IGRP就是EGP的例子。

这个概念如图7-1所示。

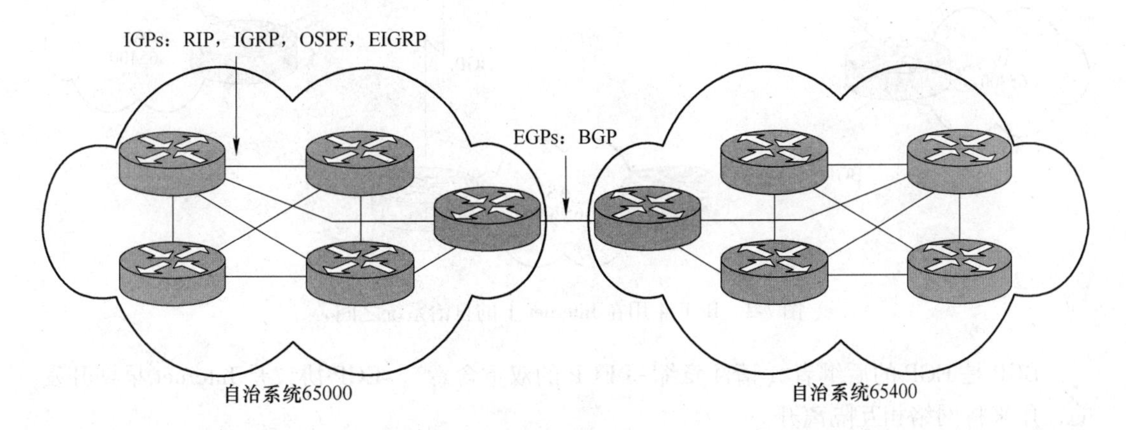

图7-1　IGP运行在自治系统内部，EGP运行在自治系统之间

BGP是一种域间路由协议（也称为EGP）。在本书中迄今所看到的所有路由协议都称为IGP的内部路由协议。

BGP版本4（BGP-4）是BGP的最新版本，它在RFC1771中定义。正如RFC中所注释的那样，自治系统的经典定义是“在单一技术管理下，采用同一种内部网关协议和统一度量值在AS内转发数据包，并采用一种外部网关协议将数据包转发到其他AS的一组路由器”。

今天，自治系统可以使用不止一种的IGP，并可以采用多套度量值。从BGP角度来说，AS的重要特征是AS对另一自治系统来说具有一个统一的内部路由计划，并为经其可达的目的地表现出一个一致的画面。AS内的所有部分必须全互连。

Internet号码分配管理局（IANA）是负责分配自治系统编号的最顶层管理机构。其下层机构有：Internet号码美洲登记处（ARIN），它有为美洲、加勒比海和非洲分配编号的权限；欧洲IP研究中心——网络信息中心（RIPE-NIC），它管理欧洲的编号；亚太-NIC（AP-NIC）管理着亚太地区的自治系统编号。

自治系统的指示符是一个16比特的数，其范围从1到65535。RFC1930给出了AS编号使用指南。从64512到65535的AS编号范围是留作私用的，这有点类似于私有Internet协议（IP）地址的使用。

特别注意，只有当机构打算使用类似于BGP的EGP时，才需要使用IANA分配的自治系统编号而不是某些其他编号。

7.1.2　BGP的应用

BGP用于自治系统之间路由，如图7-2所示。BGP的主要目标是提供一种能够保证自治系统间无环路的路由信息交换的域间路由系统。BGP路由器交换有关到目的地网络路径的信息。

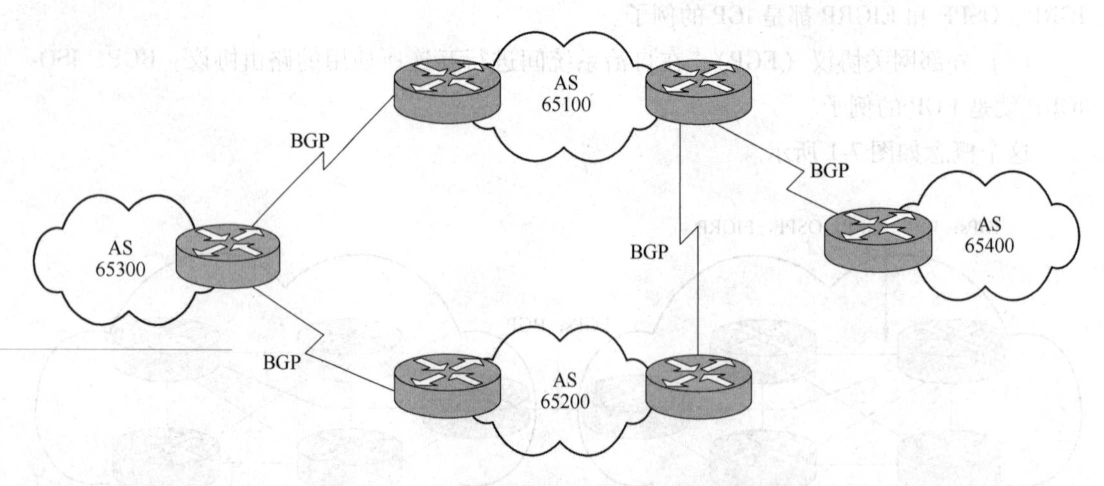

图7-2　BGP-4用在Internet上的自治系统之间

BGP是EGP的后继者（请注意缩写EGP的双重含意）。EGP协议是Internet早期开发的，用来将网络相互隔离开。

将术语自治系统与BGP连在一起强调了这样的事实：自治系统的管理对于其他自治

系统来说具有一个统一的内部路由计划，并为经其可达的目的地表现出一个一致的画面。普通自治系统和配置了BGP穿越策略的自治系统之间也有区别，后者称为Internet服务提供商（ISP），或者简称为服务提供商。

许多RFC都与BGP-4有关，包括在表7-1中所列出那些。

表7-1 有关BGP-4的RFC

RFC编号	RFC名称
RFC1771	边界网关协议版本4（BGP-4）
RFC1772	BGP在Internet内的应用
RFC1773	BGP-4协议实践
RFC1774	BGP-4协议分析
RFC1863	全网状互连路由选择的另一选择：BGP/IDRP（域间路由协议）路由服务器
RFC1930	创建、选择和注册自治系统（AS）指南
RFC1965	BGP的AS联盟（被RFC3065取代）
RFC1966	BGP路由反射——全网状互连IBGP的另一选择（被RFC2796更新）
RFC1997	BGP团体属性
RFC1998	在多宿主路由中BGP团体属性的应用
RFC2042	注册新BGP属性类型
RFC2283	BGP-4的多协议扩展（被RFC2858取代）
RFC2385	通过TCP MD5签名选型保护BGP会话连接
RFC2439	BGP路由翻动抑制
RFC2545	为IP v6域间路由使用BGP-4多协议扩展
RFC2547	BGP/MPLS VPN
RFC2796	BGP路由反射——全网状互连IBGP的另一选择（更新RFC1966）
RFC2842	BGP-4能力通告
RFC2858	BGP-4的多协议扩展（取代RFC2283）
RFC2918	BGP-4的路由更新能力
RFC3065	BGP的AS联盟（取代RFC1965）
RFC3107	BGP-4中的承载标签信息

BGP-4相对其早期协议有许多增强的地方。今天，它广泛用于Internet以连接ISP，并将企业与ISP互连。

7.1.3 与其他可扩展路由协议的比较

表7-2将BGP的主要特征与本书中所讨论的其他可扩展路由协议进行了比较。如表7-2所示，OSPF和EIGRP都是内部路由协议，而BGP是一种外部路由协议。

第1章讨论了距离矢量型和链路状态型路由协议的特征。OSPF是一种链路状态型协议，而EIGRP是一种高级距离矢量型协议。BGP也是一种带有许多增强特性的高级距离矢量型协议。

表 7-2　可扩展路由协议的比较

协议	内部或外部	距离矢量型/链路状态型	是否需要体系化	度 量 值
OSPF	内部	链路状态	是	开销
EIGRP	内部	高级距离矢量型	否	复合
BGP	外部	高级距离矢量型	否	路径矢量或属性

大多数链路状态型路由协议，包括 OSPF，都要求进行体系化设计，特别是为了支持正确的地址归纳。OSPF 可以将大型网络分成多个称为区域的小网络。EIGRP 和 BGP 不要求体系化的拓扑结构。

OSPF 使用开销作为它的度量值，而开销在 Cisco 路由器上是基于带宽的。EIGRP 使用一种复合的度量值，与 IGRP 相似。运行 BGP 的路由器交换网络可达性信息称为路径矢量或属性，它们包括一条路由到目的地网络所应该走的全路径（BGP AS 号）表。

7.2　BGP 可以使用的场景

当 BGP 的影响得到完全了解，并且至少下列情况之一存在时，在 AS 中使用 BGP 才是最恰当的：

（1）AS 允许数据包窜过它到达其他自治系统（例如某个 ISP）。

（2）AS 有到其他自治系统的多条连接。

（3）必须对进入和离开 AS 的数据流进行控制。

必须将 AS 与其 ISP 的数据流分开，这一策略决定意味着 AS 将必须通过 BGP（而不是通过一条静态路由）与它的 ISP 进行连接。

BGP 设计成让 ISP 间能进行通行和交换数据包，这些 ISP 相互间有多条连接，并且有交换路由更新的约定。BGP 是在两个或多个自治系统间用来实施这些约定的协议。

如果没有对 BGP 进行正确的控制和过滤，那么它很可能被潜在的允许一个外部 AS 影响它的路由决定。本章和下一章将重点讨论 BGP 是怎样操作运行的，以及正确配置 BGP 以防上述问题的发生。

为了让读者了解 ISP 中一台 BGP 路由器所必须处理的路由表大小，让我们来举个 Internet 中 BGP 的路由器的例子：

（1）路由器中含有 7 万条以上路由，占用超过 30MB 的内存了。

（2）该路由器也知道 6500 个以上的 AS 编号。

这些数字给出了 Internet 大小的一个缩影。注意，Internet 是不断扩展的，所以这些数字也是不断增加的。

7.3　BGP 不能使用的场景

对于互联的自治系统来说，BGP 并不总是恰当的解决方案。例如，如果只存在一条路径，那么缺省路由或静态路由将是很合适的，而如果这时非要使用 BGP 的话，将只能是浪费路由器的 CPU 和内存资源。如果欲在 AS 内实施的路由策略与 ISP 的 AS 中所实施的策略一致的话，那么在该AS中配置BGP将是不必要或者不可取的。唯一需要使用BGP的条件是本地策略与ISP策略不同。

如果有下述情况的一个或多个时，不要使用BGP：

（1）只有到Internet或另一个AS的单一连接。

（2）无需考虑路由策略或路由。

（3）路由器缺乏经常性的BGP更新的内存或处理器。

（4）对路由过滤和BGP路径选择过程的了解十分有限。

（5）自治系统之间的带宽较低。

在这些情况下，应使用静态路由。使用静态路由连接其他AS的内容将在下节中介绍。使用静态路由全局配置命令：

ip route *prefix mask* {*address* | *interface*} [*distance*]

在IP路由表中定义静态路由条目，如表7-3所示。

表7-3 "ip route"命令

命　令	描　　述
prefix mask	要输入到IP路由表中的IP路由前缀和掩码
address	用以达到目的网络的下一跳路由器的IP地址
interface	路由器上用以达目的网络的输出接口
distance	（任选项）管理距离

正如第1章所讨论的那样，如果有一条以上到达目的地的路由，将用管理距离来决定将哪一条路由放入路由表中，选择原则是优先选择管理距离小的路由。缺省的，用"下一跳地址"参数定义的静态路由管理距离设置为1，用"接口"参数定义的静态路由的缺省管理距离设置成0。

可以使用大于网络中所用动态路由协议缺省管理距离的管理距离来建立一条"浮动静态路由"。浮动静态路由是静态配置的路由，它能被动态学到的路由信息所取代。因此，浮动路由可以用来创建仅当动态信息不可用时才使用的"最后备用路径"。

特别注意，"**ip route**"命令有两种配置选项：用相邻路由器的IP地址作为下一跳，或者用本路由器的接口名作为下一跳。在配置静态路由时，这两种方法有一些区别。正如前面所提到的，使用IP地址参数时，缺省的管理距离是1；使用接口参数时，缺省的管理距离是0。区别是：使用"下一跳地址"参数时路由看起来像一条标准的静态定义的路由，但是在某些条件下，使用"接口"将路由看作是本地直连的。

如果使用多路访问介质（例如，局域网、帧中继、X.25、ISDN等），必须在"**ip route**"命令中使用下一跳地址以使路由器准确地知道从哪里到达目的地，而不仅仅是从哪个接口出去（这种情况的一个例外是，当使用按需拨号接口，比如ISDN，并在接口上使用了"**dialer string**"命令以让接口知道如何去往一个目的地时）。如果相邻路由器接口是串行无编号链路的一部分，因此没有IP地址，那么可以使用接口参数。当想从网络路由问题中恢复时，采用接口参数的命令句法也是一种快速建立连接的方法，因为不必知道链路对面的IP地址。

图 7-3 的示例网络展示出了一个运行 RIP 并使用缺省静态路由的网络。图 7-3 中路由器 A 的配置参见例 7-1。

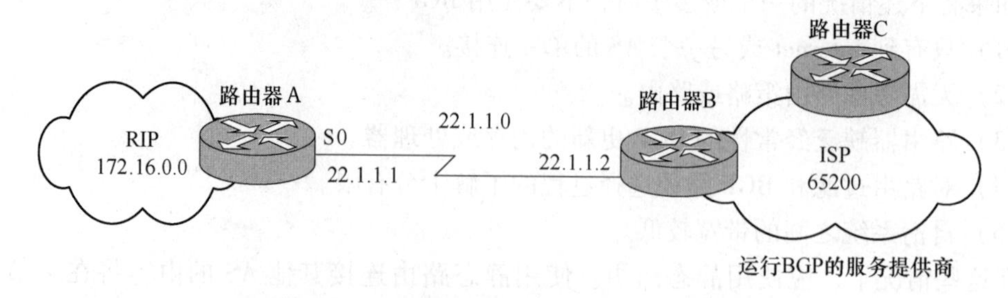

图 7-3 使用 RIP 和缺省静态路由的示例

【**例 7-1**】图 7-3 中路由器 A 的配置。

```
ip route 0. 0. 0. 0 0. 0. 0. 0 S0
!
router rip
network 172. 16. 0. 0
```

路由 0. 0. 0. 0 是将保存在路由器 A 的 IP 路由表中的缺省路由。如果路由表中没有与目的地 IP 地址相匹配的路由，那么 0. 0. 0. 0 路由将匹配该地址，并使数据包经串口 S0 转发出去。缺省路由将自动传播到 RIP 域内。

特别注意，缺省路由 0. 0. 0. 0 只匹配那些路由器所不知道的目的网络地址。当使用有类别路由协议，比如 RIP 或 IGRP 时，如果也想让它匹配已知网络的未知子网，可使用"**ip classless**"命令。注意"**ip classless**"命令在 Cisco ISO 版本 12. 0 和其以上版本中是缺省启用的（在以前的版本中，它是缺省关闭的）。

图 7-4 的示例网络展示出了一个运行 OSPF 和使用缺省静态路由的网络。图 7-4 中路由器 A 的配置参见例 7-2。

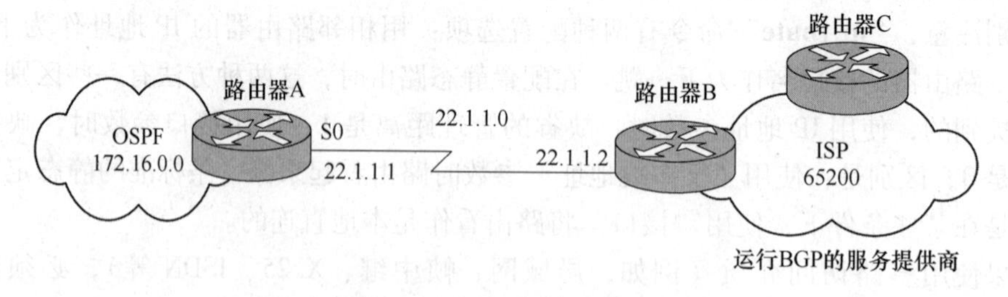

图 7-4 使用 OSPF 和缺省静态路由的示例

【**例 7-2**】图 7-4 中路由器 A 的配置。

```
ip route 0. 0. 0. 0 0. 0. 0. 0 S0
!
router ospf 100
```

```
network 172. 16. 0. 0 0. 0. 255. 255 area 0
default-information originate always
```

OSPF 中的“**default-information originate always**”命令会将缺省路由传播到 OSPF 路由域内。这个示例中的配置具有与 RIP 示例相似的影响。关键字“**always**”使缺省路由总能够通告出去，无论该路由器是否有缺省路由。这样可确保缺省路由能够通告到 OSPF 内，即使到缺省路由的路径（在本案例中是串口 S0）失效也照常通告。

7.4 BGP 术语和概念

7.4.1 BGP 特性

BGP 是什么类型的协议？第 1 章介绍了距离矢量型和链路状态型路由协议。BGP 是一种距离矢量型协议，但是它有许多与 RIP 之类协议不同的地方。

对于 BGP 来说，“距离矢量”更应是“路径矢量”。描述路径的许多属性都与网络信息一起发送。

BGP 使用 TCP 作为它的传输层协议，这样可提供面向连接的可靠传输。通过这种方式，BGP 认为它的通信是可靠的，并且因此不再附加任何重传或故障恢复机制。BGP 使用 TCP 端口 179。采用 BGP 的两台路由器相互间建立一条 TCP 连接，并交换消息以打开和确认连接参数。这两台路由器称为对等路由，或者邻居。

连接建立起来后，将交换整个路由表。因为连接是可靠的，所以在此以后，BGP 路由器只需发送增量信息（递增的更新）。在可靠的链路上也不需要定期发送路由更新，所以采用了触发更新。BGP 发送 keepalive 消息，与 OSFP 和 EIGRP 所发送的 Hello 消息相似。

BGP 路由器交换网络可达性信息，称为路径矢量，由路径属性组成，包括路由到达目的地所应该通过的完整路径（BGP 的 AS 编号列表）。这个路径信息用于构建无环路自治系统图。该路径是无环路的，因为运行 BGP 的路由器将不接受在路径表中包含其 AS 编号的路由更新：含有其 AS 编号将意味着该更新已经通过了这个 AS，如果再接受它，会导致路由环路；也可以在 BGP 的 AS 编号的路径上应用路由策略以加强对路由行为的限制。

BGP 设计用来将网络扩展为大型互连网络，例如，Internet。

7.4.2 在 IP 数据包内的 BGP

BGP 信息使用协议号 179 在 TCP 分段中进行传输，这些 TCP 分段包含在 IP 数据包内传输。图 7-5 展示出了这个概念。

7.4.3 BGP 表

如图 7-6 所示，运行 BGP 的路由器为存储所接收和发送的 BGP 信息而保存着它自己的表。这个表与路由器中的 IP 路由表是分开的。可以配置路由器在这两个表之间共享信息。

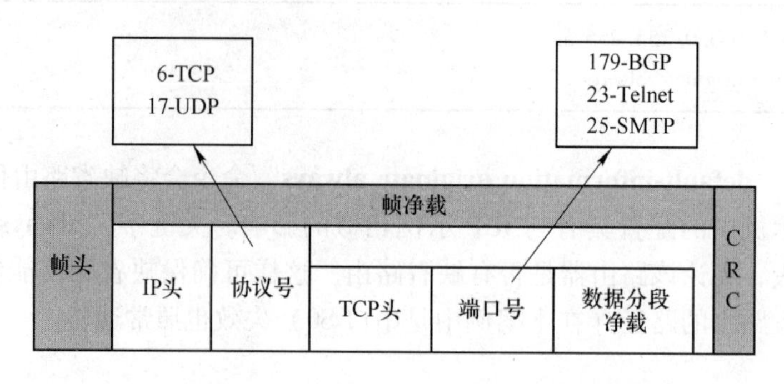

图7-5 BGP在IP数据包内的TCP分段中传输

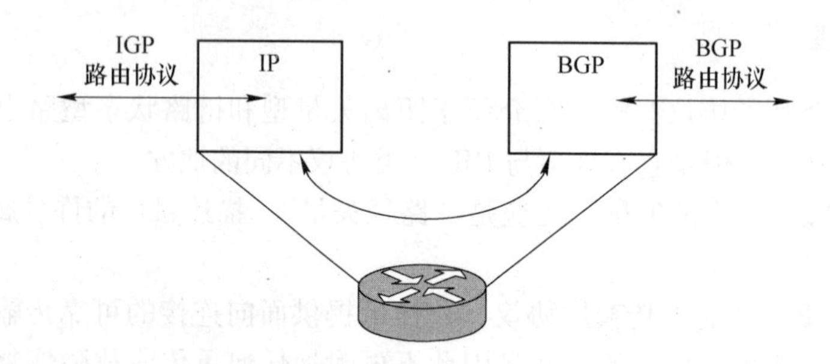

图7-6 运行BGP的路由器保存着一个独立于IP路由表的BGP表

7.4.4 BGP对等体或邻居

任何两台已经形成一条交换BGP路由信息的TCP连接，换句话说，已经形成了一条BGP连接的路由器，称为对等体或邻居。BGP对等体可以在AS内部也可以在外部。

当BGP在一个AS内部的各路由器间运行时，这时称为内部BGP（IBGP）。IBGP运行在一个AS内部以便在AS内部交换BGP信息，这样可以将路由信息传输到其他自治系统。运行IBGP的路由器之间不必具有直接连接，只要它们相互间可达即可（例如，当在AS内运行着一个IGP时）。

当BGP在不同的自治系统内的路由器间运行时，称为外部BGP（EBGP）。运行EBGP的路由器通常彼此间是直接连接的。

IBGP和EBGP邻居在图7-7中进行说明。

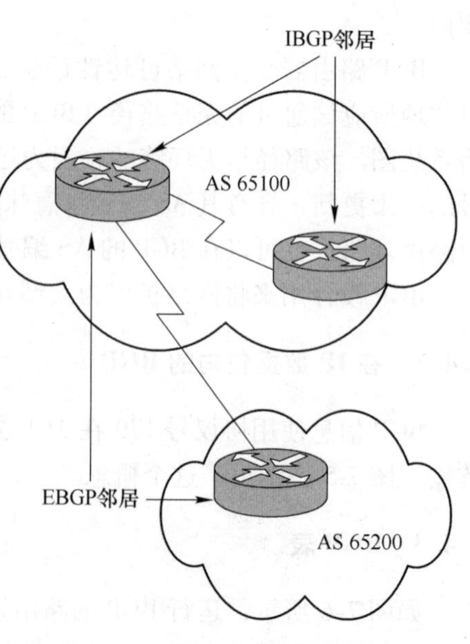

图7-7 已经形成BGP连接的路由器是内部或外部的BGP对等体邻居

7.4.5 策略路由

BGP加强了在AS层的策略决定。路由策略或规则的设置称为基于策略的路由，简称策略路由。BGP允许为数据怎样通过AS而定义策略。

这些策略是基于路由信息中所承载的以及配置在路由器上的属性。BGP 规定 BGP 路由器只能够向相邻自治系统中的对等体通告那些它自己使用的路由。这条规则反映了在当前 Internet 上常使用的一跳一跳的路由模式。

有些策略不能为一跳一跳的路由模式所支持，它们需要用诸如源路由这样的技术进行增强。例如，BGP 不允许一个 AS 向某个相邻的 AS 发送数据流，这意味着数据流采用一条与发源于该相邻 AS 的数据流所走路径不同的路径。可是，BGP 能够支持任何与一跳一跳的路由模式相符的策略。换句话说，我们不能左右相邻 AS 怎样来转发我们的数据流，但可以决定我们的数据流怎样去往相邻的 AS。

因为当前的 Internet 只采用一跳一跳的路由模式，而且 BGP 能够支持任何与该模式相符的策略，所以对当前的 Internet 来说，BGP 是一种非常适用于 AS 间的路由协议。

7.4.6 BGP 属性

路由器发送关于目的地网络的 BGP 更新消息。这些更新消息包括有关 BGP 度量值的信息，称为路径属性。下面是一些定义如何实施这些属性的术语：

（1）一个属性可以是公认的（well-known）或任选的（optional）、必遵的（mandatory）或自决的（discretionary）、可传递的（transitive）或非传递的（nontransitive），一个属性也可能是部分（partial）的或完整的（complete）。

（2）这些特性的所有组合并非都有效。事实上，路径属性分为独立的 4 类：1）公认的，必遵的；2）公认的，自决的；3）任选的，可传递的；4）任选的，非传递的。

（3）只有任选可传递属性才可以标记为部分（partial）的。

BGP 更新消息包括描述路由路径属性的可变长序列。路径属性是可变长度的，它由下面的 3 个域组成：1）属性类型，由一个字节属性标志域和一个字节属性类型编码域所组成；2）属性长度；3）属性值。

属性标志域的第一比特表明该属性是任选的还是公认的；第二个比特表明任选属性是可传递的还是非传递的；第三个比特表明可传递的属性是部分的还是完整的；第四个比特表明该属性长度域是 1 个字节还是 2 个字节；其余标志比特不使用，并都设置为 0。

7.4.6.1 公认的属性

公认的属性是一种所有 BGP 实施都必须能识别的属性，这些属性传递给 BGP 邻居。公认必遵属性必须出现在路由描述中，公认自决属性不是必须出现在路由描述中。

7.4.6.2 任选的属性

任选的属性不要求所有 BGP 的实施都必须支持，它可能是一个私有属性。如果它得到支持的话，就可以将它传输给 BGP 邻居。不被当前路由器所支持的任选传递属性应该继续传递给其他 BGP 路由器。在这种情况下，该属性标记为部分（partial）的。

任选非传递属性必须被不支持该属性的路由器删除。

7.4.6.3 BGP 定义的属性

BGP 定义的属性包括下面几种：

（1）公认的、必遵的属性：1）AS 路径（AS-path）；2）下一跳（next-hop）；3）起源（origin）。

（2）公认的、自决的属性：1）本地优先（local preference）；2）原子聚合（atomic aggregate）。

（3）任选的、可传递的属性：1）聚合者（aggregator）；2）团体（community）。

（4）任选的、非传递属性：多出口标识（multi-exit-discriminator，MED）。

（5）权重属性，是Cisco专为BGP定义的属性。

Cisco所使用的属性类型编码如表7-4所述。

表7-4　Cisco所使用的属性类型编码

属　性	类型编码
起源	1
AS路径	2
下一跳	3
MED	4
本地优先	5
原子聚合	6
聚合者	7
团体	8（Cisco定义的）
源ID（Originator-ID）	9（Cisco定义的）
簇列表（Cluster list）	10（Cisco定义的）

（1）AS路径属性。AS路径属性是公认必遵的属性。无论何时路由更新通过一个AS，该AS都被"前缀"到路由更新中（换句话说，该AS号放在路径表的前面）。AS路径属性实际上是路由到达每一个目的所经过的AS号列表，在该表的末尾有路由起始AS的AS号。

在图7-8中，AS 62000中的路由器A通告网络5.5.5.0。当这条路由经过AS 64000

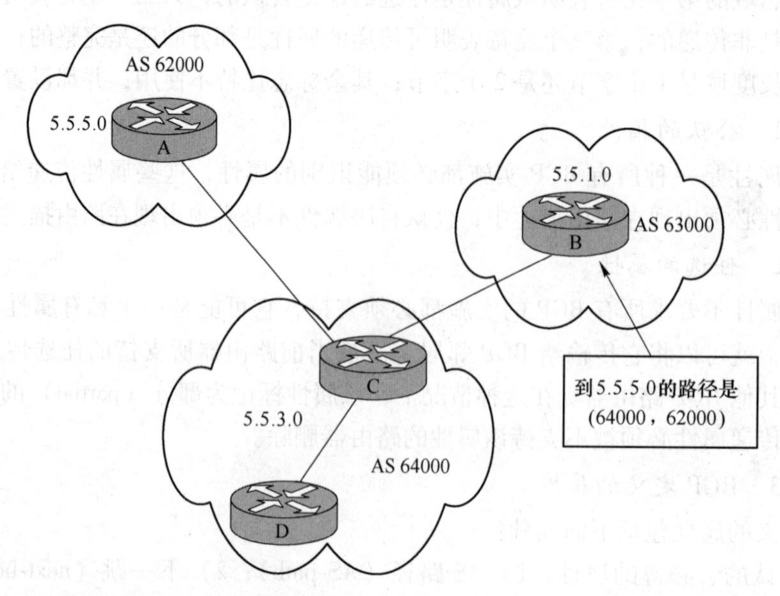

图7-8　当将路由从路由器A传输到路由器B时，路由器C"前缀"上它自己的AS号

时，路由器C将它自己的AS号“前缀”到这条路由上。当5.5.5.0的路由到达路由器B时，它带有两个AS号。从路由器B的角度上看，到达网络5.5.5.0的路径是（64000，62000）。

对于网络5.5.1.0和5.5.3.0来说也是一样。路由器A到达5.5.1.0的路径将是（64000,63000）——经过AS 64000，然后是AS 63000。路由器C将必须经过路径（63000）才能到达网络5.5.1.0，经过路径（62000）才能到达5.5.5.0。

AS路径属性被BGP用来确保无环路环境。如果BGP路由器接收到一条路由，在该路由中它自己的AS是AS路径属性的一部分，那么它将不接收该路由。

AS号只能被向EBGP邻居通告路由的路由器“前缀”。向IBGP邻居通告路由的路由器不改变AS路径属性。

（2）下一跳属性。BGP下一跳属性是公认必遵属性，它说明了去往目的地的下一跳IP地址。

对于EBGP，下一跳是发送更新的邻居路由器的IP地址。在图7-9中，路由器A将用下一跳5.5.5.2向路由器B通告网络30.1.0.0；同时，路由器B将用下一跳5.5.5.1向路由器A通告网络2.2.0.0。因此，路由器A使用5.5.5.1作为到达2.2.0.0的下一跳属性，路由器B使用5.5.5.2作为到达30.1.0.0的下一跳属性。

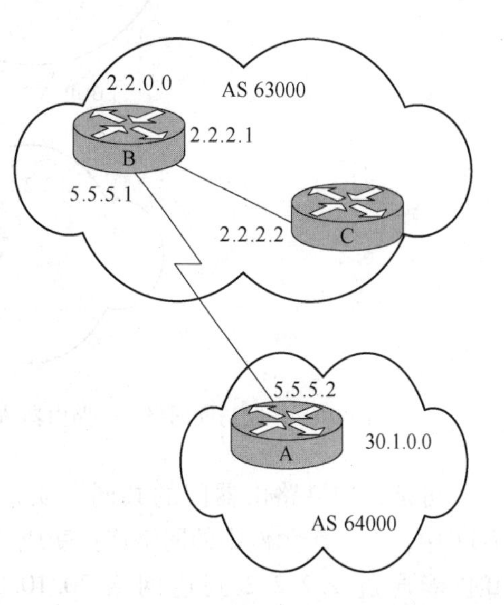

图7-9　BGP下一跳属性

对于IBGP，该协议要求由EBGP所通告的下一跳应该传输到IBGP。根据这条规则，路由器B将用下一跳5.5.5.2（路由器A的地址）向它的IBGP对等体路由器C通告网络30.1.0.0。因此，路由器C知道将要到达30.1.0.0的下一跳是5.5.5.2，而不是我们想象的2.2.2.1。

因此，很重要的是，路由器C需要知道怎样到达子网5.5.5.0，要么通过IGP，要么通过静态路由；否则，它会丢掉目的地为30.1.0.0的数据包，因为它将不能到达与该网络对应的下一跳地址。

当通过多路访问网络比如以太网运行BGP时，BGP路由器将使用适当的地址作为下一跳地址。通过改变下一跳属性，以避免将额外的跳插入到网络中，这一特性有时称为“第三方下一跳（third-party next hop）”。

例如，在图7-10中，假设AS 63000中的路由器B和路由器C正运行着一种IGP。路由器B可以通过2.2.2.2到达网络30.10.0.0。路由器B与路由器A运行BGP。当路由器B向路由器A发送一个有关30.10.0.0的BGP更新时，它将使用2.2.2.2作为下一跳，而不是它自己的IP地址（2.2.2.1）。这是因为在这3台路由器间的网络是一个多路访问网络，并且路由器A用路由器C作为到达30.10.0.0的下一跳比通过路由器B增加额外一跳更有意义。

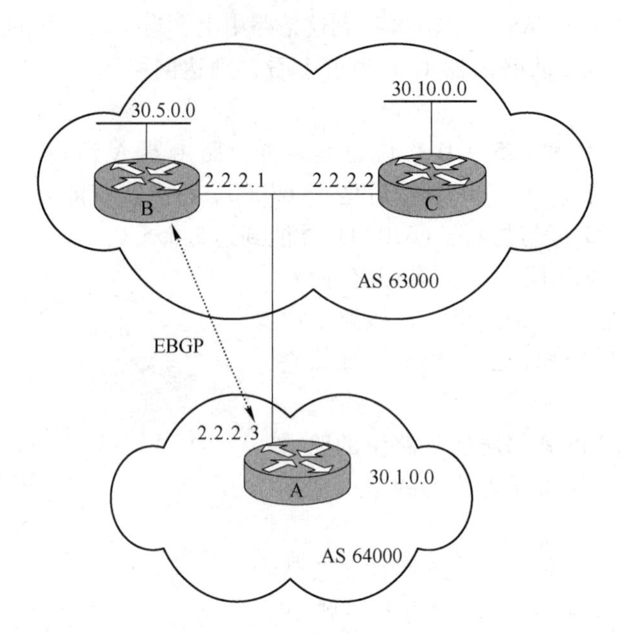

图 7-10 多路访问网络——路由器 A 将 2. 2. 2. 2 作为到达 30. 10. 0. 0 的下一跳属性

可是，如果路由器间的共同介质是 NBMA 介质，情况可能会很复杂。例如，在图 7-11 中，上一个示例中的网络连接变成了帧中继，3 台路由器都通过帧中继连接。路由器 B 仍能通过 2. 2. 2. 2 到达网络 30. 10. 0. 0。当路由器 B 向路由器 A 发送一个有关 30. 10. 0. 0 的 BGP 更新时，它将使用 2. 2. 2. 2 作为下一跳，而不是它自己的 IP 地址（2. 2. 2. 1）。如果路由器 A 和路由器 C 不知道怎样直接进行通信——换句话说，如果路由器 A 和路由器 C 没有相互间的映射的话，就会出现问题。路由器 A 不知道怎样到达位于路由器 C 上的下一跳地址。这一行为可以通过将路由器 B 配置为将它自己作为发送到路由器 A 的 BGP 路由的下一跳地址而被取代。

（3）本地优先属性。本地优先属性是公认自决的属性，它为 AS 中的路由器提供一个指示哪条路径可优先选择为该 AS 的出口。有较高本地优先值的路径将优先选用。

本地优先是在路由器上配置的属性，并且只在同一 AS 内的路由器之间进行交换。Cisco 路由器上本地优先的缺省值为 100。

在这里，术语“本地”是指 AS“内部”。本地优先属性只发给内部 BGP 邻居，它不发送给 EBGP 的对等体。

例如，在图 7-12 中，AS 65400 正从两个方向上接收有关网络 30. 10. 0. 0 的更新。假设路由器 A 上对于网络 30. 10. 0. 0 的本地优先值别设置为 200，同时路由器 B 上对于网络 30. 10. 0. 0 的本地优先值设为 150。因为本地优先信息是在 AS 65400 内交换的，所以在 AS 65400 中目的地为网络 30. 10. 0. 0 的所有数据流都将发送到路由器 A，以此作为 AS 65400 的外出点。

（4）MED 属性。MED 属性，也称为度量值，是一种任选非传递的属性。MED 在 BGP-3 中也称为 AS 间（inter-AS）属性。

在“**show**”命令的输出中，MED 称为“度量值（metric）”。

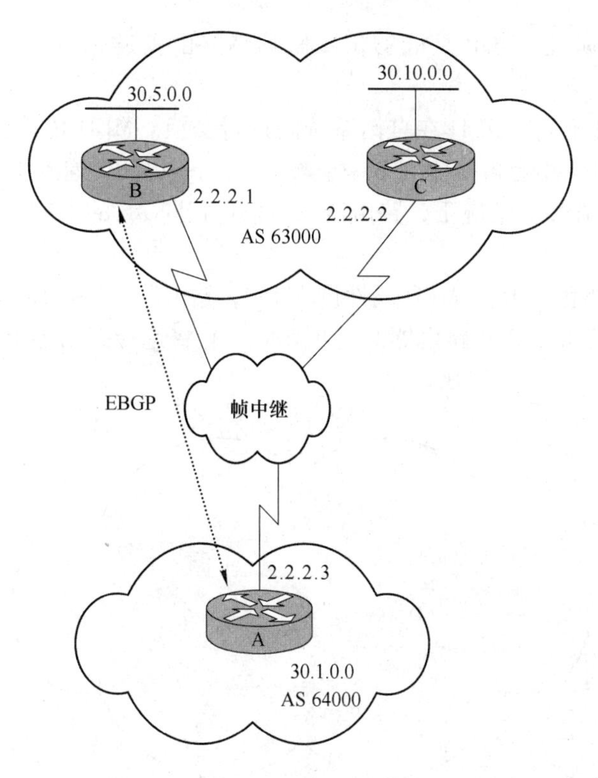

图 7-11 NBMA 介质——路由器 A 将 2.2.2.2 作为到达 30.10.0.0 的下一跳属性，但有可能不可达

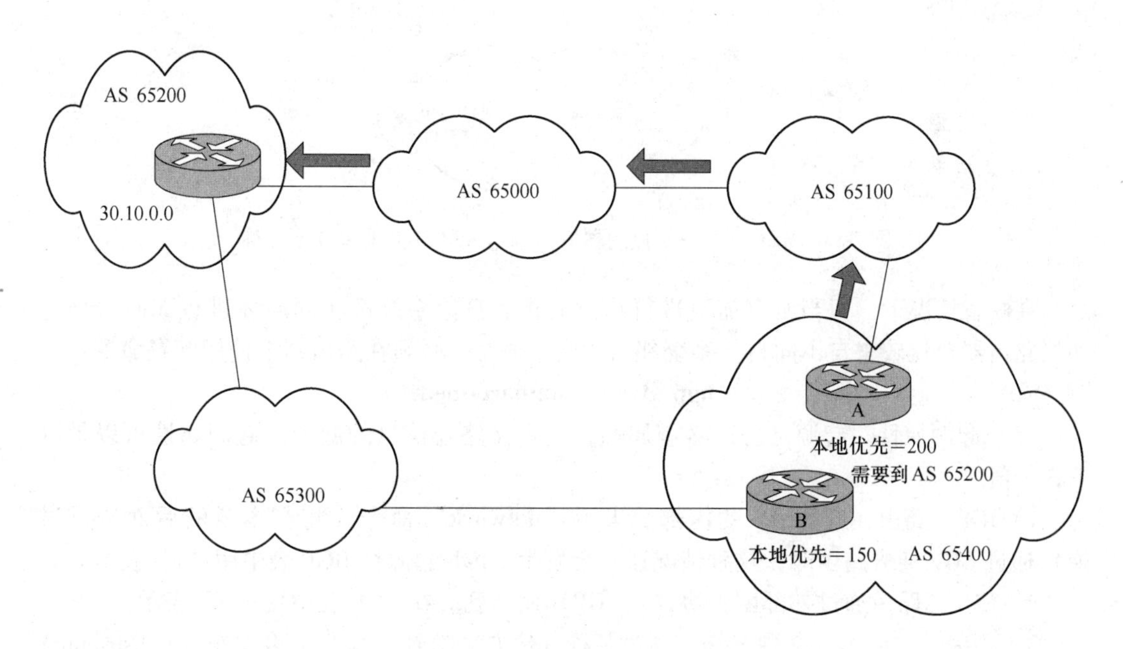

图 7-12 本地优先属性——路由器 A 是到达 30.10.0.0 的优选路由器

MED 用于向外部邻居指示进入本 AS 的优先路径。如果存在进入一个 AS 的多个入口点的话，这是一种让这个 AS 试图影响其他 AS 如何选择到达某条路由的动态方式。低的度量值是优先选择的。

通过采用 MED 属性，BGP 是能够试图影响将路由发送到 AS 内的方式的唯一一种协议。

与本地优先属性不同，MED 在自治系统间进行交换。MED 传输到相邻 AS 内，并在那里得到使用，但是它不会再传输到下一个 AS。当同一更新传递到下一个 AS 时，度量值将设置回缺省值 0。在缺省情况下，路由器只为来自相同 AS 的不同邻居的路径比较 MED 属性值。

在图 7-13 中，路由器 B 将 MED 属性设为 150，路由器 C 将 MED 属性设置为 200。当路由器 A 接收来自路由器 B 和路由器 C 的更新时，它将选择路由器 B 作为到达 AS 65100 的最佳下一跳，因为 150 小于 200。

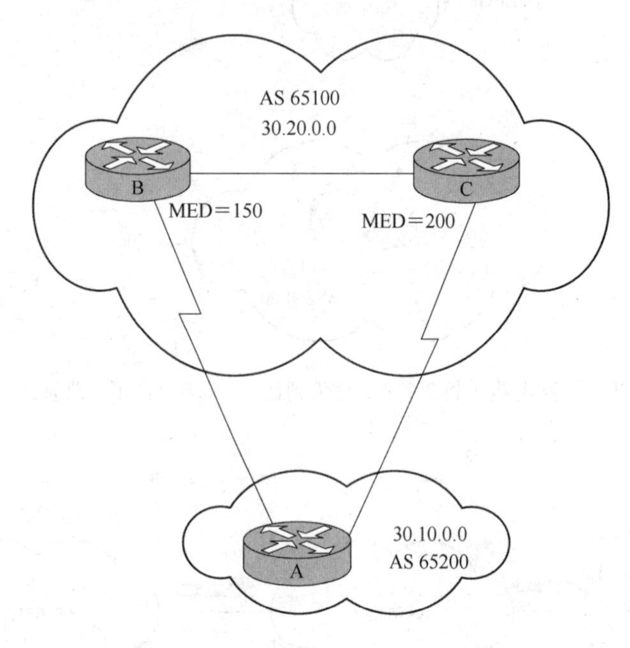

图 7-13 MED 属性——路由器 B 是到达 AS 65100 的最佳下一跳

在缺省情况下，只当所有需要进行路由的相邻自治系统都相同时才进行 MED 比较。如果路由器要比较来自不同自治系统邻居的度量值时，必须在路由器上使用配置命令：

bgp always-compare-med

（5）起源属性。起源是公认必遵属性，它定义路径信息的起源。起源属性可以是以下 3 个值之一：

1）IGP。路由在起始 AS 的内部。当用“**network**”命令（将在本章的后面进行讨论）通过 BGP 通告路由时，这种情况通常会发生。IGP 起源在 BGP 表中用“i”表示。

2）EGP。路由通过外部网关协议（EGP）而学到。在 BGP 表中用“e”表示。

3）不完全。路由的起源未知或通过某种其他方法学到。当路由再发布（redistribute）到 BGP 中时（再发布将在第 8、9 章中进行讨论），这种情况通常会发生。不完整起源在 BGP 表中用“?”表示。

（6）团体属性。BGP 团体属性是一种用来过滤入路由或出路由的方法。BGP 团体允许路由器用一个指示符（团体）来标缀路由，并让其他路由器根据这个标缀做路由决定。

任一 BGP 路由器都可以在入路由和出路由更新或者进行路由再发布时标缀路由。任一 BGP 路由器都可以根据团体属性（标缀）在入路由或出路由更新中过滤路由，或者选择优先路由。

BGP 团体属性是用于共享某些特性并因此共享共同策略的一组目的地（路由），这样，路由器可按团体而不是按单独的路由进行处理。团体属性不会限制在一个网络或一个 AS 中，它们没有物理边界。

团体属性是任选可传递的属性。如果某台路由器不了解团体的概念，它将把该属性传到下一台路由器。但是，如果一台路由器了解这个概念，那么必须对它进行配置才能传递该团体属性；否则，团体属性缺省将丢弃。

（7）权重属性（Cisco 专用）。权重属性是 Cisco 自己定义的属性，它用于路径的选择过程。它配置在本地路由器上，并针对每个不同的邻居。权重属性只提供本地路由策略，不能传输给任何 BGP 邻居。

权重的值可以从 0 到 65535。由本地路由器始发的路径的缺省权重值为 32768，其他路径的缺省权重值为 0。当到同一目的地存在多条路由时，有高权重值的路由被优先选中。

在图 7-14 中，路由器 B 和路由器 C 从 AS 65200 学到有关网络 30. 10. 0. 0 的路由，并且将向路由器 A 传递该路由更新。路由器 A 有两条到达 30. 10. 0. 0 的路径，它必须决定采用哪一条路径。在本示例中，路由器 A 将来自路由器 B 的路由更新权重值设置为 200，同时将来自路由器 C 的路由更新权重值设置为 150。因为路由器 B 的权重值高于路由器 C 的权重值，所以路由器 A 将使用路由器 B 作为到达 30. 10. 0. 0 的下一跳。

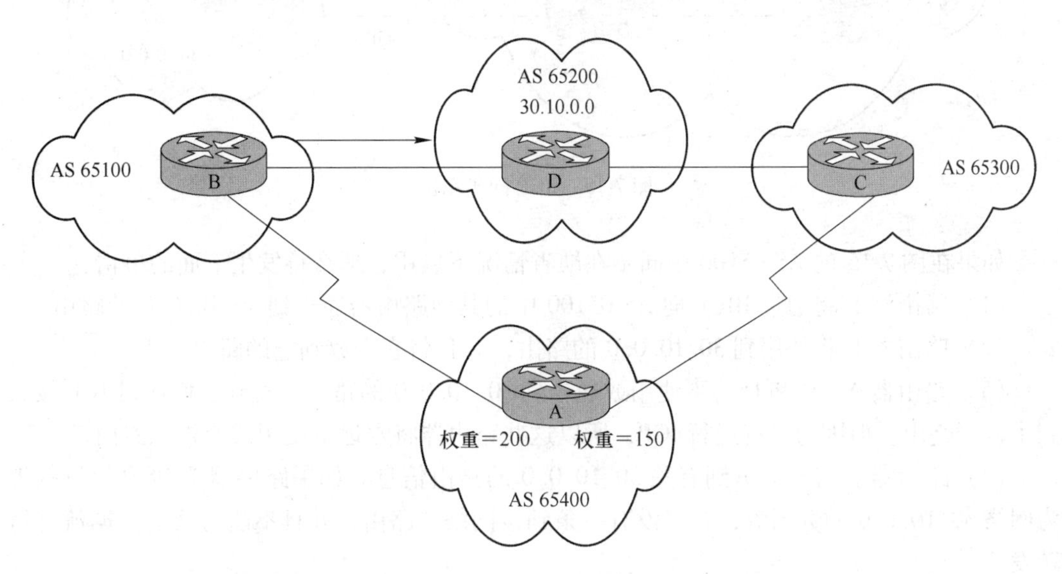

图 7-14　权重属性——路由器 A 将采用路由器 B 作为到达 30. 10. 0. 0 的下一跳

7. 4. 7　BGP 同步

BGP 同步规则要求：BGP 路由器不使用或向外部邻居通告由 IBGP 所学到的路由，而只使用或向外部邻居通告本地的或者是从 IGP 那里学到的路由。若自治系统将数据流从一个 AS 传输到另一个 AS，则在本 AS 中所有路由器都通过 IGP 学到这条路由之前，BGP 不会通告该路由。

通过 IBGP 学到一条路由的路由器将等待直到 IGP 已经在 AS 内传播了该路由，然后再向外部对等体通告该路由。这么做是为了使 AS 中的所有路由器都能达到同步。BGP 同步规则也确保了整个 AS 中信息的一致性，并且避免了 AS 内的“黑洞”。例如，当不是 AS 内的所有路由器都能到达某个目的地时，但却向一个外部邻居通告该目的地路由。

BGP 同步在当前 IOS 版本中在缺省情况下启用。只有当 AS 中转路径上的所有路由器（换句话说，就是在 BGP 边界路由器间的路径）都运行 BGP 时，关闭同步功能才是安全的。有迹象表明，在未来的 IOS 版本中，在缺省情况下 BGP 同步将关闭，因为大多数 ISP 都在所有的路由器上运行 BGP。

在图 7-15 的示例中，路由器 A、B、C 和 D 都相互运行着 BGP（全互连 IBGP），没有为 BGP 路由匹配的 IGP 路由器。

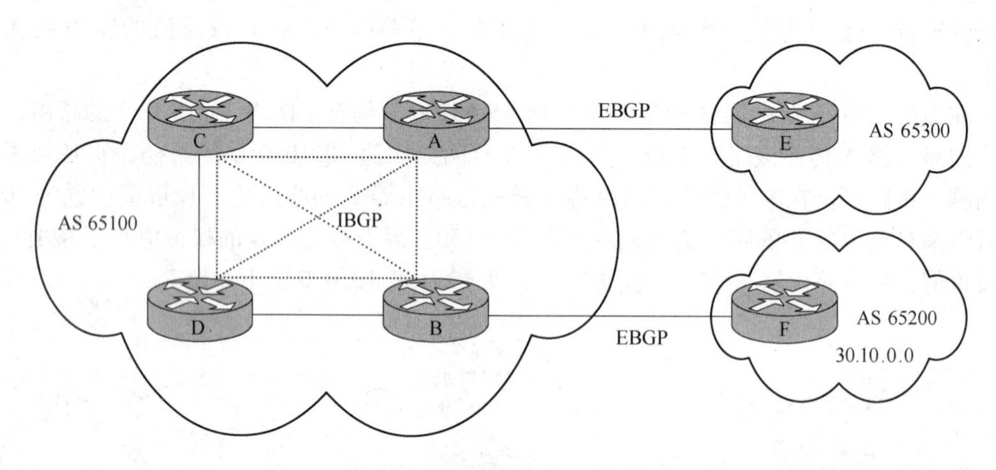

图 7-15　BGP 同步示例

如果在图 7-15 的 AS 65100 中同步在缺省情况下启用，那么将发生下面的事情：

（1）路由器 B 将通过 IBGP 向 AS 65100 中的其他路由器通告到 30. 10. 0. 0 的路由。

（2）路由器 B 将使用到 30. 10. 0. 0 的路由，并且将它安放到它的路由表中。

（3）路由器 A、C 和 D 将不使用或通告到 30. 10. 0. 0 的路由，直到它们通过 IGP 接收到了匹配路由。但因为没有运行 IGP，所以这些路由器将永远不使用或通告该路由。

（4）路由器 E 将不会听到有关 30. 10. 0. 0 的路由信息。如果路由器 E 接收到目的地为网络 30. 10. 0. 0 的数据流，它将没有一条到该网络的路由，并且不能为这个数据流进行转发。

如果在图 7-15 的 AS 65100 中的同步关闭，那么将发生下面的事情：

（1）路由器 A、C 和 D 将使用和通告它们通过 IBGP 接收的到 30. 10. 0. 0 的路由，并且将把它安放在它们的路由表中。当然，假设路由器 A、C 和 D 能够到达 30. 10. 0. 0 的下一跳地址。

（2）路由器 E 将听到有关 30. 10. 0. 0 的信息。路由器 E 将有一条到 30. 10. 0. 0 的路由，并且将转发目的地为这个网络的数据流。

（3）如果路由器 E 为 30.10.0.0 发送数据流，路由器 A、C 和 D 将正确地向路由器 B 转发数据包：路由器 E 将向路由器 A 发送数据包，路由器 A 将把它们转发到路由器 C。路由器 C 已经通过 IBGP 学到了一条 30.10.0.0 的路由，因此将向路由器 D 转发数据包；路由器 D 将向路由器 B 转发数据包；最后，路由器 B 将为网络 30.10.0.0 像路由器 F 转发数据包。

7.5 BGP 的操作

7.5.1 BGP 消息类型

BGP 定义了下面的消息类型：打开（open）、保持（keepalive）、更新（update）、通知（notification）。

当建立起一条 TCP 连接后，各方发送的第一条消息是 open 消息。如果该 open 消息是可接受的，就发送回一个确认该 open 消息的 keepalive 消息。当该 open 消息确认后，BGP 连接就建立起来了，并且就可以交换 update、keepalive 和 notification 消息了。

BGP 对等体起初会交换它们的全部 BGP 路由表。从此以后，当路由表有变化时就发送增量更新。发送 keepalive 数据包是为了确认 BGP 对等体间的连接是否还存在，发送 notification 数据包是用以应答出错或特殊条件。

open 消息包括下面的信息：

（1）版本。这个 8 比特域说明该消息的 BGP 协议版本号。当前的 BGP 版本号是 4。

（2）我的自治系统。这个 16 比特域说明发送方的自治系统号。

（3）保持时间。这个 16 比特域说明在接收到发送方的连续 keepalive 或 update 消息之间所能等待的最大秒数。在接收到一个 open 消息后，路由器将用它所配置的保持时间和在 open 消息中所接收到的保持时间中较小的那个值来计算将使用的保持时间值。

（4）BGP 标识符（路由器 ID）。这个 32 比特域代表发送方的 BGP 标识符。BGP 标识符是分配给路由器的一个 IP 地址，它在启动时确定。BGP 路由器 ID 的选择方法与 OSPF 路由器 ID 的选择方法一样，它是路由器上最高的活跃的 IP 地址，如果存在环回接口的 IP 地址时，它就是最高的环回接口中 IP 地址。

（5）任选参数域长度。该长度域说明以字节为单位的任选参数域的总长度。

（6）任选参数。任选参数域可能包含一些任选参数（当前，只定义了认证信息参数）。

BGP 不使用任何基于传输协议的 keepalive 技术来决定对等体是否可达。相反，它在对等体间定期交换 keepalive 消息以不使保持时间超时。如果协商的保持时间间隔为 0，那么将不发送定期的 keepalive 消息。如果为 0，则认为 BGP 连接永远存在。

update 消息只含有关于一条路径的信息，多条路径需要用多条消息。在一条消息中的所有属性都是关于一条路径的，所含网络是那些通过它能到达的网络。update 消息可以包括下面的域：

（1）撤销路由。如果有的话，则为将撤销路由服务的 IP 地址前缀表。

（2）路径属性。这些路径属性是 AS 路径、起源、本地优先等。每个路径属性都包含属性类型、属性长度和属性值。属性类型由属性标志构成，后跟属性类型编码。

（3）网络层可达性信息。这个域包含了可以通过这条路径到达的 IP 地址前缀表。

当检测到一个出错条件时 notification 消息将发送出去。当发送了 notification 消息之后，立刻关闭 BGP 连接。notification 消息包括一个出错代码、一个出错子代码和有关该错误的数据。

BGP 协议采用了一种“状态机”机制，它使路由器与其邻居间的关系经过以下状态：空闲（idle）、连接（connect）、活跃（active）、打开发送（open sent）、打开确认（open confirm）、已建立（established）。只有当连接处于 Established 状态时，才能交换 update、keepalive 和 notification 消息。

特别注意，keepalive 消息只由消息头构成，长度为 19 字节；在缺省情况下每 60 秒发送一次。其他类型的消息长度可能在 19 ~ 4096 字节之间。缺省的保持时间是 180 秒。

7.5.2 路由判定过程

当从不同自治系统接收到有关不同目的地的路由更新之后，BGP 协议将判定选择哪条路径以到达某个目的地。BGP 只选择一条到达目的地的路径。

（1）如果路径是内部的，且同步要求启用，但该路由没有达到同步（换句话说，该路由没在 IGP 路由表内），那么就不考虑它。

（2）如果路由的下一跳地址不可达，那么就不考虑它。

（3）用最高权重优选路由，权重是 Cisco 专用的属性，并且只对本地路由器有效。

（4）如有多条路由具有相同权重，用最高本地优先值优选路由，本地优先属性是在 AS 内部使用的。

（5）如果多条路由具有相同本地优先值，那么优选由本地路由器始发的路由。

（6）如果多条路由具有相同本地优先值，或者如果没有路由通过本路由器始发，那么用最短的 AS 路径优先选择路由。

（7）如果 AS 路径长度相同，优选最低的起源代码（IGP < EGP < 不完全）。

（8）如果所有起源代码都相同，那么用最低 MED 优选路径，MED 是从其他自治系统发送来的。

特别注意，Internet 工程专门工作组（IETF）关于 BGP MED 的最新决定是给缺少 MED 变量的 MED 分配一个无穷大的值，使缺少 MED 变量的路由被最后选用。运行 Cisco IOS 软件的 BGP 路由器的缺省行为是将没有 MED 属性的路由当作其 MED 为 0，这使得缺少 MED 变量的路由被最先选用。要将路由器配置为与 IETF 标准一致，应使用“**bgp bestpath missing-as-worst**”命令。

（9）如果路由有相同的 MED，优选外部路径（EBGP），再选内部路径（IBGP）。

（10）如果关闭了同步，并只剩下了内部路径，那么优选通过最近 IGP 邻居的路径。这意味着路由器将优选到达目的地的 AS 内最短内部路径（到 BGP 下一跳的最短路径）。

（11）对于 EBGP 路径，选择最旧的路由，以减少路由翻动的影响。

（12）用最低的邻居 BGP 路由器 ID 值优选路由。

（13）如果 BGP 路由器 ID 相同，用最低的邻居 IP 地址优选路由。

7.5.3 CIDR 和聚合地址

无类别域间路由（CIDR）是一项被开发来帮助减轻 IP 地址消耗和路由表增长问题的技术。CIDR 的意图是为了能将多个 C 类地址块组合或者聚合起来，以创建一个更大的无类别 IP 地址集合。这样，多个 C 类地址可以在路由表中被归纳，以减少路由通告。

BGP 的早期版本不支持 CIDR，而 BGP-4 支持。BGP-4 支持下面的内容：

（1）BGP 更新消息包括地址前缀和前缀长度。以前的版本只包括地址前缀，长度是从地址所属的主类中获取。

（2）当 BGP 路由器通告路由时，可以对地址进行聚合。

（3）AS 路径属性可以包括所有聚合路由已经通过的所有自治系统的一个无次序组合表。

这个组合表应该考虑以确保路由是无环路的路由。

作为一个示例，参见图 7-16，路由器 C 正在通告网络 30.10.2.0/24，同时，路由器 D 正在通告网络 30.10.1.0/24。路由器 A 可以将这两条路由通告传递给路由器 B；但路由器 A 也可以将这两条路由聚合为一个，例如 30.10.0.0/16，来减小路由表的大小。

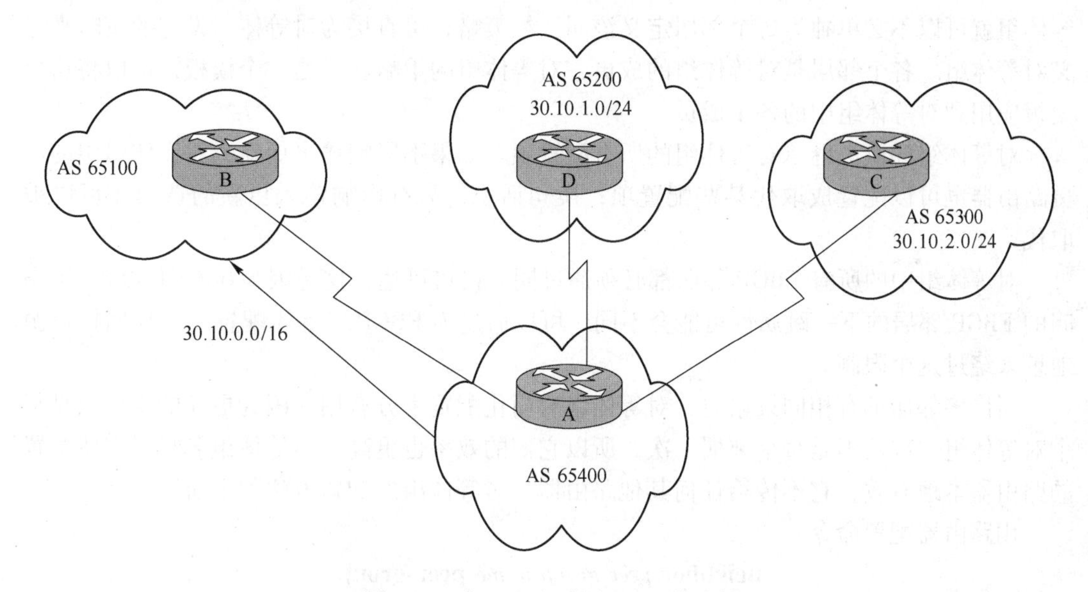

图 7-16　在 BGP 上采用 CIDR 的示例

有两个 BGP 属性与聚合地址有关。公认自决属性原子聚合（atomic aggregate）可通知邻居 AS：始发路由器有聚合的路由。任选传递属性聚合者（aggregator）指出了进行路由聚合 BGP 路由器 ID 和所属 AS 号。

在缺省情况下，聚合路由将被作为始发于执行聚合的自治系统而通告出去，并将设置 atomic aggregate 属性以表示原始信息可能已经丢失了；来自非聚合路由的 AS 号不被列出。路由器可以配置为包含所有归纳路径中的所有自治系统的一个无次序列表。

有迹象表明，聚合地址在 Internet 中并没有被尽可能多地使用，因为多宿主连接（连接了一个以上 ISP）的自治系统想要确保它们的路由被通告出去，而不想与其他人的路由一起被聚合成条归纳路由。

在图 7-16 中，缺省情况下，聚合路由 30. 10. 0. 0/16 将有一个 AS 路径属性（65400）。如果路由器 A 被配置为包括组合无次序列表，那么它在 AS 路径属性中除（65400）外还将包括 {65300，65200} 集。

在图 7-16 的示例中，路由器 A 正在发送的聚合路由不仅仅包括来自路由器 C 和路由器 D 的两条路由。该示例假设路由器 A 也有对该聚合路由所包括的所有其他路由的管辖权限。

7. 6 配置 BGP

7. 6. 1 对等体组（peer group）

在 BGP 中，许多邻居都经常配置有相同的更新策略，例如，它们应用相同的过滤方法。在 Cisco 路由器上，有相同更新策略的邻居可以组成对等体组以简化配置。更重要的是，这能提高更新效率。当有许多对等体时，强烈建议采用这种方法。

BGP 对等体组是所配路由器的一组 BGP 邻居，它们都具有相同的更新策略。利用对等体组就可以不必单独为每个邻居定义该同一组策略，可直接为对等体组设定的策略来定义对等体组。各个邻居是对等体组的成员，对等体组的策略就像是一个模板，可以将这个模板应用到对等体组中的各个成员。

对等体组的成员继承对等体组的所有配置项。如果不影响输出更新，对等体组中的成员路由器也可以配置成取代某些配置项；换句话说，只有影响输入更新的选项才可以被取代。

对等体组中的所有 EBGP 邻居都必须通过同一接口可达，这是因为在不同接口上可访问的 EBGP 邻居的下一跳属性可能会不同。可以通过为 EBGP 对等体配置一个环回接口源地址来绕过这个限制。

当许多邻居都有相同策略时，对等体组对简化配置十分有用。因为更新的生成只是每个对等体组一次而不是每个邻居一次，所以它们的效率也更高。对等体组名只对它所配置的路由器本地有效，它不传给任何其他路由器。对等体组的配置方法如下所述。

用路由器配置命令：

neighbor *peer-group-name* **peer-group**

用来创建一个 BGP 对等体组。“*peer-group-name*” 是要被创建的 BGP 对等体组的名字。

“**neighbor peer-group**” 命令的另一种句法是用来指定一个邻居作为该对等体组的一部分，使用路由器配置命令：

neighbor *ip-address* **peer-group** *peer-group-name*

表 7-5 给出了该命令的详细描述。

表 7-5 “neighbor peer-group” 命令

命 令	描 述
ip-address	要被指定为对等体组成员的邻居的 P 地址
peer-group-name	BGP 对等体组的名称

可执行（EXEC）命令：

clear ip bgp peer-group *peer-group-name*

用来为 BGP 对等体组的所有成员重清 BGP 连接。“*peer-group-name*”是要被重清连接的 BGP 对等体组的名字。

在图 7-17 所示的例子中，路由器 A 有两个内部邻居路由器 D 和 E，以及两个外部邻居路由器 B 和 C。路由器 D 和 E 的路由策略是相同的，同时路由器 B 和 C 的路由策略也是相同的。

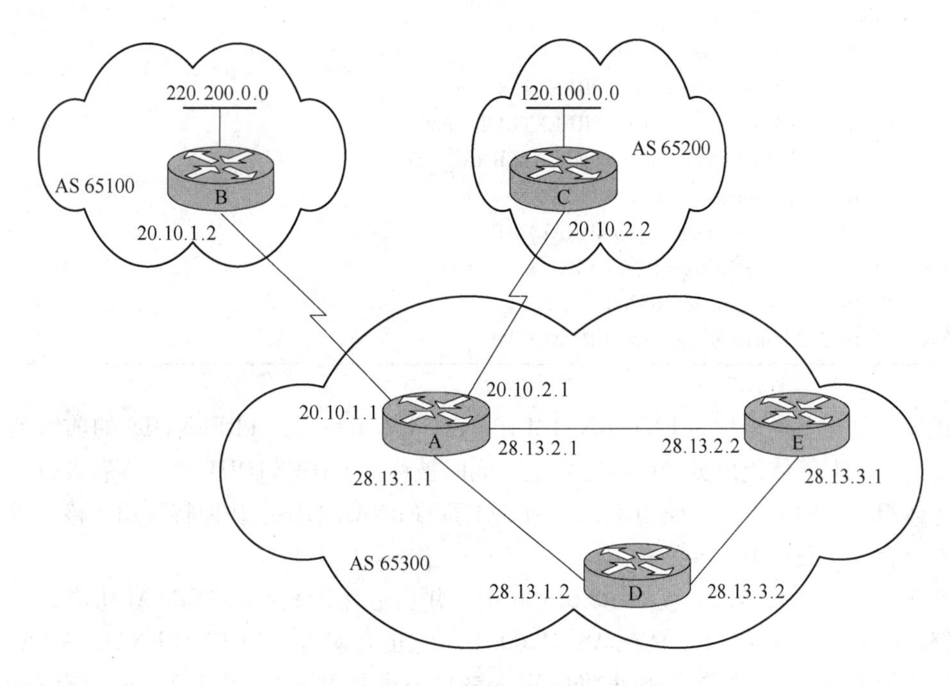

图 7-17　BGP 对等体示例所用的网络

路由器 A 配置了两个对等体组，一个用于内部邻居，一个用于外部邻居，没有使用单独的邻居配置。例 7-3 显示了内部邻居路由器 A 的部分配置。

【例 7-3】 图 7-17 中路由器 A 对内部邻居的配置。

```
router bgp 65300
neighbor   INTERNALMAP   peer-group
neighbor   INTERNALMAP   remote-as   65300
neighbor   INTERNALMAP   prefix-list   PREINTIN in
neighbor   INTERNALMAP   prefix-list   PREINTOUT out
neighbor   INTERNALMAP   route-map   SETINTERNAL out
neighbor   28. 13. 2. 2   peer-group   INTERNALMAP
neighbor   28. 13. 1. 2   peer-group   INTERNALMAP
neighbor   28. 13. 2. 2   prefix-list   JUST2 in
```

该配置创建了一个称为 INTERNALMAP 的对等体组，该对等体组的所有成员都在 AS 65300 中；名为 PREINTIN 的前缀列表将应用到该对等体组的所有进入路由上；名为 PRE-

INTOUT 前缀列表将应用到该对等体组成员的所有外出路由上；名为映像 SETINTERNAL 的路由映像将应用到对等体组成员外出的所有路由上。

路由器 E（28.13.2.2）和路由器 D（28.13.1.2）是 INTERNALMAP 对等体组的成员，名为 JUST2 前缀列表将应用到进入路由器 E（28.13.2.2）的所有路由。我们只能替换输入更新的对等体组任选项。

【例 7-4】 显示了路由器 A 用于外部邻居的配置。

```
router bgp 65300
neighbor   EXTERNALMAP    peer-group
neighbor   EXTERNALMAP    prefix-list   PREEXTIN    in
neighbor   EXTERNALMAP    prefix-list   PREEXTOUT   out
neighbor   EXTERNALMAP    route-map   SETEXTERNAL    out
neighbor   20.10.1.2   remote-as   65100
neighbor   20.10.1.2   peer-group   EXTERNALMAP
neighbor   20.10.1.2   prefix-list   JUSTEXT2    in
neighbor   20.10.2.2   remote-as   65200
neighbor   20.10.2.2   peer-group   EXTERNALMAP
```

该配置创建了一个称为 EXTERNALMAP 的对等体组；称为 PREEXTIIN 的前缀列表将应用于进入该对等体组成员的所有路由上，同时被称为 PREEXTOUT 的前缀列表将应用于该对等体组成员的所有外出路由上；称为 SETEXTERNAL 的路由映像将应用于该对等体组成员的所有外出路由上。

路由器 B（20.10.1.2）是在 AS 65100 中，并且是对等体组 EXTERNALMAP 的一名成员；路由器 C（20.10.2.2）是在 AS 65200 中，它也是对等体组 EXTERNALMAP 的一名成员；称为 JUSTEXT2 的前缀列表将应用于来自路由器 B（20.10.1.2）的所有路由上。我们只能替换影响输入更新的对等体组任选项。

7.6.2 基本 BGP 命令

基本 BGP 配置命令语句与配置内部路由协议所使用的命令语句相似。

用全局配置命令：

router bgp *autonomous-system*

来激活 BGP 协议，标识本地自治系统。在该命令中，“*autonomous-system*”标识本地自治系统号。

用路由器配置命令：

neighbor {*ip address* | *peer-group-name*} **remote-as** *autonomous-system*

来标识本地路由器将与之建立会话的对等体路由器，其含义如表 7-6 所示。

在“**neighbor remoto-as**”命令中的“*autonomous-system*”的值决定了与邻居的通信是个 EBGP 会话还是一个 IBGP 会话。如果配置在“**router bgp**”命令中的“*autonomous-system*”的值与配置在“**neighbor remote as**”命令中的“*autonomous-system*”的值相同，那么 BGP 将发起一个内部 IBGP 会话。如果该域的值不同，那么 BGP 将发起一个外部 EBGP 会话。

表 7-6 “**neighbor remoto-as**”命令

命　令	描　述
ip address	对等体路由器的 IP 地址
peer-group-name	BGP 对等体组名
autonomous-system	对等体路由器所属的自治系统

要关闭一个已有的 BGP 邻居或邻居对等体组，可以使用路由器配置命令：

neighbor{*ip address*|*peer-group-name*} **shutdown**

要启用由“**neighbor shutdown**”命令关闭了的已存在的邻居或邻居对等体组，可以使用路由器配置命令：

no neighbor {*ip address*|*peer-group-name*} **shutdown**

EBGP 假设生存时间（TTL）值为 1。如果 EBGP 邻居间没有直接连接的话，必须使用命令：

neighbor{*ip address*|*peer-group-name*}**ebgp-multihop**[*ttl*]

当 EBGP 邻居间多于一跳（包括到环回接口的连接）时，命令“**neighbor ebgp-multihop**”将缺省地将 TTL 值设置为 225，这使 BGP 可以创建一条 AS 间的连接。注意，IBGP 已经假设 TTL 为 225。

用环回接口来定义邻居通常与 IBGP（而不是 EBGP）一起使用。环回接口通常被用来确保邻居的 IP 地址是 up 的，因为它独立于有可能出错的硬件。如果在“**neighbor**”命令中使用了环回接口的 IP 地址，那么必须在邻居路由器上进行一些额外的配置。邻居路由器需要告诉 BGP 它正在使用环回接口而不是一个物理接口来发起到 BGP 邻居的 TCP 连接。用命令：

neighbor{*ip address*|*peer-group-name*} **update-source loopback** *interface-number*

让路由器为到其邻居的 BGP 连接使用环回接口。

如果在 EBGP 邻居间有多条物理连接，那么采用环回接口和到环回接口的静态路由可以在多条连接上均衡负载。

如果该网络出现在其 IP 路由表中的话，用路由器配置命令：

network *network-number*[**mask** *network-mask*]

来允许 BGP 通告一个网络，该命令如表 7-7 所示。

表 7-7 “**network**”命令

命　令	描　述
network-number	要被 BGP 通告的 IP 网络
network-mask	（任选项）要被 BGP 通告的子网掩码。如果没有规定网络掩码，缺省掩码将是该网络所属的主类掩码

“**network**”命令控制着哪个网络始发于这台路由器。这与在配置 IGP 时所使用的概念有所不同。“**network**”命令不是在某个接口上启动 BGP，它是用来向 BGP 说明哪个网

络始发于这台路由器。因为 BGP-4 可以处理子网和超网，所以使用“**mask**”参数。“**network**”命令的列表必须包括 AS 中想要通告的所有的网络，而不仅仅是那些本地连接在路由器上的网络。

“**network**”命令允许无类别前缀，路由器可以通告单独的子网、网络或超网。注意，前缀必须准确地匹配（地址和掩码）路由表中的一个条目，到 null0 的静态路由可以被用来在路由表中创建一个超网条目，这将在下一章中讨论。

在 Cisco IOS 12.0 之前的版本中，每台 BGP 路由器有 200 条“**network**”命令的限制，这个限制现在已经被取消了。路由器的内存（NVRAM 或 RAM），决定了可以使用的“**network**”命令的最大数量。

7.6.3 基本 BGP 命令示例

图 7-18 展示出了一个 BGP 网络示例。例 7-5 提供了图 7-18 中路由器 A 的配置，例 7-6 提供了图 7-18 中路由器 B 的配置。

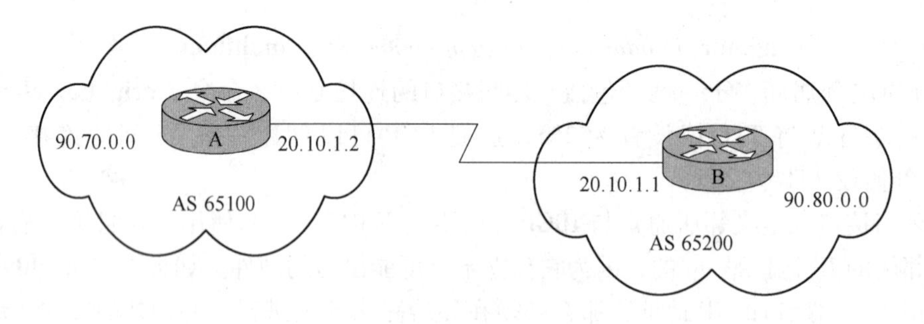

图 7-18　BGP 网络示例

【**例 7-5**】图 7-18 中路由器 A 的配置。

```
RtrA (config) #router bgp 65100
RtrA (config-router) #neighbor 20.10.1.1 remote-as 65200
RtrA (config-router) #network 90.70.0.0
```

【**例 7-6**】图 7-18 中路由器 B 的配置。

```
RtrB (config) #router bgp 65200
RtrB (config-router) #neighbor 20.10.1.2 remote-as 65100
RtrB (config-router) #network 90.80.0.0
```

在本例中，路由器 A 和路由器 B 相互将对方定义为 BGP 邻居，并将开始一个 EBGP 会话。路由器 A 将通告网络 90.70.0.0/16，路由器 B 将通告网络 90.80.0.0/16。

7.6.4 改变下一跳属性

改变路由器的缺省行为，并让它将自己作为发送给邻居路由的下一跳地址进行通告，有时是必要的。例如，在一个 NBMA 环境中，路由进程配置命令：

neighbor { *ip address* | *peer-group-name* } **next-hop-self**

是用来强迫 BGP 使用它自己的 IP 地址作为下一跳属性参数，而不让 BGP 协议来选择要使用的下一跳地址。该命令如表 7-8 所示。

表 7-8 “neighbor next-hop-self”命令

命　令	描　述
ip address	将用本路由器作为下一跳为之发送通告的对等体路由器的 IP 地址
peer-group-name	将用本路由器作为下一跳为之发送通告的 BGP 对等体组名

这条命令在 NBMA 环境中很有用，但是它应该只用在只有一条到对等 AS 的路径的情况下，否则有可能会导致选择到 AS 的非最佳路径。

7.6.5 关闭 BGP 同步

在有些情况下，不需要 BGP 同步。如果来自不同自治系统的数据流不通过 AS 进行传输（换句话说，如果 AS 不是一个转接 AS），或者如果 AS 内的 BGP 转接路径中的所有路由器都运行 BGP，那么就可以关闭 BGP 同步。关闭这个特性可以使 IGP 中传输更少的路由，并且使 BGP 能更快的收敛。如果在 AS 内 BGP 转接路径中的有些路由器没有运行 BGP，那么应使用同步功能。

同步在缺省情况下启用，可以用“**no synchronization**”路由器配置命令来关闭它。这条命令将使路由器可以在从 IGP 中学到由 IBGP 所学到的路由之前就使用并对外部 BGP 邻居广播这些路由。

7.6.6 在 BGP 表中创建一个归纳地址

路由进程配置命令

aggregate-address *ip-address mask* [**summary-only**] [**as-set**]

用来在 BGP 表中创建一个聚合，或归纳条目。该命令如表 7-9 所示。

表 7-9 “aggregate-address”命令

命　令	描　述
ip-address	给出要创建的聚合地址
mask	给出要创建的聚合地址的掩码
summary-only	（任选项）使路由器只通告聚合路由。缺省值是同时通告聚合路由和更具体的路由
as-set	（任选项）让该聚合路由的 AS 路径信息包含列在所有具体路由的路径中的所有 AS 号。缺省情况下，聚合路由的 AS 路径信息只包含产生该聚合路由的路由器的 AS 号

“**aggregate-address**”命令应用于已经在 BGP 表中的网络，它与用 BGP 的“**network**”命令通告归纳路由的要求不同。在后一种情况下，网络必须存在于 IP 路由表中；而在前一种情况下，要被聚合的网络必须存在于 BGP 表中。

当在这条命令中没有使用“**as-set**”关键字时，聚合路由将作为来自本自治系统的路由而被通告，并将设置原子聚合（atomic aggregate）属性以说明原始信息可能已经丢失。

除非规定了“**as-set**”关键字，否则，原子聚合属性需要进行设置。

如果不使用“**summary-only**”关键字，路由器将仍然通告独立的网络，这对于冗余ISP链路来说很有用。例如，如果一个ISP只通告归纳路由，而另一个ISP既通告归纳路由又通告具体的路由，这种情况下将会遵从具体路由。可是如果通告具体路由的ISP变得不可访问了，那么将遵从只通告归纳路由的那一个ISP。

如果在“**aggregate-address**”命令中只使用“**summary-only**”关键字，那么只有归纳路由将被通告，并且AS路径仅列出执行归纳的AS（所有其他路径信息将丢失）。如果在“**aggregate-address**”命令中只使用“**as-set**”关键字，那么所有具体路由经过的AS号都将被包括在路径信息中（并且带有“**summary-only**”关键字的“**aggregate**”命令将被删除，如果它已经存在了的话）。但是，可以在一条命令中同时使用这两个关键字，这会导致只发送归纳地址，并且将所有的自治系统号都列在路径信息中。

7.6.7 复位 BGP

用特权命令：

clear ip bgp{ * | *address*} [**soft**[**in**|**out**]]

可执行从BGP表中取消条目，并且复位BGP会话。该命令如表7-10所示。在每次改变配置后应使用这条命令以确保该变化被激活，并通知了对等体路由器。

表 7-10 “clear ip bgp”命令

命　令	描　　述
*	复位所有当前BGP会话
address	为将被复位的BGP会话指定邻居的地址
soft	（任选项）进行一个“软”重新配置，具体解释见下面的一段文字
in|**out**	（任选项）激活进入或外出“软”重新配置。如果没有指定“in”或“out”选项，那么同时激活会话的进入和外出“软”重新配置

如果在“**clear ip bgp**”命令中使用“**soft**”关键字进行“软”重配，那么BGP会话将不被复位，但路由器将再次发送所有路由更新。如果要生成新的输入更新而不复位BGP会话，本地BGP路由器就得无修改地存储所有接收到的更新，无论它们是否被输入过滤策略所允许，可以用“**neighbor soft-reconfiguration**”路由器配置命令（在第一次配置“**neighbor soft-reconfiguration**”命令后，应清除所有当前BGP会话以让所有邻居重新发送所有更新，这样才可以将所有更新存储到本地路由器中）。这个过程是内存密集型，并且应尽可能避免使用。外出BGP软配置不会有任何额外的内存负担。可以在BGP会话的另一端激活外出重新配置以使新的输入过滤策略生效。

警示：清除BGP表和复位BGP会话会干扰路由，所以尽量不要使用这条命令，除非不得不这么做。

用于对等体组的命令是：

clear ip bgp peer-group *peer-group-name*

7.6.8 另一个 BGP 示例

图 7-19 示出了一个示例 BGP 网络，例 7-7 提供了图 7-19 中路由器 B 的配置。

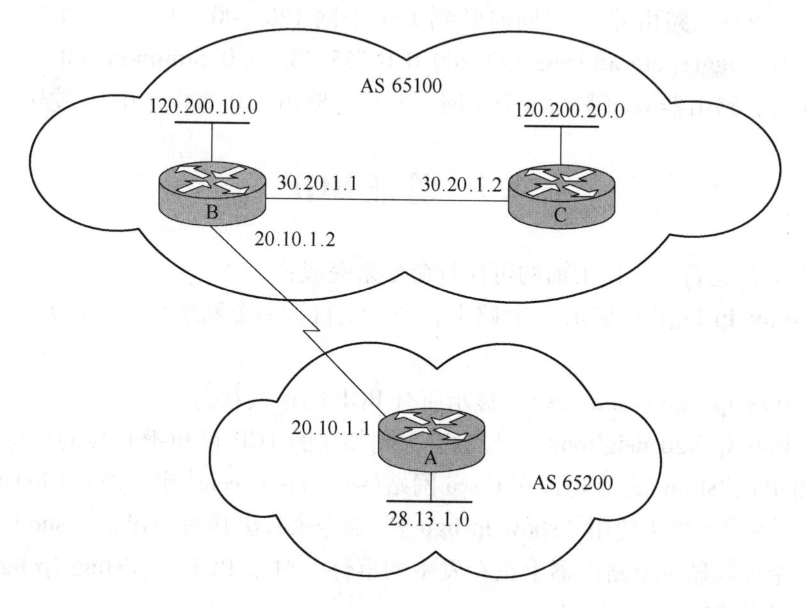

图 7-19 使用 BGP 配置命令的示例网络

【例 7-7】图 7-19 中路由器 B 的配置。

```
RtrB (config) #router bgp 65100
RtrB (config-router) #neighbor 20. 10. 1. 1 remote-as 65200
RtrB (config-router) #neighbor 30. 20. 1. 2 remote-as 65100
RtrB (config-router) #network 120. 200. 10. 0 mask 255. 255. 255. 0
RtrB (config-router) #network 30. 20. 1. 0 mask 255. 255. 255. 0
RtrB (config-router) #no synchronization
RtrB (config-router) #neighbor 30. 20. 1. 2 next-hop-self
RtrB (config-router) #aggregate-address 120. 200. 0. 0 255. 255. 0. 0 summary-only
```

在例 7-7 中，在“**router bgp 65100**”命令下的前两条命令为路由器 B 指定两个 BGP 邻居：在 AS 65200 中的路由器 A 和在 AS 65100 中的路由器 C。随后的两条命令使路由器 B 可以向它的 BGP 邻居通告网络 120. 200. 0. 0 和 30. 20. 1. 0。

假设路由器 C 在 BGP 中正在通告网络 120. 200. 20. 0，路由器 B 将通过 IBGP 接收这条路由，但是不会把它传输给路由器 A，直到“**no synchronization**”命令添加到路由器 B 和路由器 C 中，因为在本例中没有运行 IGP。在这里可以使用这条命令是因为在该 AS 中的所有路由器都运行 BGP。在路由器 B 和路由器 C 上需要使用“**clear ip bgp ＊**”命令以在关闭同步之后复位 BGP 会话。

在缺省情况下，路由器 B 将会用下一跳地址 20. 10. 1. 1 把来自路由器 A 的有关网络 28. 13. 1. 0 的 BGP 通告传输给路由器 C。可是，路由器 C 不知道怎么样到达 20. 10. 1. 1，所以它将不安装路由。“**neighbor** 30. 20. 1. 2 **next-hop-self**”命令将迫使路由器 B 用它自己的地址作为来自路由器 A 的 BGP 路由的下一跳地址向路由器 C 发送通告。这样，路由器 C 就能够达到网络 28. 13. 1. 0。

在缺省情况下，路由器 A 将同时学到关于子网 120. 200. 10. 0 和 120. 200. 20. 0 的路由。可是，当“**aggregate-address** 120. 200. 0. 0 255. 255. 0. 0 **summary-only**”命令被添加到路由器 B 时，路由器 B 将归纳这个子网，并只将路由 120. 200. 0. 0/16 发送给路由器 A。

7.7 验证 BGP

验证 BGP 的运行可以用下面的可执行命令来完成：

（1）“**show ip bgp**”。显示 BGP 路由表中的条目，一个网络号包含有关某个网络的更具体信息。

（2）“**show ip bgp summary**”。显示所有 BGP 的连接状态。

（3）“**show ip bgp neighbor**”。显示有关到邻居的 TCP 和 BGP 连接的信息。

其他 BGP 的“**show**”命令可以在 Cisco 网站（www. cisco. com）或文档 CD-ROM 的 BGP 文档里找到。可在路由器上使用“**show ip bgp ?**”命令来找出其他 BGP 的“**show**”命令。

调试命令可以显示出路由器上正在发生的事件。对于 BGP，“**debug ip bgp**”特权可执行命令有以下的选项：

（1）“**dampening**”。BGP 抑制。

（2）“**events**”。BGP 事件。

（3）“**keepalives**”。BGP 保持。

（4）“**updates**”。BGP 更新。

7.7.1 “show ip bgp”命令的输出的示例

例 7-8 所示“**show ip bgp**”命令的输出示例是从图 7-19 所示的 BGP 示例中的路由器 A 上选取的。

【**例 7-8**】来自图 7-19 中的路由器 A“**show ip bgp**”命令的输出。

```
RTRA#show ip bgp
BGP table version is 5, local router ID is 28. 13. 1. 1
Status codes: s suppressed, d damped, h history, * valid, > best, i internal
Origin codes: i-IGP, e-EGP, ? -incomplete
   Network          Next Hop       Metric    Locprf    weight    Path
 * >120. 200. 0. 0   20. 10. 1. 2                         0      65100  i
 * >30. 20. 1. 0     20. 10. 1. 2      0                  0      65100  i
 * >28. 13. 1. 0     0. 0. 0. 0        0              32768             i
```

状态编码（status codes）放在各输出行的开头，起源编码（origin codes）放在各行的末尾。从示例输出中，我们可以看到路由器 A 从 20. 10. 1. 2 学到了两个网络：120. 200. 0. 0 和 30. 20. 1. 0。路由器 A 用来到达这些网络的路径通过 AS 65100，并且这些路由有 IGP 的起源编码（在输出中用“i”表示）。注意在该输出中到网络 120.200.0.0 的聚合路由。

例 7-9 给出了当在“**show ip bgp**”命令中指定了某个网络时，所显示出的额外信息（注意，这个示例不是来自 7-19 中的网络）。

【例 7-9】“show ip bgp” 网络命令的输出。

```
Pir1#show ip bgp 172.31.20.0/24
BGP routing table entry for 172.31.20.0/24, version 211
Path  (1 available, best #1)
   Advertised to non peer-group peers:
     192.168.1.18 192.168.1.34 192.168.1.50
   65200 65106 65201
     10.1.1.100 from 10.1.1.100 (172.16.11.100)
       Origin IGP, localpref 100, valid, external, best, ref 2
Pir1#exit
```

7.7.2 “show ip bgp summary”命令的输出示例

例 7-10 给出的“**show ip bgp summary**”命令的输出示例是从图 7-19 所示 BGP 示例中的路由器 A 上选取的。

【例 7-10】 来自图 7-19 中路由器 A“**show ip bgp**”命令的输出。

```
RTRA#show ip bgp summary
BGP table version is 5, main routing table version 5
3 network entries and 3 paths using 363 bytes of memory
3BGP path attributes entries using 372 bytes of memory
BGP activity 3/0 prefixes, 3/0 paths
0 prefixes revised.

Neighbor    V   AS     MsgRcvd  MsgSent  TblVer  InQ  OutQ  Up/Down    status/pfxrcd
20.10.1.2   4   65100      14       13       5     0     0  00:06:04               2
```

在本输出示例中，可以看到路由器 A 有一个邻居 20.10.1.2，它通过 BGP-4 与 AS 65100 中的该邻居进行通信。路由器 A 已经接收到了来自 20.10.1.2 的 14 个消息，并且向它发送了 13 个消息。TblVer 是发送给这个邻居的 BGP 数据库的最新版本。在输入或输出队列中都没有等待处理的消息。BGP 会话已经建立了 6 分 4 秒。状态域是空，说明与该邻居路由器的 BGP 状态已经建立。路由器 A 已经接收到来自邻居 20.10.1.2 的两个路由前缀。

如果“**show ip bgp summary**”命令的状态与显示为“活跃的（active）”，这表示路由器正在试图创建一个到邻居的 TCP 连接。

7.7.3 “show ip bgp neighbors”命令的输出示例

例 7-11 给出的“**show ip bgp neighbors**”命令的输出示例是从图 7-19 所示 BGP 示例

中的路由器 A 上选取的。

【例 7-11】来自图 7-19 中路由器 A“**show ip bgp neighbors**”命令的输出。

```
RTRA#show ip bgp neighbors
BGP neighbor is 20. 10. 1. 2, remote AS 65200, external link
  Index 1, offset 0, mask 0x2
      BGP version 4, remote router ID 120. 200. 10. 1
      BGP state = Established, table version = 5, up for 00:11:42
      Last read 00:00:34, hold time is 180, keepalives internal is 60 seconds
      Minimum time between advertisement runs is 30 seconds
      Received 16 messages, 0 notifications, 0 in queue
      Sent 15 messages, 1 notifications, 0 in queue
      Prefix advertised 1, suppressed 0, withdrawn 0
      Connections established 1; dropped 0
      Last reset 00:16:35, due to peer closed the session
      2 accepted prefixes consume 64 bytes
      0 history paths consume 0 bytes
      ...More...
```

这条命令可用来显示有关到邻居的 BGP 连接的信息。在本输出示例中，BGP 状态已经建立，也就是说已经与邻居建立起一条 TCP 连接，并且这两个对等体已经同意相互间采用 BGP 进行通信。

7.7.4 “debug ip bgp updates”命令的输出示例

例 7-12 给出的“**debug ip bgp updates**”命令的输出示例是从图 7-19 所示 BGP 示例中的路由器 A 上选取的。“**clear ip bgp** *”命令用来迫使路由器复位所有 BGP 连接。

【例 7-12】来自图 7-19 中路由器 A“**debug ip bgp updates**”命令的输出。

```
RTRA#debug ip bgp updates
BGP updates debugging is on
RTRA#clear ip bgp *
3w5d: BGP: 20. 10. 1. 2 computing updates, neighbor version 0, table
Version 1, starting at 0. 0. 0. 0
3w5d: BGP: 20. 10. 1. 2 updates run completed, ran for 0ms, neighbor
Version 0, start version 1, throttled to 1, check point net 0. 0. 0. 0
3w5d: BGP: 20. 10. 1. 2 rcv updates w/ attr: nextthop 10. 1. 1. 1, origin i
Aggregated by 65100 120. 200. 10. 1, path 65100
3w5d: BGP: 20. 10. 1. 2 rcv update about 120. 200. 0. 0/16
3w5d: BGP: netable_walker 120. 200. 0. 0/16 calling revise_route
3w5d: BGP: revise route installing 120. 200. 0. 0/16- >20. 10. 1. 2
3w5d: BGP: 20. 10. 1. 2 rcv update w/ attr: nexthop 20. 10. 1. 2, origin i, metric 0, path 65100
3w5d: BGP: 20. 10. 1. 2 rcv update about 30. 20. 1. 0/24
3w5d: BGP: revise route installing 30. 20. 1. 0/24- >20. 10. 1. 2
```

```
3w5d: BGP: 20.10.1.2 cmputing updates, neighbor version 1, table version 3, starting at 0.0.0.0
3w5d: BGP: 20.10.1.2 update run complete, ran for 0ms, neighbor version 1, start version 3, throttled to 3, check point net 0.0.0.0
3w5d: BGP: nettable_walker 120.200.2.0/24 route sourced locally
3w5d: BGP: 20.10.1.2 computing updates, neighborversion 3, table version 4, starting at 0.0.0.0
3w5d: BGP: 20.10.1.2 send updates 120.200.2.0/24, next 10.1.1.2, metric 0, path 65200
3w5d: BGP: 20.10.1.2 updates enqueued (average = 52, maximum = 52)
3w5d: BGP: 20.10.1.2 update run completed, ran for 0ms, neighbor version 3, start version 4, throttled to 4, check point net 0.0.0.0
```

例7-12的输出显示了从邻居20.10.1.2那里所接收到的更新消息和发送给邻居20.10.1.2的消息。

7.8　综合配置实例

这一节包括配置示例和“**show**”命令的输出示例，这些都是源自对图7-20中所示网络的配置结果。RIP被配置为自治系统的内部路由协议，BGP是自治系统间的外部路由协议。BGP路由协议被再发布到RIP中。

7.8.1　路由器A的BGP/RIP配置示例

例7-13展示出了图7-20中同时运行RIP和BGP协议的路由器A的部分配置。

【例7-13】图7-20中路由器A的配置。

```
A#show run
<output omitted>
!
interface Ethernet0
ip address 10.14.0.1 255.255.255.0
!
interface Serial0
ip address 1.1.0.2 255.255.0.0
!

interface serial0
ip address 1.2.0.1 255.255.0.0
!
router rip
  network 10.0.0.0
  network 1.0.0.0
  passive interface e0
  redistribute bgp 65001 metric 3
!
router bgp 65001
```

```
  network 1.0.0.0
  neighbor 10.14.0.2 remote-as 65002
  neighbor 10.14.0.3 remote-as 65003
  neighbor 10.14.0.4 remote-as 65004
!
no ip classless
!
<output omitted>
```

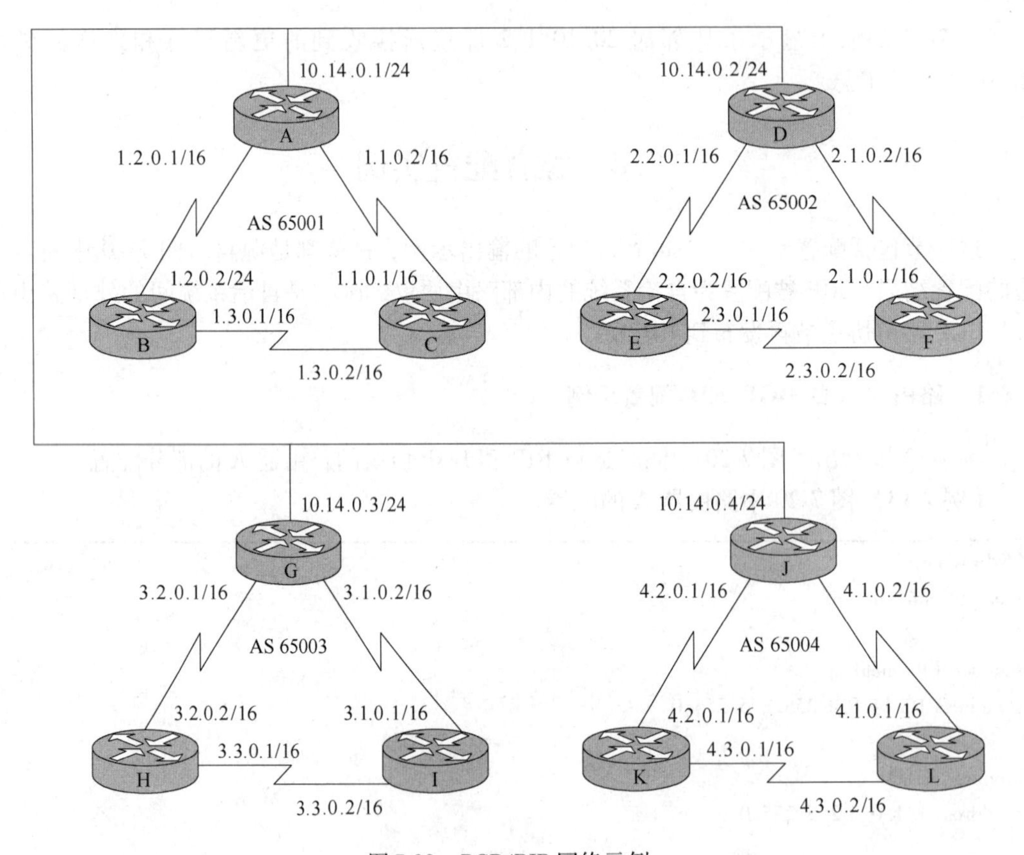

图 7-20 BGP/RIP 网络示例

在例 7-13 中，“network 10.0.0.0”命令在 RIP 中通告网络 10.0.0.0，以使内部路由器能看到网络 10.0.0.0。“passive-interface e0”命令不允许 RIP 向主干网络通告任何路由。“redistribute bgp 65001 metric 3”命令将 BGP 信息再发布到 RIP 中，并将被再发布路由的跳数设置为 3。BGP 进程配置模式下的“network 1.0.0.0”命令将网络 1.0.0.0 通告给路由器 A 的三个 BGP 邻居。

7.8.2 路由器 B 的 RIP 配置示例

例 7-14 展示出了图 7-20 中一台只运行 RIP 协议的路由器 B 的部分配置。

【例 7-14】 图 7-20 中路由器 B 的配置。

```
B#show run
 <output omitted>
!
interface Ethernet0
shutdown
!
interface Serial0
ip address 1.2.0.2 255.255.0.0
!
interface Serial1
ip address 1.3.0.1 255.255.0.0
!
router rip
  network 1.0.0.0
!
no ip classless
!
 <output omitted>
```

在例 7-14 中，“network 1.0.0.0”命令在路由器 B 的所有在网络 1.0.0.0 中的接口上启动 RIP，并允许路由器通告网络 1.0.0.0。

7.8.3 在路由器 A 上“show ip route”命令的输出示例

例 7-15 示出了图 7-20 中路由器 A 上“**show ip route**”命令的输出示例。

【例 7-15】 图 7-20 中路由器 A 上“**show ip route**”命令的输出。

```
A#show ip route
 <output omitted>
1.0.0.0/16 is subnetted, 3 subnets
C 1.1.0.0 is directly connected, Serial0
R 1.3.0.0 [120/1] via 1.2.0.2, 00:00:25, Serial1
          [120/1] via 1.1.0.1, 00:00:22, Serial0
C 1.2.0.0 is directly connected, Serial1

B 2.0.0.0/8 [20/0] via 10.14.0.2, 00:03:26
B 3.0.0.0/8 [20/0] via 10.14.0.3, 00:03:26
B 4.0.0.0/8 [20/0] via 10.14.0.4, 00:03:26
  10.0.0.0/24 is subnetted, 1 subnets
C 10.14.0.0 is directly connected, Ethernet0
A#
```

例 7-15 中的阴影行指示路由器 A 从其 BGP 邻居处学到的路由。

7.8.4 在路由器 B 上“show ip route”命令的输出示例

例 7-16 示出了图 7-20 中路由器 B 上“**show ip route**”命令的输出示例。

【例 7-16】 图 7-20 中路由器 B 上“**show ip route**”命令的输出。

```
B#show ip route
<output omitted>
    1.0.0.0/16 is subnetted, 3 subnets
R 1.1.0.0 [120/1] via 1.2.0.1, 00:00:17, Serial0
          [120/1] via 1.3.0.2, 00:00:26, Serial1
C 1.3.0.0 is directly connected, Serial1

C 1.2.0.0 is directly connected, Serial0
R 2.0.0.0/8 [120/3] via 1.2.0.1, 00:00:17, Serial0
R 3.0.0.0/8 [120/3] via 1.2.0.1, 00:00:17, Serial0
R 4.0.0.0/8 [120/3] via 1.2.0.1, 00:00:17, Serial0
R 10.0.0.0/8 [120/3] via 1.2.0.1, 00:00:17, Serial0
B#
```

例 7-16 中阴影行指示出路由器 B 从路由器 A 处学到的路由，它们是被 A 从 BGP 再发布到 RIP 中的。

7.9 本章小结

BGP 是一种用来在自治系统之间进行路由的外部路由协议。BGP-4 是 BGP 的最新版本，并且广泛用于 Internet。BGP 是一种使用 TCP 作为其传输协议的高级距离矢量型路由协议。BGP 的度量值是路径属性，它指明了有关路由的各种信息。

BGP 路由判定过程只考虑（达到同步的）无 AS 环路、下一跳有效的路由，然后再根据下面的特性优选路由：最高权重（只对路由器本地有效）、最高本地优先（在 AS 内全局有效）、始发于本地路由器的路由、最短 AS 路径、最低起源编码（IGP < EGP < 不完全）、最低 MED（来自其他 AS）、EBGP 路径优先于 IBGP 路径、经过最近的 IGP 邻居的路径、对于 EBGP 路径来说最旧的路由、邻居 BGP 路由器 ID 最低的路径、邻居 IP 地址最低的路径。

练 习 题

7-1 什么时候适合使用到互连自治系统的静态路由？

7-2 BGP 用什么协议作为它的传输协议，BGP 使用什么端口号？

7-3 可以用哪两个术语描述已经形成一条 BGP 连接的两台路由器？

7-4 给出下面各项的简单描述：内部 BGP、外部 BGP、公认属性、可传递属性、BGP 同步。

7-5 对于由 IBGP 通告的外部更新，更新的下一跳属性值是从哪里来的？

7-6 请描述 NBMA 网络如何导致更新的下一跳属性的复杂性。

7-7 完成表 7-11 以回答有关这些 BGP 属性的问题：

(1) 根据这些属性的什么次序进行判优（1、2 或 3）？

(2) 对于各个属性，最高值被优选还是最低值被优选？

(3) 如果有其他路由器的话，各属性发送给哪台路由器？

表 7-11 BGP 属性表

属 性	判优次序	最高值优先还是最低值优先	发送到哪台路由器
本地优先			
MED			
权重			

7-8 BGP 路由器 ID 是怎样选择的？

7-9 用什么命令关闭 BGP 同步？

7-10 BGP 消息的四种类型是什么？

7-11 BGP-4 怎样支持 CIDR？

7-12 用哪条命令来激活与另一台路由器的 BGP 会话？

7-13 用哪条命令来显示有关到邻居的 BGP 连接信息？

8 在可扩展网络中实施 BGP 协议

本章以讨论扩展 IBGP 连接时可能发生的问题为开端，将解释包括路由反射器（route reflector）和采用前缀列表策略控制在内的各种解决方案。用一条以上的 BGP 连接来连接一个自治系统（AS）称为多宿主连接，本章将探讨实现它的不同方法。本章将介绍包括所有这些 BGP 功能的配置方法。

学完本章后，我们将能够学会描述与 IBGP 相关的扩展性问题，列出通过 BGP 连接多个 ISP 的方法，能学会描述并通过前缀列表在 BGP 中配置策略控制。我们将能够学会解释和配置 BGP 路由反射器，并能学会解释 BGP 和 IGP 之间路由再发布的使用方法。给出一套网络需求，我们将能够学会配置一个多宿主连接的 BGP 环境，并验证路由器的正确运行。

8.1 IBGP 的扩展性问题

控制 BGP 行为的另一条规则是 BGP 横向隔离规则。这条 BGP 规则规定：通过 IBGP 学到的路由永远不能传输到其他 IBGP 对等体。BGP 的横向隔离如图 8-1 所示。在这个图中，路由器 A 通过 IBGP 从路由器 B 那里学到路由，但不能够将这些路由输出给路由器 C。

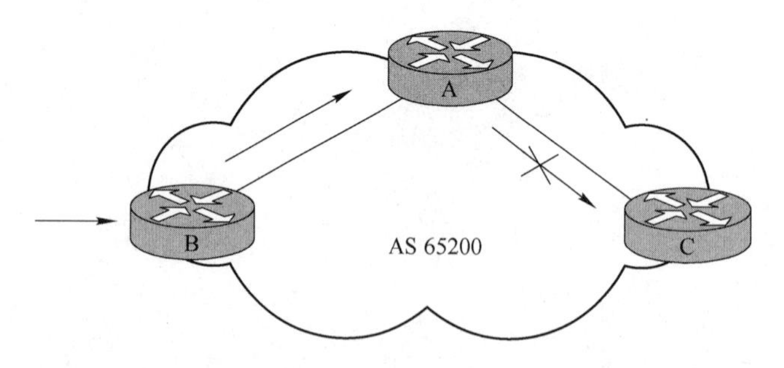

图 8-1　BGP 横向隔离规则防止路由器 A 将从路由器 B 学到的路由输出给路由器 C

与距离矢量型路由协议的横向隔离规则相似，BGP 横向隔离对于确保路由环路不在 AS 内产生是很必要的。这样一来的结果就是，在 AS 内需要 IBGP 对等体间的全互连。

如图 8-2 所示，全互连的 IBGP 是不易扩展的，当有 6 个路由器时，就需要有 15 个 IBGP 会话需要维护。随着路由器数量的增加，所需会话数量也将大大增加，具体公式如

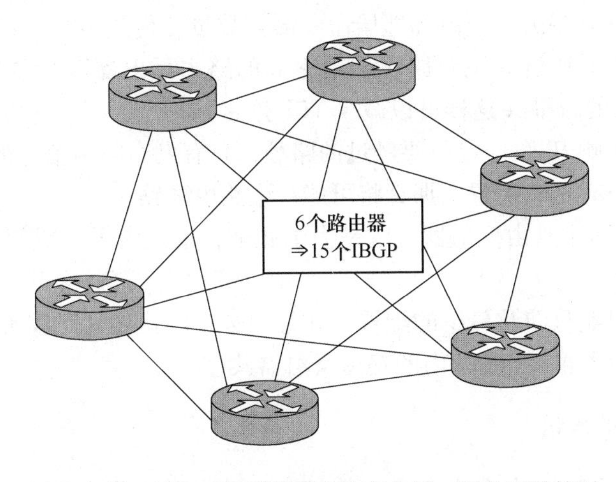

图 8-2 全互联 IBGP 需要建立许多会话，因此不易扩展

下（其中 n 是路由器的数量）：$n(n-1)/2$。

除了必须创建和维护的 BGP 的 TCP 会话数量外，路由数据流的总量也是一个问题。与 AS 的具体拓扑结构有关，当数据流传输到各 BGP 对等体时可能会在某些链路上被复制了许多次。例如，如果一个大型 AS 的物理拓扑结构包括一些广域网链路，那么在这些链路上运行的 IBGP 会话可能会占用大量带宽。这个问题的一种解决方案是采用路由反射器，我们将在下一节讨论这个问题。

8.2 路由反射器（route reflector）

让配置为路由反射器的路由器向其他 IBGP 对等体传输由 IBGP 所学到的路由来修改 BGP 的横向隔离规则。如图 8-3 所示。

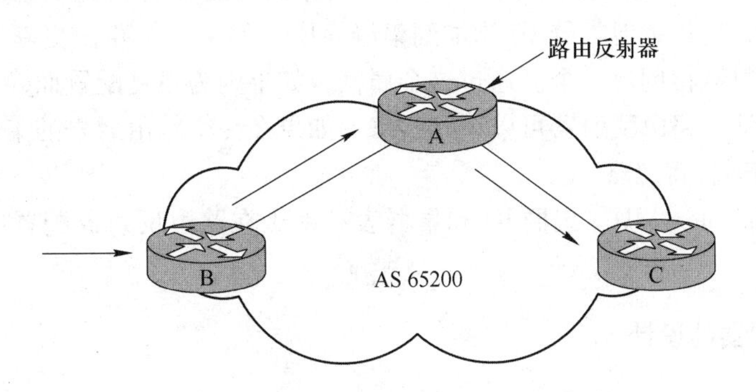

图 8-3 路由器 A 执行的路由反射

当路由器 A 是路由反射时，它可以把从路由器 B 学到的路由传输到路由器 C，这样就节省了必须进行维护的 BGP TCP 会话的数量，并且也减少了 BGP 路由数据流。

8.2.1 路由反射器的优点

配置了 BGP 路由反射器，就不再需要全互连的 IBGP 对等体。路由反射器允许向其他

IBGP对等体传输IBGP路由。当内部邻居命令语句数量变得过多时，ISP就会采用路由反射器技术。路由反射器通过让主要路由器给它们的路由反射器客户复制路由更新来减少AS内BGP相邻关系的数量（这样可以减少TCP连接）。

路由反射器不影响IP数据包所要经过的路径，只有发布路由信息的那条路径受影响。如果路由器反射器没有正确配置，那么将可能产生路由环路。

在AS内可以有多个路由反射器，既是为了冗余，也是为了分成组，以进一步减少所需IBGP会话的数量。

迁移到路由反射器只涉及最少的配置，并且不必一次就立刻完成所有的配置，因为不是路由反射器的路由器可以与AS内的路由反射器共存。

8.2.2 路由反射器的术语

“路由反射器”是配置为允许它把通过IBGP所学到的路由通告（或反射）到其他IBGP对等体的路由器。路由反射器与其他路由器有部分IBGP对等关系，这些路由器称为“客户”。客户间的对等是不需要的，因为路由反射器将在客户间传递通告。

路由反射器和其客户的组合称为“集群”（cluster）。不是路由反射器的客户的其他IBGP对等体称为“非客户”。

“originator ID”是任选的、非传递BGP属性，它由路由反射器创建。这个属性带有本地AS内路由始发者（originator）的路由器ID。如果因为配置不佳而导致路由更新又回到始发者，那么始发者将忽略它。

通常一个集群只有一个路由反射器，在这种情况下集群由路由反射器的路由器ID所标识。为了增加冗余性，并避免单点故障，集群可能会有一个以上的路由反射器。在这种情况下，集群中的所有路由反射器都需要配置“集群ID”。集群ID使路由反射器能够识别来自相同集群内其他路由反射器的路由更新。

“集群表”是路由所经过的集群ID序列。当路由反射器将路由从它的客户反射到集群外的非客户时，它将本地集群ID添加到集群表中。如果一个路由更新有一个空的集群表，那么路由反射器将创建一个。通过这个属性，如果因为不良配置而导致路由信息被环回到同一集群的话，路由反射器可以识别出来。如果在一个路由通告的集群表中发现本地集群ID，那么该通告将忽略。

始发者（originator）ID、集群ID和集群表有助于在路由反射器配置中防止产生路由环路。

8.2.3 路由反射器的设计

当在AS内使用路由反射器时，可以将AS分为多个集群，每个集群至少有一个路由反射器和几个客户。在一个集群中可以根据冗余性考虑而存在多个路由反射器。

路由反射器必须用IBGP进行全互连以确保学到的所有路由都传输给整个AS。仍然使用IGP，就像在引入路由反射器之前被使用那样，以传送本地路由和下一跳地址。

在路由反射器和它的客户间仍然遵守常规的横向隔离原则。从客户那里接收路由的路由反射器将不把这条路由传输回那个客户。

没有定义路由反射器的客户数量限制：它受路由器内存总量的限制。

8.2.4 路由反射器的设计示例

图 8-4 提供了一个 BGP 路由反射器设计示例。

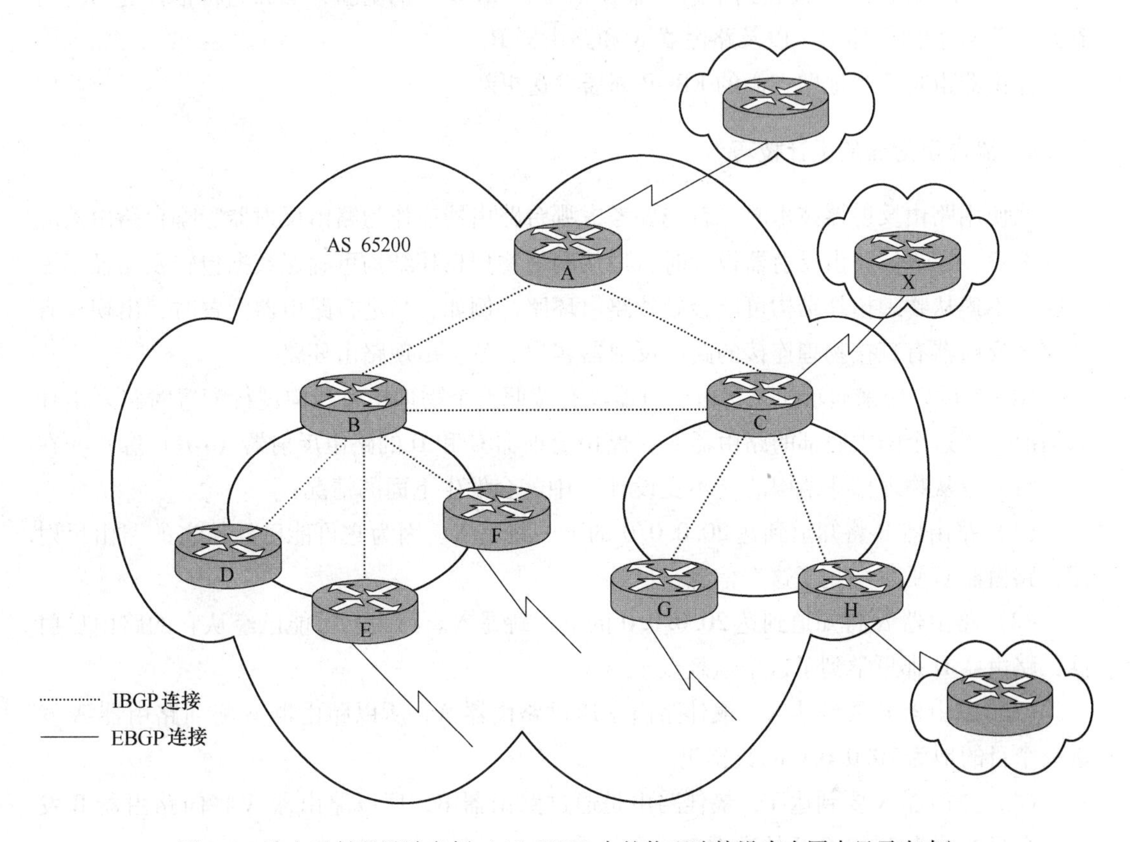

图 8-4 路由反射器设计实例（AS 65200 内的物理连接没有在图中显示出来）

在图 8-4 中，路由器 B、D、E 和 F 形成了一个集群。路由器 C、G 和 H 形成了另一个集群，路由器 B 和 C 是路由反射器。路由器 A、B 和 C 用 IBGP 进行了全互连。注意在集群内部的路由器没有进行全互联。

8.2.5 路由反射器的运行

当路由反射器接收到一条路由更新时，它将根据发送该更新的对等体类型而采取下面的行动：

（1）如果更新来自一个客户对等体，那么它将把该更新发送到所有非客户对等体和所有客户对等体（除该路由的始发者以外）。

（2）如果更新来自一个非客户对等体，那么它将把该更新发送到集群中的所有客户。

（3）如果更新来自一个 EBGP 对等体，那么它将把该更新发送到所有非客户对等体和所有客户对等体。

例如，在图 8-4 中，下面的情况将会发生：

（1）如果路由器 C 接收到来路由器 H（一个客户）的更新，那么它将把该更新发送到路由器 G，以及路由器 A 和路由器 B。

（2）如果路由器C接收到来路由器A（一个非客户）的更新，那么它将把该更新发送到路由器G和路由器H。

（3）如果路由器C接收到来路由器X（一个EBGP）的更新，那么它将把该更新发送到路由器G和路由器H，以及路由器A和路由器B。

路由器也将适当地向它们的EBGP邻居发送更新。

8.2.6 路由反射器的设计技巧

当使用路由反射器技术时，首先要考虑哪台路由器应作为路由反射器、哪台路由器应作为客户。在进行路由反射器设计时，遵从网络物理拓扑结构可确保数据包转发路径不受影响，不遵从物理拓扑结构可能会导致路由环路。例如，当进行路由器配置时，出现没有与路由反射器有直接物理连接的路由反射器客户，就会出现路由环路。

图8-5可以用来演示如果路由反射器没有按照这个物理拓扑结构进行配置时将发生什么情况。在这个图中底部的路由器E是路由反射器C和D的路由反射器（RR）客户。在这个没有遵从物理拓扑结构的“不良设计”中，会发生下面的情况：

（1）路由器B将知道到达20.0.0.0的下一跳是X。因为它可能已经从它的路由反射器，路由器C那里学到了这个信息。

（2）路由器A将知道到达20.0.0.0的下一跳是Y。因为它可能已经从它的路由反射器，路由器D那里学到了这个信息。

（3）路由器B要到达X，最佳路由是通过路由器A，所以路由器B将向路由器A发送一个目的地为20.0.0.0的数据包。

（4）路由器A要到达Y，最佳路由是通过路由器B，所以路由器A将向路由器B发送一个目的地为20.0.0.0的数据包。

（5）这是一个路由环路。

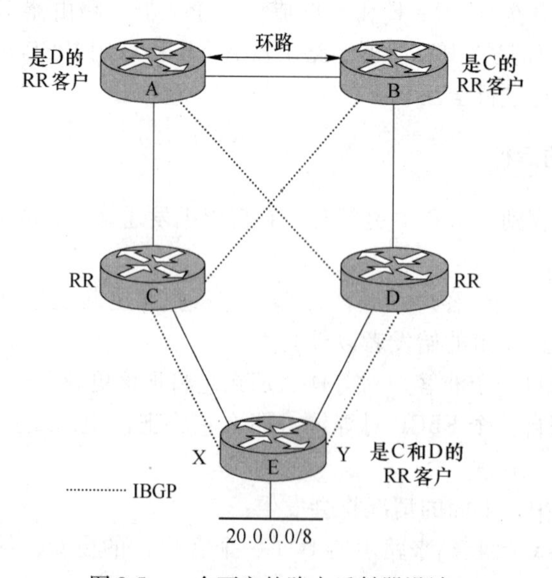

图8-5　一个不良的路由反射器设计

图 8-6 展示出了一个更好的设计，因为它遵从了物理拓扑结构。在这个图中，路由器 E 仍然是两个路由反射器 C 和 D 的路由反射器客户。

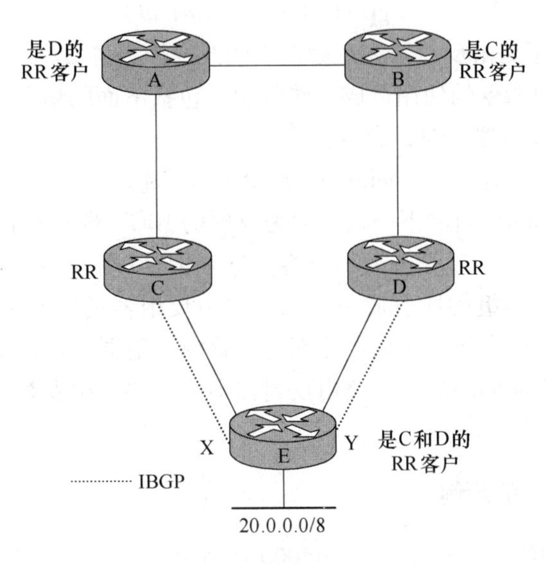

图 8-6　一个好的路由反射器设计

在遵从物理拓扑结构进行的这个“好的设计”中，下面的情况是真实的：

（1）路由器 B 将知道到达 20. 0. 0. 0 的下一跳是 Y。因为它可能已经从它的路由反射器，路由器 D 那里学到了这个信息。

（2）路由器 A 将知道到达 20. 0. 0. 0 的下一跳是 X。因为它可能已经从它的路由反射器，路由器 C 那里学到了这个信息。

（3）路由器 A 要到达 X，最佳路由是通过路由器 C，所以路由器 A 将向路由器 C 发送一个目的地为 20. 0. 0. 0 的数据包，并且 C 将该数据包发送到 E 上。

（4）路由器 B 要到达 Y，最佳路由是通过路由器 D，所以路由器 B 将向路由器 D 发送一个目的地为 20. 0. 0. 0 的数据包，并且 D 将该数据包发送到 E 上。

（5）这里没有路由环路。

当打算使用路由反射器时，最好一次只配置一个路由反射器，然后删除其客户间冗余 IBGP 会话。建议为每个集群配置一个路由反射器。

8. 2. 7　路由反射器的配置

路由器配置命令：

neighbor *ip-address* **route-reflector-client**

用来将路由器配置为 BGP 路由反射器，并且将指定的邻居配置为它的客户。这条命令的解释见表 8-1。

表 8-1　“neighbor *ip-address* **route-reflector-client”命令**

命　令	描　　述
ip-address	将设置为客户的 BGP 邻居的 IP 地址

如果BGP集群中有一个以上的路由反射器，应在集群中的所有路由反射器上用路由器配置命令：

bgp cluster-id *cluster-id*

配置集群ID。在配置了路由反射器客户后就不能改变该集群ID。

路由反射器对其他命令的使用造成一些限制，包括下面的情况：

（1）当用在路由反射器上时，命令：

neighbor next-hop-self

将只影响EBGP所学到的路由的下一跳，因为反射的IBGP路由的下一跳不会改变。

（2）路由反射器客户与对等体组不兼容。这是因为配置在对等体组的路由器必须将路由器更新发送给对等体组的所有成员。如果路由反射器的所有客户都在一个对等体组中，当这些客户中的一个发送一条路由更新时，路由反射器就必须负责与所有其他客户共享这条更新，而根据横向隔离规则，路由反射器不能向路由始发客户发送该更新，这就产生了矛盾。

8.2.8 路由反射器配置的示例

图8-7中的示例网络展示出了在AS 65000中配置为路由反射器的一台路由器。该图中路由器A的配置参见例8-1。

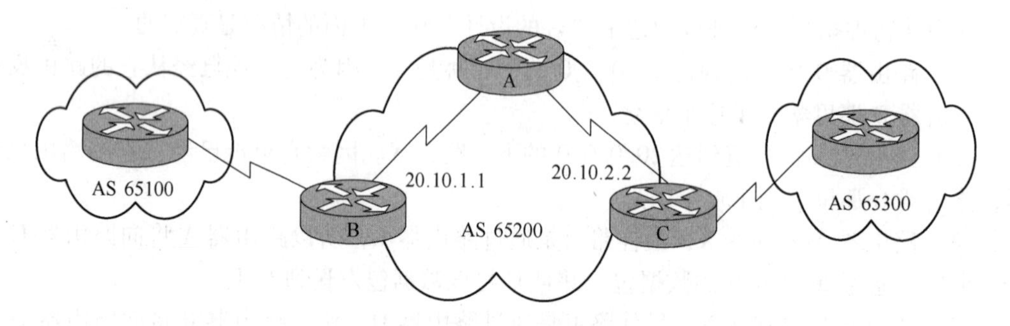

图8-7 路由器A是路由反射器

【**例8-1**】图8-7中路由器A的配置。

```
RTRA (config) #router bgp 65200
RTRA (config-router) #neighbor 20.10.1.1 remote-as 65200
RTRA (config-router) #neighbor 20.10.1.1 route-reflector-client
RTRA (config-router) #neighbor 20.10.2.2 remote-as 65200
RTRA (config-router) #neighbor 20.10.2.2 route-reflector-client
```

“**neighbor route-reflector-client**”命令用来配置哪些邻居作为路由反射器客户。在本例中路由器B和路由器C都是路由反射器A的路由反射器客户。

8.2.9 验证路由反射器

命令：

show ip bgp neighbors

可以示出哪个邻居是路由器客户。例 8-2 给出的这条命令的输出示例来自图 8-7 的路由器 A，并且显示了 20.10.1.1（路由器 B）是路由器 A 的路由反射器客户。

【**例 8-2**】来自图 8-7 中路由器 A“**show ip bgp neighbors**”命令的输出。

```
RTR#show ip bgh neighbors
BGP neighbor is 20.10.1.1, remote AS 65200, internal link
 Index 1, Offset 0, mask 0x2
  Route-reflector Client
  BGP version 4, remote router ID 192.168.11.11
  BGP state = Established, table version = 1, up for 00:05:42
  Last read 00:00:42, hold time is 180, keepalive interval is 60 seconds
  Minimum time between advertisement runs is 5 secords
  Received 14 messages, 0 notifications, 0 in queue
  Sent 12 messages, 0 notifications, 0 in queue
  Prefix advertised 0, suppressed 0, withdrawn 0
  Connections established 2; dropped 1
  Last reset 00:05:44, due to user reset
  1 accepted prefixes consume 32 bytes
  0 history pathsconsume 0 bytes
--more--
```

8.3 策略控制列表和前缀列表（prefix list）

如果想要限制 Cisco IOS 软件所学到或通知的路由信息，可以对到达或离开某个邻居 BGP 路由更新进行过滤。要完成这个工作，可以定义一个访问控制列表或者前缀列表，然后把它们应用于更新的过滤。

发表列表（distribute list）利用访问控制列表来指定哪些路由信息将被过滤掉。用于 BGP 的发布列表在 Cisco IOS 中已由前缀列表所取代。前缀列表在 Cisco IOS 12.0 及其后的版本中可以使用。

8.3.1 发布列表

路由器配置命令：

neighbor {*ip address* | *peer-group-name*} **distribute-list** *access-list-number* **in** | **out**

用来按照访问控制列表的规定过滤向 BGP 邻居发布的信息。该命令的参数解释见表 8-2。

表 8-2 “neighbor distribute-list”命令

命 令	描 述
ip address	指定要为之过滤路由的 BGP 邻居的 IP 地址
peer-group-name	给出 BGP 对等体组的名字
access-list-number	给出标准或扩展访问控制列表的号码。它可以是一个取值范围从 1 到 199 的数值（也可以引用一个用名字定义的访问控制列表）

续表 8-2

命 令	描 述
in	指示将该访问控制列表用于对从邻居进入的通告进行过滤
out	指示将该访问控制列表用于对去往邻居的通告进行过滤

例 8-3 提供了图 8-8 中路由器 A 的配置示例。

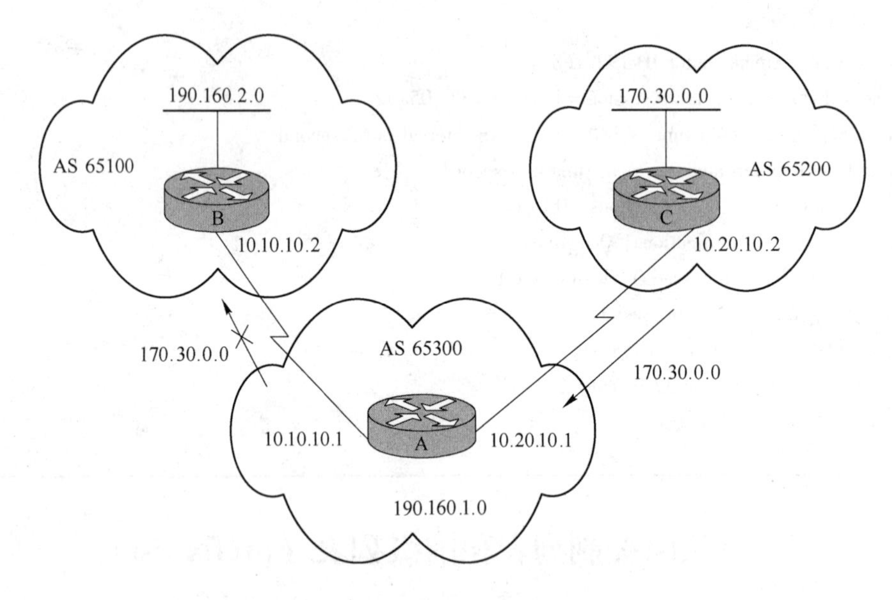

图 8-8 BGP 发布列表示例所用的网络

【**例 8-3**】图 8-8 中路由器 A 的配置。

```
RtrA (config) #router bgp 65300
RtrA (config-router) #network 190. 160. 1. 0
RtrA (config-router) #neighbor 10. 10. 10. 2 remote-as 65100
RtrA (config-router) #neighbor 10. 20. 10. 2 remote-as 65200
RtrA (config-router) #neighbor 10. 10. 10. 2 distribute-list 1 out
RtrA (config-router) #exit
RtrA (config) #access-list 1 deny 170. 30. 0. 0 0. 0. 255. 255
RtrA (config) #access-list 1 permit 0. 0. 0. 0 255. 255. 255. 255
```

在这个例子中，路由器 A 有两个邻居，路由器 B（10. 10. 10. 2，在 AS 65100 中）和路由器 C（10. 20. 10. 2，在 AS 65200 中）。当路由器 A 向邻居路由器 B 发送路由更新时，“**neighbor distribute-list**”命令指示它用访问控制列表 1 决定哪些更新可以发送。

访问控制列表 1 规定以 170. 30 起始的任何路由器，在本例中，是到 170. 30. 0. 0 的路由不应该发送（它在访问控制列表中被拒绝）。所有其他路由都将发送到路出器 B（因为访问控制列表在末尾有一条隐含拒绝一切的条目，对于其他要发送的路由需要在访问控制列表中使用允许语句）。

如例 8-3 所示，标准 IP 访问控制列表可以用来控制关于某个具体网络号更新的发送。但是，如果我们需要用发布列表控制关于一个网络的子网和超网的更新，将需要使用扩展访问控制列表。

扩展访问控制列表与发布列表一起使用时，其参数与以其他方式使用扩展访问控制列表时有不同的意思。IP 扩展访问控制列表的句法与通常一样，有源地址和通配符，以及目的地地址和通配符。可是，这些参数的意思是不同的。

扩展访问控制列表中的“源地址”参数是指哪些更新将得到允许或被拒绝的网络地址。扩展访问控制列表中的“目的地”参数是指网络的子网掩码。

“通配符”参数为网络地址和子网掩码指出哪些比特是要考虑的。设置为“1”的通配符位，其对应的网络地址和子网掩码位在比较过程中不予考虑；而设置为“0”的通配符位，其相应的网络地址和子网掩码位在比较过程中要用到。

下面的例子给出了一个扩展访问控制列表：

access-list 101 ip permit 170. 0. 0. 0 0. 255. 255. 255 255. 0. 0. 0 0. 0. 0. 0

当上面这个访问控制列表与“**neighbor distribute-list**”命令一起使用时，意思就是：只允许到网络 170. 0. 0. 0　255. 0. 0. 0 的路由。因此，该列表将只允许超网路由 170. 0. 0. 0/8 被通告。例如，假设路由器 A 有到网络 170. 20. 0. 0/16 和 170. 30. 0. 0/16 的路由，同时也有一条到 170. 0. 0. 0/8 的聚合路由，该“**access-list**”的使用将只允许超网路由 170. 0. 0. 0/8 被通告，到网络 170. 20. 0. 0/16 和 170. 30. 0. 0/16 的路由将不被通告。

8.3.2 前缀列表的特性

图 8-9 展示出了可以应用前缀列表的情况。在这个图中，路由器 C 正在向路由器 A 通知网络 40. 20. 0. 0。如果想要停止将这些更新传输到 AS 65100（到路由器 B），可以在路由器 A 上应用前缀列表，以便在路由器 A 与路由器 B 的 BGP 会话中过滤这些更新。

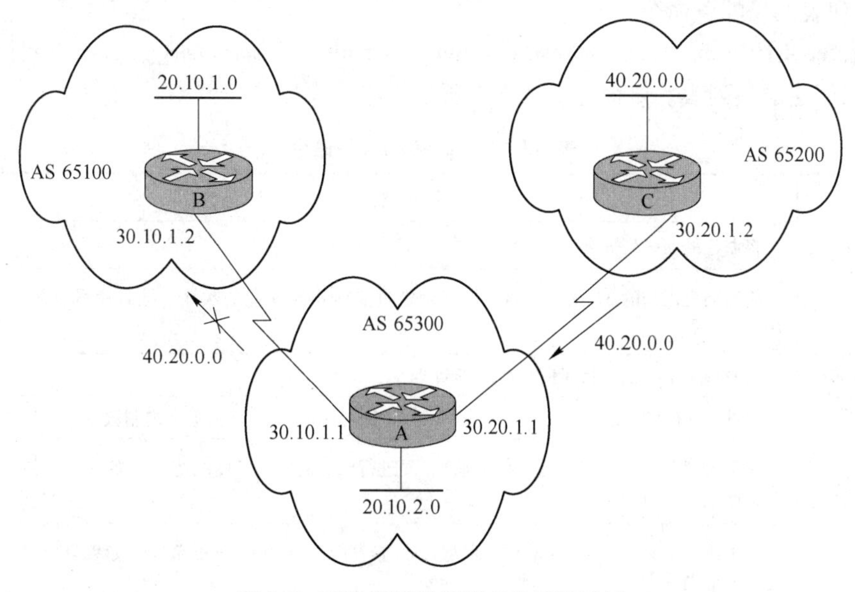

图 8-9　可以应用前缀列表的情况示例

发布列表利用访问控制列表来进行路由过滤。可是，访问控制列表最初设计用于对数据包进行过滤。在Cisco IOS 12.0及其以后的版本中可以获得的前缀列表可以在许多BGP路由过滤命令中用作访问控制列表的替代物。采用前缀列表的优点包括：

（1）在大型列表的加载和路由查找方面比访问控制列表的性能有较大改进。

（2）支持增量修改。与一条“**no**”命令将删除整个列表的普通访问控制列表相比，前缀列表中的条目可以进行增量修改。

（3）较友好的用户命令行接口。用扩展访问控制列表过滤BGP更新的命令行接口是很难理解和使用的。

（4）更大的灵活性。

8.3.3 用前缀列表进行过滤

用前缀列表进行过滤以及用前缀列表中的条目来匹配路由的前缀，与使用访问控制列表的方法相似。路由前缀是否被允许或拒绝是基于下面的规则：

（1）一个空的前缀列表允许所有的路由前缀通过。

（2）如果路由前缀得到允许，该路由就可以使用。如果路由前缀被拒绝，该路由就不能使用。

（3）前缀列表由带序号的语句构成。路由器从前缀列表的顶部开始查找匹配，顶部的语句序号最低。

（4）当发现匹配时，路由器就不再检查前缀列表的剩余部分。为了提高效率，我们可能想通过指定的较低的序号而把最常用的匹配（允许的或拒绝的）语句放在列表的顶部附近。

（5）如果一条给定的前缀没能匹配前缀列表中的任何条目，则它将被隐含拒绝。

8.3.4 配置前缀列表

前缀列表的局配置命令：

ip prefix-list *list-name*[**seq** *seq-value*]{**deny**|**permit**} *network/len*[**ge** *ge-value*][**le** *le-value*]可用来创建前缀列表。该命令如表8-3所示。

表8-3 “ip prefix-list”命令

命　令	描　　述
list-name	将创建的前缀列表名（注意，该列表是区分字母大小写的）
seq-value	前缀列表语句的32比特序号，用于确定过滤语句被处理的次序。缺省序号以5递增，如5，10，15，等
deny | **permit**	当发现一个匹配条目时所采取的行动
network/len	要进行匹配的前缀及其长度。*network*是32比特地址，*len*是一个十进制数
ge-value	对于比“*network/len*”更具体的前缀，要进行匹配的前缀长度的范围。如果只规定了“**ge**”属性，该范围认为是从“*ge-value*”到32
le-value	对于比“*network/len*”更具体的前缀，要进行匹配的前缀长度的范围。如果只规定了“**le**”属性，该范围认为是从“*len*”到“*len-value*”

“**ge**” 和 “**le**” 都是任选项。对于比 “*network/len*” 更具体的前缀来说，它们可以用来规定要进行匹配的前缀长度的范围。该值范围如下：

$$len < ge\text{-}value < le\text{-}value \leqslant 32$$

当没有规定 “**ge**” 和 “**le**” 时，则认为要进行准确的匹配。

前缀列表条目可以按增量重新配置，换句话说，一个条目可以被单独地删除或添加。

路由器配置命令：

neighbor {*ip-address*|*peer-group-name*} **prefix-list** *prefix-listname* {**in**|**out**}

用来按照前缀列表所规定的方式发布 BGP 邻居信息，如表 8-4 所示。

表 8-4 “neighbor prefix-list” 命令

命 令	描 述
ip-address	要为其进行路由过滤的 BGP 邻居的 IP 地址
peer-group-name	BGP 对等体组的名称
prefix-listname	要用来过滤路由的前缀列表的名称
in	说明前缀列表要应用到来自邻居的输入路由上
out	说明前缀列表要应用到发送给邻居的输出路由上

“**neighbor prefix-list**” 命令可以用作 “**neighbor distribute-list**” 命令的替代者，但是不能在配置同一 BGP 对等体时同时使用这两条命令。

在 “**ip prefix-list**” 命令中的 “**ge**” 和 “**le**” 任选项的使用可能让人迷惑。下面是为了理解这些关键字所做测试的结果。在这个测试中使用了 3 台路由器：路由器 B、路由器 A 和路由器 A 的邻居 30. 20. 1. 2，如图 8-10 所示。

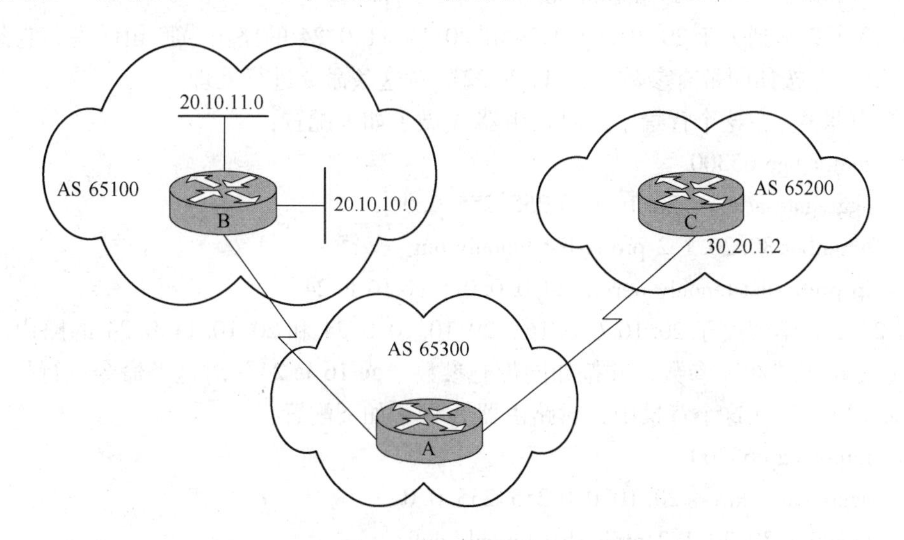

图 8-10 在前缀列表任选项测试中所使用的网络

在配置前缀列表之前，路由器 A 学到了下面的路由（路由器 B）：

20. 10. 0. 0 subnetted：

20. 10. 10. 0/24

20. 10. 11. 0/24

测试了如下5种情况：

（1）背景1。在这个背景中，对路由器A做了如下配置：

```
router bgp 65300
aggregate-address 20. 10. 0. 0 255. 255. 0. 0
neighbor 30. 20. 1. 2 prefix-list tenonly out
ip prefix-list tenonly permit 20. 10. 10. 0/8 le 24
```

当使用“**show run**”命令查看路由器的配置时，将看到路由器A自动的将这个配置的最后一行改为下面这样：

```
ip prefix-list tenonly permit 20. 0. 0. 0/8 le 24
```

邻居30. 20. 1. 2学到关于20. 10. 0. 0/16，20. 10. 10. 0/24和20. 10. 11. 0/24的路由。

（2）背景2。在这个背景中，对路由器A做了如下配置：

```
router bgp 65300
aggregate-address 20. 10. 0. 0 255. 255. 0. 0
neighbor 30. 20. 1. 2 prefix-list tenonly out
ip prefix-list tenonly permit 20. 0. 0. 0/8 le 16
```

邻居30. 20. 1. 2学到关于20. 10. 0. 0/16的路由。

（3）背景3。在这个背景中，对路由器A做了如下配置：

```
router bgp 65300
aggregate-address 20. 10. 0. 0 255. 255. 0. 0
neighbor 30. 20. 1. 2 prefix-list tenonly out
ip prefix-list tenonly permit 30. 0. 0. 0/8 ge 17
```

邻居30. 20. 1. 2学到关于20. 10. 10. 0/24和20. 10. 11. 0/24的路由，换句话说，它忽略了“/8”参数，并按如同带有参数“**ge** 17 **le** 32”对这条命令进行处理。

（4）背景4。在这个背景中，对路由器A做了如下配置：

```
router bgp 65300
aggregate-address 20. 10. 0. 0 255. 255. 0. 0
neighbor 30. 20. 1. 2 prefix-list tenonly out
ip prefix-list tenonly permit 20. 0. 0. 0/8 ge 16 le 24
```

邻居30. 20. 1. 2学到关于20. 10. 0. 0/16，20. 10. 10. 0/24和20. 10. 11. 0/24的路由。换句话说，它忽略了“/8”参数，并按如同带有参数“**ge** 16 **le** 24”对这条命令进行处理。

（5）背景5。在这个背景中，对路由器A做了如下配置：

```
router bgp 65300
aggregate-address 20. 10. 0. 0 255. 255. 0. 0
neighbor 30. 20. 1. 2 prefix-list tenonly out
ip prefix-list tenonly permit 20. 0. 0. 0/8 ge 17 le 24
```

邻居30. 20. 1. 2学到关于20. 10. 10. 0/24和20. 10. 11. 0/24的路由。换句话说，它忽略了“/8”参数，并按如同带有参数“**ge** 17 **le** 24”对这条命令进行处理。

全局配置命令：

no ip prefix-list *list-name*

可用来删除前缀列表，其中“list-name”是前缀列表的名称。

全局配置命令：

［**no**］**ip prefix-list** *list-name* **description** *text*

可用来添加或删除对于前缀列表的有关文本描述。

8.3.5 前缀列表序号

前缀列表序号是自动生成的，但该自动生成功能可以关闭。若关闭了序号的自动生成功能，则必须用“**ip prefix-list**”命令的“*seq-value*”参数为每个条目规定序号。

前缀列表是一个有次序的表。当给定前缀与前缀列表中的多个条目都匹配时，序号是非常重要的，在这种情况下，最小序号对应的条目认为是“真”匹配。

无论在配置前缀列表时是否使用缺省序号，当取消一个配置条目时，不需要规定序号。在缺省情况下，前缀列表的条目都是 5、10、15 等这样的序号。当没有指定序号值时，新条目将分配一个等于当前最大序号值加 5 的数值。

前缀列表的“**show**”命令在其输出中显示序号。全局配制命令：

no ip prefix-list *sequence-number*

用来关闭前缀列表条目序号的自动生成功能。用全局配制命令：

ip prefix-list *sequence-number*

来重新启用序号的自动生成功能。

8.3.6 前缀列表示例

图 8-11 中的示例网络展示了前缀列表的使用。在本例中我们想要路由器 A 只向 AS 65100 发送超网 40.0.0.0/8，而到网络 40.20.0.0/16 的路由不应该发送。图中路由器 A 的配置在例 8-4 中提供。

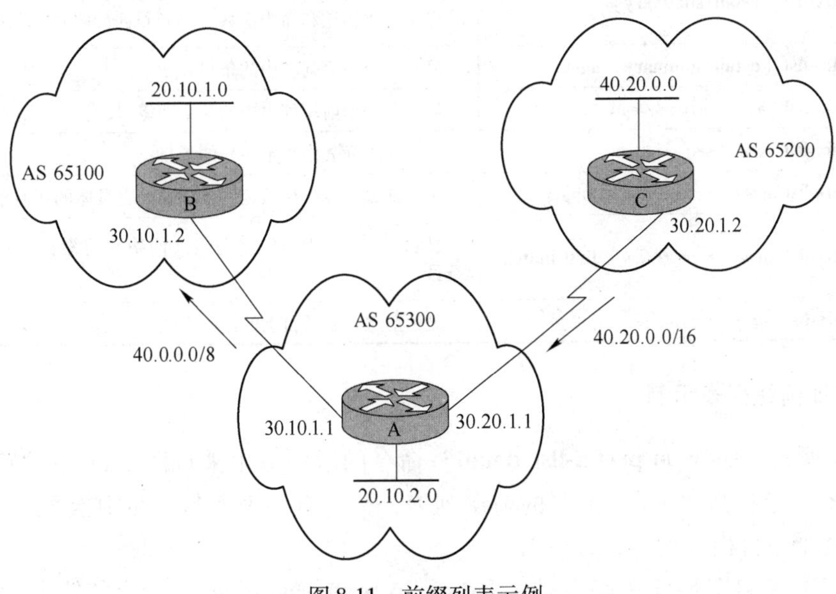

图 8-11　前缀列表示例

【例8-4】图8-11中路由器A的配置。

```
RtrA (config) #ip prefix-list superonly permit 40. 0. 0. 0/8
RtrA (config) #ip prefix-list superonly description only permit supernet
RtrA (config) #router bgp 65300
RtrA (config-router) #network 20. 10. 2. 0
RtrA (config-router) #neighbor 30. 10. 1. 2 remote-as 65100
RtrA (config-router) #neighbor 30. 20. 1. 2 remote-as 65200
RtrA (config-router) #aggregate-address 40. 0. 0. 0 255. 0. 0. 0
RtrA (config-router) #neighbor 30. 10. 1. 2 prefix-list superonly out
RtrA (config-router) #exit
```

在本示例中，路由器A有两个邻居：路由器B（AS 65100中的30. 10. 1. 2）和路由器C（AS 65200中的30. 20. 1. 2）。当路由器A向邻居路由器B发送更新时，"**neighbor prefix-list**"命令语句规定它将使用称为"superonly"的前缀列表来决定发送哪些更新。

"**ip prefix-list** superonly"规定了只发送路由40. 0. 0. 0/8，即该路由在前缀列表中是允许发送的，而其他路由都不能发送到路由器B，因为前缀列表在末尾有一个隐含的拒绝条目"superonly description only permit supernet"。

8. 3. 7　验证前缀列表

有关前缀列表的可执行命令在表8-5中做了描述。用"**show ip prefix-list**"命令来查看所有对于前缀列表可用的"**show**"命令。

表8-5　用于验证前缀列表的命令

命　令	描　述
show ip prefix-list [**detail**|**summary**]	显示所有前缀列表的信息。指定"**detail**"关键字可在显示输出中包含描述和命中次数（该条目匹配路由的次数）
show ip prefix-list [**detail**|**summary**] *name*	显示一个前缀列表中的条目
show ip prefix-list *name* [*network/len*]	显示与一个前缀列表中的某个前缀/长度相关联的策略
show ip prefix-list *name* [**seq** *seq-num*]	显示前缀列表中给定序号的条目
show ip prefix-list *name* [*network/len*] **longer**	显示前缀列表中比给定网络和长度更具体的所有条目
show ip prefix-list *name* [*network/len*] **first-match**	显示前缀列表中与给定前缀（网络和前缀长度）相匹配的条目
show ip prefix-list *name* [*network/len*]	显示前缀列表条目上的命中次数

8. 3. 8　验证前缀列表示例

例8-5所示"**show ip prefix-list detail**"命令的示例输出来自图8-11中的路由器A。路由器A有一个称为"superonly"的前缀列表，只含有一个条目。命中次数0意味着没有路由与这个条目相匹配。

【例8-5】来自图8-11中路由器A"**show ip prefix-list detail**"命令的输出。

```
RtrA#show ip prefix-list detail
Prefix-list with the last deletion/insertion: superonly
ip prefix-list superonly:
   Description: only permit supernet
   count: 1, range entries: 0, sequences: 5-5, refcount: 1
   seq 5 permit 40.0.0.0/8 (hit count: 0, refcount: 1)
```

8.4 多宿主连接（multihoming）

“多宿主连接”是用来描述一个 AS 连接一个以上的 ISP，其优点如下：

（1）增强到 Internet 的可靠性。如果一条连接失效，仍然可用另一条。

（2）提高性能。可以使用到某个目的地的更好路径。

8.4.1 多宿主连接的类型

到 ISP 的多连接配置可以根据 ISP 提供给 AS 的路由而进行分类，通常有 3 种配置该连接的方法：

（1）所有 ISP 只发送缺省路由给 AS。

（2）所有 ISP 发送缺省路由和某些选定的路由（例如，该 AS 与之交换大量数据流的客户的路由）到 AS。

（3）所有 ISP 都发送所有路由给 AS。

8.4.2 所有 ISP 都只提供缺省路由的情况

第一种情况是所有 ISP 都只向 AS 提供缺省路由。AS 中路由器的资源（内存和 CPU 使用）要求最少，因为它们只需要处理缺省路由。AS 将向 ISP 发送它所有的路由，ISP 将处理它们，并且将它们适当地传输到其他的自治系统。

AS 内某台路由器用来到达 Internet 所选择的 ISP 将由在 AS 内用来到达缺省路由的内部网关协议（IGP）的度量值决定。进入 AS 的数据包所采用的到达 AS 的路由是在 AS 外决定的（在 ISP 和其他自治系统内）。

在图 8-12 所示的示例中，AS 65100 和 AS 65300 向 AS 65200 发送缺省路由。AS 65200 内某台路由器用来到达任何外部网络地址所选择的 ISP 将由 AS 65200 内用来到达缺省路由的 IGP 度量值决定。例如，如果路由信息选择协议（RIP）用在 AS 65200 内，当路由器 C 想要向网络 180.16.0.0 发送数据包时，它将用到缺省路由（要么到路由器 A，要么到路由器 B）的最低跳数选择路由。如果路由器 C 选择通过路由器 B 的路径，那么数据包将按如图 8-12 中所示的箭头方向传输到 180.16.0.0。

8.4.3 所有 ISP 提供特定和缺省路由的情况

第二种情况是所有 ISP 都发送缺省路由和某些选定路由（例如，AS 与之交换大量数据流的客户的路由）到 AS。这需要使用 AS 中路由器的较多的资源（内存和 CPU 的使

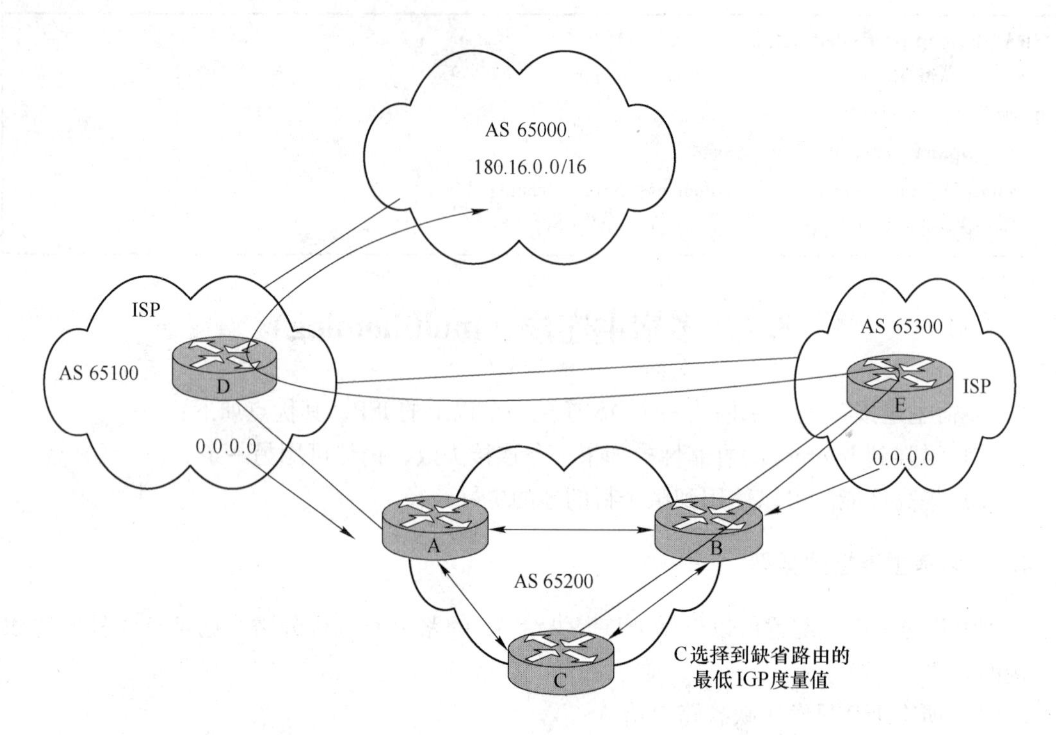

图 8-12 AS 65200 接受来自所有 ISP 的缺省路由

用)，因为它们必须处理缺省路由和一些外部路由。AS 向 ISP 发送它所有的路由，ISP 将处理它们。并且将它们适当地传输到其他自治系统。

AS 内某台路由器到达特定用户网络所选择的 ISP 通常是根据最短的 AS 路径，但这也可以被取代。到所有其他外部目的地的路径将由 AS 内用来到达缺省路由的 IGP 度量值决定。进入该 AS 的数据包所采用的到达 AS 的路由在 AS 外决定，即在 ISP 和其他自治系统内决定。

在图 8-13 所示的示例中，AS 65100 和 AS 65300 将缺省路由和到达特定用户(AS 65000) 网络 180. 16. 0. 0 的具体路由发送到 AS 65200。

在 AS 65200 内某台路由器用来到达特定用户网络所选择的 ISP 通常将是根据最短的路径。到 AS 65000 的最短路径是经由路由器 A 通过 AS 65100（与通过 AS 65300，然后再通过 AS 65100 相比)。当路由器 C 想要向网络 180. 16. 0. 0 发送数据包时它将选择这条路径，如图 8-13 中箭头所示的方向。

到没有被具体通告给 AS 65200 的其他外部地址的路由将由 AS 内用来到达缺省路由的 IGP 度量值决定。

在图 8-14 所示的示例中，AS 65100 和 AS 65300 将缺省路由和到达特定用户（AS 65000）网络 180. 16. 0. 0 的具体路由发送到 AS 65200。在 AS 65200 内某台路由器用来到达特定用户网络所选择的 ISP 通常是根据最短的 AS 路径。可是路由器 B 配置为将到 180. 16. 0. 0/16 路由的本地优先值从缺省的 100 改为 800。因此，路由器 C 将选择通过路由器 B 而到达 180. 16. 0. 0 的路径，如图 8-14 中箭头所示的方向。

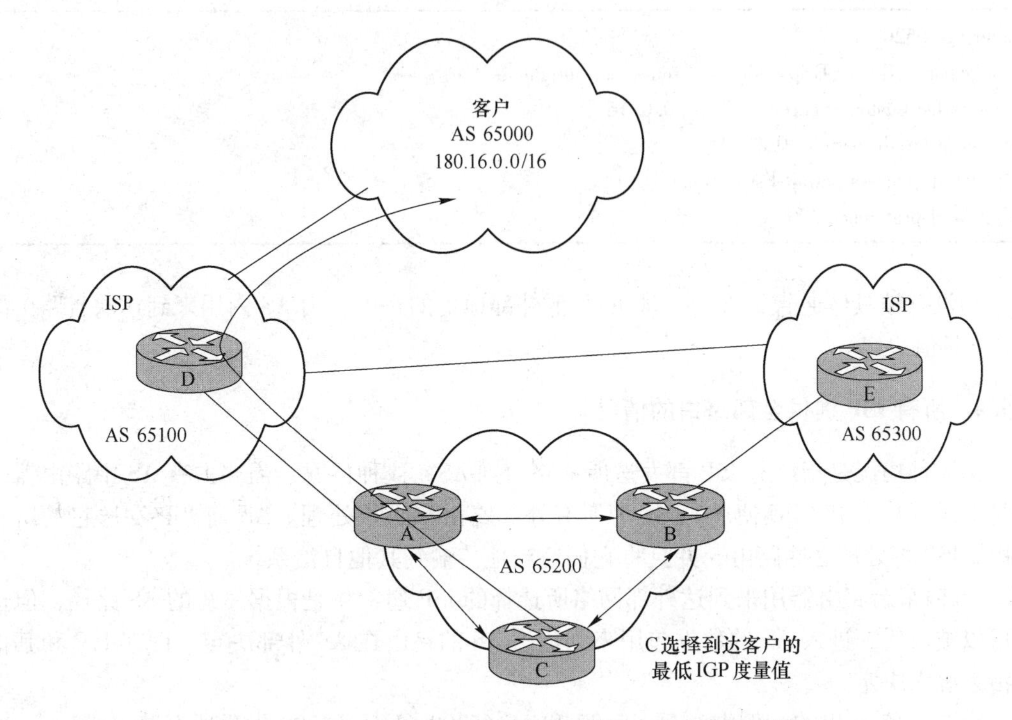

图 8-13 AS 65200 接受来自所有 ISP 的特定路由和缺省路由

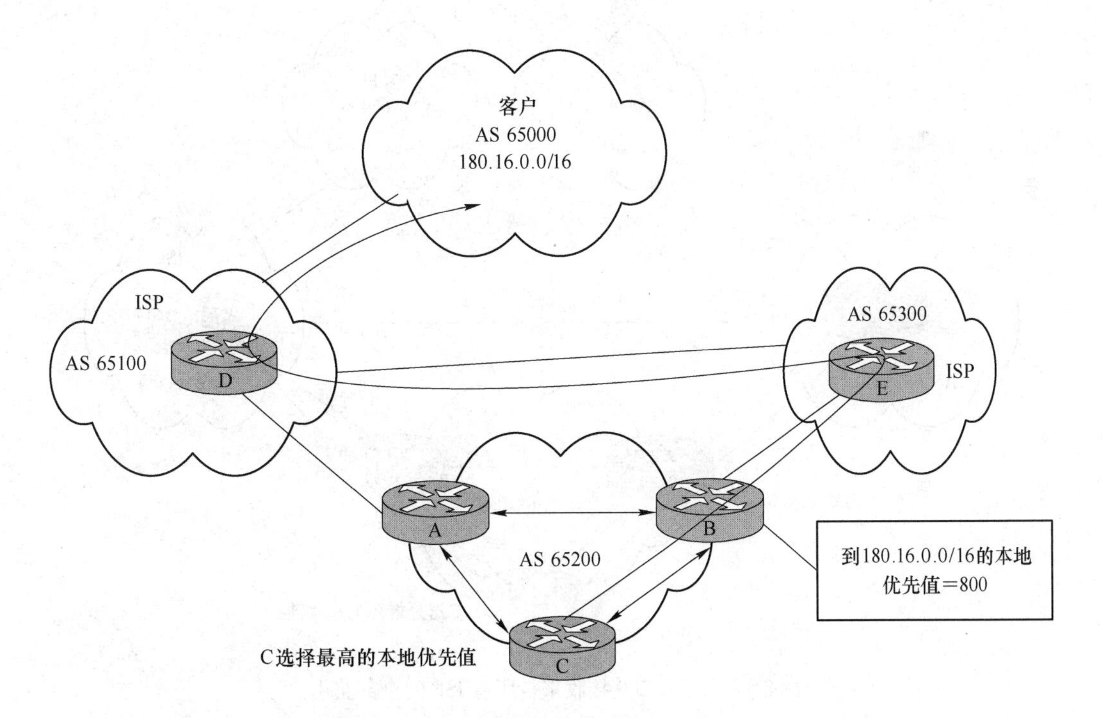

图 8-14 AS 65200 接受来自所有 ISP 的特定和缺省路由，并修改了本地优先值

图 8-14 中路由器 B 的配置包括例 8-6 所示的命令。

【例 8-6】 图 8-14 中路由器 B 的部分配置。

```
router bgp 65200
  neighbor <Router E ip address> route-map toright in
ip prefix-list customer permit 180.16.0.0/16
route-map toright permit 10
  match ip address permit-list customer
  set local-preference 800
```

到没有被具体通告给AS 65100的其他外部地址的路由将由AS内用来到达缺省路由的IGP度量值决定。

8.4.4 所有ISP提供全部路由的情况

第三种情况是指所有ISP都发送所有路由到AS。这种情况，需要占有AS中路由器的大量资源（内存和CPU使用），因为所有外部路由都必须处理。AS向ISP发送它的所有路由，ISP将处理这些路由，并且将它们适当地传输到其他自治系统。

AS内某台路由器用来到达外部网络所选择的ISP通常将是根据最短的AS路径，但这也可以被取代。进入AS的数据包用来到达该AS的路由在AS外部决定，即在ISP和其他自治系统内决定。

在图8-15给出的示例中，AS 65100和AS 65300向AS 65200发送所有路由。

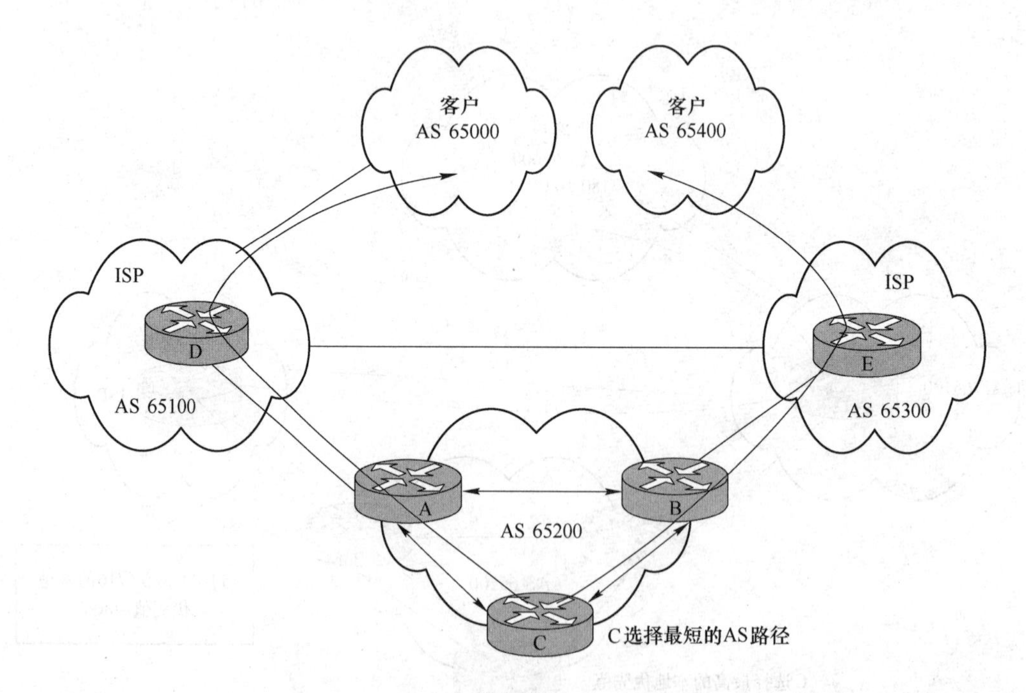

图8-15 AS 65200接收来自所有ISP的全部路由

在AS 65200内某台路由器用来到达外部网络所选择的ISP通常是将根据最短的AS路径。如图中箭头所指的方向，路由器C选择经AS 65100到达AS 65000这条路径，并且它选择经AS 65300到达AS 65400这条路径。然而，也可以对AS 65200内的路由器进行配置以改变路由到某个网络所使用的路径。例如，某些路由的本地优先值或者某条邻居连接的权重可以改变。

8.4.5　配置权重（weight）和本地优先（local preference）属性

下面这些命令可以用来影响到外部路由的路径。路由器配置命令：

neighbor {*ip-address* | *peer-group-name*} **weight** *weight*

用于一个邻居连接设置权重。该命令如表 8-6 所示。

表 8-6　"neighbor weight" 命令

命　　令	描　　述
ip-address	BGP 邻居的 IP 地址
peer-group-name	BGP 对等体组的名称
weight	要分配的权重。可接受的值是从 0 到 65535。 对于本地路由（该路由器始发的路由），缺省值是 32768； 其他路由的缺省权重为 0

路由器配置命令：

bgp default local-preference *value*

可以用来改变缺省的本地优先值。该命令如表 8-7 所示。缺省的本地优先值是 100，且该命令将改变所有路由的本地优先值。

表 8-7　"bgp default local-preference" 命令

命　　令	描　　述
value	本地优先值从 0 到 4294967295，优选高的值

"本地优先"中的"本地"是指它对 AS 本地有效。本地优先是用来选择有相同权重的路由，因为权重属性是最先审核的。只有当所有权重都相同时，才审核本地优先值。权重属性只影响本地路由器，而本地优先属性则影响 AS 内的所有其他路由器。本地优先在输出的 EBGP 路由更新中被剥夺。

还有其他一些改变 BGP 属性的命令，大多数这些命令会用到路由映像。

要迫使与邻居的新参数生效，必须用"**clear ip bgp**"命令建立一个与该邻居的新会话。这是因为 BGP 有增量更新的特性，而且属性限制是应用在输入和输出更新上而不是应用在路由器上已经存在的条目。

8.4.6　多宿主连接示例

如图 8-16 所示，AS 65300 与两个 ISP 进行连接：AS 65000 和 AS 65200。两个 ISP 都向 AS 65300 发送全部路由。

8.4.6.1　没有做特殊调整的多宿主连接示例

在例 8-7 所示示例中，路由器 A 配置了两个 EBGP 邻居：路由器 B（20.20.20.2）和路由器 C（30.30.30.1）。示例中没有做任何特殊调整以影响 AS 65300 到达其他自治系统的方式。

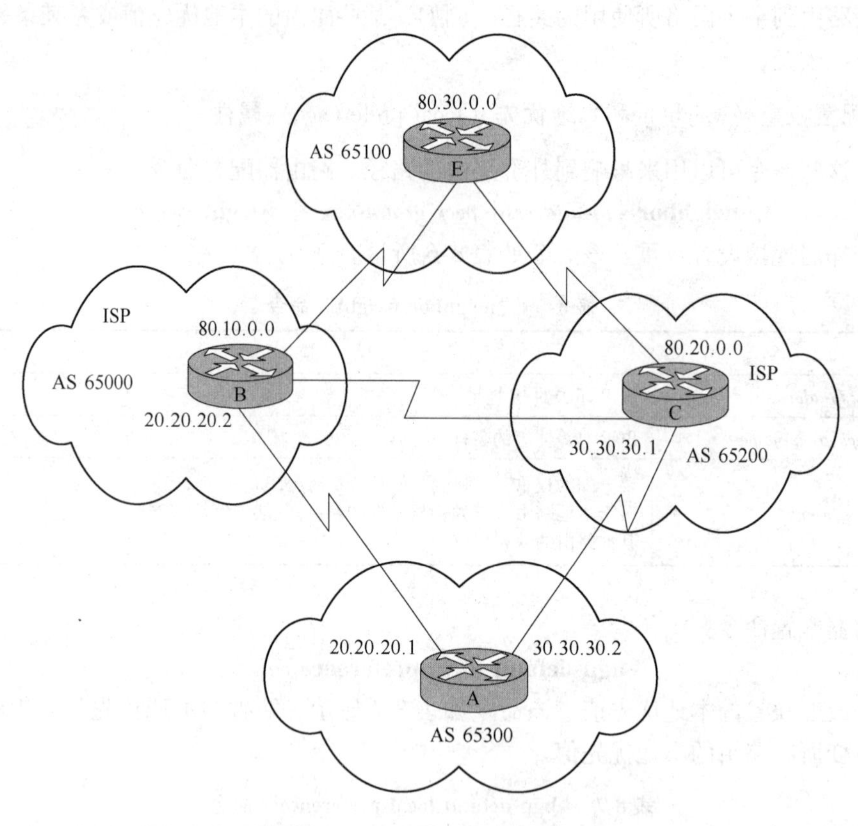

图 8-16　AS 65300 是多宿主连接

【例 8-7】图 8-16 中没有做特殊调整的路由器 A 的配置。

```
RtrA（config）#router bgp 65300
RtrA（config-router）#network 20.20.20.0 mask 255.255.255.0
RtrA（config-router）#network 30.30.30.0 mask 255.255.255.0
RtrA（config-router）#neighbor 20.20.20.2 remote-as 65000
RtrA（config-router）#neighbor 30.30.30.1 remote-as 65200
```

例 8-8 提供了图 8-16 中路由器 A“**show ip bgp**”命令的输出。路由器 A 选择通过 20.20.20.2（路由器 B）的路由到达 80.10.0.0，以及通过 30.30.30.1（路由器 C）到达 80.20.0.0 的路由，因为这些路径有最短 AS 路径长度（一个 AS)(被选择的路由是用符号“>”在“**show ip bgp**”命令的输出中最左边一栏指示）。

【例 8-8】来自图 8-16 中没有做特殊调整的路由器 A show 命令的输出。

```
RtrA#show ip bgp
BGP table version is 7, local router ID is 172.16.10.1
Status code: s suppressed, d damped, h history, * valid, > best, i-internal
Origin codes: i-IGP, e-EGP, ? -incomplete
```

Network	Next Hop	Metric	Loprf	Weight	path
* > 20. 20. 20. 0/24	0. 0. 0. 0	0		32768	i
* > 30. 30. 30. 0/24	0. 0. 0. 0	0		32768	i
* 80. 10. 0. 0	30. 30. 30. 1			0	65200 65000 i
* >	20. 20. 20. 2	0		0	65000 i
* > 80. 30. 0. 0	20. 20. 20. 2			0	65000 65100 i
*	30. 30. 30. 1			0	65200 65100 i
* 80. 20. 0. 0	20. 20. 20. 2			0	65000 65200 i
* >	30. 30. 30. 1	0		0	65200 i

路由器 A 有两条到达 80. 30. 0. 0 的路径，并且他们都有相同的 AS 路径长度，在每条路径中有两个自治系统。在这种情况下，所有其他属性都相同，路由器 A 将选择最旧的路径。如果现在忽略最旧路径这条标准，因为不能确定哪台路由器最先将这条路径发送给了路由器 A，那么路由器 A 将选择有最低 BGP 路由器 ID 值的那条路径。

不幸的是，路由器 B 和 C 的 BGP 路由器 ID 值没有显示在“**show ip bgp**”命令的输出中。“**showip bgp neighbors**”命令或“**show ip bgp** 80. 30. 0. 0”命令可以用来提供这些值。通过使用这些命令，发现路由器 B 的路由器 ID 是 80. 10. 0. 1，路由器 C 的路由器 ID 为 80. 20. 0. 1。路由器 A 将选择这些路由器 ID 中最低的那个，因此它选择通过路由器 B（80. 10. 0. 1）到达 80. 30. 0. 0 的这条路径。

8.4.6.2 有权重属性变化的多宿主连接示例

在例 8-9 中给出的图 8-16 中路由器 A 的配置示例中，路由器 A 配置了两个 EBGP 邻居：路由器 B（20. 20. 20. 2）和路由器 C（30. 30. 30. 1）。来自每个邻居的路由权重已经改变了他们的缺省值。从 20. 20. 20. 2（路由器 B）接受到的路由有权重值 100，从 30. 30. 30. 1（路由器 C）接受到的路由有权重值 150。

【**例 8-9**】图 8-16 中有权重变化的路由器 A 的配置。

```
RtrA（config）#router bgp 65300
RtrA（config-router）#network 20. 20. 20. 0 mask 255. 255. 255. 0
RtrA（config-router）#network 30. 30. 30. 0 mask 255. 255. 255. 0
RtrA（config-router）#neighbor 20. 20. 20. 2 remote-as 65000
RtrA（config-router）#neighbor 20. 20. 20. 2 weight 100
RtrA（config-router）#neighbor 30. 30. 30. 1 remote-as 65200
RtrA（config-router）#neighbor 30. 30. 30. 1 weight 150
```

在例 8-10 提供了图 8-16 中有权重变化的路由器 A“**show ip bgp**”命令的输出。本例中因为路由器 C 所设的权重值高于路由器 B，所以路由器 A 被迫使用路由器 C 作为到达所有外部路由的下一跳。因为权重属性是在 AS 路径长度属性之前审核，所以 AS 路径长度在本例中被忽略。

【**例 8-10**】图 8-16 中有权重变化的路由器 A“**show**”命令的输出。

```
RtrA#show ip bgp
BGP table version is 9, local router ID is 172. 16. 10. 1
```

```
Status codes: s suppressed, d damped, h history, * valid, > best, i-internal
Origin codes: i-IGP, e-EGP, ? -incomplete

     Network           Next Hop       Metric    Locprf    Weight    Path
* >  20.20.20.0/24     0.0.0.0        0                   32768     i
* >  30.30.30.0/24     0.0.0.0        0                   32768     i
* >  80.10.0.0         30.30.30.1                         150       65200 65000 i
*                      20.20.20.2     0                   100       65000  i
* >  80.30.0.0         30.30.30.1                         150       65200 65100 i
*                      20.20.20.2                         100       65000 65100 i
* >  80.20.0.0         30.30.30.1     0                   150       65200 i
*                      20.20.20.2                         100       65000 65200 i
```

8.5　通过 IGP 进行再发布

第 9 章将讨论路由的再发布，以及怎样对它进行配置，这里我们只讨论路由何时在 BGP 和 IGP 间进行再发布是适当的。如图 8-17 所示，也证实前面所讲过的，运行 BGP 的路由器保持一张 BGP 信息表，该表独立于 IP 路由表。这个表中的信息可以在路由器上运行的 BGP 协议和 IGP 协议之间进行交换。

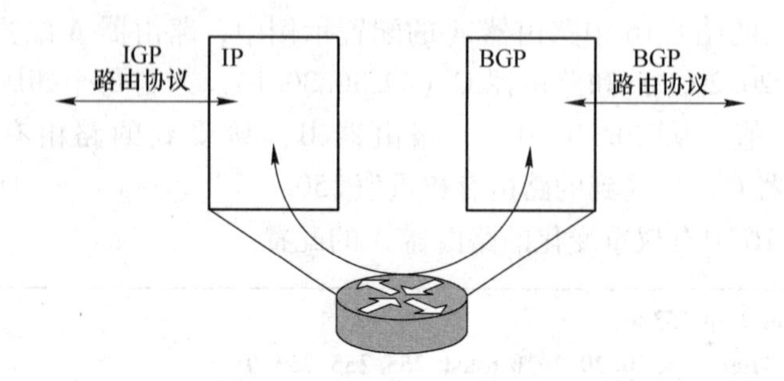

图 8-17　运行 BGP 的路由器保持 BGP 表，该表独立于 IP 路由表

8.5.1　将网络发布到 BGP 中

从一个自治系统将路由信息发送到 BGP 中可以采用下面 3 种方法之一：

（1）使用“**network**”命令。正如前面已经讨论过的，“**network**”命令使 BGP 可以通告一个已经存在于 IP 路由表中的网络。“**network**”命令列表必须包括 AS 中想要通告的所有网络。

（2）将到 null 0 的静态路由再发布到 BGP。运行不同协议的路由器在协议间通告所接到的路由信息，就是路由再发布。在本例中，静态路由也认为是以一种路由协议，静态信息通告给 BGP。

（3）将动态的 IGP 路由再发布到 BGP。不建议使用这个解决方案，因为此方案可能会导致不稳定。

8.5.1.1 动态路由再发布到BGP

将配置到null 0接口的静态路由再发布到BGP，是为了通告聚合路由不是来自IP路由表中的某条路由。例8-11给出了一个配置示例。

【例8-11】 到null 0的静态路由再发布给BGP以通告聚合路由。

```
router bgp 65000

redistribute static
!
ip route 190. 160. 0. 0 255. 255. 0. 0 null 0
```

任何再发布到BGP的路由都必须已经在IP路由表中。采用到null 0的静态路由是为了欺骗该处理过程：为了聚合而让它相信已经存在了这么一条路由。如果与非聚合的网络，即与一个已存在于IP表中的网络一起使用“**network**”命令，则到null 0的静态路由是不必要的路由。

null 0的使用看起来可能很奇怪，因为到null 0的静态路由意味着将丢弃目的地提供给这个网络的任何信息。但这一般不会有什么问题，因为进行再发布的路由器有到达目的地网络的更具体的路由，这些具体路由将用来转发进入路由器的数据流。采用这种聚合方法可能引起的问题是：如果路由器失掉到更具体路由的途径，但它仍然通告静态聚合，这样就会产生一个“黑洞”。

通告归纳路由的优选方法使用“**aggregate-address**”命令。采用这条命令，只要在BGP表中存在一条更具体的路由，那么聚合就将被发送。如果聚合路由器失掉了到被聚合网络的所有具体连接，那么聚合路由将从BGP表中消失，并且BGP聚合路由将不发送。例如一台路由器知道子网172. 16. 1. 0/24和172. 16. 2. 0/24，并且它通告聚合路由172. 16. 0. 0/16。如果路由器只失掉对其中一个子网的了解，那么它仍然会通告聚合路由172. 16. 0. 0/16。可是，如果它同时失掉对这两个子网的了解，那么它将不再通告聚合路由172. 16. 0. 0/16，因为它不能再到达该网络的任何部分。

8.5.1.2 动态IGP路由再发布到BGP

不建议从IGP中将路由再发布到BGP，因为在IGP路由中的任何变化，例如，一条链路失效，都可能产生一个BGP更新。这种方法将导致不稳定的BGP表。

如果采用再发布，必须小心只将本地路由再发布。例如，从其他自治系统学到的路由（通过向IGP再发布BGP所学到的路由）一定不能再从IGP发送出去，否则配置这个过滤将会很复杂。

在BGP中使用再发布命令会为路由产生“不完全”起源属性，一个不完全的起源在“**show ip bgp**”命令输出中用“?”表示。

8.5.2 从BGP发布到IGP

通过BGP路由再发布IGP而把路由信息从BGP发送给一个自治系统。因为BGP是一种外部路由协议，所以当与内部路由协议交换信息时，必须小心使用，这是因为BGP表中的信息量可能会非常多。

对于ISP的自治系统，从BGP进行再发布通常是不需要的，而其他自治系统可能需要使用再发布，但因为BGP路由数量过多，一般需要进行过滤。

8.5.2.1 ISP——不需要进行从BGP到IGP的再发布

ISP一般会让AS中的所有路由器（或至少是该AS内转接路径上的所有路由器）都运行BGP。当然，这将是一个全互联的IBGP环境，并且IBGP将用来在整个AS中传输EBGP路由。AS所有的BGP路由器将会全部使用"**no synchronization**"命令。因为不需要IGP和BGP间的同步，BGP信息不需要再发布到IGP，IGP将只需要转发AS本地信息和到BGP路由下一跳地址的路由。

这种方法的优点之一是IGP协议不必与所有BGP路由相关，BGP会处理它们。BGP在这种环境中收敛的更快，因为它不需要等待IGP通告路由。

8.5.2.2 非ISP——需要进行从BGP到IGP的再发布

一个非ISP的AS一般不让AS中的所有路由器都运行BGP，并且可以不是全互连IBGP环境。如果是这种情况，且AS内部需要知道外部路由的话，那么需要进行从BGP到IGP的再发布。但是，因为BGP表中的路由数量往往很大，通常需要进行过滤。

正如本章8.4.6节中所讨论的，从BGP接收全路由的替代方法是ISP只向AS发送缺省路由或者是缺省路由和某些特定的外部路由。

必须再发布IGP的一个例子是：只在AS边界路由器上运行BGP，AS内的其他路由器都不运行BGP，但却需要知道外部路由。

8.6 本章小结

在本章中，我们学习了扩展IBGP时可能发生的有关问题，我们还学习了有关这些问题的解决方案，包括路由反射器和前缀列表。我们也学习了有关到Internet多宿主连接的3种常用的方法，同时也分析了BGP和IGP间的路由再发布。

练 习 题

8-1 请描述BGP横向隔离规则。

8-2 路由反射器对BGP横向隔离规则有什么影响？

8-3 给出下面各项的简单描述：路由反射器、路由反射器客户、路由反射器集群。

8-4 配置为路由反射器的路由器不必建立IBGP全互连，是否正确？

8-5 当路由反射器从一个客户那里接收到更新时，它把该更新发送到哪里？

8-6 将路由器配置为BGP路由反射器所用的命令是什么？

8-7 描述使用前缀列表而不采用访问控制列表来进行BGP路由过滤的优点。

8-8 在前缀列表中，序号是用来做什么的？

8-9 用什么命令清除前缀列表条目上的命中次数（hit count）？

8-10 什么是BGP多宿主连接？

8-11 用什么命令给一条BGP连接设置权重？

8-12 优选什么方法将聚合路由从AS通告给BGP？

9 优化路由更新的操作方法

本章介绍了怎样用路由再发布来互连使用多种路由协议的网络。学完本章后，我们可以学会采用不同的方法来控制路由更新的数据流量、在有或没有冗余路径的网络中配置路由再发布、解决路径选择问题、验证路由再发布；也可以学会详细描述采用路由映像的策略路由，且当给出一套网络需求后，我们可以学会在不同的路由域间配置再发布策略、配置策略路由、验证路由器是否能正确地操作。

9.1 在多种路由协议间进行再发布

前面已经介绍了采用一种路由协议的网络。然而，有时需要采用多种路由协议。下面是可能需要采用多种协议的原因：

（1）正在从一种旧的内部网关协议（IGP）转移到一种新的IGP，在新的协议已经完全取代了旧的协议之前，可能存在多个再发布边界。

（2）想采用另一种协议，但为照顾主机系统的需要而仍需保留旧的协议。

（3）有些部门可能不想升级他们的路由器，或者他们可能不想实施足够严格的过滤策略。在这种情况下，可以通过在某一台路由器上终止其他路由协议来保护自己。

（4）如果有一个由多个路由器厂商提供路由器的网络环境，可以在网络的Cisco设备部分采用某种Cisco协议，而在其他厂商提供路由器的网络部分采用一种通用协议来与Cisco设备进行通信。

9.1.1 什么是再发布

当出现前面任何一种情况时，Cisco路由器允许采用不同路由协议的互连网络（称为自治系统）通过称为“路由再发布（route redistribution）”的一种特性来交换路由信息。再发布定义为连接不同自治系统的边界路由器向一个自治系统交换和通告从另一个自治系统所收到路由信息的能力。

这里所用的术语“自治系统”解释为采用不同路由协议的互连网络。这些路由协议可能是IGP和/或外部网关协议（EGP）。这与讨论边界网关协议（BGP）时所采用的“自治系统”不同。

在各自治系统内，内部路由器完全了解它们的网络。互连两个以上自治系统的路由器称为边界路由器。

在图9-1中，AS 200正在运行内部网关路由协议（IGRP），同时AS 300正在运行增强型内部网关路由协议（EIGRP）。各自治系统内部的路由器完全了解它们自己的网络。路由器A是边界路由器。路由器A的IGRP和EIGRP进程都处于活跃状态，并且负责向其他自治系统通告从另一个自治系统所学到的路由。

路由器A通过运行在其S0接口上的EIGRP协议从路由器B那里学到了网络80.30.5.0。它通过IGRP在S1其接口上将该信息传输（再发布）到路由器C。从另一个方向上，路由信息也由IGRP传输（再发布）给EIGRP。

路由器B的路由表显示出它已经通过EIGRP学到了网络80.20.0.0，在路由表中以“D”表示，并且这条路由是在这个自治系统的外部，在路由表中以“EX”表示。路由器C的路由表显示出它已经通过IGRP学到了网络80.30.5.0，在路由表中以“I”表示。注意，与EIGRP不同，在IGRP中没有指示这条路由是在自治系统的内部还是外部。

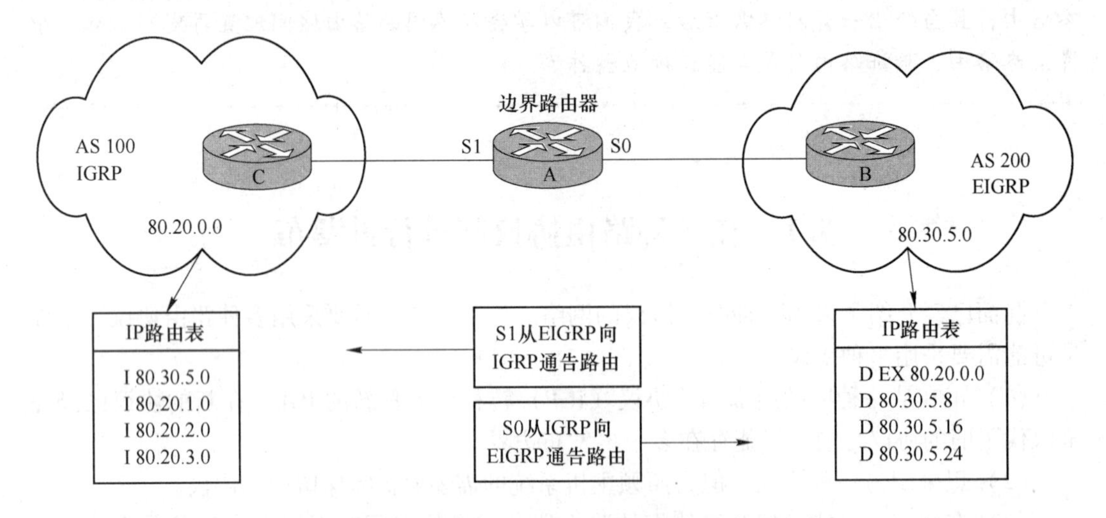

图9-1　在一个IGRP和一个EIGRP AS间进行再发布

在这种情况下，被交换的路由按其所属主类网络地址边界被归纳，EIGRP和IGRP路由在主类网络地址边界被自动归纳。

9.1.2　对再发布的考虑

尽管再发布的功能很强，但它增加了复杂性和潜在的路由混淆，所以，应该只在绝对必要时才采用。采用再发布时可能引起的主要问题如下：

（1）路由回馈（环路）。与怎样实施再发布有关，例如，如果有一台以上的边界路由器运行路由再发布，路由器可以将来自一个自治系统的路由信息发送回同一自治系统。路由回馈与发生在距离矢量型路由技术中的路由环路问题相似。

（2）路由信息不兼容。因为各路由协议采用不同的度量值决定最佳路径，例如，路由信息协议（RIP）采用跳数，而开放最短路优先协议（OSPF）采用开销，利用再发布的路由信息进行路径选择可能导致非最佳路由。因为路由的度量值不能准确地转换成不同路由协议所用的度量值，所以路由器所选择的路径可能就不是最佳路径。

（3）收敛时间不一致。不同路由协议以不同的速率进行收敛。例如，RIP和EIGRP收敛得慢，所以，如果有链路失效，EIGRP网络将在RIP网络之前学到这个失效。

要想理解为什么这些问题可能会发生，必须首先了解当运行一种以上路由协议时，Cisco 路由器怎样选择最佳路径，以及当把路由从一个自治系统传输到另一个自治系统时，它们怎样转换度量值。

9.1.2.1 选择最佳路由

大多数路由协议都有与其他协议不兼容的度量值结构和算法。在有多种路由协议的网络中，路由信息的交换和在多种协议间选择最佳路径的能力是非常关键的。对于路由器，当从不同路由协议学到了到同一目的地的两条或更多条路由而需要选择最佳路径时，Cisco 采用下面两个参数：

（1）管理距离。管理距离用来评价路由协议的可信度。各路由协议按管理距离以从最高到最低可信度（可靠程度或值的信任程度）的次序进行优先级排序。如果有一个以上的协议提供到同一目的地的路由信息，路由器会按这个规则来决定首先相信哪个路由协议。

（2）路由度量值。该度量值是表示从本地路由器到目的地网络间路径的一个值。根据所采用的协议，该度量值通常是跳数或开销值。

9.1.2.2 管理距离

表 9-1 列出了 Cisco 所支持协议的缺省可信度（管理距离）。例如，如果路由器从 IGRP 接收到网络 10.0.0.0，又从 OSPF 接收到这同一个网络，路由器将根据管理距离决定 IGRP 路由更可信，并且把该路由的 IGRP 版本添加到路由表中。

表 9-1 路由协议的缺省管理距离

路由协议	管理距离值
直连的接口	0
从接口外出的静态路由	0
经下一跳的静态路由	1
EIGRP 归纳路由	5
外部 BGP	20
内部 EIGRP	90
IGRP	100
OSPF	110
IS-IS	115
RIP 版本 1、版本 2	120
EGP	140
外部 EIGRP	170
内部 BGP	200
未知	255

当采用路由再发布时，偶尔可能需要修改路由协议的管理距离以使它优先级高一些。例如，如果想要路由器选择 RIP 学到的而不是 IGRP 学到的到同一目的地的路由，就必须增加 IGRP 的管理距离或者减少 RIP 的管理距离。

9.1.2.3 种子度量值

在为各目的地确定了最可信的协议，并将路由添加到路由表中之后，路由器可以向其他路由协议通告路由信息。如果路由器正在通告一条与其一个接口直接连接的链路，所采用的初始或种子度量值将依据该接口的特性而设置，并且该度量值将随着路由信息向其他路由器的传递而递增。

但是，被再发布的路由并不是物理上与路由器相关联，它们是从其他路由协议那里学来的。如果一台边界路由器想要在路由协议间再发布信息，那么它必须能够将它从源路由协议接收到的路由的度量值转换为其他路由协议的度量值。例如，如果边界路由器接收到了一条 RIP 路由，该路由是用跳数作为度量值。要将这条路由再发布到 OSPF，路由器必须将跳数转换为开销度量值以使其他 OSPF 路由器能够明白。这个开销度量值，称为种子或缺省度量值，是在配置中定义的。

当被再发布的路由的种子度量值建立起来之后，度量值将在自治系统内正常递增（除了 OSPF E2 路由之外，它们将保留其度量值，无论它们在自治系统中被传输多远）。

当为再发布的路由配置缺省度量值时，其度量值应该设置为一个比接收自治系统内最大度量值更大的一个值，以防止路由环路的产生。

9.1.2.4 对再发布的协议支持

再发布支持所有的协议。在实施再发布之前，要考虑以下几点：

（1）只能在那些支持同一路由协议栈的协议间进行再发布。例如，可以在 IP RIP 和 OSPF 间进行再发布，因为它们都支持 TCP/IP 协议栈。但是，不能在 IPX（互连网络数据包交换协议）的 RIP 和 OSPF 间进行再发布，因为 IPX RIP 支持 IPX/SPX 协议栈，而 OSPF 不支持。

（2）再发布的配置在协议间和协议组间是不同的，例如，当都有同一自治系统号时，再发布会自动地在 IGRP 和 EIGRP 间发生，但是在 EIGRP 和 RIP 之间进行再发布就必须做配置。

因为 EIGRP 支持多种路由协议，所以它可以用在 IP、IPX 和 AppleTalk 的路由协议间（在同一路由协议栈内）进行再发布。当在这些协议中再发布 EIGRP 时，要考虑以下几点：

（1）在 IP 环境中，IGRP 和 EIGRP 有类似的度量值结构，因此它们间的再发布是直接进行的。当 IGRP 和 EIGRP 都在同一自治系统内运行时，再发布是自动进行的；而在不同自治系统间进行再发布时，就必须为 EIGRP 配置再发布，IGRP 也同样需要。

（2）所有其他 IP 路由协议，不管是内部的和外部的，都需要配置再发布以与 EIGRP 进行通信。

（3）根据设计，EIGRP 可以与 Novell RIP 自动进行路由信息再发布。从 Cisco IOS 11.1 版本开始，EIGRP 可以配置与 NetWare 链路服务协议（NLSP）进行路由信息再发布。

（4）根据设计，EIGRP 也可以与 AppleTalk RTMP 自动进行路由信息再发布。

9.2 配置再发布

配置路由再发布可以十分简单，也可以很复杂，这要根据想要进行再发布协议的情况而定。启用再发布和分配度量值所用的命令根据再发布的协议而稍有不同。下面的步骤实际上一般足够应用于所有协议组合。但是，实施这些步骤所用的命令可能有所不同。在本节中，术语“核心”和“边缘”是用来简化对再发布的讨论的通用术语。

（1）找出将要进行再发布配置的边界路由器。

（2）选定哪个路由协议是核心或主干协议。通常是 OSPF 或 EIGRP。

（3）选定哪个路由协议是边缘或短期（如果正在进行迁移）协议。

（4）进入你想要进行路由再发布的路由进程，通常，你从主干路由进程开始。例如，进入 OSPF，用下面的命令：

router ospf *process-id*

（5）配置路由器将路由更新从边缘协议再发布到主干协议。该命令根据不同协议而不同。

9.2.1 再发布到 OSPF

表 9-2 所解释的命令用于将路由更新再发布到 OSPF 中：

redistribute *protocol* [*process-id*] [**metric** *metric-value*] [**metric-type** *type-value*]
[**route-map** *map-tag*] [**subnets**] [**tag** *tag-value*]

表 9-2 OSPF 的“redistribute”命令任选项

命　令	描　述
protocol	路由再发布的协议，它可以是下面的关键字之一：connected、bgp、eigrp、egp、igrp、isis、iso-igrp、mobile、odr、ospf、static 或者 rip
process-id	对于 BGP、EGP、EIGRP 或 IGRP，这是一个自治系统号；对于 OSPF，这是一个 OSPF 进程 ID
metric-value	任选参数，用于规定被再发布路由的度量值。当再发布到 OSPF 中时，缺省度量值是 20；用一个与目的地协议一致的值，在本案例中，是 OSPF 的开销
type-value	任选 OSPF 参数，规定与通告到 OSPF 路由域的缺省路由相关的外部链路类型，该值对于类型 1 的外部路由是 1，对于类型 2 的外部路由是 2，缺省是 2
map-tag	任选参数，标识一个配置过的路由映像，该路由映像用来过滤从前面所指定的源路由协议向当前路由协议的路由输入
subnets	任选 OSPF 参数，规定子网路由也应该被再发布。如果没有规定关键字“**subnets**”，那么只有非子网化的路由被再发布
tag-value	任选的 32 比特十进制值，附加于各外部路由上。这不是被 OSPF 协议自己使用的，它可以用在自治系统边界路由器间交流信息

9.2.2 再发布到 EIGRP 中

表 9-3 所解释的命令用于将路由更新再发布到 EIGRP 中：

redistribute *protocol* [*process-id*] [**match** { **internal** | **external 1** | **external 2** }]
[**metric** *metric-value*] [**route-map** *map-tag*]

表 9-3 EIGRP 的“redistribute”命令任选项

命　令	描　述
protocol	路由再发布的源协议，它可以是下面的关键字之一：connected、bgp、eigrp、egp、igrp、isis、iso-igrp、mobile、odr、ospf、static 或者 rip

续表 9-3

命　令	描　　述
process-id	对于 BGP、EGP、EIGRP 或 IGRP，这是一个自治系统号；对于 OSPF，这是一个 OSPF 进程 ID
match	该任选规则用于源协议为 OSPF 的情况下，可决定将哪种 OSPF 路由再发布到其他路由域。它可以是以下规则之一： 内部：再发布属于某个自治系统内部的路由 外部 1：再发布自治系统外部、但作为类型 1 的外部路由输入到 OSPF 的路由 外部 2：再发布自治系统外部、但作为类型 2 的外部路由输入到 OSPF 的路由
metric-valu	任选参数，用于规定再发布路由的度量值。当再发布到 OSPF 之外的协议（包括 EIGRP）中时，如果没有规定该值，并且没有用"**default-metric**"路由器配置命令进行规定，那么缺省度量值是 0，并且路由可能不被再发布。用一个与目的协议一致的值（对于 EIGRP 度量值的描述，参见本节中缺省度量值命令的描述）
map-tag	任选参数，标识一个配置过的路由映像，该路由映像用来过滤从前面所指定的源路由协议向当前路由协议的路由输入

9.2.3　定义缺省的度量值

可以通过改变与协议相关的缺省度量值来影响路由被怎样再发布。完成下面的步骤以改变缺省度量值：

（1）当进行路由再发布时，定义路由器所使用的缺省种子度量值。当再发布到 IGRP 或 EIGRP 时，是用下面表 9-4 中所解释的命令来设置种子度量值：

default-metric *bandwidth delay reliability loading mtu*

可以用"**default-metric**"命令规定缺省度量值，或者使用"**redistribute**"命令中的参数"**metric**"。如果使用"**default-metric**"命令，那么所规定的度量值将应用到所有被再发布进来的协议上；如果使用"**redistribute**"命令中的参数"**metric**"，那么可以为被再发布的各协议设置不同的缺省度量值。

表 9-4　用于 IGRP 和 EIGRP 的"default-metric"命令

命 令	描　　述
bandwidth	路由的最小带宽，以 bps 为单位
delay	路由延迟，以 10μs 为单位
reliability	以从 0 到 255 的数值代表的数据包传输的可靠性，255 意味着该路由是百分之百可靠
loading	以从 1 到 255 的数值代表的路由有效负载，255 意味着该路由是满负载
mtu	最大传输单元（MTU）。沿着该路由的最大数据包大小，以 byte 为单位，是一个大于或等于 1 的整数

当再发布到 OSPF、RIP、EGP 和 BGP 中时，使用下面表 9-5 中所解释的命令来设置种子度量值。

default-metric *number*

表 9-5　用于 OSPF、RIP、EGP 和 BGP 的"default-metric"命令

命　　令	描　　述
number	度量值，比如对于 RIP 来说就是跳数

（2）退出路由进程。

9.2.4 配置到边缘（Edge）协议的再发布

（1）进入其他路由进程（通常是边缘或短期路由进程）配置模式。

（2）针对具体的网络进行配置，以便部署一些技术以减少路由环路。例如：你可能想这么做：

1）将到核心自治系统的缺省路由再发布到边缘自治系统中。

2）将有关核心自治系统的多条静态路由再发布到边缘自治系统中。

3）将所有路由从核心自治系统再发布到边缘自治系统，并使用过滤器来过滤掉不合适的路由。

4）将所有路由从核心自治系统再发布到边缘自治系统中，然后修改与所接收路由相关联的管理距离，以保证当存在到同一目的地的多条路由时这些路由不会被选中。在有些情况下，本地协议所学到的路由更好，但是其管理距离的可信度可能稍差。

9.2.5 被动接口（passive-interface）命令

“**passive-interface**”命令可以和再发布一起使用，它可阻止某给定协议的所有路由更新被发送到一个网络，但它却不妨碍指定接口接收更新。

当在链路状态型路由协议或 EIGRP 网络中使用“**passive-interface**”命令时，该命令阻止路由器与连接着命令中所规定链路的其他路由器建立相邻关系。因为 Hello 协议用来验证路由器间的双向通信，所以如果路由器配置为不发送更新，就不能建立相邻关系，它也不能参与双向通信。

要配置一个被动接口，无论路由协议是什么，请完成下面的步骤：

（1）选择需要配置被动接口的路由器和路由协议。

（2）确定不想让哪些接口发送路由更新。

（3）配置“**passive-interface**”命令，如表 9-6 所示。

passive-interface *type number*

表 9-6 “passive-interface”命令

命 令	描 述
type number	将不发送路由更新的接口类型和接口号

9.2.6 静态和缺省路由

静态路由是可以在路由器上手工配置的路由。静态路由经常用来完成以下任务：

（1）当两个自治系统必须交换路由信息时，定义要使用的具体路由，而不是交换整个路由表。

（2）定义通过广域网链路到目的地的路由以消除对动态路由协议的需求——也就是说，不想启用路由更新或者不想让路由更新通过广域网链路。

下面的步骤讨论一下为 **IP** 配置静态路由的命令以及他们的使用：

（1）确定想定义哪些网络为静态的。

（2）确定到目的地网络的下一条路由器，或者连接着远程路由器的本地路由器接口。

（3）在各路由器上配置静态路由。例如，对于 **IP**，使用“**ip route**”命令，如表 9-7 中所解释的那样。

ip route *prefix mask* {*address*|*interface*}[*distance*][**tag** *tag*][**permanent**]

表 9-7 配置静态路由的“ip route”命令

命 令	描 述
prefix	目的地的路由前缀
mask	目的地的前缀掩码
address	可以用来到达这个网络的下一跳路由器的 IP 地址
interface	用来到达目的地网络的网络接口
distance	分配给这条路由的任选的管理距离
tag	可以在路由映像中用做一个匹配值的任选值
permanent	规定：即使与该路由相关联的接口失效，该路由也不取消

指向一个接口的静态路由应该只在点对点链路接口上使用，因为在其他接口上，路由器将不知道要发送信息去的具体地址。在点对点接口上，信息将只发送到网络的对端设备上。

例 9-1 展示了配置在路由器 B 上的一条静态路由，如图 9-2 所示。路由器 B 使用它从串口 1 到达网络 170. 20. 0. 0/16。如例 9-1 中路由器 B 的路由表所示，指向一个接口的静态路由被看作直连网络。

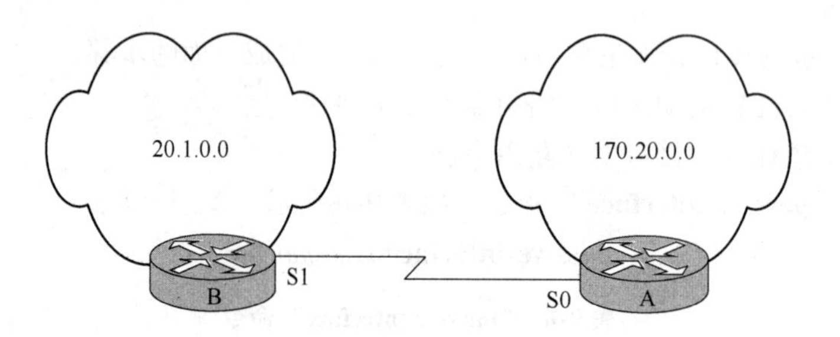

图 9-2 静态路由示例图

【**例 9-1**】图 9-2 中路由器 B 的静态路由配置。

```
router rip
  passive-interface Serial1
  network 20. 0. 0. 0
!
ip route 170. 20. 0. 0 255. 255. 0. 0 Serial1

RtrB#sh ip route
<Output Omitted>
Gateway of last resort is not set
```

```
    20.0.0.0 255.255.255.0 is subnetted, 2 subnets
C       20.1.3.0 is directly connected, Serial1
C       20.1.1.0 is directly connected, Serial0
S    170.20.0.0 is directly connected, Serial1
<Output Omitted>
```

当配置静态路由时，要考虑以下几点：

（1）当用静态路由代替动态路由更新时，所有参与的路由器都必须定义静态路由以使它们能够通告它们的远程网络。必须为路由器所负责的所有路由定义静态路由条目。要减少静态路由条目的数量，可以定义一条缺省静态路由，例如

ip route 0.0.0.0 0.0.0.0 s1

当采用 RIP 时，会自动地通告（再发布）缺省静态路由（0.0.0.0 0.0.0.0）。

（2）如果想让路由器在路由协议中通告一条静态路由，可能需要对它进行再发布。

Cisco 可以为协议配置缺省路由。例如，当在运行 RIP 的路由器上创建一条缺省路由时，该路由器会通告地址 0.0.0.0。当其他路由器收到这条缺省路由时，它把目的地不出现在其路由表中任何数据包都转发到所配置的缺省路由上。

也可以通过表 9-8 所解释的"**ip default-network**"命令配置缺省路由。在运行 RIP 的路由器上使用"**default-network**"命令的实例如图 9-3、例 9-2 和例 9-3 所示。通过"**ip default-network**"命令，可以将路由表中当前可用的实际网络指定为要使用的缺省路径。

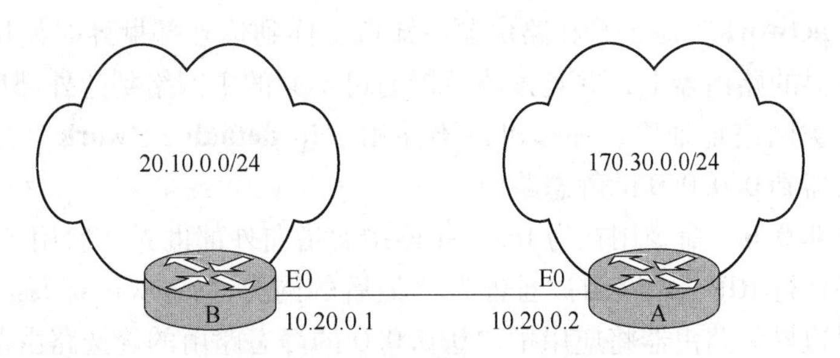

图 9-3　使用"**default-network**"命令

在例 9-2 和例 9-3 中，路由器 A 有一个直接连接到"**ip default-network** *network-number*"命令中所指定的接口。RIP 将生成（或起源）一条缺省路由给 RIP 邻居路由器，它显示为一条 0.0.0.0 0.0.0.0 路由。

【例 9-2】路由器 A 上的配置。

```
router rip
  network 10.0.0.0
  network 170.30.0.0
!
ip classless
ip default-network 10.0.0.0
```

【例 9-3】路由器 B 的路由表。

```
< Output Omitted >
Gateway of last resort is 10. 20. 0. 2 to net work 0. 0. 0. 0
      10. 0. 0. 0/8 is variably subnetted, 7 subnets, 2 masks
< Output Omitted >
R          10. 2. 3. 0/24 [120/1] via 10. 20. 0. 2, 00:00:05, Ethernet0
C          10. 20. 0. 0/24 is directly connected, Ethernet0
R        170. 30. 0. 0/16 [120/1] via 10. 20. 0. 2, 00:00:16, Ethernet0
R *            0. 0. 0. 0/0 [120/1] via 10. 20. 0. 2, 00:00:05, Ethernet0
```

表 9-8 "ip default-network" 命令

命　令	描　述
network-number	目的地网络的号

"ip default-network" 命令是将缺省路由信息发布到其他路由器的一种方法，如表 9-8 所示。该命令不为配置它的路由器提供任何功能。

使用 **"ip route 0. 0. 0. 0 0. 0. 0. 0"** 和 **"ip default-network"** 命令时，其他协议与 RIP 的行为不同。例如，EIGRP 在缺省情况下不发布 0. 0. 0. 0 0. 0. 0. 0 的缺省路由。但是，如果将 **"network 0. 0. 0. 0"** 命令添加到 EIGRP 配置中，那么作为 **"ip default-network"** 命令的结果，它将再发布一条缺省路由，但这不是 **"ip default-network"** 命令的结果。

"ip default-network" 命令是在路由器不知道怎样到达外部世界时使用。该命令配置在连接着外部世界的路由器上，并且该路由器通过不同的主网络到达外部世界。如果网络环境都在一个主类网络地址中，那么可以不使用 **"ip default-network"** 命令，而使用一条通过边界路由器到 0. 0. 0. 0 的静态路由。

"ip route 0. 0. 0. 0" 命令用在为 Internet 连接而指向外部世界并启用了 IP 路由功能的路由器上。如果运行 RIP，该路由被通告为"最后的网关（gateway of last resort）"。直接连接着外部世界边界的路由器将应用指向 0. 0. 0. 0 的静态路由的优选路由器。

"ip default-gateway" 命令用在关闭了 IP 路由功能的路由器或通信服务器上。路由器或通信服务器就像网络上的一台主机一样工作。

以下是怎样在一个方向上进行再发布，在另一个方向上使用缺省路由，而不是在两个方向上都是使用再发布的一个示例。

图 9-4 展示出了一个使用 3 个自治系统的互连网络。在本案例中，OSPF 是核心协议，RIP 是边缘协议。本节将说明怎样进行下面的工作：

（1）让 OSPF 主干知道在各自治系统内的所有路由。这可以通过在边界路由器上配置再发布，将所有 RIP 路由再发布到 OSPF 中来完成。

（2）让 RIP 自治系统只知道其内部路由，并使用缺省路由以到达外部网络。这可以通过在边界路由器上配置缺省路由来完成。边界路由器将把缺省路由通告到 RIP 中。边界路由器同时运行着 RIP 和 OSPF，并将 RIP 路由再发布到 OSPF 中去。它们在路由表中有所有的 RIP 和 OSPF 路由。

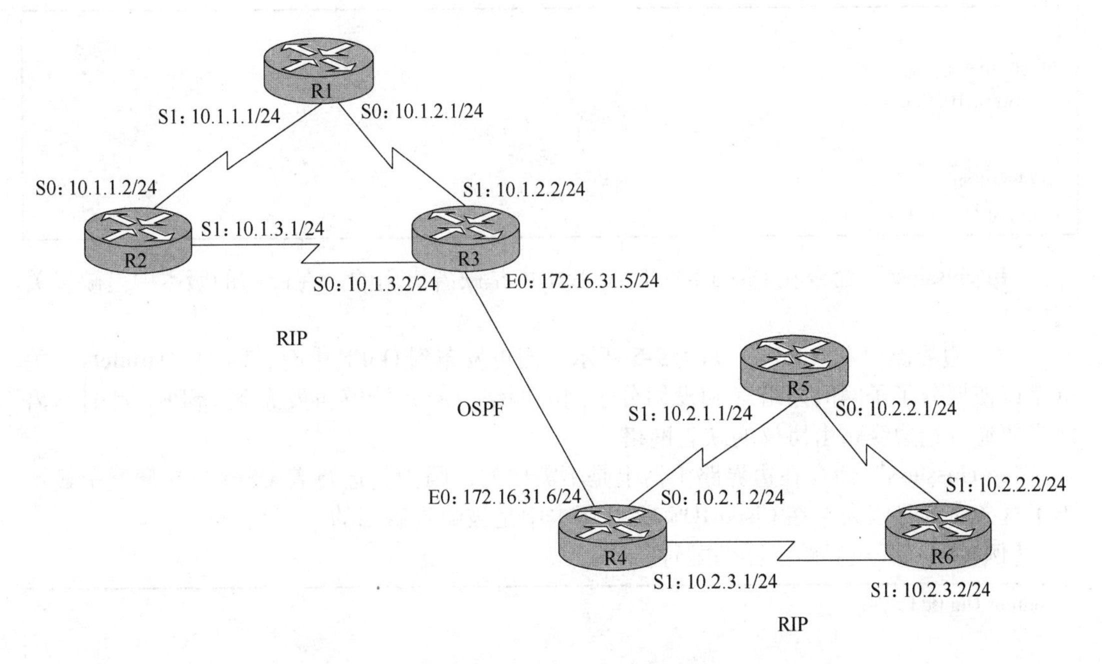

图 9-4　OSPF 作为核心路由协议，RIP 作为边缘路由协议

这个再发布示例说明了一种配置再发布的方法。还存在着许多其他方法，所以必须了解网络的具体拓扑结构和需求以选择最佳的解决方案。

例 9-4 和例 9-5 展示了一台 RIP 内部路由器和一台边界路由器的配置，如图 9-4 所示。本例各配置要点如下：

（1）内部 RIP 路由器（R1），如例 9-4 所示。不需要配置再发布，因为这台路由器只运行 RIP 协议，目的是不让这台路由器学到外部路由。

“**ip classless**”命令在必须使用缺省路由以达到网络 10.0.0.0 中其他子网的所有 RIP/IGRP 路由器上是需要的，例如，若从 R1 要达到子网 10.2.*x*.0，则需要在 R1 使用“**ip classless**”。这条命令使 IOS 可以转发目的地为直连网络所属主类网络的未知子网的数据包到最佳的超网路由，它也可以是缺省路由。当关闭这一特性后，如果路由器所收到数据包的目的地子网落入其子网编制方案所辖的范围（与其子网同属一个主类网络），但在其路由表中却没有这个子网号的话，IOS 软件将丢弃该数据包。

【**例 9-4**】内部路由器 R1 的配置。

```
interface Serial0
  ip address 10.1.2.1 255.255.255.0
  banwidth 64
!
interface Serial1
  ip address 10.1.1.1 255.255.255.0
  clockrate 56000
!
<output Omitted>
```

```
!
router rip
 network 10.0.0.0
!
ip classless
<output Omitted>
```

“**ip classless**”命令在 Cisco IOS 12.0 版本中是缺省启用的，在以前的版本中是缺省关闭的。

（2）边界路由器（R3），如例 9-5 所示。当再发布到 OSPF 中时，需用“**subnets**”关键字以使划分了子网的网络（和没划分子网的网络一起）能够再发布到 OSPF。此时，需定义要通告给边缘路由协议的缺省网络。

“**ip classless**”命令在边界路由器上是不需要的，因为它运行着 OSPF。在配置中显示出了这条命令是因为它在 Cisco IOS 12.0 版本中是被缺省启用的。

【例 9-5】 R3 边界路由器的配置。

```
<output Omitted>
!
router ospf 200
 redistribute rip metric 30 subnets
 network 172.6.31.5 0.0.0.0 area 0
!
router rip
 network 10.0.0.0
!
ip classless
ip default-network 10.0.0.0
!
<output Omitted>
```

出于比较的目的，例 9-6 展示出了再发布前 R3 边界路由器的路由表。

【例 9-6】 再发布前边界路由器的路由表。

```
R3#show ip router
<output Omitted>
     10.0.0.0/24 is subnetted, 3 subnets
C       10.1.3.0 is directly connected, Serial0
C       10.1.2.0 is directly connected, Serial1
R       10.1.1.0 is [120/1] via 10.1.3.1, 00:00:16, Serial0
                    [120/1] via 10.1.2.1, 00:00:28, Serial1
     172.16.0.0/24 is subnetted, 1 subnets
C       172.16.31.0 is directly connected, Ethernet0
```

注意：在本路由表的输出中，10.2.*x*.0/24 子网没有出现。它们在 R4（另一台边界路由器）配置了再发布之后出现了。

例 9-7 展示出了在两个边界路由器上都起用了再发布后 R3 的路由表。

【例 9-7】 再发布后边界路由器的路由表。

```
R3#show ip router
<output Omitted>
      10. 0. 0. 0/24 is subnetted, 3 subnets
C         10. 1. 3. 0 is directly connected, Serial0
C         10. 1. 2. 0 is directly connected, Serial1
R         10. 1. 1. 0 is [120/1] via 10. 1. 3. 1, 00:00:16, Serial0
                         [120/1] via 10. 1. 2. 1, 00:00:28, Serial1
R         10. 2. 1. 0 [120/1] via 172. 16. 31. 6, 00:00:17, EO
R         10. 2. 3. 0 [120/1] via 172. 16. 31. 6, 00:00:20, EO
R         10. 2. 2. 0 [120/2] via 172. 16. 31. 6, 00:00:25, EO
      172. 16. 0. 0/24 is subnetted, 1 subnets
C         172. 16. 31. 0 is directly connected, Ethernet0
```

例 9-8 展示出了通过用“**ip default-network**”命令在边界路由器上配置了缺省路由后的一台内部路由器的路由表。

【例 9-8】 再发布后内部路由器的路由表。

```
R1#show ip router
<output Omitted>
      10. 0. 0. 0/24 is subnetted, 3 subnets
R       10. 1. 3. 0 is [120/1] via 10. 1. 1. 2, 00:00:24 Serial1
                       [120/1] via 10. 1. 2. 2, 00:00:10 Serial10

C       10. 1. 2. 0 is directly connected, Serial0
C       10. 1. 1. 0 is directly connected, Serial1
R*        0. 0. 0. 0/0 [120/1] via 10. 1. 2. 2, 00:00:10, Serial0
```

使用例 9-8 所示的缺省路由，R1 能够成功地 ping 到另一个 RIP 自治系统中的任何网络，如例 9-9 所示。

【例 9-9】 内部路由器 **ping** 在另一个自治系统内的目的地。

```
R1#ping 10. 2. 2. 1
Type escape sequence to abort.
Sending 5, 100-byte ICMP Echos to 10. 2. 2. 1, timeout is 2 seconds:
!!!!!
Success rate is 100 percent (5/5), round-trip min/avg/max =68/68/68 ms
R1#
```

9.3 控制路由更新的数据流量

从高层次上，Cisco 建议在采用再发布时的指导规则：

（1）谙熟网络和网络数据流量。这是很重要的建议，因为有许多种实施再发布的方法，所以了解网络将有助于做出最好的决定。

（2）不要重叠使用路由协议。不要在同一互连网络中使用两种不同的协议，相反，在使用不同协议的网络之间要有明确的边界。

（3）单向再发布。要避免环路和收敛时间的不同带来的问题，只在一个方向上进行路由交换，而不是在两个方向上。在另一个方向上，应该考虑使用缺省路由。

（4）双向再发布。如果必须用双向再发布，那么应采用一种减少路由环路产生机会的机制。本章所包括的这种机制示例是缺省路由、路由过滤器和修改通告路由度量值。通过这些机制，如果有一台以上的边界路由器进行双向再发布，将能够减少将来自一个自治系统的路由作为新路由信息又发送回同一自治系统的机会。

迄今为止，我们已经看到了多种路由协议，以及它们怎样将路由信息传遍网络。然而有时我们不想传播路由信息，例如：

（1）当使用一条按需选择（on-demand）广域网链路时，可能想将通过这种类型链路的路由更新信息交换减为最少，或完全停止。否则，链路将会经常保持 up 状态。

（2）当想防止路由环路时。许多公司的网络很大，以至有很多冗余路径。在有些情况下，例如当从两种不同路由协议学到同一目的地的路径时，可能想过滤掉其中一条路径的传播。

本节讨论下面两种能够控制或阻止路由更新交换和传输的方法：

（1）路由更新过滤。用访问控制列表来过滤有关某个网络的路由更新数据流。

（2）改变管理距离。改变管理距离以影响路由器所信任的协议。

前面曾提出的其他控制数据流量的方法：

（1）被动接口。阻止所有路由更新从一个接口被发送出去。

（2）缺省路由。指示路由器，如果它没有到某个给定目的地的路由时，应该把数据包发送到缺省路由。

（3）静态路由。在路由器中配置的一条到目的地的路由。

9.3.1　应用路由过滤器

Cisco IOS 软件可以通过访问控制列表过滤进入的和外出的路由更新，如图 9-5 所示。一般来说，路由器的处理过程如下：

（1）路由器接收到一条路由更新，或者准备好要发送一条有关一个或多个网络的更新。

（2）路由器查看相关的接口。例如，如果是一个进入本路由器的更新，那么将检查该更新所到达的接口。如果是一个要通告出去的更新，那么检查该更新将发出的接口。

（3）路由器决定是否有过滤器与该接口相关联。

（4）如果有路由过滤器与该接口相关联，路由器将查看访问控制列表以确定是否有与给定路由更新相匹配的条目。如果没有路由过滤器与该接口相关联，那么路由更新数据包将被照常处理。

（5）如果存在一个匹配，那么这条路由将按匹配条目所配置的那样处理（要么被允许，要么被拒绝）。

（6）如果在访问控制列表中没有发现匹配，在访问控制列表末尾的隐含“**deny**

any”，将使更新被扔掉。

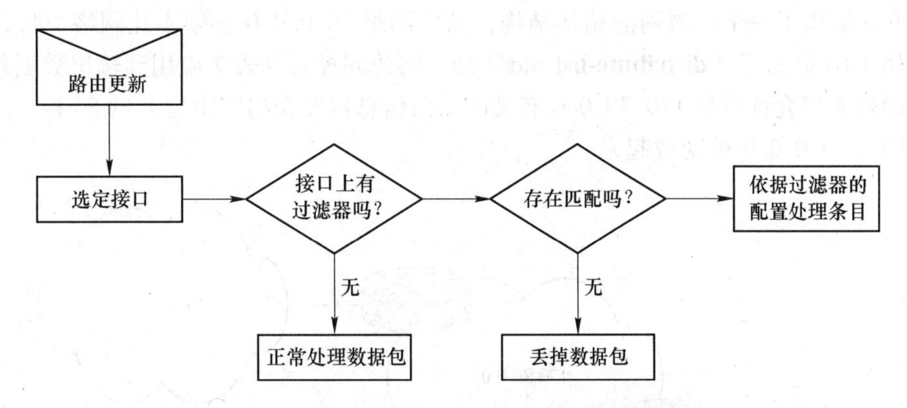

图 9-5　当采用路由过滤器时的路由更新数据流程图

第 8 章讨论了用于边界网关协议（BGP）的路由更新过滤，其思想在这里也是一样，尽管所使用的命令与在 BGP 中所使用的命令有所不同。

可以通过定义访问控制列表并将它应用于任何协议而为该协议过滤路由更新。要配置过滤器，请完成下面的步骤：

（1）识别出想要过滤的网络地址，并创建一个访问控制列表。

（2）确定是否想在进入或外出接口上过滤它们。

（3）要设置一个访问控制列表过滤外出路由更新，可以使用“**distribute-list out**”命令，如表 9-9 中所描述。

distribute-list {*access-list-number* | *name*} **out** [*interface-name* | *routing-process* [*autonomous-system-number*]]

表 9-9　“distribute-list out”命令

命　令	描　述
access-list-number | *name*	给出标准访问控制列表号码或名称
out	将访问控制列表应用于外出路由更新
interface-name	任选参数，给出将过滤外出更新的接口名
routing-process	任选参数，给出将过滤其更新的路由进程名，或者是关键字“**static**”或“**connected**”
autonomous-system-number	任选参数，给出路由进程的自治系统号

OSPF 外出更新不能在接口上过滤。要分配一个访问控制列表过滤进入的路由更新，可以使用“**distribute-list in**”命令，如表 9-10 中所描述的。

distribute-list {*access-list-number* | *name*} **in** [*type number*]

表 9-10　“distribute-list in”命令

命　令	描　述
access-list-number | *name*	给出标准访问控制列表号码或名称
in	将访问控制列表应用到进入的路由更新
type number	任选参数，指定其更新将被过滤的接口类型和编号

9.3.1.1 IP 路由过滤配置示例

图 9-6 提供了一个广域网的拓扑结构，其中网络 20.0.0.0 必须不让网络 190.30.5.0 知道。例 9-10 显示了“**distribute-list out**”命令将访问控制列表 7 应用到输出数据包。该访问控制列表只允许网络 170.30.0.0 有关的路由信息再发布出路由器 B 的 S0 接口。其结果是，网络 20.0.0.0 被隐藏起来。

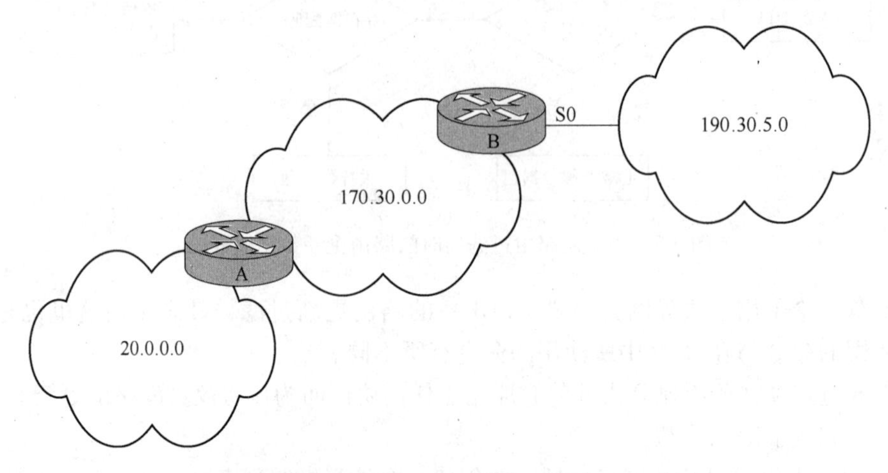

图 9-6 网络 20.0.0.0 需要对网络 190.30.5.0 隐蔽

【**例 9-10**】在图 9-6 中路由器 B 上过滤掉网络 20.0.0.0。

```
router eigrp 1
    network 170.30.0.0
    network 190.30.5.0
    distribute-list 7 out S0
!
access-list 7 permit 170.30.0.0 0.0.255.255
```

对网络 20.0.0.0 进行过滤的另一种方法是拒绝网络 20.0.0.0，同时允许任何其他网络。如果路由信息中包含多个网络，但是只有网络 20.0.0.0 需要被过滤掉时，这种方法尤其有效。

表 9-11 描述了例 9-10 所用的一些命令。

表 9-11 路由过滤所用的命令

命令	描述
distribute-list 7out S0	将访问控制列表 7 作为一个路由再发布过滤器应用于串口 0 所发送的 EIGRP 路由更新上
access-list 7 permit 172.16.0.0 0.0.255.255	
access-list 7	给出访问控制列表号码
permit	允许与该参数匹配的路由被转发
172.16.0.0 0.0.255.255	给出用来审核源地址的网络号和通配符掩码。前二字节必须匹配，其余的被掩掉（不关心）

9.3.1.2 IP静态路由过滤配置示例

图9-7提供了例9-11中演示IP静态路由过滤所使用的拓扑结构。例9-11显示了一条被再发布和被过滤到EIGRP的静态路由。路由10.0.0.0被传到路由器D和E。到172.16.0.0的静态路由被过滤了（被访问控制列表末尾的隐含拒绝条目被拒绝）。在图9-7中，网络192.168.7.0按30比特（255.255.255.252）掩码被划分成子网——子网192.168.7.16、192.168.7.12、192.168.7.8和192.168.7.4。路由器A和C都将它们的串口设置为被动接口，所以没有动态路由更新被发送出去。因此，路由器B将用它的静态路由到达网络10.0.0.0和172.16.0.0。

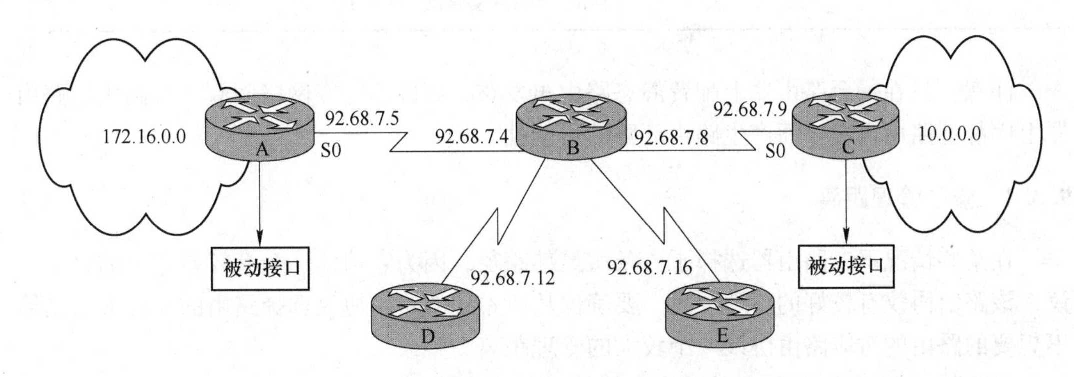

图9-7 IP静态路由过滤

【例9-11】路由器B的配置。

```
ip route 10. 0. 0. 0 255. 0. 0. 0 92. 68. 7. 9
ip route 172. 16. 0. 0 255. 255. 0. 0 92. 68. 7. 5
!
router eigrp 1
    network 92. 68. 7. 0
    default metric 10000 100 255 1 1500
    redistribute static
    distribute-list 3 out static
!
access-list 3 permit 10. 0. 0. 0 0. 255. 255. 255
```

表9-12描述了例9-11所使用的一些命令。

表9-12 例9-11所使用的命令

命 令	描 述
ip route 10. 0. 0. 0 255. 0. 0. 0 92. 68. 7. 9	
10. 0. 0. 0 255. 0. 0. 0	定义目的地网络的IP地址和子网掩码
92. 68. 7. 9	定义要用来到达目的地的下一跳地址（在本例中，是路由器C的S0接口）
redistribute static	将从路由表里静态路由条目中学到的路由设置成再发布到EIGRP

续表 9-12

命　令	描　述
distribute-list 3 out static	在这些路由传输进 EIGRP 进程之前，用访问控制列表 3 过滤从静态路由条目中所学到的路由
access-list 3 permit 10. 0. 0. 0 0. 255. 255. 255	
access-list 3	访问控制列表是列表号 3
permit	允许与该参数相匹配的路由被通告
10. 0. 0. 0 0. 255. 255. 255	给出用来审核源地址的网络号和通配符掩码。第一个字节必须匹配，其余的被屏蔽（不关心）

注意，只在一台路由器上配置静态路由再发布，可以消除在网络间有平行路由的路由器上因静态路由再发布而产生路由环路的可能性。

9. 3. 2　修改管理距离

在某些情况下，路由器选择了一条次最佳路径，因为它信任一个有较差路由的路由协议，该路由协议有较好的管理距离。要确保从所希望的路由协议选择路由的一种方法是给不想要的路由的对应路由协议一个较大的管理距离。

对于除 EIGRP 和 BGP 以外的所有协议，用“**distance**”命令（如表 9-13 所示）来改变缺省的管理距离：

distance *weight* [*address mask* [*access-list-number* | *name*]] [**ip**]

表 9-13　管理距离命令（除 EIGRP 和 BGP 除外）**表**

命　令	描　述
weight	管理距离，从 10 到 255 的整数，其中 0 到 9 的值是为内部使用而保留的
address	任选参数，IP 地址。允许根据提供路由信息的路由器的 IP 地址过滤网络
mask	任选参数，IP 地址的通配符掩码。在掩码参数中设置为 1 的位指示软件忽略地址中的相应位
access-list-number | *name*	任选参数，要应用于输入路由更新的标准访问控制列表的号码或名称。使网络过滤能够得到处理
ip	任选参数，为中间系统到中间系统（IS-IS）指定来自 IP 的路由

对于 EIGRP，使用的命令为（表 9-14）：

distance eigrp *internal-distance external-distance*

表 9-14　EIGRP 管理距离命令表

命　令	描　述
internal-distance	EGRP 内部路由的管理距离。内部路由是指那些从同一自治系统内另一实体那里所学到的路由
external-distance	EGRP 外部路由的管理距离。外部路由是指那些从自治系统外部邻居那里所学到的最佳路由

修改 BGP，使用“**distance bgp**”命令来改变管理距离（表 9-15）：

distance bgp *external-distance internal-distance local-distance*

表 9-15 BGP 管理距离命令表

命 令	描 述
external-distance	BGP 外部路由的管理距离。外部路由是指那些从自治系统外部邻居那里所学到的最佳路由。可接受的值是从 1 到 255。缺省值是 20。管理距离为 255 的路由不安装在路由表中
internal-distance	BGP 内部路由的管理距离。内部路由是指那些从同一自治系统内另一实体那里所学到的路由。可接受的值是从 1 到 255。缺省值是 200。管理距离为 255 的路由不安装在路由表中
local-distance	BGP 本地路由的管理距离。本地路由是那些用"**network**"路由进程配置命令列出的网络，经常作为本地路由器或从另一个路由进程中再发布来的网络后门。可接受的值是从 1 到 255。管理距离为 255 的路由不安装在路由表中

9.3.3 使用"distance"命令的再发布示例

下面的示例用 RIP 和 IGRP 来说明路由器怎样会因为冗余网络中 RIP 和 IGRP 的缺省管理距离而选择了一条较差的路径。该示例也说明了一种纠正该问题的方法。

图 9-8 展示了采用多种路由协议前的网络。路由器 R2 和 Cen，以及网络 172.16.6.0、172.16.9.0 和 172.16.10.0 是本示例的焦点。

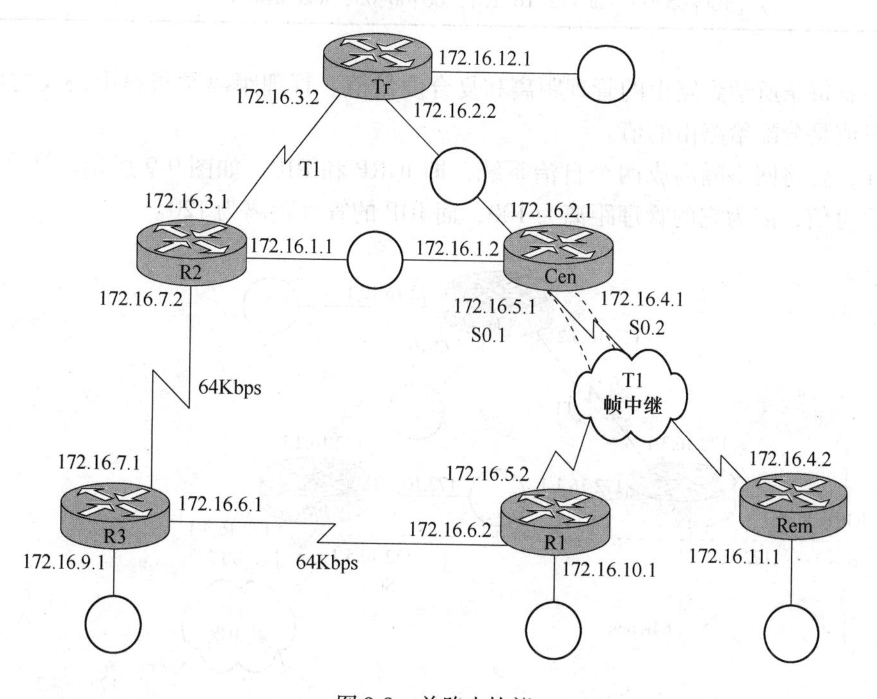

图 9-8 单路由协议

本示例为了简单起见而采用了 RIP 和 IGRP，其他协议组合都会有同样的问题发生，这与具体的网络拓扑结构有关。这是 Cisco 为什么极力建议在实施再发布之前要深入研究网络拓扑结构，并且在启用再发布之后要进行监控的原因之一。

有许多纠正再发布环境中路径选择问题的方法。本示例的目的是为了说明问题怎样发生，在哪里出现的，以及可能的解决方法。

一开始，在网络中的所有路由器上只运行着 IGRP。例 9-12 显示了路由器 Cen 的完整 IP 路由表。

【例 9-12】当 IGRP 是唯一的路由协议时，路由器 Cen 的路由表。

```
Cen#show ip route
<output Omitted>
     172.16.0.0/24 is subnetted, 11 subnets
I       172.16.12.0 [100/1188] via 172.16.2.2, 00:00:02, tokenRing0
I       172.16.9.0 [100/158813] via 172.16.1.1, 00:00:02, tokenRing1
I       172.16.10.0 [100/8976] via 172.16.5.2, 00:00:02, serial0.1
I       172.16.11.0 [100/8976] via 172.16.4.2, 00:00:02, serial0.2
C       172.16.4.0 is directly connected, serial0.2
C       172.16.5.0 is directly connected, serial0.1
I       172.16.6.0 [100/160250] via 172.16.5.2, 00:00:02, serial0.1
I       172.16.7.0 [100/158313] via 172.16.1.1, 00:00:02, tokenRing1
C       172.16.1.0 is directly connected, tokenRing1
C       172.16.2.0 is directly connected, tokenRing0
I       172.16.3.0 [100/8539] via 172.16.2.2, 00:00:02, tokenRing0
                   [100/8539] via 172.16.1.1, 00:00:03, tokenRing1
```

要注意每条所学到路由的管理距离和复合度量值。管理距离是指路由协议的可信度，复合度量值是分配给路由的值。

现在，要将网络隔离成两个自治系统，即 IGRP 和 RIP，如图 9-9 所示。注意，IGRP 比 RIP 更可信，因为它的管理距离为 100，而 RIP 的管理距离为 120。

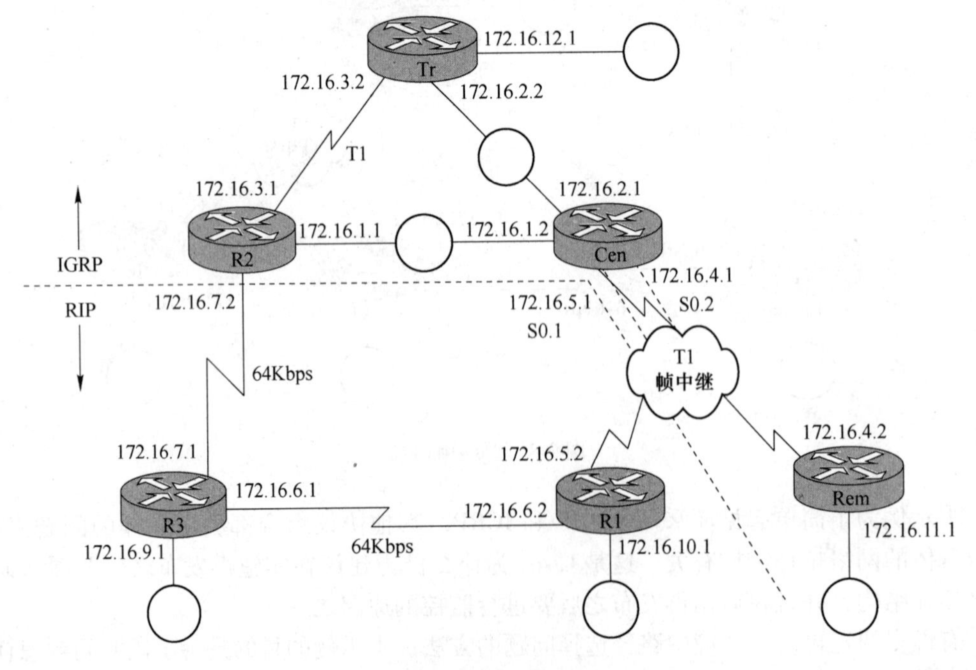

图 9-9 在一个网络中运行 RIP 和 IGRP

路由器 Cen 的配置如例 9-13 所示。

【例 9-13】路由器 Cen 被同时配置了 IGRP 和 RIP。

```
router rip
  redistribute igrp 1
  passive-interface Serial0. 2
  passive-interface TokenRing0
  passive-interface TokenRing1
  network 172. 16. 0. 0
  default-metric 3
!
router igrp 1
  redistribute rip
  passive-interface Serial0. 1
  passive-interface TokenRing0
  network 172. 16. 0. 0
  default-metric 10 100 255 1 1500
```

路由器 R2 的配置如例 9-14 所示。

【例 9-14】路由器 R2 被同时配置了 IGRP 和 RIP。

```
router rip
  redistribute igrp 1
  passive-interface Serial0
  passive-interface TokenRing0
  network 172. 16. 0. 0
  default-metric 3
!
router igrp 1
  redistribute rip
  passive-interface Serial1
  network 172. 16. 0. 0
  default-metric 10 100 255 1 1500
```

被动接口命令是用来防止当远程路由器不能了解某种路由协议时，来自该路由协议的路由被不必要地转发到链路上。

注意，在这些配置中，在两台路由器上 RIP 都被再发布到 IGRP，同时 IGRP 也被再发布到 RIP。

例 9-15 中的路由表列出了与本节讨论有关的路由。注意到路由器 Cen 学到了 RIP 和 IGRP 路由。可以用图 9-9 来跟踪其中这些路由。

【例 9-15】当运行 RIP 和 IGRP 时，路由器 Cen 的结果路由表。

```
Cen#show ip route
  <Output omitted>
```

```
  172.16.0.0/24 is subnetted, 11 subnets
R        172.16.9.0 [120/2] via 172.16.5.2, 00:00:01, Serial0.1
R        172.16.10.0 [120/1] via 172.16.5.2, 00:00:02, Serial0.1
I        172.16.11.0 [100/8976] via 172.16.4.2, 00:00:02, Serial0.2
C        172.16.4.0 is directly connected, Serial0.2
C        172.16.5.0 is directly connected, Serial0.1
R        172.16.6.0 [120/1] via 172.16.5.2, 00:00:02, Serial0.1
I        172.16.3.0 [100/8539] via 172.16.2.2, 00:00:02, Tokeingring0
                    [100/8539] via 172.16.1.1, 00:00:02, Tokeingring1
```

例 9-16 显示了路由器 R2 的结果路由表。注意所有的路由都是从 IGRP 那里学到的，尽管路由器 R2 也连接着 RIP 网络。同时还要注意，如果追踪其中某些路由，比如网络 172.16.9.0，路由器将使用较长的路径：通过路由器 Cen 而不通过路由器 R3。

【例 9-16】 当运行 RIP 和 IGRP 时，路由器 Cen 的结果路由表。

```
Cen#show ip route
  <Output omitted>

    Gateway of last resort is not set
    172.16.0.0/24 is subnetted, 11 subnets
I        172.16.9.0 [100/1000163] via 172.16.1.2, 00:00:37, Tokeingring0
I        172.16.10.0 [100/1000163] via 172.16.1.2, 00:00:37, Tokeingring0
I        172.16.11.0 [100/9039] via 172.16.1.2, 00:00:37, Tokeingring0
I        172.16.4.0 [100/8539] via 172.16.1.2, 00:00:37, Tokeingring0
I        172.16.5.0 [100/8539] via 172.16.1.2, 00:00:37, Tokeingring0
I        172.16.6.0 [100/100163] via 172.16.1.2, 00:00:37, Tokeingring0
C        172.16.3.0 is directly connected, Serial0
```

如例 9-16 中的路由表所示，路由器 R2 选择较差的路径，因为 IGRP 比 RIP 有一个更好的管理距离。要确保路由器 R2 选择 RIP 路由，可以改变管理距离，如例 9-17 所示。

【例 9-17】 使用"**distance**"命令的再发布。

```
Router Cen
  router rip
  redistribute igrp 1
   <Output omitted>
  network 172.16.0.0
  default-metic 3
  !
  router igrp 1
  redistribute rip
   <Output omitted>

  network 172.16.0.0
```

```
    default-metic 10 100 255 1 1500
    distance 130 0.0.0.0 255.255.255.255 1
!
    access-list 1 permit 172.16.9.0
    access-list 1 permit 172.16.16.0
    access-list 1 permit 172.16.6.0

Router R2
    router rip
    redistribute igrp 1
    <Output omitted>
    network 172.16.0.0
    default-metic 3
    !
    router igrp 1
    redistribute rip
  <Output omitted>
    network 172.16.0.0
    default-metic 10 100 255 1 1500
    distance 130 0.0.0.0 255.255.255.255 1
    !
    access-list 1 permit 172.16.9.0
    access-list 1 permit 172.16.10.0
    access-list 1 permit 172.16.6.0
```

表9-16描述了例9-17中所用的某些命令。

表9-16　例9-17中使用的"distance"命令

命　令	描　述
distance 130 0.0.0.0 255.255.255 1	
130	定义指定路由器将被分配的管理距离
0.0.0.0 255.255.255.255	定义提供路由的源地址，在本例中，是任一路由器
1	定义要被用来过滤输入路由更新以决定哪些路由要被改变的访问控制列表号
acess-list 1 permit 172.16.9.0	
1	访问控制列表号
permit	允许匹配该地址的所有网络，在本例中，将改变它们的管理距离
172.16.9.0	被允许的网络，在本例中，改变它们的管理距离

例如，路由器R0被配置成将到网络172.16.9.0、172.16.10.0和172.16.6.0的IG-RP路由管理距离改为130。通过这种方法，当路由器从RIP学到这些网络时，RIP所学到的路由（管理距离更低，为120）将被选择，并将放入路由表中。注意"**distance**"命令是用于IGRP所学到的路由，因为它是IGRP路由进程配置的一部分。

例9-18中的输出显示了通过采用RIP路由，路由器R2现在保留了到这些网络的更好（优选的）的路由。

【例 9-18】在添加了“**distance**”命令后，路由器 R2 学到了一些 RIP 路由。

```
R2#show ip route
<Output omitted>
        172.16.0.0/24 is subnetted, 11 subnets
R       172.16.9.0 [120/1] via 172.16.7.1, 00:00:19, Serial0.1
R       172.16.10.0 [120/2] via 172.16.7.1, 00:00:19, Serial0.1
I       172.16.11.0 [100/9039] via 172.16.1.2, 00:00:49, Tokeingring0
I       172.16.4.0 [100/8539] via 172.16.1.2, 00:00:49, Tokeingring0
I       172.16.5.0 [100/8539] via 172.16.1.2, 00:00:49, Tokeingring0
R       172.16.6.0 [100/1158813] via 172.16.7.1, 00:00:19, Serial0.1
C       172.16.3.0 is directly conneted, Serial0
```

采用这种配置，如果给出相关的实际带宽，对于 172.16.10.0 网络来说，IGRP 所学路径更好一些，所以不将 172.16.10.0 放入访问控制列表中更有意义。

本示例不仅说明了在实施再发布前了解网络的重要性，而且也说明在启用再发布后，应检查一下路由器选择了哪些路由。应特别注意那些具有许多可能性到达网络的冗余路径中的路由器，因为它们有可能会选择次最佳路径。

9.4 验证再发布的运行

验证再发布运行的最佳方法是进行下面的工作：

（1）了解网络的拓扑结构，尤其是在哪里存在冗余路由。

（2）在网络中各种路由器上显示相应路由协议的路由表。例如，检查边界路由器上的路由表，并检查各自治系统中内部路由器的路由表，可用下面的命令：

show ip route [*ip-address*]

（3）对穿过自治系统的一些路由进行路由追踪（traceroute），以验证是否采用了最短路径。尤其要对于存在冗余路由的网络进行路由追踪，可用下面的命令：

traceroute [*ip-address*]

（4）如果的确遇到了路由问题，那么在边界路由器和内部路由器上使用“**traceroute**”和“**debug**”命令来观察路由更新数据源。

9.5 采用路由映像的策略路由

路由映像（route map，也称路由映射图）是复杂的访问控制列表，它用“**match**”命令对数据包或路由测试。如果满足这些条件，可以采取一些措施来修改数据包或路由的属性。这些措施通过“**set**”命令规定。

有同一路由映像名的路由映像语句的集合被看作一个路由映像。在一个路由映像内，各路由映像语句都被编号，因此可以对它们单独进行编辑。

路由映像中的语句与访问控制列表的行相对应。在路由映像中规定匹配条件与在访问控制列表中规定源和目的地址及掩码相似。

路由映像和访问控制列表的一个很大区别是路由映像可以通过“**set**”命令修改路由属性。

“**route-map**”命令可以被用来为策略路由定义条件。下面的命令在表 9-17 中详细地进行了解释：

route-map *map-tag*[**permit|deny**] [*sequence-number*]

表 9-17　“route-map”命令

命　　令	描　　述
map-tag	路由映像的名
permit | deny	当路由映像匹配条件满足时，将要采取的行动
sequence-number	说明新路由映像语句在已经配置过的同名路由映像语句列表中的位置序号

“**route-map**”命令的缺省是允许，序号是 10。如果在为同一路由映像名配置语句时省略序号，那么路由器将假设我们正在编辑和添加到第一个序号为 10 的语句上。路由映像语句序号不自动递增。

路由映像可以由多个路由映像语句组成。语句按从上向下顺序处理，与访问控制列表的处理相似。路由的第一个匹配将被应用。序号是用来在路由映像的某个地方插入或删除某个路由映像语句。

“**match**”路由映像配置命令是用来定义要检查的条件。“**set**”路由映像配置命令是用来定义当一个匹配成功时所要采取的行动。

match { *condition* }

set { *condition* }

一个匹配语句可以包含多个条件。要认为某条匹配语句匹配成功了，该语句中至少有一个条件必须满足。一条路由映像语句可以包含多条匹配语句。要认为某条路由映像语句匹配成功，该语句中的所有匹配语句都必须满足。

同一行上所列的匹配条件中只要有一个匹配成功就可以认为整行匹配成功。

“*sequence-number*”规定了检查各条件的次序。例如，如果在名为 MYMAP 的路由映像中有两条语句，一个序号为 10，另一个序号为 20，那么序号 10 将先被检查。如果在序号 10 中的匹配条件没有得到满足，那么将检查序号 20。与访问控制列表相同，在路由映像的末尾有一个隐含的拒绝一切条件。这个拒绝的结果取决于路由映像是怎样被使用。

解释路由映像如何工作的另一种方法是举一个简单的例子，看看路由器是怎样解释它的。例 9-19 提供了路由映像的示例语句。

【例 9-19】 路由映像演示。

```
route-map demo permit 10
  match x y z
  match a
  set b
  set c
route-map demo permit 20
```

```
  match q
  set r
route-map demo permit 30
```

名为“demo”的路由映像被解释如下：

```
If {(x or y or z) and a match} then {set b and c}
Else
      If q match then set r
Else
      set nothing
```

9.5.1 策略路由

在当今高性能的互连网络中，各公司/组织机构都想让网络具有一定的灵活性，以便根据自己定义的、在传统路由协议考虑之外的策略来实施数据包的转发和路由。通过使用策略路由可以实施有选择地让数据包采用不同路径的策略。

策略路由也提供了一种用不同服务类型（TOS）标识数据包的机制。这个特性可以与Cisco IOS 排队技术一起使用，以使某种类型的数据流能得到优先服务。在网络中实施策略路由可以得到的益处：

（1）基于源的 ISP 选择。ISP 和其他组织可以用策略路由经过不同 Internet 联接和策略路由器来转发起源于不同用户组的数据流。

（2）服务质量。ISP 或组织可以通过在网络边缘路由器上设置 IP 数据包包头中的优先级或 TOS 值，并利用排队机制在网络核心或主干中为数据流划分不同的优先级，来提供 QoS 以区分数据流。

（3）节省开销。ISP 或组织可以让某个具体活动相关联的大量数据流在短期内使用一条更高带宽、高成本链路，并且为交互式数据流继续提供在低带宽、低开销链路上的基本连接。例如，为了传送到财务服务器的、由策略路由所选择的文件传输数据流，按需拨号 ISDN 线路可能将启用。

（4）负载均衡。除了基于目的地路由所提供的动态负载均衡能力以外，网络管理员现在可以实施策略以根据数据流特性在多条路径上分发数据流。

策略路由应用到输入型数据包。启用了基于策略路由的接口所接收的所有数据包都考虑执行策略路由。路由器用路由映像过滤数据包。根据路由映像中所定义的规则，数据包将被转发到适当的下一跳。

路由器通常根据其路由表中的信息将数据包转发到目的地地址。与根据目的地地址进行的路由不同，策略路由使网络管理员能够决定和实施路由策略，以根据下面几点应许或拒绝路径：源系统的身份、运行的应用、所用的协议和数据包的大小。如果一条语句标记为拒绝，那么满足匹配规则的数据包将从正常的转发通道发送出去，换句话说，执行基于目的地的路由。只有该语句标记为允许，并且数据包满足所有匹配条件时，才应用“**set**”命令。如果在路由映像中没有出现匹配成功，那么数据包将通过正常路由通道转发。如果不希望转为正常转发，并要丢弃不匹配规定规则的数据包，那么将数据包转发到接口

null0 的“**set**”语句应该作为路由映像的最后一个条目。

9.5.2 配置策略路由

IP 标准或扩展型访问控制列表可以用来建立策略路由匹配规则，它们由表 9-18 中所解释的“**match ip address**”命令使用。标准 IP 访问控制列表可以用来规定数据包源地址的匹配规则；扩展型访问控制列表可以用来规定基于源和目的地址、应用、协议类型、TOS 和优先级的匹配规则。

match ip address {*access-list-number* | *name*} [… *access-list-number* | *name*]

表 9-18 “match ip address”命令

命　令	描　述
access-list-number | *name*	要用来测试输入数据包的规则或扩展型访问控制列表号码或名称。如果规定了多个访问控制列表，那么匹配任何一个就可以

表 9-19 中所解释“**match ip address**”命令可用来根据介于规定的最小和最大值之间的数据包长度来建立匹配规则。例如，网络管理员可以用匹配长度作为区分交互式和文件传输数据流间的规则，因为文件传输数据流通常有很大的数据包。

match length *min max*

表 9-19 “match length”命令

命　令	描　述
min	允许匹配的数据包的最小第 3 层长度，含该最小值
max	允许匹配的数据包的最大第 3 层长度，含该最大值

如果匹配语句被满足，可以用一个或多个“**set**”语句规定通过路由器转发数据包的规则：

（1）“**set ip next-hop**”命令提供了用来规定到目的地路径上数据包应该被转发的相邻下一跳路由器的 IP 地址列表。如果规定了一个以上的 IP 地址，与当前为 up 状态的直连接口相关联的第一个 IP 地址将用来转发数据包。表 9-20 解释了“**set ip next-hop**”命令。

set ip next-hop *ip-address* [… *ip-address*]

“**set**”命令影响所有数据包类型；如果配置了的话，它将总被使用。

表 9-20 “set ip next-hop”命令

命　令	描　述
ip-address	数据包将被输出的下一跳 IP 地址。它必须是一台相邻路由器的地址

（2）“**set interface**”命令提供了数据包可以通过它进行转发的接口的列表。如果规定了一个以上的接口，那么第一个被发现是 up 状态的接口将用于数据包转发。表 9-21 解释了下面的命令：

set interface *type number* [… *type number*]

如果路由表中没有关于数据包目的地址的明确路由（例如，如果数据包是一个广播包或目的地是一个未知地址），那么“**set interface**”命令将不会产生任何影响，并被忽略。

表 9-21 “set interface”命令

命　　令	描　　述
type number	数据包将被输出的接口类型和号码

（3）“**set ip default next-hop**”命令提供了缺省下一跳 IP 地址的列表。如果规定了一个以上的 IP 地址，那么将使用第一个相邻的下一跳。所有下一跳 IP 地址会被依次尝试。表 9-22 提供了“**set ip default next-hop**”命令的信息。

set ip default next-hop *ip-address*[… *ip-address*]

只有当路由表中没有关于数据包目的地址的明确路由时，数据包才被转发到该“**set**”命令所规定的下一跳。

表 9-22 “set ip default next-hop”命令

命　　令	描　　述
ip-address	数据包将被输出的下一跳 IP 地址，它必须是一台相邻路由器的地址

（4）“**set default interface**”命令提供了缺省接口的列表。如果没有关于数据包目的地址的明确路由，那么该数据包将被转发到所指定缺省接口列表中第一个为 up 状态的接口。表 9-23 提供了“**set default interface**”命令的有关信息。

set default interface *type number*[… *type number*]

只有当路由表中没有关于数据包目的地址的明确路由时，数据包才被转发到该“**set**”命令所规定的下一跳。

表 9-23 “set default interface”命令

命　　令	描　　述
type number	数据包将被输出的接口类型和号码

路由器为策略路由而评估前四个“**set**”命令，当已选择了一个目的地址或接口时，将忽略其他改变目的地址或接口的“**set**”命令。但是要注意，这些命令中的某一些只影响路由表中存在明确路由的数据包，而其他命令只影响路由表中不存在明确路由的数据包。不受所匹配路由映像语句中任何“**set**”命令影响的数据包将不执行策略路由，而按正常途径被转发。换句话说，将进行基于目的地的路由。

（5）“**set ip tos**”命令将被用来设置 IP 数据包中的 IP TOS 值。TOS 域在 IP 包头中是 8 比特长，其中 5 比特用于设置服务等级（COS），其他 3 比特用于 IP 优先级。“**set ip tos**”命令用来设置 5 个 COS 比特。

5 个 COS 比特是用于设置延迟、吞吐率、可靠性和开销，其中 1 比特用作保留比特。表 9-24 提供了“**set ip tos**”命令的信息。

set ip tos[*number* | *name*]

表 9-24 “set ip tos” 命令

命　令	描　述
0-15	服务类型值
max-reliability	设置最大可靠性 TOS（2）
max-throughput	设置最大吞吐量 TOS（4）
min-delay	设置最小延迟 TOS（8）
min-monetary-cost	设置最小资金开销 TOS（1）
normal	设置正常 TOS（0）

（6）“**set ip precedence**”命令用来设置 IP 数据包中的 IP 优先级比特。使用 3 比特，IP 优先级可以有 8 个可能的值。该命令在实施服务质量（QoS）时使用，并且可以被其他 QoS 服务使用，比如加权平均队列（WFQ）、加权随机早期测试（WRED）。表 9-25 提供了“**set ip precedence**”命令的信息。

set ip precedence [*number*|*name*]

表 9-25 “set ip precedence” 命令

命　令	描　述
0-7	优先级值
critical	设置“关键”优先级（5）
flash	设置“刷新”优先级（3）
flash-override	设置“刷新覆盖”优先级（4）
immediate	设置“立即”优先级（2）
Internent	设置“互联网络控制”优先级（6）
network	设置“网络控制”优先级（7）
priority	设置“优先权”优先级（1）
routine	设置“常规”优先级（0）

各“**set**”命令可相互一起使用。

（7）要指定接口上的策略路由所使用的路由映像，可以用表 9-26 中所解释的“**ip policy route-map**”接口配置命令。

ip policy route-map *map-tag*

表 9-26 “ip policy route-map” 命令

命　令	描　述
map-tag	策略路由所使用路由映像的名字。必须与“**route-map**”命令所规定映像标记相匹配

策略路由是用在接收数据包的接口上，而不是用在发送数据包的接口上。

现在 IP 策略路由可以与快速交换（fast-switching）特性一起使用。在该特性之前，策略路由只能与进程交换（process-switching）特性一起使用，也就是说在大多数路由器平台上，交换速率只能达到每秒 1000 到 10000 个数据包，这对于许多应用者来说都不快。

需要更快执行策略路由的用户现在可以实施策略路由而不会减慢路由器的速率。

策略路由必须在配置快速交换之前进行配置。策略路由的快速交换特性在缺省情况下是关闭的。要使策略路由能够快速进行交换，在接口配置模式下使用“**ip route-cache policy**”命令。

ip route-cache policy

快速交换策略路由支持所有“**match**”命令和大多数“**set**”命令，除了下面的限制以外：

（1）不支持“**set ip default**”命令。

（2）只在点对点链路上支持“**set interface**”命令，除非存在一条是用路由映像“**set interface**”命令所规定的同一接口的路由缓存条目。而且，将在进程级查询路由表以决定接口是否在一个到目的地的合理路径上。在快速交换过程中，软件不做这个检查。相反，如果数据包找到匹配，软件将盲目的将数据包转发到指定接口。

9.5.3　策略路由示例

在图9-10中，路由器A有这样一个策略，来自192.168.2.1的数据包应该转发到路由器C的串口1，所有其他数据包都应该根据它们的目的地址进行转发。路由器A的配置如例9-20所示。

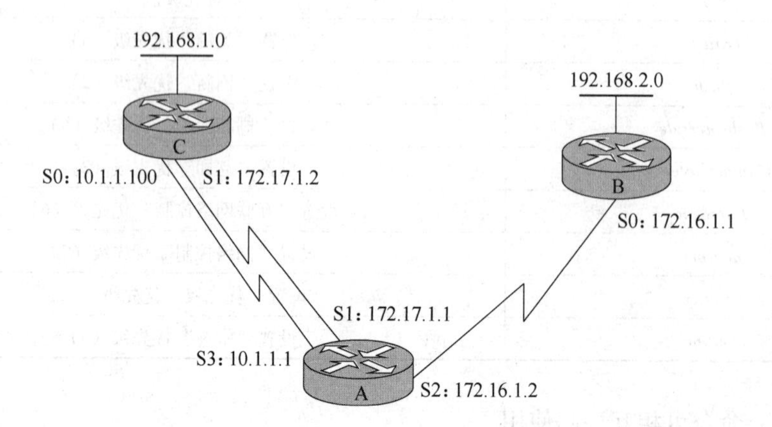

图9-10　来自192.168.2.1的数据包应该转发到路由器C的接口S1

路由器A的串口2，即来自192.168.2.1数据包进入的接口，用“**ip policy route-map**”命令配置为进行策略路由。路由映像测试用于该策略路由。它测试数据包中IP地址是否与访问控制列表1相符，以决定对哪些数据包执行策略路由。

【**例9-20**】路由器A的配置。

```
RouterA（config）#interface Serial2
RouterA（config-if）#ip address 172.16.1.2 255.255.255.0
RouterA（config-if）#ip policy route-map test
RouterA（config）#route-map test permit 10
RouterA（config-route-map）#match ip address 1
RouterA（config-route-map）#set ip next-hop 172.17.1.2
```

```
RouterA (config-route-map) #exit
RouterA (config) #access-list 1 permit 192.168.2.1 0.0.0.0
```

访问控制列表 1 规定源地址为 192.168.2.1 的数据包将被进行策略路由。匹配访问控制列表 1 的数据包将发送到下一跳地址 172.17.1.2，即路由器 C 的串口 1。所有其他数据包将被根据它们的目的地正常转发。访问控制列表在末尾有一个隐含的拒绝一切条目，所以访问控制列表不会允许其他数据包。

9.6 验证策略路由

要显示路由器接口上策略路由所使用的路由映像，可以使用命令：

show ip policy

要显示所配置的路由映像，可使用“**show route-map**”命令，如表 9-27 所示。

show route-map [*map-name*]

表 9-27 “show route-map [*map-name*]” 命令描述

命 令	描 述
map-name	任选参数，指定路由映像的名称

用“**debug ip policy**”命令来显示 IP 策略路由数据包的活动。该命令有助于确定策略路由在做什么。它显示了有关数据包是否匹配规则的信息，如果匹配，显示该数据包的路由信息结果。

因为“**debug ip policy**”命令会生成大量的输出，所以仅当 IP 网络上数据流较慢时才使用，这样，系统上的其他活动将不会受到不良影响。

要找出当数据包从路由器传输到它们的目的地时所遵从的路由，可以使用“**traceroute**”特权命令。要改变缺省参数并引发一个扩展的跟踪测试，可以输入不带目的地参数的“**traceroute**”命令。我们将通过对话来选择所希望的参数。

要检查主机可达性和网络连通性，可以使用“**ping**”特权命令。可以通过不带任何参数的“**ping**”命令，用该命令的扩展命令模式来规定所支持的包头任选项。

例 9-21 ~ 例 9-23 中所示的输出是来自例 9-20 中的路由器 A。

例 9-21 提供了“**show ip policy**”命令的一个输出示例。它说明叫做“test”的路由映像被用于路由器串口 2 上的策略路由。

【例 9-21】“show ip policy” 命令的输出。

```
RouterA#show ip policy
Interface Route map
Serial2 test
```

例 9-22 所示的“**show route-map**”命令说明有 3 个数据包匹配了“test”路由映像的序号 10 语句。

【例 9-22】“show route-map” 命令的输出。

```
RouterA#show route-map
route-map test, permit, sequence 10
    Match clauses:
        ip address (access-lists): 1
    Set clauses:
        ip next-hop 172.17.1.2
Policy routing matches: 3 packets, 168 bytes
```

例9-23提供了“**debug ip policy**”命令的输出示例。该输出说明从172.16.1.1到192.168.1.1去的数据包在串口2上被接收，并且它被接口上的策略路由拒绝。该数据包被正常转发（根据目的地）。另一个数据包，即从172.168.2.1到192.168.1.1去的数据包，晚些时候被同一接口串口2接收。该数据包匹配了该接口上的策略，因此被基于策略地转发，被串口1发送到172.17.1.2。

【例9-23】“debug ip policy” 命令的输出。

```
RouterA#debug ip policy
Policy routing debugging is on
……
11:50:51:IP: s=172.16.1.1 (Serial2), d=192.168.1.1 (Serial3), len 100,
Policy rejected … normal forwarding
……
11:51:25:IP: s=192.168.2.1 (Serial2), d=192.168.1.1, len 100, policy match
11:51:25:IP: route map test, item 10, permit
11:51:25:IP: s=192.168.2.1 (Serial2), d=192.168.1.1 (Serial1), len 100, Policyrouted
11:51:25:IP: Serial2 to Serial1 172.17.1.2
```

9.7 本章小结

在本章中，我们学习了怎样选择和配置控制路由更新数据流量的不同方法，以及怎样在不同路由进程间应用正确的路由再发布。我们还学习了怎样解决在再发布网络中出现的路由问题和怎样确认正确的路由再发布。

练 习 题

9-1 请列出3条理由说明为什么有时候在网络中要使用多种路由协议。

9-2 当路由器从不同路由协议那里学到两条以上到同一目的地的路由时，它们使用哪两个参数来选择最佳路径？

9-3 EIGRP路由度量值的组件是什么？

9-4 考虑一下，在场点A和场点B之间已经有一条拨号广域网连接，能够做什么来防止过度的路由更新数据流穿过该链路，而仍然让边界路由器知道处于远程场点的网络？

9-5 用什么命令使RIP播出缺省路由？

9-6 如果没有过滤器与接口相关联，那么目的地为该接口的数据包将会被怎样处理？

9-7　用什么命令来发现数据包通过网络的路径?

9-8　在两个路由进程间有冗余路径的网络中，路由环路是怎样产生的?

9-9　什么是再发布?

9-10　IGRP、RIP 和 OSPF 的缺省管理距离是多少?

9-11　当为再发布的路由配置缺省度量值时，该度量值应该设置为一个比 AS 内最大度量值大还是小的值?

9-12　策略路由用什么命令来建立基于数据包长度的规则?

9-13　用什么命令配置对来自一个接口的路由更新数据流进行过滤，该命令在什么命令模式下输入?

9-14　下面的命令是做什么用的?

distance 150 0. 0. 0. 0 255. 255. 255. 255 3

9-15　策略路由的好处是什么?

9-16　策略路由应用于什么数据包?

参考文献

[1] Catherine Paquet, Diane Teare. 组建可扩展的 Cisco 互连网络［M］. 北京：人民邮电出版社，2003.

[2] 陈鸣，常强林，岳振军．计算机网络实验教程 从原理到实践［M］. 北京：机械工业出版社，2007.

[3] 谢希仁．计算机网络［M］. 5版．北京：电子工业出版社，2011.

[4] Kurose J F, Ross K W. Computer Networking：A Top-Down Approach Featuring the Internet Package［M］. 3 vd ed. Pearson Education，2005.

[5] 常军．Cisco 路由器 ACL 配置实现网络安全策略［J］. 计算机光盘软件与应用，2014，17（6）：198，200.

[6] 王东．Cisco 虚拟防火墙和子接口的应用［J］. 中国教育网络，2012（3）：53.

[7] 王荣，张旭涛．基于 Cisco 7603 路由器实现 IPv4/IPv6 高校网络［J］. 漯河职业技术学院学报，2011，10（2）：24～26.

[8] 彭滋霖．基于 Cisco 网络平台的安全 EIGRP 路由配置［J］. 电脑知识与技术，2010，6（5）：1070～1071，1074.

[9] 颜谦和，颜珍平，旷丽华．Cisco 在线实验室的设计与实现［J］. 计算机与现代化，2009（8）：58～60.

[10] 王相林，李蓓蕾．如何维护大规模的网络设备［J］. 中国教育网络，2009（8）：73～75.

[11] 龚涛．基于 Cisco 路由器 Access—list 的网络安全应用［J］. 湖北经济学院学报（人文社会科学版），2009，6（4）：199～200.

[12] 刘新龙．利用 Cisco 路由器访问表提高网络安全［J］. 漯河职业技术学院学报，2009，8（2）：65～66.

[13] 陈卫荣．Cisco 路由器访问控制列表配置实现第一道网络安全屏障［J］. 武夷学院学报，2008（5）：60～64.

[14] 朱启明．CISCO 路由器如何实现用户对网络的定时访问［J］. 科技资讯，2007（21）：108.

[15] 杜海燕．CISCO 路由器网络技术［A］. 电脑开发与应用编辑部．全国 ISNBM 学术交流会暨电脑开发与应用创刊 20 周年庆祝大会论文集［C］. 电脑开发与应用编辑部，2005：3.

[16] 许亚．浅谈如何用 CISCO 路由器选择 IP 网络的路由协议［J］. 华南金融电脑，2004（7）：44，105～106.

[17] 寅杰．从网络边缘着手服务——Cisco 7600 系列路由器［J］. 中国计算机用户，2004（8）：69.

[18] 蒋亚宏．用 CISCO 路由器工具排除网络故障［J］. 中国保险管理干部学院学报，2003（3）：57～59.

[19] 伍树乾．利用 Cisco 路由器的访问列表提高网络安全［J］. 华南金融电脑，2003（1）：76～78.

[20] 张靖．CISCO 路由器在网络中的安全管理［J］. 攀枝花学院学报，2002（5）：78～80.

[21] 秦建文．基于 Cisco 路由器的网络安全控制技术及其实现［J］. 电脑开发与应用，2002（7）：9～11.

[22] 朱武平．用 CISCO 路由器组建 IP 网络的路由协议的选择［J］. 金融电子化，2001（5）：45～48.

[23] 冉光明．采用 Cisco 路由器的网络系统故障的排除［J］. 石油工业计算机应用，2001（1）：40.

[24] 林辉．利用 Cisco 路由器的 Access-list 提高网络安全［J］. 计算机应用，2001（2）：61-63.

[25] 王莉，黎耀，柳斌，等．基于 CISCO 路由器的网络管理及防火墙系统设计与实现［J］. 计算机工程，2000（S1）：478～480.

[26] 石国中，商静．网络系统中怎样快速设置 CISCO 2501 路由器［J］. 计算机与通信，1998（10）：77，80.

[27] 张国林．网络实验的利器-Cisco Packet Tracer［J］. 网络安全技术与应用，2014（7）：73.